U0323300

『能量与热力学建筑』书系 李麟学 主编
Energy & Thermodynamic Architecture

热力学
乡土建筑

Thermodynamic Vernacular Architecture

何美婷 李麟学 著
He Meiting Li Linxue

同济大学出版社·上海
TONGJI UNIVERSITY PRESS · SHANGHAI

图书在版编目（CIP）数据

热力学乡土建筑 / 何美婷, 李麟学著. -- 上海：同济大学出版社，2023.9

（能量与热力学建筑书系 / 李麟学主编）

ISBN 978-7-5765-0941-0

Ⅰ. ①热… Ⅱ. ①何… ②李… Ⅲ. ①热力学 – 应用 – 农村住宅 – 建筑设计 Ⅳ. ①TU241.4

中国国家版本馆CIP数据核字（2023）第187358号

热力学乡土建筑

何美婷　李麟学　著

出 品 人　金英伟
责任编辑　金　言
责任校对　徐春莲
封面设计　张　微

出版发行　同济大学出版社 www.tongjipress.com.cn
（地址：上海市四平路 1239 号　邮编：200092　电话：021 – 65985622）
经　　销　全国各地新华书店
印　　刷　上海安枫印务有限公司
开　　本　710mm × 1000mm　1/16
印　　张　15.75
字　　数　399 000
版　　次　2023 年 9 月第 1 版
印　　次　2023 年 9 月第 1 次印刷
书　　号　ISBN 978-7-5765-0941-0
定　　价　98.00 元

总序

热力学建筑

热力学为建筑领域开辟了一条新途径，这一途径不仅避开了当代能源和可持续性标准相对狭隘的约束性要求，更重要的是，它进一步激发了对创新型生态建筑的追求。热力学将建筑与它们所处的更广泛系统——生态文化和经济系统——紧密相连。它直接将人体活动与建筑的物质组成联系起来，从而为建筑提供全新的视角。“能量与热力学建筑”书系运用热力学理论，展示了建筑在技术和设计上的巨大潜力，彰显了热力学建筑为建筑学发展带来的重要价值。

在热力学建筑领域，生物气候学被视为一个关键概念。它认为建筑在人体感受与当地气候特性之间扮演着独特的角色——既是沟通者，又是调节者，更是环境与人体体验之间的创造性媒介。这一理念源于20世纪初的昆虫学研究，旨在探究太阳位置的天文变化与地球生物节律之间的微妙联系（Hopkins，1938）。维克多·奥戈雅（Victor Olgyay）与阿拉代尔·奥戈雅（Aladar Olgyay）兄弟在20世纪50年代初期对此理念进行了深化，利用它来阐释地域性或乡土建筑的热力学基础（Olgyay，1953）。正如本书系所展示的那样，他们致力于从这些原理和案例中探索和发展出更富生命力的现代建筑设计理念。

奥戈雅兄弟在《太阳能控制和遮阳设备》（*Solar Control and Shading Devices*，1957）一书中提出了关于生物气候设计的最具挑战性的主张。书中以里约热内卢两座建筑的视觉对比开篇，一座是新式现代的遮阳板立面，另一座是邻近的学院派艺术风格大楼。他们认为，老式学院体系的象征意义已变得“贫乏”，新式墙体则是“对人与其环境关系重新深思熟虑的结果”。他们通过比较1750年雅克－弗朗索瓦·布隆代尔（J. F. Blondel）在《建筑课程》（*Cours d' Architecture*）中的解释性图示和他们为幕墙设计而开发的太阳遮阳角度测量仪，强调了早期生态传统的人类学基础。布隆代尔的图示展示了一个年轻男子的侧面轮廓与装饰线脚重叠，用以阐释造型的卓越比例。然而，他们的新生物气候方法“并非基于视觉比例，而是与太阳的运动相联系，并为满足人类的生物需求而制定”。

本书系两本新书深入探讨了生物气候学话题中的两个核心议题：建筑领域中人体的重要作用，以及我们可以从前现代或乡土建筑中汲取的宝贵经验。如贾科莫·维尼奥拉（Giacomo Barozzi da Vignola）的例子所示，从建筑学的起源开始，人便一直是设计的关键参照。然而，关于人体作为自我调节系统的新研究，其涉及动态内部过程和与环境的积极互动，为我们理解人体与建筑之间的深层联系提供了新视角。在奥戈雅兄弟的著作和当代环境建筑设计中，乡土建筑同样扮演着不可或缺的角色。这些前现代建筑是在有限的资源下，通过不断试验和错误总结，发展出适应各自气候的独特形式。利用热力学方法来评估这些乡土建筑，为我们构建基于生物气候学原则的更加坚固耐用的建筑提供了坚实的基础。综合来看，热力学建筑对空间中人体的深入理解以及对乡土建筑智慧的领悟，为设计师们探索人类世中的创新建筑路径提供了灵感源泉。

威廉·布雷厄姆
宾夕法尼亚大学

General Foreword

Thermodynamic Architecture

Thermodynamics offers an approach to architecture that avoids the reductive demands of contemporary energy and sustainability standards, which were conceived to regulate the norms of the market rather than to inspire the pursuit of innovative, environmental buildings. Thermodynamics connects buildings to the larger systems in which they participate, ecosystems on one hand and cultural and economic systems on the other. It directly relates the activities of bodies to the material assembly of buildings. Ultimately, this book series uses thermodynamics to provide new insights into the potential of architecture.

A key concept for thermodynamic architecture is bioclimatics, which argues that building operates as a link, filter, or translation between the experiences of human bodies and the conditions of the local climate. The concept was first developed by an entomologist in the early 20th century to connect the effect of celestial variations in the position of the sun with the terrestrial rhythms of plant and animal life (Hopkins, 1938). That idea was adopted by the Olgyay brothers in the early 1950s to help them explain the thermodynamic basis of regional or vernacular architecture (Olgyay, 1953). Like the works in this series, they sought principles and examples from which they could develop a more vital modern architecture.

One of the most provocative claims they made for bioclimatic design was introduced in their book *Solar Control and Shading Devices* (1957). They opened the book with a visual comparison between two buildings in Rio de Janeiro, a new brise-soleil facade and an adjacent Beaux Arts edifice. They argued that the symbolism of the older Academic system had become "anemic", while the new form of the wall was "the result of a thorough reevaluation of man's relation to his surroundings". The anthropomorphic basis of the earlier ecological tradition was underlined by a second comparison between one of J. F. Blondel's explanatory figures from the *Cours d'Architecture* of 1750 and the solar shading protractor that they had developed to facilitate the design of screen walls. The first showed the profile of a young man superimposed on a cornice, which Blondel used to explain the superior proportions of the molding. However their new bioclimatic method "stems not from visual proportions but is correlated with the movements of the sun and formulated to satisfy man's biological needs".

Two new books in this series take up two critical topics from the bioclimatic discourse, the role of the body in architecture and the lessons that can be learned from pre-modern or vernacular buildings. As the Vignola example suggests, the body has been a constant point of reference for architecture since the beginning, but new research on the body as a system of self-regulation, with dynamic internal processes and an active engagement with its environment, offers new ways to understand the body-building connection. Vernacular buildings have an equally special role, both in the writing of the Olgyays and in contemporary environmental building design. Pre-modern buildings were built with limited means and by trial and error developed methods for working with their particular climates. Using thermodynamic methods to evaluate vernacular constructions provides the basis for more resilient buildings built on the bioclimatic foundation of their predecessors. Taken together, a deeper understanding of the body in space and of the genius of vernacular buildings enables designers to imagine alternate ways of building in the Anthropocene.

William W. Braham
University of Pennsylvania

序言

热力学视角下的建筑转向：乡土与感知

热力学建筑，这一概念源于20世纪，当时的经典现代主义正热衷于探索建筑设计中形式与功能的完美统一。作为一种理论研究方向，热力学建筑着眼于设计追随能量，专注于建筑、环境与人之间的互动关系。它旨在结合特定环境下的动态能量和人类需求关系，寻求一种实现环境与人和谐共存的建筑形态。这种建筑思想不仅关注形式美学，更深入探讨了建筑与其周边环境的紧密联系，以及如何更好地满足使用者的实际需求，强调环境热力学与美学的转化融合，展现了建筑设计与环境共生的崭新视角。

当下中国的建筑理论与设计迭代发展正面临许多挑战。在城市化进程中面临着能源消耗、环境污染、生活品质有待提升等问题；在建筑维度，绿色建筑、节能减排标准正对建筑学科产生重大影响，建筑师在实现以人为本的建筑设计的同时，数字化亦成为设计变革的重要因素，但建筑本体设计的创造力绝不能被忽视。自我国宣布“3060”目标以来，行业对建筑低碳化研究掀起风潮，将热力学建筑理论研究引入中国的建筑学理论发展中，恰恰是能够真正着眼于建筑环境生态化及人舒适视角的一种有效理论实践。

长期以来，建筑学的边界和内核始终在一个变动的过程之中，也引起当下非常多的争论。2013年，在前往哈佛大学做访问学者期间，我与哈佛大学的伊纳吉•阿巴罗斯（Inaki Abalos）教授等人一起开展了热力学建筑的大量教学与研究合作，不断寻找在学科知识边界的新动力，而能量与热力学建筑研究无疑为建筑科学知识发展带来新视角。其不仅是建筑形式展现的特有引擎，也是一条独特的建筑教育路径，更是一种审视学科历史并对其现代性进行评价的方法，既试图回答过去，也在面向未来。

近十年，结合黄河口生态旅游区游客服务中心、上海崇明体育训练基地、中国商业与贸易博物馆等一些中国本土实践项目的设计和落地，我深入思考热力学建筑如何在当代中国的语境下进行转化，试图基于能量流动与形式生成的研究重建一种建筑批评与实践范式，并发表《知识•话语•范式：能量与热力学建筑的历史图景及当代前沿》一文，这也是国内首次开展对于热力学建筑的系统讨论，为建筑本体设计和能量之间的研究建立起桥梁。同年，伊纳吉•阿巴罗斯教授关于热力学研究方法的著作《建筑热力学与美》中文版在同济大学出版社正式出版，关于“建筑热力学与美”的讨论也引入了更多的中国视角。如今“能量与热力学建筑”研究在中国已经发展了10年，其不断与世界范围内的环境、气候及健康议题相呼应，强调以人为本，不过度迷恋机械技术所创造的环境，始终面向我们更美好的生活目标。热力学为建筑学科关注“能量 – 物质 – 形式”的跨学科内在设计逻辑打开视角，目前我们的研究已经在热力学考古、热力学物质化、材料文化、气候城市等多个层面展开，既有纵向的知识结构，也有紧密结合具体类型和特定气候环境的设计实践。

这一书系的延续，是团队近年来理论和实践相结合的研究成果，主要面向两个当下重要的议题：一是在全球化和地域性、传统和当代的矛盾下，传承建筑文脉与挖掘乡土建筑资源的迫切性。乡村振兴作为重要的国家战略，在乡村建设的过程中，保留历史文脉是不可或缺的。尤其在保留和创新传统建筑方面，广泛分布的乡土建筑不仅是人类历史的见证，更是文化智慧的结晶，它们蕴含丰富的传统生态建造经验和可持续发展理念，成为建筑学研究的珍贵资源。建造技术不仅仅是单纯技术的概念，也可以转化为一种文化手段，将连贯的技术要素与设计逻辑相统一，也就是“建造文化”。然而，这些文化传统如何转化为对未来建设的有效贡献，热力学可以为这一问题提供重要的解决视角。二是强调当下绿色建筑发展应当回应“以人为本”的导向需求，而非仅着眼于各类规范及性能指标。绿色低碳设计未必以牺牲人的舒适为代价，而是应该最优化利用自然系统资源，最大化调适建筑环境性能。建筑环境性能可以从外部与内部两个角度进行理解：建筑对外部环境产生的能源消耗、污染排放等负荷最小化，建筑的内部环境为使用者带来的舒适、健康与环境质量方面的最大化影响。正如威廉•布雷厄姆教授所说：“建筑学中的热力学概念超越当代能源和可持续性标准的约束，其为建筑学科回应绿色低碳发展提供创新的方法，带领学科重归研究人与空间关系的底层逻辑。”

“能量与热力学建筑”书系包含2015出版的《热力学建筑视野下的空气提案：设计应对雾霾》与2019年出版的《热力学建筑原型》，本次同步出版的《热力学乡土建筑》和《热力学建筑与身体感知》两本书则在博士论文研究的基础上，进一步结合团队最新的项目实践和建成项目实测后评估，分别从乡土建筑的全球性视角及热力学建筑的身体感知视角两个领域进行拓展延伸。《热力学乡土建筑》以热力学视角回溯了全球不同气候下大量的乡土建筑案例，从气候文化与乡土建造阅读传统生态智慧。《热力学建筑与身体感知》以身体为线索审视了建筑环境调控的性能设计方法，“环境—建筑—身体”之间的互动研究为当代建筑的生态与人居可持续性议题提供了创新思路。

本书系试图深入探索“能量与热力学建筑”的丰富层面，为建筑理论与实践的交汇注入新的思考。我们期望，这些研究能激发对传统与现代建筑知识的重新审视，为建筑理论发展及跨学科教学研究与实践提供新的思路与途径。同时，能量与热力学建筑所蕴含的潜力和维度，既是答案，也是问题，启迪我们以一种新的视角参与到中国当代建筑理论与实践发展的讨论之中。

感谢哈佛大学伊纳吉•阿巴罗斯教授，宾夕法尼亚大学威廉•布雷厄姆教授与多瑞特•艾薇（Dorit Aviv）教授对何美婷、侯苗苗两位博士的共同指导，感谢国际团队的长期交流与紧密合作。

李麟学
同济大学

Foreword

Architectural Shift from a Thermodynamic Perspective: Vernacular and Perception

Thermodynamic Architecture, a concept that emerged in the 20th century, marked an era where classical modernism eagerly sought the perfect harmony of form and function in architectural design. As a theoretical research area, thermodynamic architecture is dedicated to the principle of Design Follows Energy, focusing on the interaction between architecture, environment, and human beings. It endeavors to combine the dynamic energies of specific environments with human necessities, striving for architectural forms that harmoniously coexist with both the environment and its inhabitants. This architectural philosophy goes beyond mere formal aesthetics, probing into the intimate connection between architecture and its surrounding milieu, as well as how to better cater to the real needs of occupants. It underscores the transformation and integration of environmental thermodynamics and aesthetics, offering a novel perspective on architectural design in tandem with environmental coexistence.

In the current era, the iterative development of architectural theory and design in China is facing numerous challenges. Rapid urbanization has brought issues like energy consumption, environmental pollution, and living quality into sharp focus. Green buildings and energy efficiency standards are profoundly influencing the field of architecture. Architects must balance human-centered design with the growing importance of digitalization, without compromising the essential creativity in architectural ontology. Since China announced its "3060" carbon neutrality goals, there has been a surge in low-carbon architectural research. Introducing thermodynamic architecture theory into Chinese architectural discourse is a pivotal move, focusing on ecological sustainability and human comfort in the built environment.

For a long time, the boundaries and core of architecture have always been in flux, sparking current debate. In 2013, during my time as a visiting scholar at Harvard University, I collaborated extensively with Professor Inaki Abalos on thermodynamic architecture, seeking new dynamics at the disciplinary boundaries. This research brings fresh perspectives to architectural science, serving not only as a unique engine for architectural form but also as a distinctive educational path and a method to evaluate the discipline's history and modernity, addressing both the past and the future.

In recent ten years, combined with the design and implementation of some local Chinese practice projects such as the Yellow River Estuary Ecological Tourism Area Tourist Center, Shanghai Chongming Sports Training Center, China Commerce and Trade Museum, etc. I reflected in depth about how thermodynamic architecture can be transformed in the context of contemporary China, and attempted to reconstruct a kind of architectural criticism and practical paradigm on the basis of energy flow and the research of formalization, and published *Knowledge, Discourse, Paradigm: Historical Scenario and Contemporary Frontier of Energy and Thermodynamic Architecture*. This is also the first time in China to carry out a systematic discussion on thermodynamic architecture, building a bridge for the study between architectural ontology design and energy. In the same year, with the publication of Professor Inaki Abalos's work on thermodynamics research methods by Tongji University Press, the discussion of "Architectural Thermodynamics and Beauty" introduced more Chinese perspectives. This bridged architectural design with energy research, marking over a decade of development in China. This field aligns with global environment, climate, and health issues, emphasizing a human-centric approach, avoiding over-reliance on mechanical technologies, and aiming for the goal of a good life. Thermodynamics opens perspectives on interdisciplinary design logic concerning "energy, matter, form" in architecture. Our current research spans various areas like thermodynamic archaeology, thermodynamic materialization, material culture, and climatic cities, integrating both vertical knowledge structures and practical design approaches tailored to specific types and climatic conditions.

The continuation of the book series represents the team's recent research achievements and focuses on two pertinent contemporary issues: firstly, the urgency of inheriting architectural traditions and tapping into local architectural resources amidst the contradictions between globalization and locality, tradition, and contemporaneity. As a vital national strategy, rural revitalization necessitates preserving historical contexts in rural construction. Especially in preserving and innovating traditional architecture, widespread rural buildings are not only testimonies of human history but also crystallizations of cultural wisdom. They embody rich traditional ecological building experiences and sustainable development concepts, becoming invaluable resources for architectural studies. Construction technology transcends mere technicality, transforming into a cultural medium. By unifying coherent technical elements with design logic, it forms "construction culture". Thermodynamics offers crucial perspectives in leveraging these cultural traditions for effective contributions to future construction. Secondly, the emphasis in green building development should be on meeting "human-centric" needs, rather than solely focusing on various standards and performance metrics. The concept of green, low-carbon design shouldn't sacrifice human comfort but should optimally leverage natural resources to enhance architectural environment performance. This performance is understood both externally (minimum energy consumption, pollution emissions) and internally (maximum impact on comfort, health, and environmental quality). As Professor William Braham suggests, thermodynamics in architecture transcends current energy and sustainability standards, offering innovative approaches for the discipline to address green, low-carbon development, and refocus on the core logic of studying human-space relationships.

The "Energy & Thermodynamic Architecture" series includes *Air through the Lens of Thermodynamic Architecture*: *Design Against Smog* (2015) and *Thermodynamic Architectural Prototype* (2019). The latest additions, *Thermodynamic Vernacular Architecture* and *Thermodynamic Architecture from the Perspective of Body Perception*, are extensions based on doctoral researches and teams. They explore global perspectives in vernacular architecture and the sensory experience in thermodynamic architecture, respectively, grounded in thermodynamic architectural theory. *Thermodynamic Vernacular Architecture* revisits a multitude of global vernacular architecture cases in different climates from a thermodynamic perspective, reading traditional ecological wisdom through the lens of climate culture and local construction. *Thermodynamic Architecture from the Perspective of Body Perception* examines performance design methods for architectural environmental control using the body as a focal point. The interactive study of "Environment-Architecture-Body" offers innovative insights for contemporary discussions on ecology and sustainable human habitats in architecture.

This book series endeavors to explore the rich dimensions of "Energy and Thermodynamic Architecture", injecting fresh insights into the confluence of architectural theory and practice. We aspire that these inquiries will reinvigorate the understanding of both traditional and contemporary architectural knowledge, paving new pathways for the evolution of architectural theory, interdisciplinary education, research, and practice. Concurrently, the latent strengths and complexities within energy and thermodynamic architecture represent both solutions and challenges, encouraging us to engage in the discourse on contemporary architectural theory in China from an innovative vantage point.

I am grateful to Professor Inaki Abalos of Harvard University, Professor William W. Braham and Professor Dorit Aviv of University of Pennsylvania for their expert guidance of Drs. He Meiting and Hou Miaomiao. I also appreciate the sustained communication and robust collaboration of our international team.

Li Linxue
TongJi University

前言

热力学建筑是围绕物质、能量和建筑形式三者关系进行研究的学科，也是近年来建筑学领域全球关注度越来越高的一个研究方向。本书从诸多过去对乡土建筑与气候关系的研究出发，针对兼顾适应气候和文化的设计规律，系统地研究全球不同气候类型的乡土建筑，探索乡土建筑的气候适应性特征与热力学文化。

自19世纪初，热力学建筑的理论研究以及乡土建筑的研究在全球范围内蓬勃发展。形式追随能量，是建筑师掌握了能量在空间运行的规律后追求的人—空间—环境和谐平衡的逻辑导向，而这种建筑思维在回溯全球历史时，在“没有建筑师的建筑”时代就早有先智。

20世纪以来，中国的乡土建筑经历了从学术关注到理论研究、抢救测绘、谱系文脉溯源等发展过程，在图像、测量方面的资料越来越完善。又适逢国家对“美丽乡村”建设的政策扶持，乡土建筑的研究处于内驱外需并亟须进行理论实践转化的阶段。同济大学开展了热力学建筑理论教学与研究，基于建筑形式与空间能量流动的伴生关系开展了乡土建筑的原型与谱系研究，试图回应在面向全球化和地域性、传统和当代、节能和耗能等矛盾下，建筑师在创造性的建筑设计中所能发挥的作用。

本书从中观到微观角度溯源了乡土建筑中的热力学原型，充分考虑乡土之下的风土人因，既旁征博引全球案例立论，严谨论证，行文中又充满技术文化与人本思想，引导建筑师的设计本心，不仅仅为建筑师与相关专业人员，还为参与设计建筑的非专业人员，建构并提供乡土建筑热力学设计方法的理想模型参照。本书可供高等院校相关专业师生，以及建筑师和相关专业人员参考使用。

目录

总序
序言
前言

001 第 1 章
历史追溯——热力学新视角下的乡土建筑

002 1.1 从乡土到当代的绿色追问
006 1.2 热力学建筑的理论基础
014 1.3 乡土建筑的界定与发展
019 1.4 热力学视角下乡土建筑的不完全历史图解

025 第 2 章
理论梳理——乡土建筑的热力学线索

026 2.1 建筑与气候关系的发展演进
042 2.2 热力学能量系统的建筑视角
050 2.3 乡土建筑的热力学调控方式
055 2.4 乡土建筑的四种热力学类型

061 第 3 章
特征与案例归纳——乡土形式的能量法则

062 3.1 乡土建筑热力学的谱系构建
070 3.2 乡土形式特征与气候适应性
128 3.3 乡土建筑的热力学特征矩阵
139 3.4 乡土建筑的热力学谱系归纳

145 第 4 章
乡土建筑热力学设计方法及策略——以乡土合院原型研究为例

146 4.1 基于气候适应性分析的乡土建筑热力学设计方法
164 4.2 原型提取：传统合院式乡土建筑原型与空间结构
174 4.3 性能分析：合院原型的热力学性能与气候适应性
178 4.4 合院原型验证与评价优化

193 第 5 章
热力学乡土建筑实践研究与总结

194 5.1 当代实践转化与策略应用：基于气候适应性的浙江中部合院式民居研究与雪峰文学馆热力学设计
223 5.2 热力学乡土建筑的挑战与展望

226 参考文献

第 1 章

历史追溯——热力学新视角下的乡土建筑

1.1 从乡土到当代的绿色追问

1.1.1 建筑作为适应气候的产物

很早以前，气候便是影响人类居住范围的主要因素。人类进化与全球气候的变化密切相关，全球人口的分布主要受大气热环境条件和食物供应的限制，这也导致了原始人类的聚居地主要分布于人体热调节能力可接受的热带或温和地区。随后，我们的祖先逐渐学会了如何利用创造衣服、武器、工具和庇护所，以及最关键的是利用火作为热源来克服生理的极限，使人类可以在地球上以往不适宜居住的地区生活定居。对气候条件进行技术适应的结果，直接使人类的足迹几乎遍及地球上的每一个地方并繁衍生息。随后，农业的发明和第一批聚落定居点的出现，推动了我们今天所目睹和经历的全球人类文明的发展。

传统的乡土建筑在全球范围内之所以有着巨大差异，是因为它们在不同的气候、文化、社会经济环境下，使用了不同的建筑技术和材料建造。然而，世界上所有建筑之间都有一个共同的联系，那就是它们都是为了使用者达到基本的生活和繁衍需求，在室外和室内环境之间提供某种程度的“隔离”。只是在今天，这一原始的气候适应需求逐渐被提升为要满足现代生活的更高要求，包括舒适、节能和可持续等。

然而，这种“隔离”是需要通过对室内环境周围空间进行一定程度的物理操作来实现的，既不是完全的空间阻隔，也不是永恒不变的，物质和能量在其中发生着持续的交换。比如，湿热气候最需要抵御的气候影响是过量的太阳辐射和潮湿，因此湿热气候的乡土建筑呈现出宽大的屋顶和架空地板的特征；相反，如果设置了墙反而会妨碍自然通风。寒冷气候下的建筑，需要像冰屋一样的气密性好且热绝缘的封闭空间，尽量减少热量向外界流失。这两种类型都代表了应对特定气候适应性的建筑围合方式，以满足在该环境下居住者的需求。换言之，建筑界面仅次于我们的皮肤和衣服，是我们与环境隔离的“第三层皮肤”。

因此，建筑作为庇护所，其最重要的功能之一是对于两个不同环境之间的环境调节，从气候适应需求来说，气候特征决定着外部的环境，内部环境则由居住者对舒适和安全的要求来决定。在这种情况下，建筑气候设计是指通过适当的措施和策略来调节或改变气候环境以达到室内环境舒适的方法。

从历史上看，各地的乡土建筑通常具有独特性和创造性，通过有限的手段来建造人类“庇护所”，并不需要现代化的手段。在过去的几百年中，建筑格局发生了显著变化，导致资源消耗发生了巨大变化。我们目睹了为建立人类庇护所反复蓄意掠夺自然资源的行为。如今，尽管几乎所有人都享受着各个领域最新技术所带来的成果，但大多数人依然会忽视可以极大地减少自然资源负担的乡土建筑方式——其作为针对特定环境而不断继承发展的气候控制方式，经受住了时间的考验。

1.1.2 可持续发展下乡土建筑的发展方向

2017年，随着“乡村振兴战略”的提出，我国的农村改革发展出现新转向，同时也对城乡发展不平衡和城乡地域特色建设规划等问题提出了新的要求。《上海市城市总体规划（2017—2035年）》着重提出对乡村振兴的重视，要强化规划引领作用，其中强调围绕农村居住形式、村貌建设、村落形态、生态环境以及产业发展等重点深入研究，凸显乡村特色和建筑文化特色，注重保留历史形成的肌理和文脉。

风土是一个地方环境气候和民俗风情的总称。纵观当今世界，构成城市和乡土环境的建筑形式仍然是我们在地球上最独特的元素，它们与人类事业的各个方面都有着内在的联系，是我们人类历史背景的核心。从纽约的大都市环境到非洲的乡村聚落，从高楼林立的上海市中心再到风景如画的土耳其岩穴，无论人类在哪里定居，他们都会通过建造建筑物或塑造景观，以营造舒适的庇护所。因此，乡土环境是综合了人文社会、自然地理、经济等特征的特定地域，而乡土建筑作为乡土环境中的重要载体，其生态智慧和可持续性，一直以来都是传统民居和聚落为适应不同地域物质和文化条件，经过千百年来工匠和当地居民的不断积累和试错而来的。单德启教授曾在2009年举办的乡土建筑与传统聚落更新学术研讨会上，发出了关于乡土建筑的“四重追问”[1]，这些至今还未完全解决的问题，也使今天的建筑师和学者在研究乡土建筑甚至现代建筑的设计建造时，不断进行反思。

近几十年来，“可持续发展”这个词越来越受到重视，建筑被寄予绿色、生态、节能甚至产能的希望，却依然以依赖机械设备的能源调控为主要模式，其标志往往是人为性而非自然性，更罔论可持续性。而乡土建筑一直以来都为可持续性作辩护，试图从平衡自然与人工之间，展开包括设计与可持续、全球化与可持续、材料与可持续、能量与可持续、回收利用与可持续等话题[1]。

无数的当代建筑范式受到“可持续发展观”的影响，以及经济、环境和意识形态等方面的危机的影响，这种范式在技术官僚的功能主义和一种也许不可能的新能源美学的创造性之间进行博弈。因此，探讨热力学建筑理论建构以及热力学设计方法的基础是热力学解释了能量与物质、生命体各种活动时的科学合理性。因此，本书试图通过气候参数、能量要素的引入和设计参数化整合，研究在建筑设计中的能量捕获、能量交换和形成能量梯度的过程，以乡土建筑为类型切入点，思考乡土建筑作为一个兼顾文化适应与气候适应的热力学形式机器，其空间、结构和能量组织方面的不同策略和方法，以及构成新的系统的可能性。

1.1.3 顺应文化转型与能量转型的乡土建筑转向

纵观世界史，我们发现世界历史的发展展现出了极强的多元化，究其原因是每个地区的民族文化

1 在单德启先生的《原生态的绿色智慧：为“绿色乡土建筑”学术研讨会而作》一文中，提到不合时宜的绿色追问：“一、我们的大中城市还要一味‘摊大饼’吗，祖先们的绿色智慧是否一去不复返了？二、我们的街区、地段还要用‘混凝土森林’来阻山隔水甚至推平山丘、填平池塘吗，只有‘容积率’才是唯一的价值取向吗？三、我们的设备、设施还要无节制地消耗能源吗，不安装空调风机，没有到处采暖供热就不能营造良好宜人的人居环境吗？四、‘生态’‘节能’‘环保’难道仅仅是建筑技术专业的事，规划师、建筑设计师就无所作为了吗？”

在不同历史时期的交流与融合。在现代化过程中，传统文化的理念尽管容易被逐渐遗忘，但因本土文化的需要，很多国家也不断地批判性回溯有关地域与乡土的话题。为了寻求民族国家的建筑语言，英国在18世纪就开始研究本土建筑，把英国地方的哥特式风格置于欧洲大陆传来的罗马式风格之上，这一注重地域风土价值的建筑传统一直延续到今日。

全球化与广泛的可持续语境下建筑学的内在危机，不仅使建筑师和工程师领域的壁垒重重，还暴露了建筑地域性表达的逐渐丢失，这也是能量与热力学建筑被重新发掘的一个背景。当今的世界建筑潮流，在结合新的信息技术下，仍然分为以传统美学为主导和以绿色技术为主导的两大体系，这也在一定程度上反映了目前建筑设计师和能源工程师不能完全协同的矛盾。实际上，乡村建设要顺应文化转型和能量转型的双重目标，才能够在适应舒适需求和能量需求下发展出具有地域性特征价值的当代乡土形式，而不是完全对传统进行复制却无法得知是否满足气候适应的需要，也不是完全对传统进行抛弃而陷于千城一面的困境。

当代乡土建筑的设计和建造，作为表达本土文化的一种地域建筑形式，在回应传统与现代的矛盾方面，需要通过较为适宜的“低技术”手段继承传统地区文化，并找到其生态的定位。因此，在热力学视角下的乡土建筑设计，需要借助以舒适和节能为导向的环境调控策略，而且建筑师应当尽早面向传统回应和节能需求，对本体进行控制，从前期设计开始就考虑气候对建筑的作用，这必然成为乡土建筑发展的全新视角。

本书所思考的关键问题包括：

（1）如何将气候适应性、热力学理论和能量需求、人体热舒适方面的理论体系和方法运用到建筑的设计中？本书首先梳理了热力学视角的气候适应性与热舒适理论，提出基于能量平衡的建筑设计方法，以及应对节约能耗、回应生态环境、适应气候需求和满足人体热舒适等方面的问题。

（2）在气候适应性的视角下，热力学设计方法能否作为传统和当代建筑设计的桥梁？本书在建筑自主性的语境下，呈现全球乡土建筑案例在气候适应性方面的策略，具体包括在选址、布局、空间组织与结构、外形与材料方面，应对热、光、风和水等不同能量需求的技术手段。根据相应的乡土气候分区研究，建立全球乡土建筑热力学谱系，试图将结合热力学理论的建筑学研究作为传统与技术连接的切入点。

（3）建筑在节能需求的当下，建筑师如何重启建筑设计话语权，借助能量视角的热力学建筑设计方法，重拾对设计应对环境问题、气候问题和舒适性问题的掌控力？本书从气候关注的角度，结合能量、空间、物质材料，发展了一套能融合及反映热力学、环保节能的新建筑美学体系，提倡让建筑设计重塑尊重环境、保护自然的价值观念，并非生硬地对节能指标进行虚假的呈现，而是让热力学与能量的观点能够从早期设计阶段就介入设计，真正达到生态节能技术与建筑创新的高度统一。当今生态建筑学的发展既要面向未来不断创新技术，也要回望过去向先人学习，从传统的地域建筑中汲取营养，不仅为建筑师与相关设计人员，也为参与设计构筑的非专业人员，建构与提供乡土建筑热力学设计方法的理想模型，且提供直接或间接的参照。

本书将从以下两个方面试图回应上述问题。一方面，理论性和系统性地研究全球范围内的乡土建筑，包括其不同的气候类型、空间模式与能量策略，首创性地根据不同的气候分类和文化分类建立乡土建筑热力学谱系，从能量需求角度建立应对不同气候类型的建筑设计策略；另一方面，实验性地研究与验证乡土建筑的能量策略在实践项目中的应用和转化。通过基于生物气候适应性分析的定量与定性研究，对乡土建筑热力学原型对象进行风、光、热的环境性能分析，并结合样本民居的环境实测和软件模拟性能验证，形成基于乡土建筑热力学原型的设计分析方法，使建筑师在设计转译传统空间的过程中有迹可循、有据可依。

1.2 热力学建筑的理论基础

1.2.1 气候适应视角下的热力学建筑

“适应”（Adaptation），这个词曾被翻译为儒家的一中心思想“位育”，意思是“人和自然相互迁就以达到生活的目的”[2]。乡土民居要适应不同的地理气候条件，即风土上的适应性；同时，适应文化习俗、社会制度等方面的条件即民居的社会适应性[3]。相对于“社会适应性”而言，本书关注的是乡土建筑的“气候适应性”，这是指在热力学视角下，乡土建筑在不同气候环境和地理环境下，应对风、光、热、湿等能量要素的空间界定方式和表达形式。

21世纪以来，建筑师对建筑性能的认识有了很大的提升，越来越多的建筑师和学者会通过运用复杂的分析工具分析建筑的能源性能和气候条件。究其原因，主要得益于三个方面：①昔日数据烦琐、计算量大的设计性能分析变得更快、更容易获得，设计性能分析可以从设计过程的早期概念阶段就开始。②人们逐渐意识到建筑物对环境和能源问题的负面影响，设计对气候条件作出反应的建筑物已变得至关重要。③最为关键的是，经验式的乡土建筑物气候设计方法的有效性和实用性一直以来都受到很大的质疑，如何验证乡土建筑中真正有效的气候适应手段，以及将其转化到建筑设计中也成为许多建筑师一直关注的问题。

在建筑气候设计视角下的热力学建筑（Thermodynamic Architecture），是在舒适的目标下，强调对建筑内部和外部之间的能量（如热量）、物质（如空气、水分）和信息（如景观、声音）的流动和传递进行调控的建筑类型。建筑空间的内部与外部环境的完全分离在物理上是不可能实现的，因为能量流动的性质，无论在两个环境之间应用多少隔热材料，都会有能量的交换，这也是热力学的本质——开放的能量系统。

从20世纪70年代初能源危机以来，可持续和生态化的建筑思潮已经发展了近半个世纪。1974年在美国明尼苏达州建造的Ouroboros住宅，以“生态建筑”著称，从那时起生态建筑已然不是曾经神秘的概念。从19世纪科学界用能量去解释世界，到传统建筑中对能量与气候适应的呈现，到现代建筑大师们不约而同地对建筑与气候环境中的能量的协同追求与建筑创作，再到21世纪教育界和建筑界的一些先锋代表对热力学、建筑与能量的钻研，能量作为与建构同等重要的线索，一直在建筑发展的历史中影响着各个地域的建筑和人们。对建筑中热量传递和转换的基础规律的研究更证明了建筑形式、材料与能量的紧密相关性。

面对严重的能源和气候问题，20世纪以来建筑师们开始反思与探索，研究能量观在建筑中的地位，研究如何在建筑行业降低设计建造全流程的高能耗问题。在可持续发展的语境下，绿色建筑开始迅猛发展，但是以节能评估为导则的发展，使其自身评价体系也受到质疑。为了达到指标化的技术要求，主动式方法与集成技术的使用，必须投入大规模的物力和资金，却未必是真正的节能，这种指标化的衡量忽略了从设计本身进行控制能耗。现代以来，国内外越来越多建筑师与学者开始投向对绿色建筑的关注，绿色建筑也在越来越多关注和思考中批判性发展，其中对能量的当代演化研究为未来建筑提供了一个新方向，使设计者能够试图从设计源头上思考建筑设计和建造的全过程，真正做到从本质出发。

在讨论和绿色、节能、舒适相关的建筑概念时，我们往往会使用其他很多术语，如本书中的热力学建筑，还有低能耗建筑、生态建筑、绿色建筑、零能耗建筑、产能建筑等，它们看似表达着同样的理念，但又不尽相同。其中的一些标签不仅存在着明显的谬误，而且它们的评价指标、评价范围或者时间周期也没有一个统一的标准。例如，低能耗建筑就限定得不够准确，零排放建筑指的是既不产生垃圾也不排放废水，如果是用净零表达则会更为准确[4]。

生物气候设计（Bioclimatic Design Method）是1963年维克多·奥戈雅（Victor Olgyay）在《设计结合气候：地域性建筑的生物气候设计方法》（*Design with Climate: Bioclimatic Approach to Architectural Regionalism*）中提出的概念，由此发展出生物气候建筑，其首创性且系统性地给出了在建筑设计中对设计要素进行定量分析的方法，涉及建筑朝向、建筑外形、通风与群体关系等不同要素[5]。其最初的含义可以理解为协调生态系统与气候和人（的环境）的建筑，适合该地区自然环境、风土、对人类舒适的建筑设计，有的学者会将其与被动式设计挂钩。同样在20世纪60年代，美国建筑师保罗·索勒瑞（Paolo Soleri）提出了“生态建筑学”（Arcology）[6]的理念。目标是使建筑和环境（包括山川河流、生物、植物等自然资源）相结合，不仅室内要让人们觉得舒适，还要使人、建筑与自然生态环境之间形成一个良性循环的生态系统。1969年，伊恩·伦诺克斯·麦克哈格（Ian L. McHarg）出版的《设计结合自然》（*Design with Nature*）标志着生态建筑学的诞生[7]。生态建筑学主张“设计结合自然”，是基于节约能源、设计结合气候、材料与能源的循环利用、尊重用户、尊重基地环境和整体的设计观，是建筑学、规划学、景观学、技术学的多学科融合。巧合的是，一个以“Design with Climate”为标题，一个以“Design with Nature”为标题，看似都是对环境的回应，然而“生物气候建筑”和“生态建筑”实际上有着巨大的差异，前者强调的是人（生物）的舒适性和气候环境以及建筑的关系，后者更多的是强调建筑在生物圈和生态系统中要发挥协调和平衡的作用。

随着20世纪70年代石油危机的爆发，对建筑与周围环境的研究又多了一条新的研究路径，强调通过减少不可再生能源的使用及采用被动式技术的节能建筑开始受到推广。1767年，第一个太阳能集热器首次被制造出，最早用于商业的太阳能发电厂也在20世纪80年代逐步被开发。因此，结合太阳能、光电技术发展，产生和消耗的能量可以达到平衡的建筑被定义为“零能耗建筑”（Zero Energy Building）。相对于这种难以实现的理想型建筑，欧洲目前公认的更加广泛的可实施的为“近零能耗建筑”（Nearly Zero Energy Building）。其中，德国称这种建筑为“被动房”（Passivhaus），有的地方也称为“无源房屋”，意在强调使建筑达到最高的能量利用效率和最高的生活质量[8]。

20世纪80年代以来，绿色理论逐渐受到更多关注，其描绘的蓝图是人们效仿绿色植物，取之自然又予以回报，最终与大自然取得平衡。以生态建筑为基础的绿色建筑（Green Building）主张“设计追随自然”，代表高效率、环境友好和积极地与环境相互作用，整体性地考虑自然、人和建筑，既关注人的生活、生产和建成环境的关系，而且还研究人类赖以生存的自然资源与发展规律。其含义根据不同国家的规范和标准会有所不同，如美国的LEED（Leadership in Energy and Environmental Design），英国的BREAM（Building Research Establishment Environmental Assessment Method）和日本的CASBEE（Comprehensive Assessment System for Building Environmental Efficiency）。在我国的《绿色建筑评价标准》（GB/T 50378—2019）中，绿色建筑指的是在全寿命期内，节约资源、保护环境、减少污染，为人们提供健康、适用、高效的使用空间，最大限度地实现人与自然和谐共生的高质量建筑[9]。

超低能耗建筑（Ultra-Low Energy Building），起源于20世纪80年代的德国，是被动式超低能耗绿色建筑的简称，在绿色建筑的基础上强调通过被动式技术达到绿色建筑的基本要求。根据2015年发布的《被动式超低能耗绿色建筑技术导则》，它是指适应气候特征和自然条件，通过保温隔热性能和气密性能更高的围护结构，采用高效新风热回收技术，最大程度地降低建筑供暖供冷需求，并充分利用可再生能源，以更少的能源消耗提供舒适室内环境并能满足绿色建筑基本要求的建筑。被动式设计的核心是利用建筑本体的空间布局、材料构造以及细部处理等方法将室内气候调节至人体舒适水平。冬季的太阳能辐射采暖和夏季的蓄热与夜间的降温，是较为常用的有效被动式技术，也是节约常规能源的基本途径。在《近零能耗建筑技术标准》（GB/T 51350—2019）[10]中明确了超低能耗建筑是近零能耗建筑的初级表现形式，其室内环境参数与近零能耗建筑相同，能效指标略低于近零能耗建筑。后者则是指适应气候特征和场地条件，通过被动式建筑设计最大幅度地降低建筑供暖、空调、照明需求，通过主动技术措施最大幅度提高能源设备与系统效率，充分利用可再生能源，以最小的能源消耗提供舒适室内环境并能满足节能建筑基本要求（较相关节能标准降低60%～70%）标准的建筑。零能耗建筑可以说比近零能耗建筑具有更高的要求，其强调充分利用建筑自身和周边的可再生能源资源，可再生能源年产能保持平衡甚至超出建筑全年的全部用能。

20世纪90年代，加拿大的威廉·里斯（William Rees）在生态经济学和人类生态学领域提出生态足迹理论（Ecological Footprint）[11]，并联合他的博士生马蒂斯（Mathis Wackernagel）提出计算的工具，衡量人类对地球生态系统的影响，并揭示了人类经济对自然资源的依赖。低碳建筑（Low Carbon Architecture）在生态足迹和碳足迹理论的基础上，为适应全球变化的需要，集中关注建筑碳排放，对建筑生命周期内各个阶段的碳排放进行定量化的计算，建立碳排放分析模型，实现碳源碳汇平衡，让建筑生命周期内的环境影响最小化。产能建筑（Plusenergiehaus）是一个源自20世纪90年代中期德国建筑师鲁夫·迪斯（Rolf Disch）的建筑能效概念。这一概念突破了传统建筑设计的范畴，重点在于综合评估建筑在采暖、制冷、通风和照明方面的年度一次能源消耗量。更重要的是，它还考虑到建筑通过可再生能源技术产生的能量，将这部分能量计入到建筑的整体一次能源供求平衡中[7]。该概念实际上与零能耗、近零能耗建筑，甚至是节能建筑都有相似性，目标都是强调产生能源和消耗能源的量能达到一定程度上的平衡。

进入21世纪以后，在建筑热力学、建筑与环境调控、气候响应等相关理论研究的基础上，逐渐有了“热力学建筑”[12,13,106,154]这一概念。热力学建筑是围绕物质、建筑形式和能量（主要是热）三者关系进行研究的学科。它从能量的角度出发分析和思考建筑，研究的是能量流动关系而绝非纯粹的技术。热力学建筑研究的对象包括气候自然要素、建筑的形式与材料（物质）、人的身体感知等。相较于单独的对象，热力学建筑更迫切的任务是研究什么样的建筑形式能够高效地组织建筑与气候、环境的关系，以及自身这个整体系统内部各个子系统之间的能量流动，也是热力学建筑要研究的。热力学建筑以提供最大化的能量维持与供给为原则（例如保证恒定的通风和采光），并依此指导建筑形式的设计生成方法。

值得注意的是，上述所谈到的概念并不是相互平行、互不相关的（表1-1），因为相互有重叠的部分，有的概念涵盖的范围相对广泛模糊，因此目前对它们之间清晰的界限划分还未有定论。

表 1-1　热力学建筑、生物气候建筑、生态建筑及相关概念辨析

概念	主要参考	提出时间	主要涵盖范围	侧重点	主要相关指标
热力学建筑	伊纳吉·阿巴罗斯，2015；哈维尔·加西亚 - 赫尔曼（Javicr Garica German），2017；阿兰·威尔逊（Alan Wilson），1970	21 世纪；生态化和可持续语境，参数化时代和数字化工具的发展	人体热舒适、建筑空间，以及热力学中的能量平衡和材料文化	人体热舒适、建筑形式和能量（主要是热）三者关系	气候自然要素、建筑的形式与材料（物质）、人的身体感知，能量平衡等
生物气候建筑	维克多·奥戈雅，1963；杨柳，2003，2010	20 世纪 60 年代；对环境的重视	人体、建筑、技术和气候	适合具有特定气候条件的地区自然环境、风土、对人类舒适的设计	气象数据、被动式技术措施，设备、热舒适等
被动式建筑	《被动式太阳能建筑技术规范》（JGJ/T 267—2012）	20 世纪初；太阳能的利用	不依赖外部能源的建筑	与当地气象数据相结合，利用被动式设计策略	建筑的布局、体型、材料等和环境性能
生态建筑	麦克哈格，1969；刘念雄，秦佑国，2016	20 世纪 60 年代；对环境的重视	包括人、建筑和整个自然环境的生态系统（生物圈）	建成环境和生活环境的动态平衡和和谐	组织（设计）建筑与其他相关因素的关系，系统的良性循环
绿色建筑	《绿色建筑评价标准》（GB/T 50378—2019）	20 世纪 80 年代；可持续发展的提出	建筑全生命周期	整体性地考虑自然、人和建筑的和谐	以生态建筑为基础，包括生态、节能、排废、健康等指标
低碳建筑	威廉·里斯，1992；刘念雄，秦佑国，2016	20 世纪 90 年代；气候变化	建筑全生命周期	定量分析建筑碳排放，衡量城市、住区和建筑的碳源碳汇平衡	建筑碳排放及相关因素对环境影响的指标
近零能耗建筑	《近零能耗建筑技术标准》（GB/T 51350—2019）	20 世纪 80 年代；可持续发展的提出和能源危机的深化	建筑全生命周期	通过主动和被动技术达到建筑节能标准，最大限度减少能耗	在绿色建筑和节能建筑的基础上的相关指标

续表

概念	主要参考	提出时间	主要涵盖范围	侧重点	主要相关指标
超低能耗建筑	《被动式超低能耗绿色建筑技术导则》，2015	20 世 纪 80 年代；可持续发展的提出和能源危机的深化	建筑全生命周期	近零能耗建筑的基础形式，强调通过使用被动式技术满足绿色建筑标准，尽可能地减少能耗	在绿色建筑和节能建筑的基础上的相关指标
节能建筑	《公共建筑节能设计标准》（GB 50189—2015）；《节能建筑评价标准》（GB/T 50668—2011）	20 世 纪 70 年代；能源危机的出现	主要是指在建筑材料生产、房屋建筑和构筑物施工及使用过程中	如何降低能源消耗和提高能源利用效率	包括建筑规划、建筑围护结构、采暖通风与空气调节、给水排水、电气与照明、室内环境等指标
产能建筑	诺伯特·费什（M. Norbert Fisch），托马斯·威尔肯（Thomas Wilken），2015	20 世 纪 90 年代；对可再生能源的重视	建筑、建筑综合体、城市街区或地块的每年或整个生命周期	关注可再生能源、能耗、能耗转换系数	建筑运行的一次能源消耗量（包括建筑设备、办公设备）

建筑热力学（Architectural Thermodynamics）是指将热力学的“能量”概念引入建筑学。建筑热力学作为人类热力学的一个分支，其研究对象为建筑设计理论、单体建筑及城市规划设计中的能量、熵、热力学定律等。热力学建筑并不特指某一种特定类型或形态的建筑物。从热力学的角度看，人类以依赖过度开发化石能源为主的能量利用模式效率太低，挥霍浪费了能量梯度中大量的其他可用能等级更高的能量来源。当涉及建筑能耗时，热力学建筑首先要批判反思的就是自近代空调发明以来对机械设备过于依赖的建筑能耗方式。

通过结合建筑历史和科学原理的研究，对热力学考古、热力学基本定律进行深入分析，我们可以发现热力学建筑理论发展的历史基础及科学合理性，这些前辈关于热力学的研究基础也帮助我们重新建构了应用热力学法则的建筑设计的话语与方向。能量在气候环境、建筑系统、人的身体之间流动与转化，这个热力学过程要求建筑成为气候与人的身体之间的热力学桥梁，建筑的形式作为对气候环境的转译与反馈。建筑与气候协同，是用特殊的形态、材料、空间组织去反馈环境的热力学状态的表现，应当将气候作为建筑话语的一个重要部分。

1.2.2 热力学建筑理论的发展历程

国外的研究始于20世纪中期，1950年伊利亚·普利高津（Ilya Prigogine）推动了复杂科学的诞生，热力学研究由经典的平衡态热力学向着非平衡态热力学迈进了一大步，他对于“开放系统”“耗散结构”的研究推动能量由“机械论”向“有机论”转变。因此热力学的应用领域越来越广泛，对这个世界上的热现象和能量转换的解释也越来越完整，直到今天，广义的热力学还在继续向前发展。

20世纪50年代，霍华德·奥德姆（Howard T. Odum）创建了生态系统生态学[14-17]，他提出了“能量流动”（Energy Flow）的概念，并创造性地运用“能量图解”（Diagram Energy Flow）和“能值图解”（Emergy Diagram）作为研究工具，去分析研究生态系统的能量传递和转化规律。奥德姆的研究从能量的角度入手，理性解释了生态系统复杂结构表象下隐藏的能量逻辑。他还在《21世纪的环境、能量与社会》[14]一书中，将能量应用的范围继续拓宽，将热力学的能量思考方式应用于解释复杂的生态系统、社会和经济发展之中。他认为“热力学已经涌现为一个科学的工具，服务于社会规划，甚至是一个新的范式，通过引入熵和不可逆转的时间概念来塑造思想的景观”。该理念随后被引申至建筑学中，因为建筑也应当被设计成这样一种系统，而不是自给自足的自治体。它对外界环境有着从属性和依赖性，又是内部子系统乃至人体系统的庇护和供给来源。系统之间只有保持着互动和联系，才能有良性发展，远离混乱。因此，我们不能再用“隔离”（Isolated）的视角去看待建筑设计问题，要将小范围的能量转化放到一个整体的热力学系统中来考量，与时间矢量的长周期相融合。子系统不能无节制地向上级系统释放熵，需要通过特定的设计和成熟的能量利用模式来抗争最大熵的产生。全局性的系统观是热力学引导的建筑设计的核心所在，是真正意义上的可持续。

现代建筑领域关于能量以及建筑要与环境适应的大规模讨论直到20世纪才出现，尤其是在发明空调之后。能量也开始在现代建筑的进程中逐渐明晰，它包括了两条并行的线索：一方面是机械设备技术的飞速发展对应的将建筑与环境“隔离”起来的“内部调控”；另一方面是对环境开放的，以气候设计、太阳能利用为代表的环境设计手法。

奥戈雅在1963年首次建立了“生物气候地方主义”的建筑理论，提出将能量研究与建筑设计相结合，利用设计、构造手段来实现建筑为人提供舒适生存环境作为生物气候设计的原则，并创立了至今沿用的“生物气候图”和“阴影遮罩”（Shading Mask）[18]。雷纳·班汉姆（Reyner Banham）在1969年出版的《环境调控的建筑学》[19]一书中，强调一直以来在材料和结构的技术观下被忽视的现代建筑在环境调控方面的技术发展和成就，将建筑称为“环境调控的机器”，认为人类的建筑发展史是一部环境调控的历史，现代建筑进程在工业革命之后表现为以不断发展的机械化技术手段实现环境调控。班汉姆将建筑中的环境调控对应的“能量”提升到与结构、材料和空间设计同样重要的地位。

此外，在21世纪之前，关于热力学建筑的相关探索已经展开。20世纪70年代晚期，佐治亚理工学院（Georgia Institute of Technology）开展了关于建筑热力学的第一个课程“建筑中的热原则”。英国建筑师阿兰·威尔逊（Alan Wilson）教授因其在交通和城市模拟领域对空间互动的方法论及动态系统理论的先驱性的研究而著名，他在1970年出版的《城市和区域模型中的熵》[20]一书，将统计学中的熵最大化方法应用到对城市和区域模型研究当中去，并描述了建筑热力学的理论，他认为整体系统理论和熵对于城市规划有促进的作用。1986年在剑桥达尔文学院举办了城市建筑形式和能量分析研讨会，主题是建筑环境中的能源使用，建筑能耗分析和城市土地利用与交通模型的研究，涉及城市建筑形态的能量表达，以及对其性能的模拟、预测和优化等问题，其成果后来由迪恩·霍克斯（Dean Hawkes）编撰成《能量和城市建成形式》[21]。

1987年，埃及建筑师哈桑·法赛（Hassan Fathy）出版《自然能量与乡土建筑：与热干气候相关的原则与范例》一书[22]，其中《热带气候下的建筑热力学与人体舒适性》一文强调为了更好地理解气候现象，必须考虑物质与能量的热力学特性。热、辐射、压力、湿度、风等彼此相互作用构成地球表面的气候状况。1995年后，美国数学家和建筑师尼克斯·萨伦格洛斯（Nikos Salingaros）也开始在建筑热力学领域做大量理论工作，他认为热力学联系起生物生活与建筑生活，并组织起人类活动中的物质与能量，还提出了建筑熵和建筑温度、混沌理论和复杂性等概念，认为“糟糕的建筑”是忽略了自然环境和人们真正的需求，让人感觉不舒服的建筑。

近年来，“热力学建筑”逐渐成为国际建筑理论界的前沿话题。瑞士先锋建筑师菲利普·拉姆（Philippe Rahm）认为将气候作为建筑的设计语言十分重要，他主张将气候整合到建筑之中，去改变建筑的结构、功能设置和审美标准，将建筑学的范畴从生理学扩展到大气环境。他对传导、对流、蒸发和其他一些大气现象做了深入研究，并将其应用到建筑设计中。建筑的设计不再是结构与空间的建构，而转变为热环境的建造，建筑思维方式由结构转向气候。他的许多实践及研究项目，都在探索气候话语下建筑的形态转变[23]。伊纳吉·阿巴罗斯教授作为热力学建筑前沿理论的领军人物，其实践中一直注意建筑对不同地域的气候适应，追求气候协同的建筑设计。他认为，用热力学的观点去讨论能量、建筑设计与形式时，推崇的是建筑的能量形式化——获取最有利于能量转换和流动的建筑界面构造、功能组织、材料使用、建筑几何空间造型及尺度关系等形式是建筑的本体需求；形式追随能量，建筑作为能量的形式化反馈是热力学建筑理论在21世纪所强调的十分重要的话语[12,24]。普里埃多（Eduardo A. Prieto Gonzalez）在其博士论文《从机器到大气：建筑中的能量美学，1750—2000》中以七个热力学比喻来建构250年来建筑中能量线索的美学表现[25]。基尔·莫（Kiel Moe）在《隔离的现代性：建筑中的弧立与非弧立热力学》[26]、《聚合：建筑的能量议程》[27]和《建筑系统：设计、技术和社会》[28]中对建筑与热力学系统的关系作了大量的表述，他认为建筑师的实践与研究应该促使建筑向远离热力学平衡状态的开放系统发展，而不是一味地追求建筑节能规范、建筑认证及建筑模拟；在《建筑中的能量梯度：能量分析》[29]中通过列举现代建筑的例子，阐明建筑界面、人体和室内空间的热变化关系；在《建筑中的热主动界面》[30]中提倡消除传统建筑设计中建筑系统本身与它所处的外界环境的隔绝关系，将建筑系统的界面从阻止物质和能量流动的角色转变为促进能量流动的角色。建筑的界面应当根据周围环境的状态选择隔绝还是开放，成为建筑内外能量平衡与交换的窗口与构件，哈佛大学设计研究生院助理教授、工程学博士萨曼·克雷格（Salmaan Craig）提倡将热力学第二定律纳入建筑学讨论的框架之中，在《面向性能化的建筑历史：波斯历史建筑中的辅助、性能和供给》[31]中通过传统的建筑设施和构造，研究干旱和半干旱气候的波斯建筑文化和环境性能；在《呼吸的墙体：用于热交换和渗透通风的多孔材料设计》[32]中研究探讨如何通过设计建筑材料中的气孔，获得新鲜空气的同时，又能有效地与建筑的热效应取得平衡，同时将热损失控制在最小。

美国宾夕法尼亚大学建筑学院副教授威廉·布雷厄姆（William W. Braham）和丹尼尔·威利斯（Daniel Willis）等学者共同编著的《能量视角：能源、气候和未来的建筑表现形式》[33]结合建筑能量可视化、图像、理论讲述20世纪以来的能源生产、使用或节约的建筑实践和发展。布雷厄姆和威利斯在《建筑与能量：性能与类型》[34]中，整合了针对建筑形式与性能优化的许多学者的文章观点，详细解释了对性能（Performance）的理解，并从性能优化入手阐释了能耗如何影响建筑的风格及形式。布雷厄姆在《建筑学与系统生态学：环境建筑设计的热力学原理》[35]中探讨了系统生态学的体系结构含义，将热力学原理从19世纪重点放在更有效的机械设备和建筑上，扩展到当代对生态系统具有弹性的自组织的关注，引入霍华德·奥德姆的系统生态学概念。该书提出了一套能量系统图解来评价建筑的各项性能，将热力学原则运用在建筑的庇护界面、环境布置和选址三个方面，以及解释在这三个活动的嵌套范围内解释建筑性能表现：作为躲避气候的避难所（Shelter）的热力学特征，作为工作和生活的功能布置与环境（Setting）的建筑需求和作为在城市和经济生产层级上集中布局的建筑形式。

在建筑教学方面，曾任哈佛大学设计研究生院建筑系系主任的伊纳吉·阿巴罗斯教授成立了热力学建筑教学团队，团队集合了能源专家、材料工程师等研究学者。伦敦建筑联盟学院、代尔夫特理工大学、巴塞罗那理工大学等建筑学院积极响应，逐渐激起一波从热力学视角出发的建筑设计体系的讨论。这期间，这些学校开展了大量相关的学生课程，如2011年和2012年在巴塞罗那理工大学建筑学院和哈佛大学设计研究生院组织开展了"热力学内体主义/立体图景"（Thermodynamic Somatisms / Vertical scapes）课程，从热力学角度出发对热量传递原则进行实验研究，设计了以能量平衡为导向的功能混合器（Program Mixer），完成了设计不同气候语境下的热力学实体的任务。2013年4月，阿巴罗斯教授与苏黎世联邦理工学院结构设计系主任一起合作开展了"运动中的空气——热力学物质化"（Air in Motion—Thermodynamic Materialism）研讨班。2015年，阿巴罗斯教授与同济大学李麟学教授合作开展了"热力学物质化——中国高铁站引导的高度建筑集群研究"课题，期望能从热力学视角结合中国的城市背景，探寻以热力学能量"集聚"为特征的建筑聚合模式。

近年来，国内的相关研究和关注也逐渐增多。热力学建筑将能量流动规律与建筑形式生成综合考虑，在早期设计阶段就考虑将特定气候与社会环境下的风、光和热等能量流动，作为建筑形式的出发点和动力，尝试融合建筑的本体性与工具性，重建一种建筑的批评与实践范式。国内的一些建筑学者也提出了针对能量流动及将热力学概念运用于建筑设计中的研究。

同济大学李麟学教授于2015年发表的《知识·话语·范式：能量与热力学建筑的历史图景及当代前沿》[36]，从热力学原理、理论、发明、实验、建筑实践和出版物等方面绘制了一套热力学建筑的不完全历史图解。在教学方面，在对能量流动与形式生成的研究的基础上，他展开"能量形式化与热力学建筑前沿理论建构"的课题研究，先后开展了"热力学物质化——中国高铁站引导的高密度建筑集群研究""热力学原型设计——风""设计应对雾霾——热力学方法论在中国""热力学原型设计——光"等实验性教学，出版了《热力学建筑视野下的空气提案：设计应对雾霾》[37]、《热力学建筑原型》等著作。清华大学曹彬教授长期研究热舒适与建筑热环境，在国际一级期刊上发表了多篇热舒适和室内热环境的文章，如《农村村民自建房形式研究——"平""坡"之争》[38]通过自建房的屋顶形式的建造难度、热舒适性等研究建议自建房屋顶形式采用平顶，还有《过冷还是过热？中国不同气候区的冬季热舒适性研究》[39]一文通过气候分区和人体维度的双重视角，对北京和上海的冬季建筑热舒适进行研究。清华大学宋晔皓教授在技术和设计相结合的建筑案例中，剖析经由奥戈雅、班汉姆和霍克斯所提出的环境调控模式[40]，并强调环境选择型设计是建筑师应该要重视的。同济大学袁烽教授于2016年出版的《从图解思维到数字建造》[41]中的"环境性能图解"一章，对建筑中的热力学与能量流动研究发展和理论进行了梳理，并详细论述了基于能量认识论的环境性能可视化图解被建筑实践和研究利用的案例。哈佛大学范凌博士推崇热力学都市主义，他认为环境由城市与自然组成，尤其是在21世纪，微观的、有机的、能量层面的热力学将会成为环境建构的内在驱动力，帮助建筑重构能量语境，热力学将城市和自然环境物质化为能量的流动，建筑则成为支持或者阻隔这种流动的热力学容器。

1.3　乡土建筑的界定与发展

1.3.1　乡土建筑的界定

乡土建筑（Vernacular architecture）一词，源于20世纪后半叶，在伯纳德·鲁多夫斯基（Bernard Rudofsky）、埃里克·默瑟（Eric Mercer）和保罗·奥利弗（Paul Oliver）等学者的著作中都有提到，并引起全球研究学者的关注。保罗·奥利弗在他对乡土建筑的定义中也提到了鲁道夫斯基，不仅保留了关于“民居建筑”“没有建筑师的建筑”，甚至是“人民的建筑”的概念，还特别揭示了乡土建筑的科学内涵。埃里克·默瑟在《英国民居研究》的导言中给出了一个开创性的定义，即乡土建筑是指在一定时期内，某一地区普遍存在的建筑类型[42]。根据阿莫斯（Amos Rapoport）的研究，在乡土建筑的定义中我们不能忽视人类学和文化参数的重要性。乡土建筑通常指的是传统的、民居的和风土的建筑，而不是古典的风雅建筑，其往往与建筑师所创造的建筑形成鲜明的对比，这些建筑脱离了场所的偶然性。

国内关于乡土建筑的界定始于20世纪30年代对相关民居的研究。在1999年ICOMOS大会为补充《威尼斯宪章》，决定通过《关于乡土建筑遗产的宪章》建立一套管理和保护乡土建筑遗产的原则。其中，对乡土建筑特征作出国际范围的明确定义：其一，具有某一社区共有的建造方式；其二，具有可识别的、与环境适应的地域特征；其三，其风格、形式和外观一致，或者使用传统上建立的建筑形制；其四，具有非正式流传下来的用于设计和施工的传统专业技术；其五，有效响应功能、社会和环境约束；其六，运用传统建造系统和工艺[43]。英国建筑史学家保罗·奥利弗在1997年出版的《世界乡土建筑百科全书》[44]表明：乡土建筑包括民众的住宅和其他建筑，它们一般是由主人或族群工匠所建造，与所处的环境及可用的资源息息相关，并且使用传统的技术。所有形式的乡土建筑都是为了满足特定的需求而建造，并与产生它们的文化中的价值观、经济以及生活方式相适应。陈志华先生的《北窗杂记：建筑学术随笔》也认为“乡土建筑本身需要界定”，而且是“乡土环境中各种建筑类型和种类之和”，其将乡土环境定义为农村制度、封建家长制社会和手工农业时期[45]。在陆元鼎先生编撰的《乡土建筑遗产的研究和保护》[46]中，关于乡土建筑遗产的定义与分类认为，有形的乡土建筑遗产包括空间要素（地方性或乡村性）、时间要素（持续性）、价值要素（包含的社会、文化、科技与经济的已有或潜在价值）、功能要素。

但是，不同学科领域对乡土建筑这一概念的定义理解不一，在社会学上是指社会结构的基本单位，是社会人群聚居、生活和生产的聚集体，是社会基层物质文化的集中体现；在建筑学上则被直观地描述为“没有建筑师的建筑”[47]，民间的、土著的空间，一般广泛地在农村城镇分布，由民间匠人和使用者（有时合二为一）共同建造的空间；在民俗学上指在一个固定的且边缘清晰的地域环境中长期生活、聚居和繁衍的族群所组成的空间单元[48]。

关于乡土建筑的分类方法也有很多种。从环境分布空间角度，可以按照自然地理空间（如东西半球、纬度高低的经纬地带，高原、平地、内陆、沿海等的地域类型和热带、温带、寒带等的气候区划等），文化社会空间（如行政区划、洲际国家、单一民族地区或多民族地区等），几何空间（如点状、线状、片状的平面分布形式和下沉式、平地式、沿山式等的立体空间分布）等进行分类；从时间角度，可以按照考古学（旧石器时代、新石器时代、铜器时代、铁器时代等），历史学（如史前、古代与近代或具体年份等），社会学（把文明发展时期分为原始狩猎文明、古代农耕文明、近代工商文明与现代文明等）等进行分类；还可以从建筑类型（如宗教类、居住类、商业类等不同功能和形式）、空间形式、结构材料等角度进行分类。

我国是一个地形与气候都相对复杂的国家，为了适应各地区不同的自然条件和生活需求，从很早之前原始族群便开始创造各种不同形式的居住建筑。随着氏族转变为部落，部落转变为国家，建筑之间也随着密切的政治、经济和文化联系相互不断促进和融合。在建筑方面，汉族、蒙古族、回族和藏族还保存着比较显著的差别。其中，汉族建筑分布范围较为广泛，为了适应各地区的气候材料与复杂的生活要求，多方面与多样性发展，尤其以居住建筑比较富于变化[49]。

本书研究的乡土建筑具有显著的多样性，此多样性不仅源于建筑地域性的唯一与独特、具体与复杂等多重特征，也源于建筑地域性由共性与特性交织而成的在空间尺度上的多层次性。关于研究对象的界定，既可以是相同自然环境条件下或社会文化基因相类似的地区，也可以是一个具有典型意义的特定聚落，还可以是同一建筑原型和类型在不同地域文化下的比较研究。本书所要构建的研究体系是通过对全球的乡土建筑在不同气候文化下的比较，归纳以及研究它们的建筑空间与热力学特征，从而形成乡土建筑热力学谱系，在这个基础上，形成基于气候适应性的热力学设计方法。本书将以地域、时间、建造主体、建造类型、建造材料和气候适应性特征这六个类别，对所要研究的乡土建筑进行一个初步的界定，主要是指在特定气候分区和文化分区下，在非职业建筑师体系下，以自发方式或传统延续的方式建造的乡土建筑，既包括传统的也包括当代的。

1.3.2 乡土建筑的发展

在过去几十年，对于乡土建筑的研究已经成为一个特殊的建筑话题，形成了越来越多涉及经验性的构筑物，或者说是关于非建筑师建造的建筑的理论知识。尤其是20世纪30年代以来，许多西方建筑师开始谈论和使用传统民居的元素，甚至将乡土建筑研究的范围从宏观的历史渊源拉回到现实当中，如在斯堪的纳维亚，包括阿尔瓦·阿尔托（Alvar Aalto）在内的一些建筑师创作了风格淳朴的地域主义作品；在地中海的伊比桑岛，吸引了一批包括勒·柯布西耶（Le Corbusier）和加泰罗尼亚建筑技术小组（GATCPAC）在内的前卫建筑师进行乡村住宅创作。他们在伊比桑岛发现了一种受气候、地域材料强烈影响的建筑——白色小屋，其几乎没有受到任何时期艺术或建筑风格的影响，可以说是人类与环境之间直接影响的结果。其中，加拿大建筑师拉夫尔（Rolph Blakstad），对伊比桑房子的历史和类型进行研究，在其起源上发展出重要的论据，后来更是拓展出当地的一种新的建筑风格；还有比利时建筑师菲利普·罗特埃（Philippe Rotthier），除了广泛研究这些建筑外，还进行了大量的修复工作，并严格按照旧的原始民居设计了新的作品。直到今天，以其名命名的欧洲菲利普·罗特埃建筑奖依然嘉奖并记录着那些“具有集体根源、文化价值和地域性的，使用汲取了欧洲乡土建筑精髓的，并与过去和历史对话的自然和可持续材料的作品”。

20世纪40年代，“国际主义”和“地域主义”之争论逐渐在建筑学界和社会范围内展开。1957年英国建筑师詹姆斯·斯特林（James Frazer Stirling）在《论地域主义和现代建筑》（*Regionalism and Modernity*）一文中，不仅对柯布西耶第二次世界大战前后的设计的生态性转变进行了评论，还主张现代建筑考虑现实技术和现实经济的新传统主义。经过了20世纪现代主义建筑的发展，后现代、解构、新现代、生态等各种思潮逐渐涌入建筑界。而乡土作为一种被重提的思想，在新的历史语境和批判地域主义下激发着新的活力。从与现代主义对立的地域主义演绎到批判的地域主义，再发展成今天被越来越多建筑师试图用新的视角审视过去的“当代乡土”或“新乡土”[50-54]，正号召世界各地的建筑师用积极的手段重塑当地乡土建筑文化。

批判地域主义是20世纪80年代兴起的一股思潮，来自刘易斯·芒福德（Lewis Mumford）第二次世界大战前对国际“现代主义”风格和“二战”后规划的批评[55]，与古典时期就已形成的地域主义有着巨大的不同[56]。这种地域主义的新概念最早出现在1981年楚尼斯（Tzonis Alexander）和其夫人历史学家勒菲尔（Liane Lefaivre）发表的《网格与路径》一文中，其批判性地强调地域性的范畴，研究建筑与其所处地区的自然生态、文化传统、经济形态和社会结构之间的特定关联，其核心关注的是对当地文化的尊重，也涉及对气候的响应和对技术条件的应用。1983年，肯尼斯·弗兰普顿（Kenneth Frampton）在《迈向批判地域主义：作为抵抗的建筑学之六要点》[57]一文中对全球化、大众消费文化及其对建筑的影响提出了批评，在《现代建筑：一部批判的历史》[58]的最后一章，针对“批判的地域主义”进行论述，强调了批判地域主义是基于“现象学”对特定的社区与人群对某种文化、经济和独立的目标明确的向往。地域主义既对现代建筑的理性主义质疑，也对后现代主义的怀旧地域性倾向提出反思，认为建筑中需要采用一种更为严格的地域主义手法，其中要考虑对位置、地形、气候和文化的特定需求。正如批判地域主义所强调的，乡土建筑，并不应该是简单地恢复某种已消失或将要消失的传统乡土风格或形式，而是试图间接性地、批判性地选取某一地区的特征要素当作设计的切入点，将传统与现代文明结合，找寻一种能赋予场所及建筑新的意义的新形式。

在乡土建筑的形式和类型的研究中往往会通过建立“谱系”，对特定地域的建筑文化历史发展进行追源和溯流，试图通过文化、环境、历史的关系，建构和解读建筑类型、建筑空间和构造等物质空间特征，串联起该地区建筑的“家谱”。关于乡土建筑特征及其分类的研究从20世纪50年代蓬勃发展以来，已经积累了大量的基础研究和成果。但关于确切的分类依据依然多以行政区划进行划分，或者以某地区、某民族为单位，这在某种程度上存在着整体认知上的局限，即便是同属于同一民族的乡土建筑，仍然会由于所处的自然地理资源与社会环境的差异，具有较大的差距。

西方学者对乡土建筑的关注，最早始于西方国家工业发展过程之中，在西方建筑学上称为“Vernacular Architecture”，大约在19世纪初形成明确的建筑学术语。到了19世纪末，工业发展所带来的人口压力、城市环境恶化、农村人口外流、城乡发展不平衡等问题，引发了人们对城市化发展的反思。“田园城市”的理念由英国的城市规划师霍华德（Ebenezer Howard）于1898年在《明日的田园城市》[59]中提出，其中著名的“三磁铁”图解表达出可持续的城市化进程不是对乡村社会和环境的全盘否定，而应该将乡村历史记忆与城市快速发展融合起来，使乡村和城市均得到适宜而逐步的发展。

20世纪以来地域主义运动的兴起，提倡对乡村景观及其生活方式的保护，从那时开始，建筑界对乡土建筑的研究也增多。1964年纽约现代艺术博物馆（MoMA）举办了“没有建筑师的建筑”的展览，按照《没有建筑师的建筑：简明非正统建筑导论》中鲁道夫斯基（Bernard Rudofsky）的观点，那些“原始的、土著的、本土的、传统的、民间的、农村的、民族的或是非正式的和无建筑师主导的”建筑物，也是美的和艺术的，非建筑师大众也有创造自己“美”的权利，通过自发性营造，创造自己生活中的美。

对乡土的关注，引发了建筑学者对全球各个区域的本土建筑文化的重新认识和评价，同时还有西方学者选择本土文明以外的体系作为研究关注。英国建筑理论家阿莫斯•拉普卜特（Amos Rapoport）以人类学、人文地理学为基础，调查亚非澳地区土著居民的居住形态，其1969年出版的《宅形与文化》[60]认为：“乡土建筑不仅包括传统的、前工业化的乡土建筑，还包含了现代乡土建筑，其关键是与专业化和体系化的风雅建筑相区别开。”其中，作者探讨了宅形是如何受到物质要素和社会文化要素等多种客观因素的影响，从而为理解乡土建筑类型的演变提供了新的视角。同年，出版了《庇护所和社会》[61]的建筑历史学家保罗•奥利弗（Paul Oliver）却强烈反对鲁道夫斯基把乡土建筑作为纯粹的艺术品，认为这样缺乏了对完全不同的地域文化的建设者和居民差异的认识，提出要多维度地对乡土建筑的价值进行挖掘。因此，他和拉普卜特一起引导建筑学界从更系统的角度探索乡土建筑的环境、技术、社会和文化价值。奥利弗在1997年出版了较为系统、篇幅巨大且内容庞杂的《世界乡土建筑百科全书》三部曲，其中集合了世界各地的学者，用详细的检索分类方法对全球的乡土建筑研究进行了不同类型的归类，包括空间、立面、剖面、类型、材料、结构等，这本巨著也为本书提供了丰富可供参考的乡土案例。

亚洲学者也对亚洲地区以外的区域展开调查。例如，日本建筑师原广司和其研究室通过对全球不同地区的乡土聚落进行记录，编写成《集落的启示100与解说》[62]；日本学者西村幸夫的《再造魅力故乡：日本传统街区重生的故事》[63]，从社区建设和维护的角度总结了有关乡土建筑保护的策略，体现了对地方文化价值、聚落品质与社区之间互动关系的关注；京都大学教授布野修司出版的《亚洲城市建筑史》[64]和他以奥利弗的《世界乡土建筑百科全书》为底本，选取了100多例世界各地有代表性的住居进行建筑的构成、空间、文化等各个方面深入解读的《世界住居》[65]；日本学者高谷好一在各类景观划分的基础上，提出用生态、生计、社会、世界观的综合体“世界单位”来对全球的传统民居加以区别，各个“世界单位”中不仅仅是一种住居和村落形式，村落和建筑形式还是由更狭小的地域生态所决定的。

相对而言，由于工业化程度和社会发展阶段的不同，国内开始对乡土建筑的关注较西方学者稍晚，但过程却纷繁复杂。中国乡土建筑研究由营造学社发起于20世纪30年代，主要针对的是产生于中国本土的、具有地方特色的建筑。学者们对中国各地乡土环境进行抢救性的研究，尤其是民居的调查研究，包括西南西北地区的民居、徽州民居、福建民居等。1944年，抗日战争还未结束，《中国营造学社汇刊》停刊七年后复刊，汇集了很多与乡土建筑有关的文献，如作为我国第一篇研究民居的学术论文《云南一颗印》[66]，梁思成的《为什么研究中国建筑》[67]，还有在同一年由梁思成先生编撰完成的《中国建筑史》[68]，首次全面地将中国建筑的历史和画面呈现给西方读者，也从此开创了中国建筑史学系统科学研究的方向。随后，1956年刘敦桢的《中国住宅概说》[49]，1957年刘致平的《中国建筑类型及结构》[69]等均为乡土建筑的研究奠定了基础。

20世纪90年代以来，民居和乡土建筑开始广泛进入许多建筑师和国内地域理论界的研究视野。1993年韩冬青教授在《建筑学报》上发表《类型与乡土建筑环境：谈皖南村落的环境理解》[70]，清楚地阐述“类型”与“原型”的概念，还通过对皖南村落的乡土环境研究，提出宅居作为一种聚居形式，其成因和得以延续的关键是考虑使用者对空间的需求，包括使用者在物质、精神、心理和生理舒适等方面的主观需求动因，以及其与现存自然和社会环境的客观外在条件的相互作用，从而决定了乡土建筑的类型特征。1998年吴良镛教授的《乡土建筑的现代化，现代建筑的地区化——在中国新建筑的探索道路上》[71]提出中国乡土建筑的研究应着眼于“地区”，因为不同地区的建筑文化有着明显的区域性，有着不同的民居文化和地理、气候、技术因素。1999年陈志华在《北窗杂记：建筑学术随笔》[45]里《说说乡土建筑研究》一文中，认为乡土建筑研究是以“乡土环境中所有的种类和类型的建筑”为研究对象。

关于乡土建筑谱系的研究，学术界有很多对于谱系研究和分类的依据。单德启教授在《中国乡土民居述要》[72]中依据生活在民居中的人的活动模式所要求的空间特征进行划分，将乡土民居划分成汉民族文化集中的“院落式”、西南地区的“楼居式”和中西部地区的“穴居式”三类，并认为这种划分方式与地区的自然地理条件、民族和风俗等密不可分。单霁翔先生在《乡土建筑遗产保护理念与方法研究（上）》[48]中也提出对乡土建筑遗产的调查应尽可能详细，包括地域特征、历史特征、文化特征等各个方面。常青院士在《风土观与建筑本土化：风土建筑谱系研究纲要》中提出以方言和语族为主要参照，且兼顾环境和文化的风土建筑区划：“当今的乡土建筑研究重点已不再只是形式、风格，而是应该着手于文化和技术两个层面，尤其是对其在环境气候和文化风习的地域差异背景下所表现出的特征进行分类，并作出相应的图谱系列。只有如此，才有可能跨越以行政区划为划分方式的局限。”[73]目前为止，较为完整地梳理了我国各地的乡土建筑的著作有《中国传统民居类型全集（上、中、下）》（2014）[74]和《鲁班绳墨：中国乡土建筑测绘图集（1-8册）》（2017）[75]等。通过统计我国建筑学的乡土建筑谱系相关的研究可以发现，主要有纵向动态的“历史”层面演变、横向动态的“自然地理空间”和“传统人文文化”层面衍化和多点静态的“建筑特征”的研究视角。一般来说，对于乡土建筑的谱系研究都是采用动态和静态相结合的方式，即根据不同时期、不同地域的建筑在发展演变过程中呈现的特征（形式构造细部等方面）来划分建筑的源流和谱系。但也不乏静态的乡土建筑谱系研究，例如《乡土建筑型制与民俗的相关性研究》[76]、《上海市传统民居类型调查与研究》[77]等。

1.4 热力学视角下乡土建筑的不完全历史图解

气候，与特定地域环境下的乡土建筑形式和文化特质有着紧密的联系，太阳辐射、降水、光照、湿度、风等气候因素都会以直接或间接的作用影响建筑功能和形式。探索乡土建筑中这些要素的相互关系以及所产生的影响，就是从能量这个新视角重新审视这个话题。

在最初的原始建筑中，有超过95%都是由使用者自己设计建造的，并不是由专业的建筑师，包括大量的民居、农业和工业用房、景观小品等。在热力学视角下乡土建筑的不完全历史图解中（图1-1），无论是已经不再沿用的距今约40万年的人类原始茅屋[1]、距今约6500年的我国陕西西安半坡遗址、距今约4000年的古埃及卡洪城（Kahun），还是至今仍然在各个地区都能看到并继续被使用的中国北方的“炕”、波斯的冰坑（Yakhchāl）、罗马的热浴池，其中经历千百年甚至上万年的经验演化所形成的相对恒定有序的形式规律，其成因不无令人感到好奇。

在公元前1世纪，与乡土建筑气候适应性相关的研究最早开始有记载。在《建筑十书》中，古罗马建筑师维特鲁威（Vitruvius）基于宇宙观和身体观，提出南北种族择居方式、身体、精神等方面因自然气候差异而异，“住宅在质量上应当适合种族的身体和容貌，如同适应于太阳的运行和天空的倾斜度一样”，指出了气候差异对建筑设计的影响。由此可见，在没有建筑师这一专业以前，由非职业建筑师主导的建造过程就已经有对气候因素，甚至是精确的能量捕获的关注，“原始社会和农人社会的房屋建造者在处理气候问题上显示出了惊人的技艺”[78]。

直到19世纪末，伴随着气候分类方法的提出和建筑热工学研究的兴起，这类充分体现了气候适应性的乡土建筑，才逐渐进入建筑师关注的视野，尽管在建成环境总量上占据着多数。如1919年挪威建筑师安德里・巴格德（Andreas Fredrik）通过利用不同乡土材料对27座圆锥形小屋进行环境性能测试，通过实验观察得到它们热量和湿度变化的数据（Kiel Moe，2014：79-93）。之后的20世纪保温技术也是在这些数据和实验研究所构建的原理中发展而来，这也导致了建筑走向了与外围环境能量完全隔离的窘境。曾在第二次世界大战从军的建筑师詹姆斯・马斯顿・菲奇（James Marston Fitch），在气候、乡土响应和遗产保护之间特殊联系的基础上，发表了几篇有关建筑气象学和气候学的文章；此外，他在1948年出版的《美国建筑：塑造建筑的环境力量》[79]，完美地融合了美国建筑类型演变的历史进程及其能量基础。

到了20世纪中叶，国际主义泛滥和对地域性的忽视，批判性地域主义的到来同样引发了建筑学界对现代主义的反思。传统民居和乡土建筑的价值被许多现代建筑师挖掘，甚至用来提炼整合到现代建筑设计中，作为建筑地域主义的经典范本和创作的源泉，其中，气候适应性作为不同地域的重要特征

1 这里是指在 1966 年法国尼斯发现的石头人类遗址 Terra Amata，被学界认为是至今最为古老的人类原始住房。

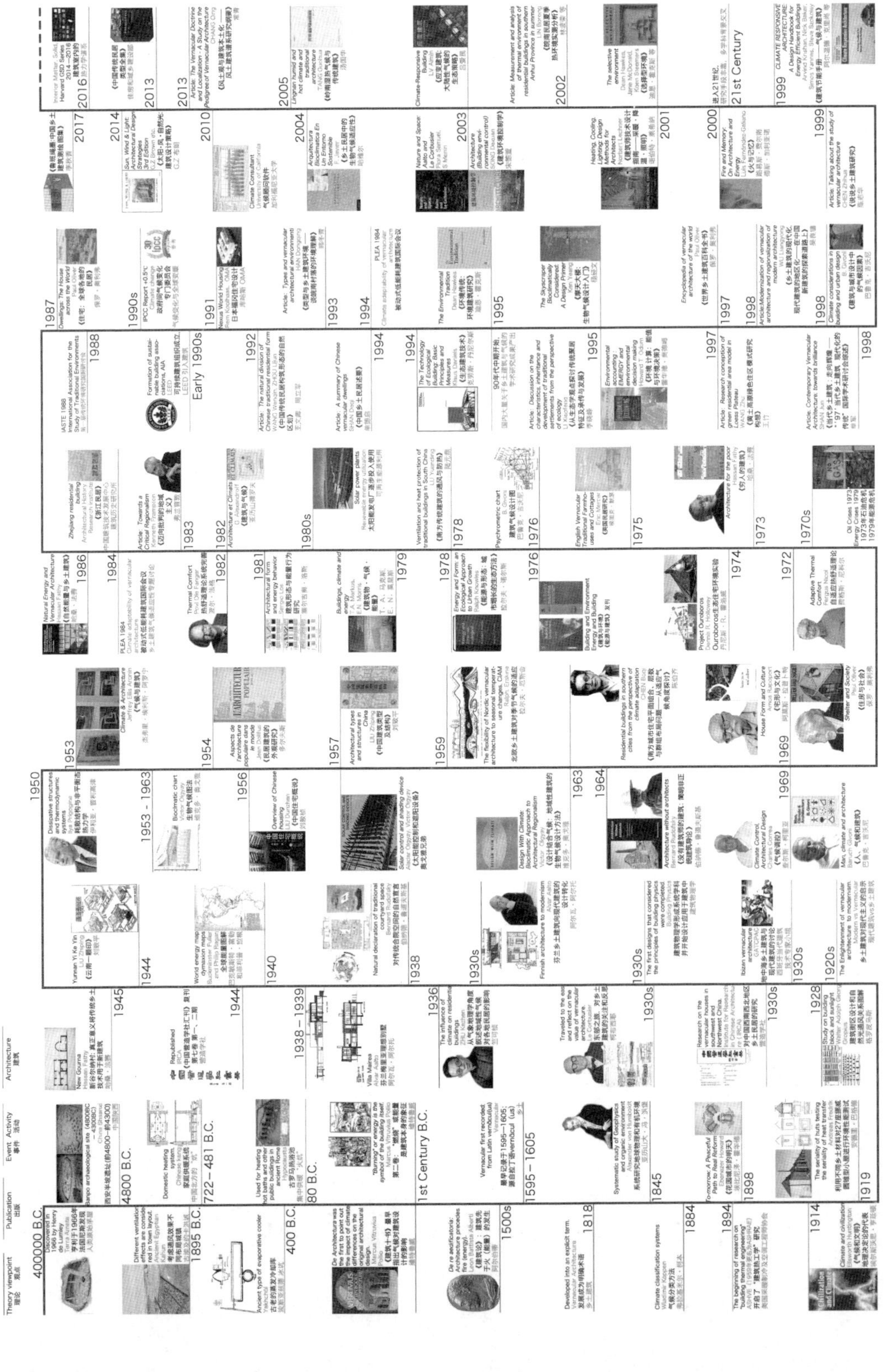

图 1-1 热力学视角下乡土建筑的不完全历史图解

也被着重讨论。而乡土建筑中的能量线索研究大体上可以分为五个阶段：原始时期人类住居的演化发展阶段、20世纪20年代乡土对现代主义的启示阶段、20世纪50年代的建筑地域性阶段、20世纪70年代的能源危机阶段和21世纪以来的低碳低能耗的可持续发展阶段[80]。

19世纪之初，随着航海和摄像技术的发展，西方国家有许多探险家和旅行者从南半球带回来大量当地原始建筑的照片，由此也引发了西方学术界对原始建筑和乡土建筑研究的兴趣。隔了一个多世纪之后，职业建筑师、艺术家鲁道夫斯基在《没有建筑师的建筑：简明非正统建筑导论》[47]及其同名展览中较为全面地呈现了世界各地乡土建筑的大量照片，他还提到乡土和原始建筑中对建构和热力学适应的能力，这也是他提到的形式适配的唯一模型。

1945年埃及建筑师哈桑·法赛（Hassan Fathy）通过大量的热干气候区的设计实践，如在2009年被世界遗产委员会和教科文组织纳入保护项目的新谷尔纳村（New Gourna），使乡土建筑实践中传统的理念、材料、建造和工艺首次被建筑师真正地用于新形式的乡土探索中[1]。1954年多尔夫斯（Jean Dollfus）出版的《民居建筑的外观研究》[81]中，通过对全球范围各气候区下民居形式的分类，研究论证了气候因素对乡土建筑形式的重要影响，指出相似气候条件下的乡土建筑跨越文化、国家、种族的界限呈现出相似的建筑特征，并提出乡土建筑的形式更大程度上是受气候分区而非国家边界影响。

20世纪60年代，人们对环境问题的关注日益加深，关于气候适应性的乡土建筑研究被着重提出，期间出现了许多具有划时代意义和指导性的建筑气候理论和实践。奥戈雅于1963年在《设计结合气候：地域性建筑的生物气候设计方法》上提出了应对气候适应性的建筑设计概念[18]——生物气候设计，书中第1章列举了湿热地区、干热地区、寒冷地区和温和地区的乡土建筑案例，以及它们是如何对气候进行响应的，还研究了全球气候划分下的民居屋顶形态分类。

除此之外，奥戈雅兄弟（Aladar Olgyay and Victor Olgyay）还通过创建建筑生物气候图，对气象数据进行分析以及研究，提出和人的舒适性和气候所对应的建筑技术和策略，系统地论述了气候适应性相关的建筑理论。吉沃尼（Baruch Givoni）于1969年出版了《人、气候和建筑》[82]一书，认为为了应对日益严重的能源危机，迫切地需要利用自然能量代替传统燃料，系统地论述了气候要素、人的生理与感觉、材料热特性，以及太阳能量、风环境和不同气候类型之间和建筑的关系。其后，还对奥戈雅的生物气候图进行进一步拓展，并逐渐发展成今天便于应用的焓湿图（Psychrometric Chart）[83]。1969年印度孟买的首席建筑师查尔斯·柯里亚（Charles Correa）的一篇名为《气候调控》[84]的文章记载了他利用气候作为设计动力的实践项目，并给出了印度各个气候区下所适用的建筑平面和气候策略。同时期列维-斯特劳斯（Claude Levi-Strauss）的《忧郁的热带》等人类学著作[85]，也为我们展现了世界各地（尤其是他前往探索的非洲部落）的建筑形式是受到社会因素和气候因素影响的。在这之后越来越多的建筑师开始在地域性建筑和气候适应性方面找寻建筑设计的出发点。

20世纪70年代以来的能源危机，促生了对节能建筑的关注，职业建筑师开始对过度控制室内环

---

1 哈桑·法赛在 1946—1948 年设计建造的“新谷尔纳村”（New Gourna），和柯布西耶等建筑师在地中海实践的“白色”小屋相似，通过庭院、墙体、材料、色彩积极回应热干气候区域的问题。在 2009 年被世界遗产委员会和教科文组织纳入保护项目，采取紧急的修复计划。

境和过度使用机械环境控制手段进行反思，气候适应性问题和对自然能量的利用也被着重提出。哈桑·法赛在1973年出版的《穷人的建筑：埃及乡村的实验》一书详述了他在努比亚学到的乡土建造技术，并糅合埃及传统的建筑设计，建造响应气候的封闭庭院和拱形屋顶，最后还与村民一起根据他们自己特定的需求量身定制了各自的设计方案。他在书中强调乡土建筑的形成是受多重因素影响的，但气候是最重要的因素之一[86]。其1986年发表的《自然能量和乡土建筑：在热干气候区的建筑原则和实践》[22]还阐述了基于人环境和建筑维度的乡土建筑设计的思考，并拓展到热力学和能量范畴，用热力学环境性能图解表达应对气候的设计意图。1979年马克斯（T.A. Markus）和莫里斯（E.N. Morris）的《建筑物·气候·能量》[87]系统地将热舒适、气候条件和建筑构造三个因素结合在一起，讨论如何把建筑物设计成既符合最佳热舒适条件又最经济、最节约能源的方法，他拓展了生物分析法，甚至把传统建筑物比作外骨架生物，而把框架与幕墙比作内骨架生物，并认为“在世界上的任何角落，其文化、地形、气候与住宅或建筑形式之间的密切关系都不如中国及日本体系中所表现的那样完善（马克斯，1990：12）”。

20世纪80年代末，随着可持续建筑概念的提出，关于乡土建筑和现代建筑设计的气候适应性研究继续得到关注。相关学术组织和国际会议在这一时期也颇为活跃，1988年成立并召开了第一届传统环境研究国际研讨会（International Association for the Study of Traditional Environments，IASTE）。1984年和1994年的被动式低能耗建筑国际会议（Passive and Low Energy Architecture，PLEA）更是增设了乡土建筑气候适应性的专题讨论[88]。英国建筑史学家保罗·奥利弗（Paul Oliver）在1987年出版的《住宅：全球各地的民居》[89]对世界范围内民居研究的梳理和总结，其中有较大篇幅专门讨论民居与气候的关联。1997年保罗·奥利弗汇编了一套三册的《世界乡土建筑百科全书》，涵盖了包括中国、日本、美国和法国、德国、西班牙在内的全球80多个国家地区的超过750名学者的研究成果，第一册侧重讨论建筑理论、气候和环境（气候专题在第1册第3章）、乡土建筑结构形式、建筑材料、资源等专题；后两册以特定的地域分类，从气候、国别、人文等因素对各地乡土建筑的气候适应性方式加以分析。该时期各国学者还出版了大量不同气候类型下所适用的被动式建筑策略的相关研究成果，1999年美国阿尔温德·克里尚（Arvind Krishan）和尼克·贝克（Nick Baker）等出版的《建筑节能手册——气候与建筑》就是以“气候适应性建筑”为标题[90]，在第1章就列举了不少乡土建筑的案例，围绕气候数据、建筑物理和建筑热过程等对建筑的各项要素进行研究和设计。

在21世纪，随着参数化工具和建筑物理环境的测试手段不断发展和普及，同时也得益于20世纪初建筑物理学和建筑环境学的发展以及对可持续发展话题的关注，建筑热学、建筑声学和建筑光学等研究建筑和环境的学科也逐渐夯实了相关理论基础，研究学者们更容易开展对乡土建筑的实测和环境性能模拟等研究工作。如杨经文受到麦克哈格的自然生态环境与地域适应性建筑理念的影响，在1996年出版的《摩天大楼：生物气候设计入门》中提出“生态气候”摩天大楼的概念。诺伯特·莱希纳（Norbert Lechner）在2001年出版的《建筑师技术设计指南——采暖·降温·照明（原著第二版）》[91]利用大量图表、气候数据和实例，研究在一个时空变化的室外环境中建筑设计在采暖、降温与照明的程式化、可量化的设计方法。G.Z.布朗（G.Z.Brown）和马克·德凯（Mark DeKey）在2001年出版的《太阳辐射·风·自然光：建筑设计策略》[92]同样采用了大量的图表试图厘清建筑形式中与自然能量的关系，为设计师提供造型设计的支撑。

迪恩·霍克斯在2001年出版的《选择型环境》[93]，深受班汉姆和奥戈雅的“选择模式”和“生物气候设计”的影响，认为任何的建筑艺术几乎都是从“遮蔽物”这一起源属性出发的，“乡土建筑到当代建筑的转化问题非常复杂。对某个由决定性的文化因素确定的‘原始’形式而言，真实的建筑形式和气候环境之间的关系很容易被隐藏”，因此“迫切需要阐明乡土建筑设计的基本原则，找到将建筑科学的抽象公式化为建筑形式的具体范例的方法”。书中还讨论了关于自然和建筑主题、建筑地域主义、环境设计中的舒适性、气候和类型学等，其中“选择性设计”是参照北欧的温带气候乡土建筑（没有极端性但有明显的季节变化的“选择性”建筑）所提出的，在形式和细部上表现了南北两个朝向的环境差异，平面、形式和横截面都具有差异性，在其南面以最大限度扩大内部和外部的界面环境，有效利用太阳能在冬季提供足够的供暖。

其他和乡土建筑气候适应相关的如日本建筑师古市彻雄（Tetsuo Furuichi）出版于2004年的建筑调查笔记《风光水地神的设计——世界风土中的睿智》[94]，记录了作者走访世界五大洲19个国家和城市的富有地域特色的乡土建筑，记述了因文化、自然条件等因素形成的建筑形式。拉尔夫·诺尔斯（Ralph Knowles）于2006年出版的《仪式之屋：借鉴自然韵律进行建筑与城市设计》[95]一书以联系人的舒适性和自然环境为目标，主要介绍了遍布世界各地的迁移式、机械式和新陈代谢式的传统庇护所和它们所呈现的自然韵律，不仅涉及与气候适应性的联系，还提到能源危机和环境变化所带来的城市问题，并在最后提出了太阳围合体（The Solar Envelop），为建筑师探讨太阳能利用方面的建筑设计和城市分析提供指导。日本建筑学会于2011年编制的《设计中的建筑环境学》[96]是基于生物气候设计概念，讲述了生物气候建筑原理和建筑现象，并结合实际案例进行详细的设计讲解。

中国学界对乡土建筑气候适应性的关注也是在20世纪初从其他领域的研究开始的，尤其是对中国古建的记录和考察。20世纪30年代开始，在营造学社的引领下，大范围的古建筑考察从我国的西南、西北地区开展，其中除了对风雅建筑的记录和保护以外，还积累了不少研究乡土民居建筑的第一手资料。1936年，中国气象、地理学界的著名学者竺可桢，从气象地理学角度叙述了地域性气候特征对各地乡土建筑形式的影响。由于战争的影响，中国乡土建筑的研究一度受阻。到了1956年，历经多番波折，建筑学家刘敦桢先生终于出版了汇集多年心血和田野调查研究的《中国住宅概说》[49]，真正意义上较为系统和全面地整理和研究了我国的民居建筑类型，并开创了国内民居研究的先河（刘敦桢，2004：2）。虽然刘先生在书中开篇言及“不同形式的民居是为了适应各地区不同的自然条件和生活需要”，但是，当时的乡土建筑的研究仍然是以营造技艺为主。

20世纪50年代前后，国内对乡土建筑气候适应性的研究关注逐渐增多。随着对建筑气候分区的明确和制定，最初我国建筑学者对南方地区夏季炎热的气候问题给予了较多的关注。1958年著名建筑学家、教育家夏昌世先生在建筑学报发表《亚热带建筑的降温问题——遮阳·隔热·通风》，针对性地讨论了广州地区的建筑气候应对策略[97]。陆元鼎先生在1978年发表《南方传统建筑的通风与防热》[98]从环境和气候特点出发，结合对实地环境的物理测量，对南方地区的传统建筑选址、形式和材料等进行研究。

21世纪前后，国内学术界对乡土建筑气候适应性的研究进一步深化。同济大学常青教授及其研究室提出风土观和建筑本土化的风土建筑谱系研究，绘制地域、降水线等区划与传统建筑形式关系的示意图（常青，2013；常青，2016）[73, 99]。宋德萱教授出版了《建筑环境控制学》和《节能建筑设计与技术》等研究建筑技术、形式空间等在适应气候过程中的理论策略的著作[100]。清华大学宋晔皓教授的《结合自然 整体设计——注重生态的建筑设计研究》[101]系统性地论述了乡村和城市的建筑结合自然的生态设计思维。秦佑国教授等的《中国绿色建筑评估体系研究》[102]研究国内外的绿色建筑评估的指标体系，从而研究并建立我国绿建指标的权重体系及适应性。刘念雄教授的《建筑热环境（第2版）》[6]较为系统性地对建筑学研究热环境的基础知识进行了整理，其第2章通过对全球气候分区、我国气候分区的梳理，探究不同气候区乡土建筑的案例提出“气候敏感性”建筑设计策略。林波荣教授的《皖南民居夏季热环境实测分析》[103]在现场详细的环境测试和连续监测的基础上，对传统民居的室内热环境进行研究。西安建筑科技大学刘加平教授及其团队多年来对生态传统民居进行研究，积累了不少成果，其中通过结合对黄土高原寒冷干燥地区的民居建筑形式和气候数据的研究，提出了新型绿色窑居建筑体系。杨柳教授从建筑气候学的角度出发，通过气候数据及分析方法对不同气候类型的建筑进行分析，其《建筑气候分析与设计策略研究》从人体生理舒适、气候区划分、气候设计分析图等角度探究建筑和气候的关系。

纵观已有的研究可以发现，建筑学界对乡土建筑的气候适应性在资料收集、调查和现场气候检测的基础上已经取得较为广泛的研究基础，但是尚有较大的发展空间：①提升与建筑实践的结合度，目前多以学术研究的试验性建筑和环境实地测量为主，并不能与职业建筑师的实践产生直接关联。②气候角度对乡土建筑的类型研究目前多是简单地对案例进行横向罗列，较少利用热力学和能量观点进一步对案例的形式和类型进行量化分析和深入研究转化。③以点为主、以封闭式的地域研究为主，乡土建筑的气候适应性研究多局限于单一地域或某一行政区划等的分类方式，在分类角度应该适当结合方言、地理、气候、匠系等对乡土建筑类型进行全面划分，正如常青院士提出的“不是整理封闭的各地域传统建筑系列大全，而是应该探寻一种特定地域开放的风土建筑特征谱系”[73]。

第 2 章

理论梳理——乡土建筑的热力学线索

2.1 建筑与气候关系的发展演进

纵观整个人类文明发展，气候与建筑之间的关系一直很紧密，原始的人类社会就建立了对材料、技术、建筑系统和建筑设计以及当地气候的依赖。乡土建筑在某种程度上反映了该地域的气候、人类需求和可持续建筑之间的完美适应，因此可以说这是原始的热力学建筑。从同样的意义上讲，当前的气候适应建筑可以定义为一种进化的乡土建筑。

2.1.1 热力学视角下的建筑气候观念演进

1.气候观

气候观，从广义上来说，是指人们对特定气候现象的理解，是自然环境观的组成部分，与所在地域的地理、气候、文化等特征有关。其在中西方文化观念中也有一定的差异，在东方，对气候的理解往往倾向于“时候”，即强调在一年当中的季节变化或一天当中的日夜变化；在西方，气候（Climate）源于希腊语“κλίμα”，即“倾斜度”或“坡度”。古希腊人将其理解为地球的不同地区有不同的坡度，而地区的坡度造就了太阳光倾斜度的不同，其更倾向于强调“地候”，即不同区域间的变化。

“气候”在中文的解读一般认为是指一年当中的二十四节气与七十二候，气候对于居住的影响在很早以前就植入了人类的观念中。《周易·系辞》中的“上古穴居而野处”，《礼记》中记载的“昔者先王未有宫室，冬则居营窟，夏则居橧巢”，即原始社会时期，人类成群居住在靠近水源的天然洞穴，或构木为巢的居住行为。无论是巢居还是穴居都反映了人类利用自然条件，如在洞穴、悬崖或树林营造住所栖身以适应气候，尽管“巢居”与“穴居”并非因为地域条件而截然划分[104]，但是大体上呈现出寒冷干燥地区适合穴居，温热潮湿地区适合巢居，温和地带随气候条件而异的特点。可见，中国古人的“气候观”对地形地理、文化、气候和居住形式之间关系有着深刻的理解，具体体现在选址、建筑结构、材料构造等方方面面，注重人与自然的有机联系。

通过回顾维特鲁威到柯布西耶的建筑观念的发展，西方的“气候观”表明，调控气候的手段更多地取决于地域性观念，而且它们不仅是建筑的技术手段，还往往是文化选择的问题。关于建筑与气候的关系，从维特鲁威开始就暗示了太阳和气候会对原始房屋建造有影响，并通过火和太阳的位置选择了城市的位置，建筑师不得不借助气候和宇宙原理重新思考建筑。维特鲁威甚至开创性地提出建筑和哲学要素中的“热、湿、地、气”密切相关，设计中应该考虑地域（国家）的多样性和气候的差异（维特鲁威，1986：15）。在《形式的起源：自然和人造物的形状》[105]中，克里斯托弗·威廉斯写道：“所有的形态都是适应性的，这意味着一个物种经过几代人的进化，将改变其形态，以更好地适应气候、地形、运动、食物摄取、战斗、交配，以及构成其环境和生活在该环境中的所有无数环境。”可见，气候观念被时常运用于生物和生活环境的外观形态和进化当中。

由以内部热源为主和以外部太阳能为主之间的关系来定义一个建筑的话，就是指在空间中维持、捕获或保存能量（热源或太阳辐射）。这种定义不仅是技术性的，同时也呈现出一种文化层面的含义，因为调控气候需要考虑风格选择和文化传统。在这种能量观里，气候观恰恰是与建筑最相关的，从18世纪末开始，许多学者就认为建筑物的形式特征，甚至城镇的形式特征间接或直接地反映了每个地方的气候条件。这种气候决定论不仅使我们有可能用合理的标准来解释每个民族的特征，也使我们能够在一定的基础上重新建立一门建筑学科。因此，气候决定论呈现了一个双重维度：作为一项科学原则，解释了文化多样性；作为一项学科原则，开辟了一条新的途径，使建筑建立在一定客观标准之上。

2.气候决定论的回顾和批判

对于人类生活方式进行的研究，时常容易掉进决定论的争论漩涡[106]。气候决定论者认为文化形式的外观及进化模式主要是受地域环境影响的，因此也称为“环境决定论”。环境决定论最为主要的观点是，认为“物质环境在人类事物发展中发挥着‘原动力’的作用”[107]。而在环境决定论中，地理的因素是最先被典型的浪漫主义诗人、旅行家和现代地理学的先驱亚历山大·冯·洪堡（Alexander von Humboldt）提出。洪堡推动了对地球物理和有机环境的系统研究，其希望能找到一门新的“环境统一”学科，突出强调地理因素、生物和人类活动之间的相互作用。洪堡认为自然是一个可理解的整体，并在相互联系的连续进程下变化，这不可避免地会对文化产生影响。正如洪堡在他最伟大和最著名的论文《宇宙》的前言中所写的那样，这门整体科学“在研究所有物理现象时，不仅考虑到生命的物质需要，而且考虑到它对人类智力进步的影响”，知识是“所有自然力通过其相互联系和相互依赖实现的连接链”[108]。

“气候决定论”是19世纪末的一些学者所提出的观点，其源于当时人类地理学的发展，其中包括希波克拉底（Hippocrates）提出的“体液论”（Humour Theory），其认为体液的平衡取决于气候条件，这也是不同地域的人形态和个性的差异；以及柏拉图和亚里士多德所认为的气候影响着不同地区人民的民主政治观念[109]。19世纪，德国地理学家利特尔（K. Ritter）首先提出“地理环境决定论”，1915年，埃尔斯沃思·亨廷顿（E. Huntington）所著的《气候和文明》一书被认为是地理决定论的代表，其1945年的《文明的主要动力》一书中更延续了这一概念，认为气候是整个人类文明发展最重要的因素[110]。在过去缺乏考古学和人类学研究的情况下，往往会认为乡土建筑，如美洲印第安人的木屋与当代欧洲的乡村建筑，都源于原始建筑类型，这也通常被气候决定论者解释为气候客观原因的结果。昆西（Antoine Quatremere de Quincy）运用类型与特征相结合的理论，将这些发现系统化。昆西认为，希腊理想气候下形成的美丽且自发的形式可以激励建筑的发展，这是一门具有客观性的学科，因为它将理性原则建立在自然的基础上，是对气候和功能作出响应的原始建筑类型。

虽然近现代以来，“气候决定论”已经受到了广泛的批评，如拉普卜特在《宅形与文化》中所批判的，但是从气候角度的分析，已经在文化现象、城市形态、建筑特征等很多层面给予了我们很大的启发，因此并不能完全否认气候与特定地域环境下的建筑形式和文化特质有着密切的联系。

本书主要试图厘清气候对乡土建筑所发挥的作用的大小，并非对乡土建筑形式是由气候因素完全决定的这一问题进行极端判定，也未将文化、结构、材料任何一种因素作为决定性影响因素。如费孝通老师雷蒙德·弗思（Raymood Firth）的《人文类型》中所言，“……粗浅的环境论并不能解释人类的差别，除地理因素外，还有很多因素也应当注意到[111]”，否则不仅容易掩盖了一些本应该发挥作用的事实，还会误会了“认为气候发挥影响的学者”和“气候决定论者”的差异。尽管在《宅形与文化》[112]一书中，拉普卜特对住宅民居形式的生成的基本假设是认为社会文化对宅形的影响力是主要的，而经济、气候、建造方式、可用材料和技术都是次要的，仅发挥修正的或限定性的作用。但陈志华先生在《北窗杂记：建筑学术随笔》[45]中对这一论调提出了质疑[1]，认为这不免又是另外一重决定论的陷阱。因此，需要对乡土建筑和不同文化形式的影响因素进行有效梳理，厘清当中的脉络方能有助于我们对其深入地理解和判断。

3.建筑的环境调控方式

分析建筑中环境气候与形式之间的关系，一直都是建筑师们关注的话题之一。雷纳·班汉姆（Reyner Banham）的《环境调控的建筑学》[19]尽管还不是以讨论如何进行建筑形式的设计以获得舒适度为主题，但作为20世纪60年代末为数不多的，以研究当时已经建成的现代建筑的气候性能的专著之一，创新性地界定了三种调控环境的方式："保温模式"[2]（Conservative Mode），基于热量的积累，强调材料的热性能或围护结构的热量增益，例如玻璃温室；“选择模式”（Selective Mode），能够区分有利的湿热变量（例如通风）并对其进行特定处理；“再生模式”（Regenerative Mode），该模式不是基于被动的气候控制策略，而是基于舒适性的人为产生的能量消耗，例如消耗电能的空调，或者来自石油、煤炭或天然气的燃烧热量（表2-1）。班汉姆也认识到在丰富的传统乡土建筑案例中，不乏出现保温模式和选择模式的情况，他甚至还尝试将每种模式与特定的纬度联系起来，并进行严格的气候分类。他认为，选择模式在热带等气候环境中更为常见，在这种气候中，建筑的目标在于减少室内空间的湿度。而保温模式更适用于干燥尤其寒冷的地方，在这些地方可以方便地通过构建能量梯度，衰减室外和人居住的室内之间的能量梯度，从而使生活空间尽可能地处于稳定状态。

表 2-1 班汉姆三种调控环境的方式

保温模式	强调能量积累	建筑材料的热性能或围护结构的热量增益
选择模式	强调能量调适	建筑能够适应环境的湿热变量并作出反应
再生模式	强调能量消耗	以主动式为主的建筑，消耗电能、石油或天然气以消耗热量

在乡土案例中，欧美文化中典型的“四坡乡村农房”大多属于保温模式，如著名建筑师、南加州大学建筑学院的退休教授拉尔夫·诺尔斯（Ralph Knowles）在1978年发表的《能源与形态：城市增长的生态方法》[113]中所提到的，加利福尼亚州城镇住宅的生物气候性，其庞大重质的建筑特征和通过大悬挑的坡顶布局不仅可以累积冬季需要的太阳能，在夏季又可以起到适当的散热。

1 原文是：“……他（拉普卜特）的批判都极为简单化，对各种‘决定论’都用同一种公式化的责难：在相同的气候下，有多种多样的住宅形式；使用相同的材料和技术，有多种多样的住宅形式；如此等等。自始至终，他没有客观地深入地分析过经济、技术等‘社会性的’和‘物理性的’因素对乡土建筑的影响。”

2 之所以称为“保温模式”，conservation，是来自约瑟夫·帕克斯顿（Joseph Paxton）在 1848 年设计的保温墙（Conservative Wall）。参见：班汉姆于 1969 年出版的《环境调控的建筑学》（23-24 页）。

相对来说，选择模式是具有渗透性较好的表皮，即热惯性较小但通风良好的建筑，例如美国南部的架空式中央廊道木屋或日本传统建筑。诺尔斯之后在2006年还为建筑师、设计师、规划师精心汇编了《仪式之屋：借鉴自然韵律进行建筑与城市设计》[95]一书。他向我们展示了如何重新审视阴影、墙壁、窗户、景观等要素，因为它们都会对热、光、风和雨水的自然循环作出反应。通过分析从部落帐篷到西班牙庭院，再到当代洛杉矶城市景观的各种遮阳方式，向我们展示了未来通过创造太阳能入户分区的概念和人体热量对于空间能量梯度的影响。因此在诺尔斯看来，建筑可以被解释为一种因维持热稳定而进行工作的系统，同时又可以作为穿过其中的能量流的通道，即建筑形式可以理解为对能量配置能力的表达。如果能量可以看作自然形成的力量，如蔓藤花纹、晶体、生物或其他物质与熵之间的关系，那么以热力学的视角研究建筑，其能量是来自太阳或通过机械手段产生的流动，如前面提到的通过“保温型”或“选择型”调控气候手段为人类的居住创造条件[19]。后来，迪恩·霍克斯根据班汉姆的调控环境的方式和奥戈雅的气候思想[1]，总结提炼地提出了“隔离型”（Exclusive Mode）和“选择型”（Selective Mode）[93]，前者主要是指依靠机械设备创造出可以被控制的隔离的人工环境，后者是指利用周围环境能量调适创造出开放的环境（表2-2）。在该定义中，“选择型”模式表示有可能在气候和舒适度之间恢复一种复杂平衡的关系，即建筑是一个由功能、空间、材料、组件和能源互相关联组成的复杂系统。

表 2-2 迪恩·霍克斯提出两种设计模式的基本特征

类型	隔离型	选择型
环境	机械自动控制，以人工调节为主	自动式和手动式控制相结合，可变化的自然和人工因素的结合
建筑体型	紧凑，旨在最大限度地减少内部和外部环境之间的相互作用	分散，旨在最大限度地收集环境能量
建筑朝向	相对不重要	重要
窗户	大小受到限制，一般是固定的	大小根据朝向、房间尺寸和功能而不同，外墙需要安装太阳能控制装备
能量	主要来自能源消耗，并且全季节无间断使用	必要时通过周围环境补充需要的能源供给，根据季节不同而异

斯蒂芬·贝林（Stefan Behling）以两张正倒三角结构图解（图2-1），表达被动式、主动式和建筑形式在建成环境中“现在—未来”的层级关系，提出建筑形式在未来的重要性；阿巴罗斯在此基础上以“过去—现在—未来”对上述“可持续性”图解进行重新定义[114]。阿巴罗斯通过更新的三角结构

1 迪恩·霍克斯提出的依据，首先主要源于班汉姆的两个重要观点：一是认为当前的问题需要从历史角度中找寻答案，不能仅仅依靠应用分析（Application of Pragmatic）过程；二是环境调控的“模式”（Mode）概念，尤其是其中的“选择模式”。其次主要源于奥戈雅的生物气候设计观，认为建筑在不违背自然的前提下可以达到最佳状态。参见：迪恩·霍克斯于 2001 年出版的《选择型环境》（24 页）。

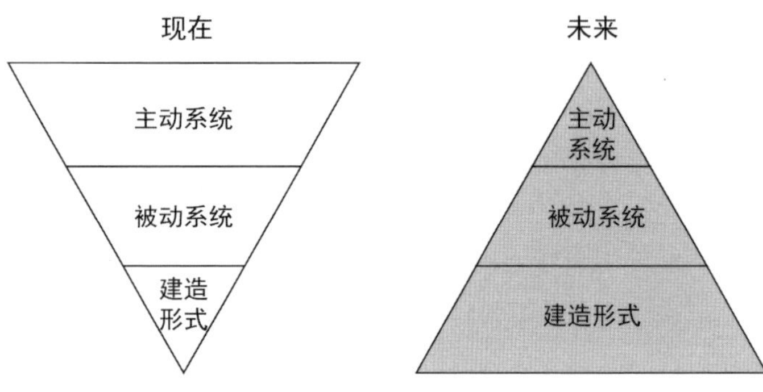

（a）“现在—未来”的层级关系

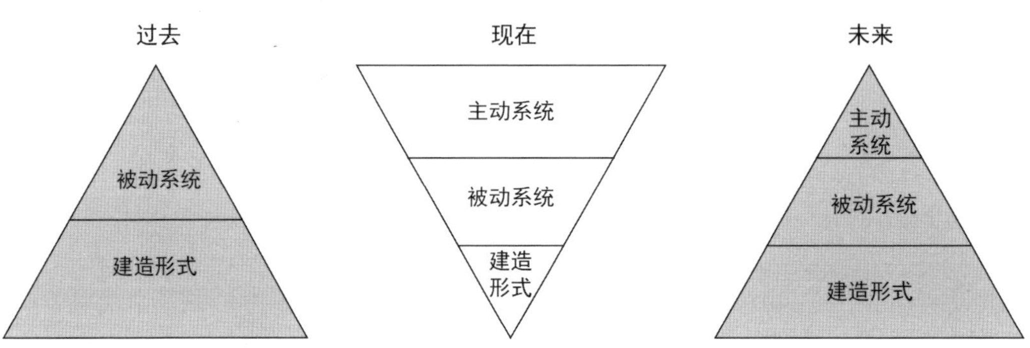

（b）“过去—现在—未来”的层级关系

图 2-1 可持续图表

资料来源：ABALOS I, SNETKIEWICZ R, ORTEGA L. Essays on thermodynamics, architecture and beauty[M]. New York: Actar Publishers, 2015:242.

图表解释热力学意义上的建筑可持续性，其认为在热力学设计中，三角结构表明了建筑师的话语权，因为其中两个最基本的部分在建筑师的职责范围内，也成为三角结构的基础层和中间层，能够从中得出一对一的形式和材料之间的关系，而主动系统在于解决被动系统下无法解决或不理想的情况。其中，形式的确定是关键原则。

《太阳辐射·风·自然光：建筑设计策略》（2014）一书的第3版也提出了在建筑设计早期阶段就介入能量考虑的方法，其采用的方法显示了五个层次，其中每种都可以被理解为涉及建筑性能的气候考虑、使用、设计和系统等方面。绿色能源系统（如光伏和风力发电）是最顶层的，并且是“零净建筑设计策略层次”序列的最后阶段。尽管建筑设计策略贯穿每一个阶段，但最有效的是关注建筑设计影响性能的较低三个层次上，即形式、被动式技术和能源。

总之，从不同的调控环境的方式来看，无论是以内部热源为主的建筑形式，还是依赖太阳能的建筑形式，某种程度上都取决于太阳的热量。从这个角度来看，建筑成为自然界的“热特殊状态”（Thermal Exception），最后的结果也是针对自然能量的变化来稳定其周边微气候。

4. 太阳能作为建筑气候要素的首要条件

太阳能几乎成为所有考虑气候作为形式影响因素的首要条件。在太阳能建筑中，建筑的问题是“生成的”，它是由外部产生的，在一定程度上，是太阳的能量决定了建筑的体积和物质性。简单来说，就是太阳能和建筑形式之间往往呈现出直接的关系，其中最为显著的表现形式是同时充当“环境屏障”和“建筑过滤器”的围护结构，其中包含墙体、窗洞和百叶等。而被动式太阳能建筑的突出表现是，建筑，特别是其围护结构的设计，应便于直接可以使用太阳能来满足建筑的供暖需求。与之相应，被动式太阳能建筑也可以用于防止由于太阳辐射的影响而导致的过热，建筑物的设计和功能相结合，使接收到的太阳能在最大程度上与建筑物的能源需求相结合。

在太阳能建筑中，选择模式旨在通过“建筑过滤器”来减少室内外的能量梯度。显然，这些过滤器中的主要组成是围护结构本身的孔隙，其也作为建筑物的重要渗透指标。外墙和立面上的洞之间应该是什么样的关系，这一问题一直以来都被认为与环境和气候效应有着密切的关系。在帕拉迪奥关于维特鲁威的论述中，按照传统来说，建筑开口的数量和大小应与房间的平面布局成比例，房间的内部应通过它们进行照明和通风。

但是无论墙体开洞的尺寸有多大，都不足以保证室内空间的舒适性。在整个建构史中，我们都可以发现窗洞会附加各种各样的“过滤器”，包括各式各样几何和材料特性的百叶窗、窗格和格栅。其设计目的是将窗户分割成更小的单元，从而使每个部分都能满足热、光或视觉与外部关系的不同要求。在乡土建筑中也有许多例子，往往都是利用非常有限的物质资源配置，灵活满足气候和文化方面的各种需求。19世纪以来，许多涉及乡土建筑设计项目中，关于窗洞的设计与实用主义和地域文化性相联系，达到了它最微妙的表现形式。然而今天，窗洞的设计，似乎在所谓的现代建筑“良好实践”相联系的世界中，随着功能主义极简主义的到来而逐渐简化，不再呈现出复杂的乡土传统。

几个世纪以来，窗洞和百叶一直是太阳能建筑的主题。根据环境选择机制，它们是穿过建筑物、从外到内或从内到外的能量梯度变化和不稳定特征的最佳表达。但是，在传统的建筑中，强调气候变量的选择方面一般都是以保温模式为主，旨在捕捉、积累和维持建筑空间的热量。纵观历史，由于承重墙的隔热能力，这些保温模式通常与保持温度有关，这些承重墙与导热率低的材料（石头、砖块、泥浆）往往以大厚度产生耦合。因此，最终形成的形式往往是静态的穿孔连续墙，但并不会因为穿孔而失去保温性能，因为外墙的厚度和材料一定程度上也阻止了室内热源或生物体内部产生的热量损失，不仅保证了通风，这些孔洞还引入了一些日照。选择模式（窗户）为保温模式（墙壁）起到了补充，并提高了再生（热源）的效率，可以说热源与日照二者并不矛盾且相互补充。

因此，保温模式被理解成与保持热量相关的结构。此外，考虑到墙壁同时是一种机械、热和形式的原理，能量与建筑的形式是一致的。然而，现代运动的出现和今天保温隔离墙的三元破裂，导致了最终专业化的冲突。墙的隔离打破了再生、保温和选择模式之间的平衡，倾向于能量本身。

然而，这一变化瓦解了内热源和外热源建筑之间的联系，其中，在太阳能利用方面，温室开始发挥着更重要的作用。有了温室，节能不再被认为是简单地维持用再生方式产生的热量，而是采取一种积极的观念，因为在温室里，“节能”的能量不是来自内部，而是来自外部的取之不尽用之不竭的太阳辐射。随着玻璃制造的进步和发展，新铁艺技术和时尚、科学、植物收藏等潮流的相互影响下，温室文化也开始流行起来，如18世纪晚期的巴洛克式宫殿“橘园”（图2-2），现在日间是内部摆放了

图 2-2　维也纳美泉宫的温室“橘园”

许多温室植物的展示馆，晚上还有音乐会。

在温室的设计中，往往通过圆弧拱顶的结构形式，从体型到材料的选择都是为了减弱当地气候和室内微气候之间产生的梯度，即减少室外的影响和维持室内环境。匈牙利移民建筑师奥戈雅兄弟的《设计结合气候：地域性建筑的生物气候设计方法》（VICTOR OLGYAY，1963）[18] 和《太阳能控制和遮阳设备》（VICTOR OLGYAY，1957）[115] 至今仍是西方建筑院校和世界各地设计公司的参考书目。自20世纪50年代，他们所在的普林斯顿建筑实验室就开始用不同类型的遮光设备进行采光穹顶实验，甚至富勒在20世纪50年代中期也经常到这个实验室进行他的穹顶实验。这就解释了为什么温室形式往往是圆弧或穹顶形状的，是为了响应最大的体积、最小的外界接触面积，具有最佳的体形系数，[1] 以达到最低热损失。圆弧也成为温室象征性的表达，产生了紧凑的、特别吸引人的图形，不仅利用玻璃的透光性产生温室效应而具有极佳的热力学性能，同时还具有稳定的结构性能。

当今，现代建筑延续和更新了温室的形式，如旧金山的伦佐钢琴科学院，由一个穿孔圆顶组成，引入光线和利用半地下结构改善其隔热性能；还有诺曼・福斯特（Norman Foster）的威尔士植物园（2000），以及尼古拉斯・格里姆肖（Nicholas Grimshaw）的“伊甸园计划”（2004），一个具有最小结构和ETFE（聚氟乙烯）表皮的大型温室，尽管其球状几何结构现在看来似乎受到了如肥皂泡、细胞和放射源等自然自组织结构形式的启发。这些建筑表达形式继富勒之后进一步诠释了能源和几何学之间的密切联系。事实上，由于富勒穹顶具有经济、工业化和可运输的显著效益，尤其是其卓越的体形系数，因此，富勒穹顶至今仍被用于在极端气候条件下创造舒适条件，从而充当居住的温室。

在欧洲，人们出于审美和社会目的希望在建筑中利用太阳能，而美国在20世纪开始对太阳能房屋的原型进行了许多不同的研究。如1939年由麻省理工学院的一个研究小组提出的“太阳能之家”：将与热泵连接的太阳能热板表面合并到倾斜的屋顶中。尽管这些“温室”在示意图上和功能上均不如19世纪的温室，尤其是在通风方面，但它们引发了关于如何在温室中进行组合或整合的讨论，并采用了

1　体形系数（Shape Factor），物体外表面积和体积的比值，作为我国建筑节能设计标准的基础之一，从 1986 年颁布的第一部节能设计标准到最新的标准，均将体形系数作为重要的规定性指标之一。

基于太阳能板、蓄能箱和用于生产热或冷的新机械的主动技术。

因此，太阳能建筑实际上包括两种不完全依赖于人工能源产生的能源模式：“保温模式”，基于能量捕获，最重要的是由体型而积累的热量，即外形结构和材料的特定配置；“选择模式”，就是建筑能够灵活地与周围环境相联系，利用外部的湿热变化，有利于室内环境的被动式选择。前者是“静态的”，它们对太阳辐射和热传递等特定而恒定的事实作出反应，并响应与之相关的温度环境；后者是“动态的”，能够“适应”诸如热带等环境或气候，其中，除温度外，其他的湿热变化非常重要，如相对湿度或风速。然而，二者都有一个共同的事实，那就是它们都协同参与复杂系统的工作——外部和内部环境条件之间的热力学梯度——正是这一点在很大程度上决定了建筑形式。

2.1.2 热力学形式在建筑中的呈现

1.热力学作为新的形式法则

能量或者说燃烧，其实始于建造。火，作为燃烧的本质，与技术文明的起源和城市基础的仪式相关，火也是建筑本身的象征。正如维特鲁威在《建筑十书》第2卷的开头所说，为了阐明人类的起源，提出了这样一个假设：火，或者说正是因为维持和控制火建立了人类社会文明：制造和燃烧火焰把人类聚集在一起，促使人类语言的迅速产生，并最终推动稳定定居点的建设。维特鲁威写道：“在火堆的周围，集会和生活变得越来越相似，人们在同一个地方越来越拥挤，因为与其他动物不同，人类从大自然中获得了用手和身体器官轻松处理一切事物的能力，一些人开始用树枝建造屋顶，另一些人在山下挖洞穴，还有一些人用泥土和树枝建造，模仿燕子的巢穴和可以栖身的棚屋，从而在适当的构造意义上开始了建筑。[78]”

然而，这种关于能量、社会性和建筑性交织在一起的建筑热的谱系并没有被广泛认同。事实上，建筑师阿尔贝蒂（Leon Battista Alberti）在约1500年后的《建筑论》中的观点更为实用和一致。阿尔贝蒂与维特鲁威所持意见相反，他认为“人类聚集的原则”不是简单的篝火，而是“屋顶和墙壁”，正是由于建筑要素从外部保护了火的加热和持续，使火焰周围聚集了人[116]。因此，从阿尔贝蒂的角度来看，建筑（或构筑物）先于火的发生；正是这一点，确保了人们的舒适性，并产生了建筑。

这两种观点导致了舒适性和气候环境观点的对立。对维特鲁威来说，舒适性是直接通过火的燃烧获得的，不需要建造任何中介；对阿尔贝蒂来说，在房子的墙外是无法维持舒适的。前者的“舒适”概念和能量密切相关；后者的概念则是构造性的。然而，二者都有一个共同的假设，即人类文明是把自然环境包含在内的，需要在一个不可预测的气候中产生一个受控的微气候。这两种可能性是紧密联系在一起的，这一点可以通过许多想象中的原始建筑的图像来证明，例如毛皮帐篷和木屋。正如路易斯·费尔南德斯·加利亚诺（Luis Fernandez Galiano）在其开创性的《火与记忆》一书中所说，舒适是能量与建筑的平等组成部分：它既取决于燃烧（能量再生）又取决于建筑（保护与选择）[117]。

19世纪以来，从古典美理论逐渐衰落到折中主义的结束，建筑的发展在辛克尔和柯布西耶之间起到了某种意义上的“和解”。气候、健康，以及一些随着物理等其他学科的发展被引进的科学论据，似乎填补了一直以来被古典秩序规范原则所占据的空白，这些原则曾经被认为是不变的真理。这样一来，就会出现一个自文艺复兴以来，建筑学所不知道的创新领域，这将不得不引领一场空间和建筑语言的革命。许多艺术理论家，如罗斯金（John Ruskin）、维奥莱特·勒杜（Viollet le Duc）和戈特弗里德·森佩尔（Gottfried Semper）等，都认为需要一种新的“风格”来解释这个时代，并讨论如何引导来自医学、力学、气候学、考古学、生物学、地理学和建筑学结合的丰富知识，使建筑走向一种严谨的、可辨别的、可操作的，并且从未出现的建筑形式。由此，就会产生建筑所一直关注并且被讨论的关键问题，建筑形式是否可以像“机器”那样被计算出来，从而开创了一个从维奥莱特·勒杜到柯布西耶的传统转换？它们是否能由一系列可量化的参数合成，比如程序、气候或通风需求？什么样的算法才能解释这种“客观”的风格？那么，建筑热力学与乡土智慧的相互影响下是否可以成为新形式的灵感源泉？

关于形式的客观性这些问题，在当时的讨论和辩论中还相对较少。森佩尔在他的著作中为建筑中“形式计算”的可能性进行了简单的论述，这些著作后来甚至吸引达西·汤姆森（D’Arcy Thomson）和拉乌尔·弗朗西（Raoul France）等那些被形态发生学理论所吸引的年轻建筑师，不同于功能主义所宣称的客观性，他们则是在寻找一种面向环境应变的新的形式方法论。尽管森佩尔的表达式非常简单，甚至不可能应用，其形式计算是找到常数C的乘积，由一系列变量x，y，z，t等控制，变量被认为是形式的组成部分，是“能量和物质”。准确地说，物体的最终形状是一种客观形态，是从一种“力学美”中衍生出来的，其中，气候的影响将作为基本的形态发生因素之一发挥作用。

现代主义建筑以来，这种以人为中心的关注，以及对设计如何改善人的舒适性的兴趣很普遍。如芬兰建筑师阿尔瓦·阿尔托谈道，从人的触觉出发，在面对技术和科学知识的潜在疏离力量时，可以调解战后世界的焦虑。鲁道夫·维特科尔（Rudolf Wittkower）的《人文主义时代的建筑法则》（WITTKOWER R，1971）[118]和柯林·罗（Colin Rowe）的《理想别墅的数学》（ROWE C，1976）[119]一文也提倡一种从文艺复兴时期衍生出的普遍以人为中心的概念，以此鼓励新的建筑方式。柯林·罗更是借助城市类型学，依靠图表分析来建立历史的连续性。同时，柯布西耶在20世纪40年代末提出了他的模块系统，将我们熟知的维特鲁威人（Vitruvian Man）更新为现代设计的框架。奥戈雅的研究也源于建筑与相关环境因素之间的关系，尽管这种关系在很大程度上是示意性的，这些环境因素在建筑现代主义的发展中无处不在。在第二次世界大战后，为了应对环境改善的迫切需求，许多建筑师根据建筑最大限度地让居民暴露在光和空气中进行设计。如瓦尔特·格罗皮乌斯（Walter Gropius）、弗兰克·劳埃德·赖特（Frank Lloyd Wright）、理查德·诺伊特拉（Richard Neutra）等许多建筑师通过试验不同类型的建筑形式和不同的设计参数，以期在这些条件下改善人类健康。

现代建筑虽然很大程度上继承了19世纪房屋既机械又高雅的理想，却问题重重。现代建筑往往因为空间的各向同性要求抽象的和受控制的环境，取暖管道和暖气格栅被限制在天花板等隐蔽的区域内。虽然散热器曾经一度是现代人羡慕的对象，特别是在厨房和厕所，但同样为散热器提供能量的设备却隐藏在地板下或墙后，导致能量和空间形式的不统一。在传统的乡土住宅中，能量并没有通过视觉上融入室内空间的管道或罩来引导；相反，它是以某种自然的方式被接受的。也就是说，无论气候或环境如何，在乡土建筑当中，空间形式和热连续体会达成某种程度的共识。在以往的研究中，往往都是对单一能量变量的考虑，并以此提出相应的策略，可是建筑是一个非平衡的瞬时耗散结构（Kiel Moe，2014），意味着其同时面临着多重气候能量和环境需要，并要求其作出反应。

2.乡土建筑中的热力学形式

根据阿巴罗斯所提出的热力学原型，所有的建筑都可以根据该原型及其变体进行创造。对建筑空间的定义会随地域气候的差异而发生改变，根据两种广义的地域气候（寒冷地区和温暖地区）会产生两种基本的建筑原型，通过不同类型学原型和变相，能基于物质之间的热力学关系，辨析出将室内与室外的辩证关系物质化的两种方法：热的“源”与“库”，这里也可理解为遮阳房与温室，他们分别表示了两种原型的不同建筑室内类型及其谱系[120]。19世纪以来，遮阳房和温室可以代表现代建筑设计中的两种不同类型，前者鼓励通风和减少辐射（更适合湿热气候），后者使用玻璃增加太阳辐射。遮阳房的建筑原型从炎热的地域发展而来，不受季节性更替变换，而是关注每天的热力学反复变化；温室则发展于寒冷地区，将室内建造得较为紧凑，采用技术化的、参数控制手段，创造人工室内氛围，其环境策略能够适应寒冷地区的季节更替。然而，温室并非传统意义上的封闭空间，其特殊的玻璃体结构与热力学响应，恰恰反映了光照、能量流动的重要性。

乡土建筑的热力学考古可以溯源到原始社会和古罗马时期。实际上早在人类文明之初的传统乡土建筑中就有反映上述两种热力学原型的情况，分别呈现出人类洞穴、棚屋、风道、热池、暖炕、庭院等不同的空间形式。以下将结合班汉姆环境调控的三种方式（保温、选择和再生）举例分析乡土建筑中的热力学建筑类型，保温模式对应洞穴空间，选择模式对应棚屋和风塔等空间，再生模式对应热池和暖炕等空间，当然上述的对应的分类关系并不限于这几种，也不是绝对的。

“洞穴”，作为保温调控模式的典型类型，在建筑真正被创造出来之前在很多历史遗址中都被证明是人类活动的最早空间，原始人会利用洞穴的凹凸面来指引和创造活动，在洞穴周围的活动恰恰是被不可见的温度、湿度、风以及热辐射所引导的。根据相关研究，在炎热的夏季随着洞穴深度的逐渐增加，其内部的温度会逐渐降低，湿度则会增加，有着较室外舒适的环境。后来的乡土建筑中也发现了不同形式的洞穴类型空间，如可以在炎热的夏天储存冰以及食物的古代波斯冰坑（Yakhchāl，图2-3）、西班牙中部地区的石头洞穴、美国曼丹部落土屋和我们熟悉的因纽特人冰屋等。

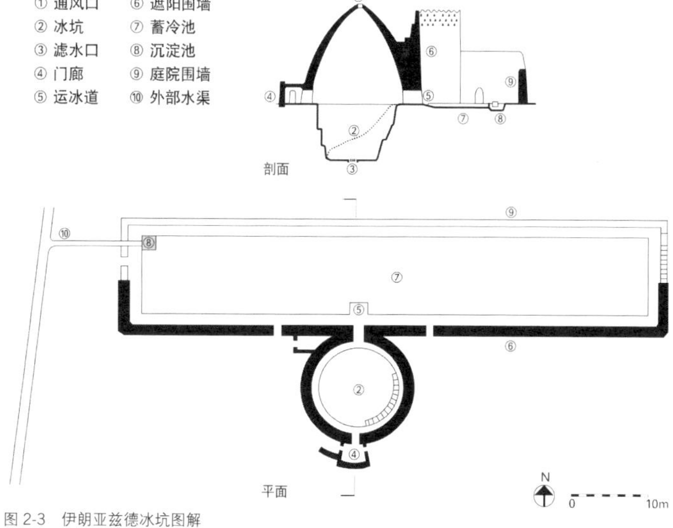

图 2-3　伊朗亚兹德冰坑图解

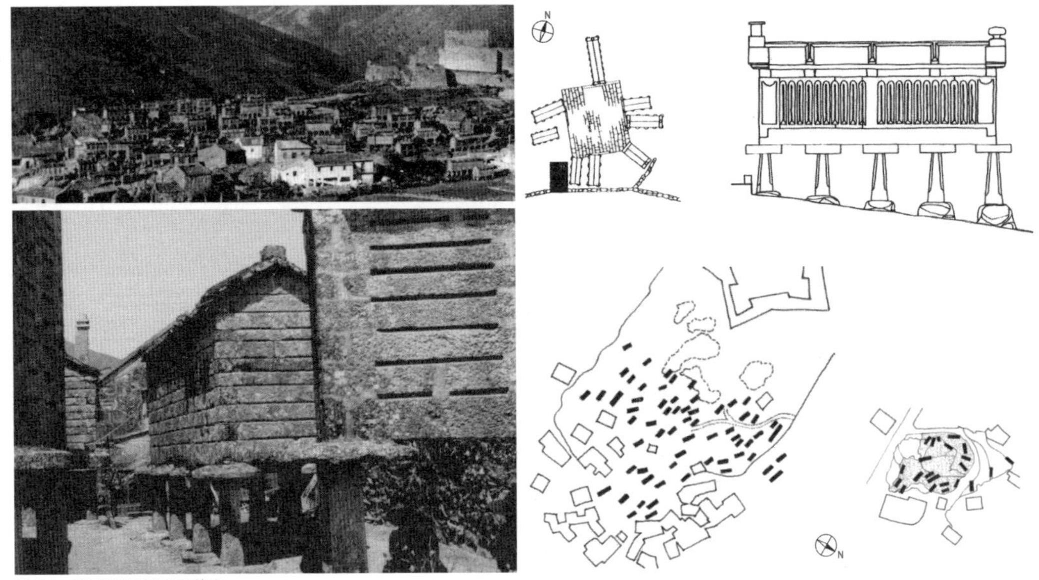

图 2-4　西班牙加利西亚的粮仓
资料来源：普里埃多（Prieto Gonzalez）提供，作者改绘

“棚屋”，作为选择模式的类型之一，其形式根据建筑史学家劳吉耶的观点[1]，是人类建筑的原型。这说明墙体在最初并不作为必要元素，而通过墙壁和楼层的分离来定义空间的逻辑，几个世纪以来一直是建筑学学科中的规则，甚至是理解、学习、预示建筑学学科的关键密码和线索，但也有并不一定遵循这种法则的例子，在许多湿度高且炎热的热带地区，墙壁是无用的，通常并不一定构成建筑的主要结构。除了常见的在湿热气候区的东南亚高床式木屋，还经常可以看见人们将其运用到粮仓和生活设施中。在西班牙传统乡土建筑中，在梅纳山谷和布尔戈斯地区常常会出现高床式的石头粮仓（Hórreos），其历史可以追溯到700年左右（图2-4）。Hórreos是一种独立的小粮仓，设置在许多支撑物上，与地面隔开，并提供通风。这种形态是对该地区湿度的一种反应，保持稳定的湿度可以使谷物得到适当的储存。其在调控气候的同时还能够满足农业的需求，可以归纳为以下几个方面：材料上使用当地的材料，石材和木材的结合能够使其满足在地建造的需求；通风减湿，利用侧壁镂空的形式发挥微妙的通风渗透的作用，通过架空还能有效避免地面的湿度影响和防止虫鼠侵袭；在聚落中分布均匀，采用和民居交错的方式，形成一定的距离又不影响农业生活，而且一般以一致的朝向放置在通风较好、较为开阔的山坡中。相关研究表明[121]，其环境参数受到地理位置、地形高度、受风程度和纵轴方向等方面的影响。当室外湿度大于90%时，农作物不容易得到保存，但是在Hórreos中的湿度可以平均降低5.2%，当室外湿度小于65%时，粮仓中的湿度可以平均提高3.2%，当粮仓维持在75%左右时，其湿度的变化最小，说明相对湿度在Hórreos中比在室外环境更为稳定，为谷物的保存提供了合适

1　劳吉耶（M.A. Laugier）在其著作《论建筑》中描绘了建筑缘起，他将变化的建筑构件的组合抽象为一种由四根树干支撑坡顶的建筑原型，呈现出的原始茅屋的形象就是一切建筑最初的胚胎，垂直方向的树枝演化成后来的柱子，水平环绕的树枝逐渐发展为檐口，相交的顶部又给我们山墙的启示。所以，按照劳吉耶的观点，原始茅屋（棚屋）就是人类建筑的原型。

的条件。

作为选择模式的另外一种类型之一，以通风为主要目的的“风塔”等通风结构在乡土建筑中也经常可以看到：一种是在阿拉伯地区经常可以看到的捕风塔，海湾城市海得拉巴作为著名的捕风塔之城，城市里随处可见的捕风塔，可以将新鲜的空气引入室内，有时还会在风塔内设置装有水的陶罐，增加室内的湿度；另外一种是在设计有穹顶的乡土建筑顶部的开口（图2-5），有的穹顶正下方还会设计水池，穹顶的弧面使流过的空气速度加快，室内的热空气会向上流出，加速室内外的空气交换。在著名的万神庙中，巨大的开口即使是下着雨的时候也并不会漏水，雨滴反而会跟随空气向上运动。

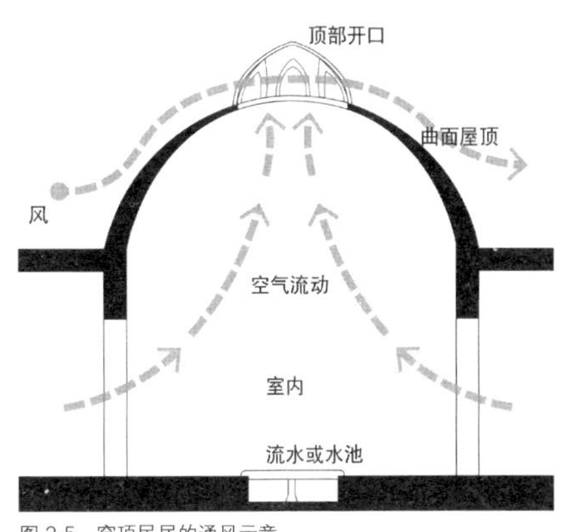

图 2-5 穹顶民居的通风示意

“热浴池”和“暖炕”作为环境调控的再生模式的类型之一，有着许多共同点，都是以燃烧或利用热能作为主要方式，使空间得到充分且舒适的利用，在中外的传统乡土建筑中有着许多例子。古罗马洗浴场是一个令人惊叹的例子，它的概念、设计和使用完全是热力学的，许多浴场都是现代气候适应设计策略的先行者[119]。热浴池早在2000多年前的古罗马就有出现，那时的古代工匠就可以建造出带有集中供热系统的浴场，浴场的地下和墙体内敷设管道用于热空气输送和排烟。古老的罗马浴场是罗马人日常生活的中心，沐浴者通常会在那里待几个小时，不仅进行沐浴，而且使用沐浴中心内的图书馆、演讲厅、花园、市场、音乐会、画廊等设施。沐浴顺序虽然根据每个沐浴者的喜好有很大的不同，但通常是从稍热到热再到冷，热力学与空间呈现完美的契合。

卡拉卡拉（Caracalla）浴场及其沐浴的空间顺序，其各个空间的冷热效应根据路径可以有所察觉，如图2-6。在朝西南的房间中，太阳的照射和“hypocaust”（类似炕）使每个房间的表面变热，使建筑墙面为人体辐射损失的长波进行补充。关于卡拉卡拉浴场的建筑解读需要从热力学的角度才能够挖掘出其独特的魅力。考古学家丹尼尔·克伦克（Daniel Krencker）绘制的图表描绘了与平面中的各种轴线对齐的路径关系。珍妮特·德莱因（Janet DeLaine）同样提供了对平面图的严格功能主义的解读，然后机械地推导出了对结构的几何解释和轴线分析[122]。然而这些功能主义描述都没有从建筑的热力学角度恰当地反映出建筑平面中的许多可能性，热力学的解读无疑是对人的生理、建筑空间、物质、能量和时间的更为综合的解读。

而暖炕又称为“炕”，在我国的北方地区、日本、韩国及至欧洲都有出现，其概念源于加热的“火墙”，最早出现于春秋时期（ZHUANG Z，LI Y，CHEN B，2009）[123]。学术界普遍认为炕源于2000年前的长白山地区，由沃沮族所发明，经过了几代人民的经验和技术发展而愈发成熟，沿用至今。最原始的炕为占据房屋正中的狭窄单烟道结构，而后其位置渐渐被移到房屋一侧，随着居住者家族的扩大而提供更多的生活热能。火灶、火炕和烟囱三者形成了一个高效的能量组织系统，为寒冷的室内提供舒适的温度环境。

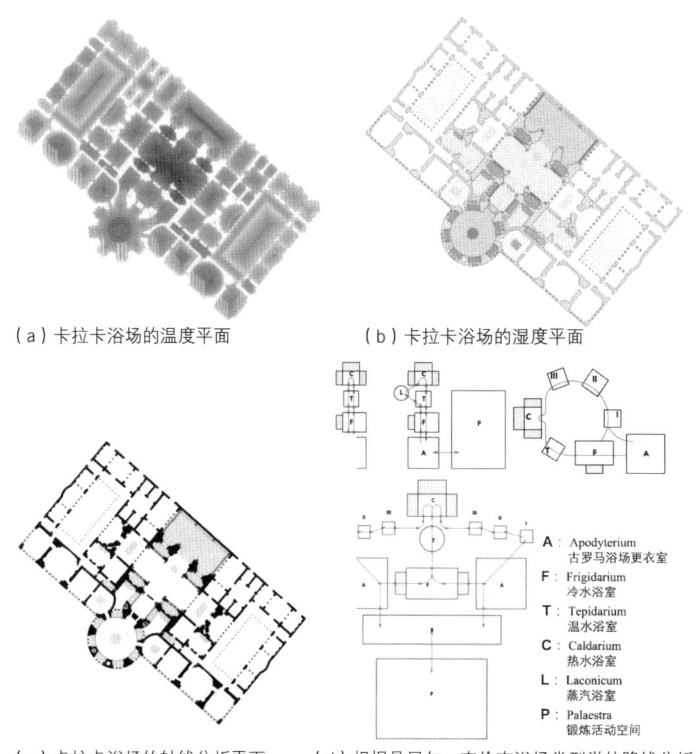

（a）卡拉卡浴场的温度平面　（b）卡拉卡浴场的湿度平面

（c）卡拉卡浴场的轴线分析平面　（d）根据丹尼尔·克伦克浴场类型学的路线分析

图 2-6　古罗马浴场分析

资料来源：改绘自 MOE K. Insulating modernism: isolated and non-isolated thermodynamics in architecture[M]. Basel: Birkhauser, 2014: 211-213.

2.1.3　环境性能图解作为能量追求的标准

1. 以能量和舒适为导向的建筑气候图解发展

随着热力学定律的发展，对于气候能量的可视化图解可以分为“能量识别—能量隔离—能量流动”三个阶段[26]：第一阶段是将物理学中的能量流动观点引入建筑学范畴，其代表是从1865年由克劳修斯（Rudolf Clausius）提出的热力学第二定律和1969年普里戈金（Ilya Prigogine）提出耗散结构理论以后，建筑也被看作一个开放的系统，能量以热量的形式在建筑中传导和积聚，其中有许多建筑师进行了有关热量和建筑材料性能的研究，如挪威建筑师巴格德（Andreas Fredik Bugged）在20世纪初期进行的“温暖且经济”（Warm and Cheap）的研究；第二阶段是现代建筑和机械设备的发展，建筑和能量流动出现隔离，其代表是威利斯·开利（Willis Carrier）把空调引入建筑中并被普遍推广，使建筑与环境产生前所未有的割裂；第三阶段是20世纪后半叶以来，许多学者引入生态学的观点，关注从一个完整的自然系统来观察能量在长周期中的变化和自然系统与城市建筑之间的相互作用[41]，生物气候图的出现使人们对于环境和人体舒适有了更为本质的认识，并重新把能量流动的概念结合计算机和数据化在建筑和城市研究领域进一步拓展。

现代建筑发展以来，尤其是从第二次世界大战之后，建筑师和工程师在建筑实践中进行了许多试验，探索生产效率、太阳能利用以及建筑形式和能源的一致性等方面的主题，试图设计出一座与其周围生态条件更为精确相关的建筑，并且要求建筑材料要符合当地气候。通过绘制生物气候图、利用气候参数这些新方法，建筑形式得到发展，并诠释了全新的社会、物质和经济关系。作为方法论的一部分而制作的技术性图纸、图表和照片，在表达概念性的设计理念的同时也鼓励设计师考虑不同的设计标准，为建筑师在广阔的社会环境中工作带来了一套新的参数。从那时起，图像尤其是建筑气候图解，也被视为历史变革和建筑设计的新工具。奥戈雅兄弟绘制了这一时期分布最广的一些建筑气候图，提出了一种复杂的方法来将建筑与其气候联系起来，这种方法涉及建筑和环境科学的一系列创新，依靠图像和图表来传达对舒适性的追求。

事实上，一些学者认为，图解的示意性、具象性和投射能力对于更普遍地转向建筑现代性至关重要。如安东尼·维德勒（Anthony Vidler，2000：10-11）认为杜兰德（Jean-Nicolas Louis Durand）18世纪末的建筑类型绘画是现代主义者注重功能和抽象的产物，并将建筑学科从对“表达意义”的兴趣关注，转移到在一系列美学、技术和社会因素中“找到最佳等式”。从20世纪40年代末开始，在从生物学到工程学到行为科学的许多研究领域，使用视觉工具示意性地将各种社会和环境力量结合在一起的现象愈演愈烈。建筑图解虽然在形式和主题上多种多样，但往往侧重于表达可以产生各种设计策略的示意图思想。在20世纪四五十年代，对建筑与气候之间关系有着浓厚兴趣的建筑师正寻找有助于向其他建筑师传达新设计原则的图像制作方法。特别是许多学者对气候图解研究的深入，使图解在某种程度上一度成为建筑学科创新的中心。自此，随着20世纪以来现代建筑技术的出现，建筑与气候的关系以及这种关系的塑造方式发生了重大变化。世界各地的建筑师开始绘制各种各样的建筑设计策略图解，探讨建筑与周围气候条件的关系。正是他们对场地、太阳方位以及材料与热和湿度的关系的关注都离不开乡土设计的传统，因此，乡土的基因千百年来为人类提供庇护所发挥着至关重要的作用。

奥戈雅“生物气候图”的研究也源于对建筑与相关环境因素之间关系的广泛兴趣，其表达的是一种“以人的形象为焦点”的建筑作为场所与相关事物的关系，包括建筑物内部与周围环境之间的关系、建筑物居民与外部气候环境之间的关系，以及建筑气候分析之间的关系（图2-7）。正如奥戈雅所表达的，人类所设想、想象和表现自身与周边环境之间关系的方式，是社会模式、物质条件和发展进程的关键，正是这些对环境思考的观念更新和要求提升，使我们能够在其中舒适生活。另外。第二次世界大战之后，为了考虑建筑设计如何最大限度地让居民暴露在光和空气中，很多建筑师如瓦尔特·格罗皮乌斯、弗兰克·劳埃德·赖特、理查德·诺伊特拉等也都尝试结合新的设计参数，以期在适宜的气候条件下改善人类健康。然而，随着计算机技术的发展，数据逐渐取代了人的形象，或者说从气候和建筑的角度不再仅仅是对人的舒适的扁平化理解，而是注入了系统性的思维，如建筑气候能量图提出熵和能值分析，用一堆带有明确指向性的箭头和目标，反映了气候变化作为一个技术和生态社会问题的紧迫性，而以“人”或“舒适”为中心，建筑设计试图控制所有可能的气候或能量“数据”，并尝试建立一个更精确地反映建筑性能需求的环境。

无论是什么形式的建筑气候图解，都使气候模式从原来的相对不可见性变得可见，从而转向新的设计技术，特别是涉及概念化建筑的表达，使得建筑师掌握表达这种新知识的话语权。气候设计技术不仅寻求在内部和外部气候条件之间提供新的接触，还促进一种能够更好地描述社会模式和生物系统之间关系的新视角的产生。

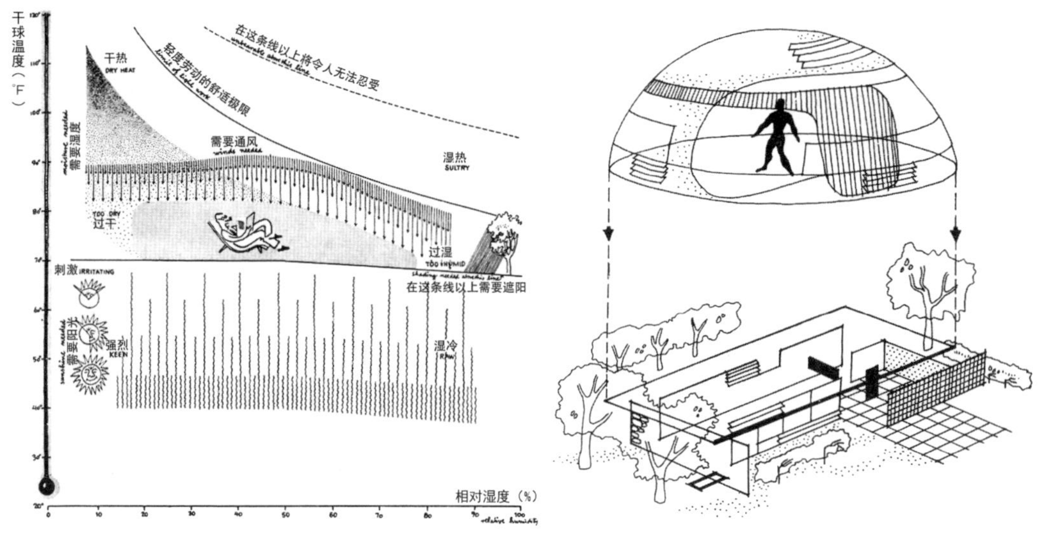

图 2-7　奥戈雅的生物气候图和建筑气候穹顶分析

资料来源：OLGYAY V. Design with climate: bioclimatic approach to architectural regionalism[M]. Princeton: Princeton University Press, 1963.

2.响应当今建筑气候语境的舒适与气候调控

类型和特征的概念，为建筑创作开辟了一条基于自然和客观标准的新道路，直到18世纪中叶，被赋予越来越多规范性原则的单一古典之美逐渐被摧毁。与艺术任务不一样，气候并没有完全占据这个新形成的建筑理性主义，其中还包括改革派的早期功能主义和卫生主义。前者是其形式直接表达其功能特征的建筑；后者是与“健康”和“人文”有着深刻联系的医院甚至监狱，尽管有着悠久的传统，但在此之前从未有过如此大范围的讨论规模和深刻影响。

尽管“健康”一词过去也与社会“拯救”联系在一起，但这种医学化的建筑几乎没有理论原则和实践来执行其使命。在建筑理论的发展中，除了寻找干燥和温和的地点，以及以光作为治疗的工具，设计新空间的唯一科学标准主要是维持空气循环。因为自18世纪初以来，细菌通过空气进行传播开始为人所认识，保持通风成为“健康”建筑的必备特征，最近的例子是，应对2020年爆发且困扰全球的新型冠状病毒的有效手段也是保持通风。由于空气的流动性，空气可以被捕捉、保留和引导，并最终替换健康的新风。在某些形式的居住空间，某些环境配置有利于空气流通，另一些则异常困难。正如维德勒所说（Vidler，1990：92-93）：“在这种情况下，空气流通以及其他自然、经济、生物和技术方面的话语，成为医院病房改革的关键词，正如后来的情况一样。将扩展到涵盖整个城市的通风系统。[124]”根据柯布西耶一个半世纪以来的设想，通风的房间因此成为“治疗病人的真正机器”，或者说，是一种“建筑肺”，让建筑“呼吸”。

3.热力学与可持续成为未来建筑发展的主题

在今天，“可持续性”的概念在几乎所有的知识领域中发挥引领作用，它不仅回应了工业无意识地破坏环境和与消费主义相关的能源浪费问题，也引导了一种建筑新范式。新范式的建立从两方面产生重要影响，第一个方面是从能量角度思考建筑，第二个方面是建筑“内在性”的反思。对于前者，我们可以从“可持续性”这一概念的更新中了解到，对于能源的敏感性并不是什么新鲜事，因为奥戈雅的生物气候学和自1970年以来的有机主义和现象学都已经提出了类似的观点。能量思想可以追溯到19世纪末，从热力学第一定律的能量守恒到热力学第二定律的熵增不可逆，系统性的概念更是引申到物理学之外的其他领域，包括信息、生态和建筑。对于后者，可持续发展首先体现在对形式主义浪费的抵制，提倡建筑形式的解放和对社会的效益。在这一背景下，可持续性概念迫切需要实现建筑的透明度，需要参数的介入以“量化”和“计算”建筑的“可持续程度”。

在这种参数化的视角下，建筑设计将是一个面向环境性能和生物气候舒适性的综合性问题。例如，彼得・布坎南（Peter Buchanan）的《绿色的阴影：建筑与自然世界》[125]，根据定量或统计的标准来界定哪些建筑属于新形式。基尔・莫的《聚集：能量的建筑议程》[27] 和《隔离的现代性：建筑中的隔离和非隔离热力学》[26]，提出设计的问题不仅仅在于计算，关键还在于建筑师重新获得对能量与形式的控制权，这意味着这不仅是工程师的任务，而且也成为建筑师必须关注的领域，包括建筑材料的能量转化，如时间、具体热量、传热辐射系数等。只有这样，建筑师才能在建筑形式上发挥更多的话语权，并实现更高效、更生态、更可持续的设计实践。

但是，要实现这一点，需要确定是否可以从这种热力学方法中得出新的美学模式，不可见的代谢、能量流动是否可以通过可见的形式来表达，以及在建筑中是否存在特定的位置等，这种建筑形式也被伊纳吉・阿巴罗斯称之为建筑“热力学之美”[114]。

正如伊纳吉・阿巴罗斯指出的，在热力学形式关于类型的讨论中，从历史的观点更多地转向了关于原型的假设。其目的是寻找那些从早期就蕴含着能量潜力的建筑，可以说，这些建筑是与当地条件协调一致的，是能源平衡、结构效率和环境适应性相一致的同步结果。为此，自20世纪90年代初开始，求助于形式主义的参数化设计方法论，利用计算机辅助设计软件强大的计算工具，建筑师可以通过模拟建筑物的能量流动进行建筑性能研究。因此，从热力学建筑设计的角度来看，所面临的挑战不再是利用现有的数字技术，而是将其集成到一种方法中，这种热力学设计方法就是基于具有局部环境参数的建筑原型建模，并对其进一步编程和计算，然后经过反复试验，形成不同的可选用方案，通过评估和比较，最终选定最优方案，其中可能还成为了所谓的“热力学怪物”。

2.2 热力学能量系统的建筑视角

建筑物是大规模、瞬态和开放的热力学系统。建筑物被放置在能量交换的多重嵌套梯度层次中，了解建筑物在这些层次中的动态，我们就可以为建筑物设计出能量最大化及对环境最优化的方法，并开发出驱动地球上所有形式生命和所有过程的最大功率系统。目前，热力学定律及其对建筑的影响还没有完全融入建筑设计中，与人类生活、建筑、城市和文明有关的能源系统也没有充分融入建筑中。在建筑分析的主流方法中，重要的能量形式和基本的能量过程在方法上是外化的，往往是由非建筑师承担。因此，建筑师需要清晰了解建筑的系统边界，以确定建筑物所需能量的最大摄入、转化、使用、储存和反馈的过程。美国学者拉维（Ravi Srinivasan）和基尔・莫（Kiel Moe）在系统生态学家奥德姆开创的能值方法的基础上，在能量梯度的框架下，将建筑的能量放置在驱动建筑、城市、行星和宇宙的大型、非平衡、非线性能量系统的热力学中[29]。建筑物和城市是一个大规模的能源系统，这些生态系统分析方法为建筑物的能源系统提供了深刻的见解。

2.2.1 热力学能量系统的构成与分类

能量往往被用作一个宽泛的术语，用来描述能源系统中大量的过程和概念，其中能量（Energy）、熵（Entropy）、㶲（Exergy）和能值（Emergy）四个术语和关系的厘清是理解能源系统复杂概念和结构的基础[126]。所有能量系统均由以下结构组成：系统、系统边界和它周围的环境。

能量，定义为反映系统状态在其周围环境中的能力，因此能量是工作能力（Work Capacity）的量度。能量包含许多含义，反映了各种能源的数量和质量的动态性，如功率、能效等。能量往往是整体概念，但有时候被描述得过于笼统，仅谈论能量会严重限制我们思考能量的方式。因此引用反映不同能量质量的术语至关重要，如熵、㶲和能值等词有助于对能量的理解。

熵，是指孤立系统中束缚能量的相对数量，或者更准确地说，是指能量在这样一个结构中分布的均匀程度，也是指系统中不可用能量的数量。换言之，高熵意味着大部分或全部能量被束缚，低熵则相反[33]。所有的能量系统都反映了不同数量、不同质量的能量。可用能量反映了一个系统可以完成的工作量。不可用的能量不能再转化为功，这个量便是系统的熵。孤立的系统，能量趋向于均匀分布的均质性，也就是最大的不可用能量（最大熵）的状态，这种趋势使能量系统具有不可逆的方向性，以及趋于平衡。如果建筑的能量系统是孤立的，那么它们只会趋向于最大熵。但是，在非隔离系统中，可用能量梯度的耗散被用来做功，不断加强系统并使系统始终远离平衡，保持动态的变化。这样，热力学能量系统的设计便可以理解为系统朝着和远离最大熵的动态过程。在这种非隔离的能量系统结构中始终动态变化的重要因素便是设计和形式。

㶲，是指系统中的可用能量，它是在一个系统与周围环境达到平衡之前所能达到的最大有效功的量度。太阳辐射的耗散作为熵的一种形式，也成为我们地球上主要的㶲（可用能量）来源。当系统和周围环境接近平衡时，㶲的含量接近于零。当系统和周围环境远离平衡点时，㶲增大，建筑中的能量系统也偏离平衡。我们经常谈的能量效率其实往往是指㶲的效率，但是实际上能量效率分为可用能源的效率和不可用能源的效率。

在上述能量术语的概念中，21世纪以来，能值是一个最具启发性的概念。能值反映了过程中从其起源到当前状态所捕获和消耗的所有能量。能值的概念是在生态系统科学中发展起来的，在生态学领域也并不是一个全新的词，它更全面地描述了建筑和城市等大尺度的能源系统的热力学。能值经常被误解为一种具体的能源分析，能值是获得对能源系统的全面理解的最佳途径。它的主要贡献之一是从根本上阐明了能源系统的实际动力学。因此，它的相关性是对构成建筑能量系统的能量层次和相对数量级的指导性和方法论的洞察。能值分析的一个显著的优点是它使用单一的测量单位，即太阳能能值焦耳或能值焦耳，这利于直接比较不同的过程和产品。由于地球上大约98%驱动地球过程的能量，都是基于输入的太阳㶲，所以太阳能焦耳就是基于这种太阳㶲。根据定义，太阳能（㶲）的单位是1。所有物体及其相关过程，如建筑物和城市，都是能值的累积，用所需的捕获和传导太阳能的数量及其所完成的工作来衡量。

由于能值是所需累积能量质量的记录，它是潜在的工作和反馈的指标。这种累积数值可以按转换来计算。转化率是指直接或间接生成另一种能量焦耳所需的能值（单位：焦耳）。因此，它反映了所需能值输入与可用能量的比率（Emergy/Exergy Ratio），这也反映在热力学设计中考虑设计所需的能值/㶲的比值，高质量高转化的能源应该对应于高质量的工作环境，而需求较低的工作环境应尽量使用节约能源，这也被称为必要的工作需求与恰当的能量质量的匹配，可用能量配对（Exergy Matching）。在具体应用上，结合建筑能量系统图和能值评估表格进行分析的手段，是目前较为常见的建筑能值分析方法，其本质都是基于奥德姆的生态学理念，其中拉维和基尔·莫的系统能值图特别提出了反馈增强（Feedback Reinforcement）来进一步强调能源效率和再利用。

能量系统类型，每种边界类型所指定系统与其周围环境之间是否交换了任何物质或能量是其中的主要内容，规定了系统与其周围环境之间的相互作用模式，根据系统边界和能量交换的形式，能量系统可以被指定为开放系统（Open System）、封闭系统（Closed System）和隔离系统（Isolated System），如图2-8所示。从基尔·莫的观点来看，他认为建筑是“非隔离的耗散瞬时系统”（Non-isolated, Transient Structures of Dissipation）[26]，建筑物和城市对其系统和周围环境之间的能量和物质交换是开放的。

开放系统，随着时间的进程，将在边界上既交换物质和也交换能量，如图2-8（b）所示，人体、建筑物和城市都是开放系统的案例。一个开放系统可以存在多个系统边界，例如身体的能量交换，不仅仅是身体表面的皮肤与外界传递热量，还有消化系统交换物质甚至神经系统传递信息。建筑物的能量交换系统边界也不仅仅是狭隘的外围护结构的材料，当前建筑中的能源系统设计往往会受到忽视或系统边界定义不明确的问题。

封闭系统，将在其边界上交换能量，而不交换物质，如图2-8（c）所示，一般适用于建筑物的规定时间周期。比如植物温室，在一天中的一段时间周期，其可以和外界传递热量，但系统内的物质保持不变。但是在建筑的某些阶段，如建造或拆除，物质交换可能是相对重要的。

隔离（孤立）系统，既不交换能量也不在边界上交换物质，如图2-8（d）所示。整个宇宙可能被

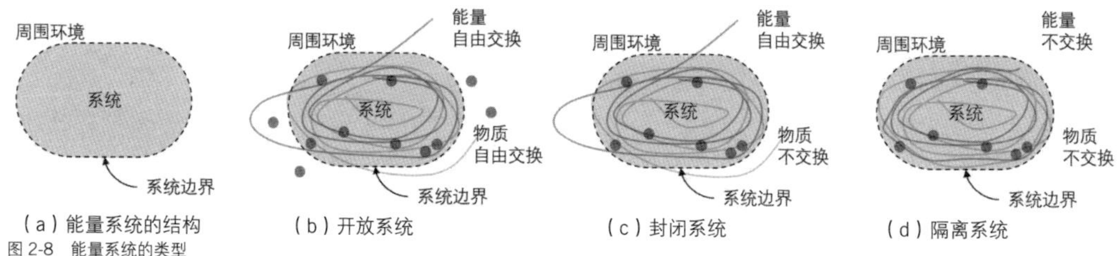

（a）能量系统的结构　（b）开放系统　（c）封闭系统　（d）隔离系统

图 2-8　能量系统的类型

视为一个孤立系统，其一般只作为抽象的概念存在，现实中很少有实际存在的孤立系统。所有建筑和城市都应该被视为非隔离系统存在，这显然不同于空调发展以来的建筑能量观。

除了上述分类方式，也有进一步分为隔离系统、封闭系统、机械隔离系统（不交换物质或机械能但交换热量）、绝热系统（不交换物质或热量但交换机械能）和开放系统。

2.2.2　能量系统边界和图解建构

在能量系统中，人的身体、具体建筑物、某一生态圈甚至是地球本身都可以看作是所关注的系统，围绕该系统的所有相关事物就是系统的周围环境。能量系统的边界充当分隔系统及其周围环境的作用，视具体情况而定。

根据能值分析中的步骤，第一步确定分析的对象和目的，如确定建筑施工中的某一特定过程，建筑的整体生命周期过程还是更大的生态系统的分析。第二步就是选择和定义对象的能量边界，其也是能值分析中最重要的一步。能量交换决定了系统的边界，边界区分了系统内部和外部。但是建筑师通常把边界看作是物体，而边界最好理解为一个交换区，其特征是其能量交换的动态变化。因此，边界选择需要考虑有哪些热力学能量变化是最相关的，哪些空间和时间尺度是重要的，哪些是包含在系统内部的，哪些是外化的，以及理解系统边界是完全开放的。图2-9分别表示在空间和时间尺度上，建筑系统、人、建筑材料甚至城市化过程之间的多重嵌套系统边界的形式。

一旦确定了系统边界的合理假设，能值分析的第三步就是组装能量系统图（图2-10）。这将包括能量系统中的所有输入、输出、组件、过程、耗散和相互作用。一旦确定了所有这些系统参数，就可以将组件和过程组装到能值评估表中。能源系统图和能值评价表是能值分析的核心组成部分。从图2-10中，可以看出系统边界不是特定的对象，而是与所进行的对象分析有关的交换形式、行为模式或

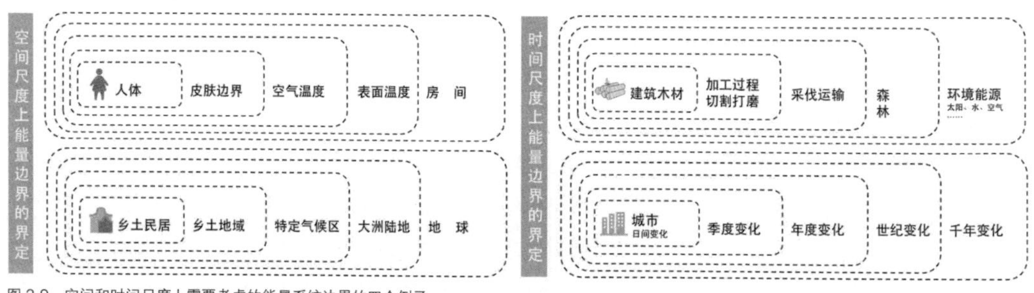

图 2-9　空间和时间尺度上需要考虑的能量系统边界的四个例子

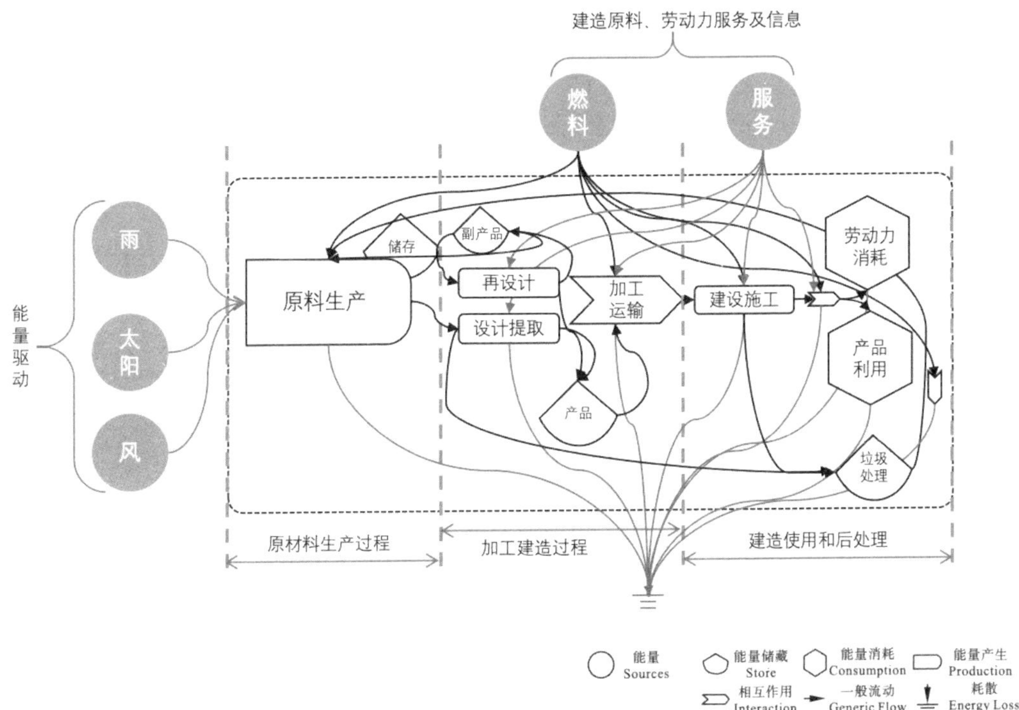

图 2-10 时间尺度下的建筑全生命周期内能值分析图解
资料来源：改绘自 ODUM H T. Environment, power, and society for the twenty-first century: the hierarchy of energy[M]. Columbia: Columbia University Press, 2007. SRINIVASAN R, MOE K. The hierarchy of energy in architecture: energy analysis[M]. London: Routledge, 2015.

能量活动的转移。因此，选择一个相关的系统边界非常重要，可以说是重要的设计决策之一，它也是对不同能量系统类型的重要判定因素。

2.2.3 自然环境中的能量要素组成

能量，所指代的是某一个物理系统对其他的物理系统做功的能力[127]。它是物质的本质属性，如热能、机械能等很多种呈现形式，但在建筑中，其主要以热量的形式存在。气候能量、材料与建造和其他能源的投入是建筑环境的主要外部能量来源。乡土建筑不仅能够最大限度地利用气候能量，使建筑与之互动共生；在建筑材料与建造方面，也能够就地取材，用较为低技的手段完成；同时在能量来源上也减少了化石能源等的投入[128]。自然能量，包括太阳光（日照）、热量（温度）、风、水（湿度），作为建筑的影响因素，在不同程度上对建筑的选址、造型、布局等都有影响。下面将结合文化、技术、功能、结构等不同层面来详细叙述关于自然能量和建筑的关系。

一个地方的气候是不同能量参数和其他影响因素的复杂组合。在所有这些因素中，太阳辐射是最根本的因素，其一旦被地球表面吸收，就会以更高的温度加热空气；当它影响水面时，水会被蒸发，从而导致湿度的变化和降雨；最后，由于地球表面不均匀的过热，导致空气团的不平衡运动，便产生了风。在其他方面太阳辐射还会影响大气成分的变化，导致构成或污染大气的气体发生化学反应。因此，一个地方的气候是表现大气平均状态的一组气象现象，可以归纳为能量因素。能量因素共同构成不同地域的气候特性和典型特征，最终呈现出该地明显的气候状况。

在过去，建造人类的庇护所往往离不开对气候的考虑。而现在，在建筑设计初期，往往就要讨论对建筑影响最为重要的气候参数，包括热、湿、风和光，以及它们是如何与人和建筑相互作用的。显然，它们之间有着密切的联系，并不能把这几个参数拆开来讨论。它们通过不断相互作用，持续地对建筑的室内外气候环境和人体舒适性产生影响（图2-11）。然而，研究关于人类以及建筑之间如何对单一的气候参数进行响应的，将有利于从细节上挖掘有用的气候适应建筑设计策略，这将会在美学上和功能上赋予乡土建筑更为丰富的表达。下面将会分别讨论各个气候参数基本概念及影响，包括它们是如何反映在建筑室内和室外气候环境上，以及如何影响人类的舒适。同样，在各个不同气候参数的影响下，将会在传统和现代的视角上讨论建筑是如何利用、适应或者抵抗这些气候参数而进行设计、发展甚至是延续更新的，以及人类是采取怎样的行为和技术来控制和优化舒适度和能源消耗的。

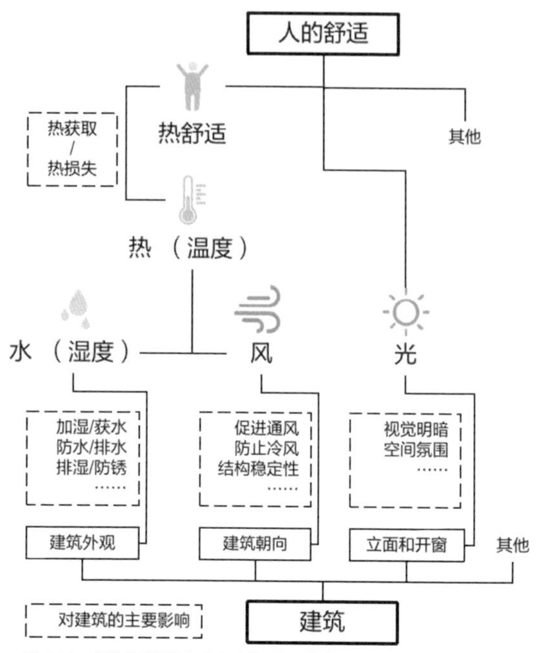

图 2-11　气候能量因素与人和建筑之间具有复杂关系

1.光

光照，有利于维持人体的健康，创造良好舒适的环境，从丰富的历史经验来看也是重要的气候因素之一。在建筑方面，把握当地光线的特征，保证光线能在功能和美学上得到最优化、充分的利用，或者是在遵循当地文化需要和功能需要上适当减少和控制过量的光线，设计窗户和立面也成为长久以来设计师和建造者的挑战。

火作为一种建筑中的能量和构造，也是一个象征性的问题。在传统的房子里，热量的位置产生了一种拓扑结构：房间一般是根据靠近火的距离来排列的（如美国易洛魁人木框架长屋），篝火可以加热、转换食物，使制造和修理器皿成为可能。火还是家庭的功能和象征中心，因此，它被赋予一定的特权，在许多情况下，是家族当中较高的代表性地位，这是传统乡土建筑的意义。在这种建筑中，大烟囱一般位于房屋的中心，其结构形式也对现代性产生了吸引力。在赖特的房子里，一个非常重要的案例是，尽管大型壁炉不再具有能量的基本功能，但它继续位于房屋的中心位置，由于新的供暖系统，技术的不同层次将在其上得到表达。柯布西耶在职业生涯初期设计的烟囱同样有着特殊的意义，独立的烟囱更像是空间的连接体和资产阶级的代表性元素，而不是简单的能量来源。如昌迪加尔议会楼中大型“烟囱”的形式，在功能交换过程中实现了更为明显的象征功能，这是一个纯粹的象征，除了捕捉光的功能外，似乎并没有其他功能。

对于太阳的位置，以建筑为中心位置的情况下，太阳在天空中的相对位置可以用方位角（α_{sol}）和高度角（γ_{sol}）两个角度的组合来描述。方位角是指北向（即面向北极）和太阳位置投影到地平线

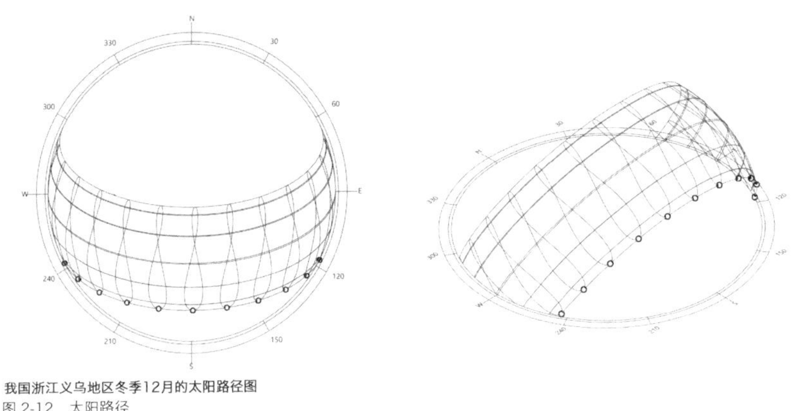

我国浙江义乌地区冬季12月的太阳路径图

图 2-12　太阳路径

之间的角度。这个角度通常是顺时针测量的，用0°到360°之间的度数表示（图2-12）。如果南半球的方位角是从南方向（即面向南极）测量的，则所述情况相反。高度角被定义为地平线和连接太阳在天空中的位置和观察点的直线之间的角度。实际上，高度角定义了太阳在天空中的高度，定义在0°（地平线）和90°（天顶）之间的确切高度。这两个角度用于描述所分析位置周围的太阳路径，其中对于地理纬度相同的位置，太阳路径模式也相同。式（2-1）描述了太阳正午高度角与以绝对值表示的特定地理位置纬度之间的关系。所在位置的纬度为 ϕ，δ_{sol} 是赤道和黄道平面之间的斜率，在冬至（12月22日）和夏至（6月21日）时，分别为 ±23.44°。

太阳高度角：

$$\gamma_{sol} = (90^\circ - |\varphi|) \pm \delta_{sol} \tag{2-1}$$

太阳路径图是用于确定太阳的方位角和高度角，分析特定建筑表面的太阳照射情况或建筑物遮阳系统的有效性的工具。太阳路径图可以用来表达地理纬度与该地点太阳直接辐射接收量之间的关系，即离赤道越远，太阳光线照射水平表面的角度就越大，太阳辐射的强度则较低。

2.热

温度，是室内外气候感知的重要因素。当考虑室内气候环境时，热舒适往往影响着室内的布局和尺寸。然而，温度也受到其他两个重要的气候参数影响，水和空气运动情况，即湿度和风。这两个参数同时影响着环境热水平和人类的冷热感知。而热量的获得或损失密切地关系到人类的舒适度、建筑能源消耗，甚至全球的气候状况。

“热平衡”，往往指一个空间范围内的热量的动态平衡，这已经成为全球热门的话题。全球的热量平衡是不稳定的，可以确定的是，太阳提供的能量要比地球本身释放的能量多，这也是导致气温上升和全球气候变暖的重要因素。热量的供应和排放之间的平衡关系，在人类身体和建筑尺度这两个更为微观的尺度上也具有重要的意义。

关于身体尺度的热平衡，后面会在谈热舒适的时候进一步讨论，这里人体温度维持在37℃左右的热量平衡能力，是一系列内部和外部因素之间的微妙平衡，其中最重要的是身体对食物的吸收代谢（又称为代谢率，Metabolism），身体的活动水平和皮肤表面的水分蒸发。外因除了刚刚提到的空气温度以外，还有与周围环境的辐射平衡，人体通过热传导与周围环境的热交换，以及空气的湿度和运动情况（风环境）。当然，另外还有其他需要考虑的因素也影响着我们的舒适感，尤其是在心理社会层面。但是就热舒适和热量平衡而言，上面提到的是最为重要的。

为了详细进一步分析我们的热量供给或热量消耗，将分别列出它们二者所包含的几项因素作为身体热平衡的考量重点，人体新陈代谢产生的热量与蒸发、辐射、导热和对流的失热代数和相等。对人体而言，与周围环境的辐射、对流以及导热是得热或失热的过程，蒸发则是失热过程。从生理学的角度讲，人体的热平衡是由于代谢过程（即食物氧化）和热能与环境的交换而产生的内部热量的结果。所述热平衡可通过式（2-2）表示（Fanger，1970，Szokolay，2014）：

$$\Delta H = Q_M \pm Q_W \pm Q_R \pm Q_C \pm Q_K - Q_E - Q_B \tag{2-2}$$

其中Q_M表示人体内部产生的代谢热，Q_W表示外部机械功，Q_R表示辐射热交换，Q_C表示对流热交换，Q_K表示传导热交换，Q_E表示蒸发热损失（即出汗），Q_B表示呼吸热损失。ΔH代表体内储存热量的变化，数值为正表示热增益大于损耗，从而导致人体体温升高，而负值则相反。人体与（室内）环境之间的热能交换率主要取决于干球温度、空气运动情况和环境平均辐射温度。

当有建筑界面作为与外部的保护屏障时，人体与外部环境和室内环境的热相互交换也是相互恒定的。据估计，对于热舒适范围的一般情况而言，人体40%的热量散发是通过辐射作用，另外的40%是通过对流散热，20%是通过蒸发散热。这一比率的多少，依赖于人体周围的环境不同，也根据不同的气候而变化（需要通过在不同气候的热舒适评价当中，调整相应模型参数进行适应）。因此，人类舒适的平衡不是恒定的，而是变化的。建筑设计的作用就是根据不同个体的需求，建造适合的庇护所，以达到适当的平衡，并为使用者提供一定的灵活性，满足其对不同环境状况的主动性，以支持该特定环境或气候区域下的最好的需求。

3.风

风，源于空气流动，被人所需求的时候即为需要促进通风，但有时候却给人类带来不舒适甚至自然灾害（飓风和龙卷风）。在夏天炎热的环境下，凉爽的微风会使人感到舒适，但在寒冷的冬天，风会令人感到更加强烈的刺骨寒冷。

建筑的朝向和设计在某种程度上可以降低风的负面影响，并通过促进通风和维持建筑结构的坚固等方面从而进一步增强其积极影响。风速的测量，一般在城市建成区的无障碍区域（机场或空旷的田野）或更高区域，用风速计在10m高处测量，以避免地面障碍物造成湍流的影响。风速以m/s或km/h表示，风向以角度（°）表示，通常以风玫瑰图的形式显示，风玫瑰图显示风的强度、方向和主要分布方向。

一般来说，空气速度会影响通过对流所产生热损失。空气运动使干燥的空气靠近人体皮肤，增加蒸发速率，从而增加身体的热量损失。在气温低于皮肤温度的情况下，空气运动也会通过对流造成热量损失。尤其在炎热干燥的气候下，空气运动对于人体的热舒适有很大的影响。据估计，有效引导空气流通的影响相当于温度下降超过3℃。风速在一定程度上可以有效抵消作用温度的影响（ISO 7730 Standard，2005），当建筑物内部的风速小于或等于0.2m/s时，不会抵消任何所增加的作用温度。但当一个空间内的风速为0.3m/s时，可抵消的作用温度就有1.5℃。由此可见，一方面通风对于延伸舒适区有很大的效果，另一方面炎热情况下自然通风的建筑也可以在适当的条件下达到舒适。除了风速以外，热舒适的各种影响因素也都是密切关联的，一个因素的高低并不能决定是否满足热舒适要求。同样，一个因素的变化，可以通过调整其他因素来补偿，使之维持平衡，例如将在室内空气温度较低、平均辐射温度较高的情况，与在室内空气温度较高、平均辐射温度较低的情况相比较，二者的结果可能是具有相同的热舒适的。另外，在不影响气温的情况下，空气流动、辐射热以及相对湿度都会影响舒适度。

4.湿

湿度，一般通过附近水体、雨水或雪霜等形式的室外气候环境的湿度呈现，不仅是一个有形的气候参数，而且在建筑语境中也是重要的挑战和灵感，在人体感知上发挥着重要作用。在建筑立面设计和外观上，有时甚至是经常会反映出人类对阻止过量降水的影响和排水所作出的努力，尤其是随着时间的推移，也在乡土建筑中积累了丰富的经验。另外，随着岁月的积累，许多传统建筑外墙上出现的锈迹斑斑，也是由于水的湿气和其他气候因素的共同作用下，所造成的建筑外观发生变化，出现古铜色、铁锈、风化脱落的痕迹。

相对湿度表示在相同温度和压力的条件下，空气中水分含量与饱和时所含水分的比率[47]。一个空间的相对湿度会影响皮肤表面水分蒸发的速率。较低的空气相对湿度使更多的汗液蒸发并导致皮肤冷却降温，较高的相对湿度条件（一般是指70%以上）则使人体汗液更难蒸发。当对湿热地区尤其是滨海城市和地区进行热舒适调研时，湿度因素不可忽视。通常认为相对湿度介于30%～60%的数值是可以被接受的，此时对热舒适的影响效果较少，根据费格斯·尼科尔（Fergus Nicol）所言，在大多数的热舒适性调查中，空气湿度所发挥的影响也相对较小。

2.3 乡土建筑的热力学调控方式

2.3.1 关于热舒适问题的讨论

根据《新牛津英语词典》，热（Thermal）的意思是“与热和温度有关（relating to heat and temperature）”，而舒适度被定义为“身体放松的状态（a state of physical ease）”。由于舒适被视为一种主观心理状态，它是不断变化的，取决于各种因素，它不能客观地衡量。热舒适的测量是一项复杂的任务，受到许多参数的影响，包括温度、湿度、空气流动、空气质量、照明、噪声、习惯、衣着、活动水平、控制环境的能力、个人喜好和文化[129]。此外，每个人的感知热满意度各不相同，因此很难找到每个人都满足热满意度的条件。

根据人体热平衡公式可以知道，仅仅凭借任何一个因素都不能够恰当地描述人体对热环境的感受。如果可以用一个综合性指数来描述人体对热舒适的反应，对热环境全部影响因素的综合效果进行评价，则被称为热舒适指数[6]。对该指数的研究，学者先后提出了作用温度（ET）、有效温度（CET）和预测平均热感觉（PMV）等，从不同角度将各种影响因素综合，为建筑物理学、建筑热工设计和室内热环境评价提供依据和方法。

在不同国家地区，有很多学者有着共同的焦虑，炎热地区的建筑是否能做到节能的同时又保证环境的舒适？如文献[130]主要通过研究炎热和干燥气候下的乡土民居，并通过界定该气候环境下的舒适温度和舒适区，来评价在该乡土环境下的被动式降温技术是否达到预期效果。清华大学曹彬博士对于国内炎热地区半室外空间进行了热舒适研究，并对位于深圳的一处办公建筑进行了实地调查，结果发现半室外空间能有效提升节能效率，同时还符合当地使用者的舒适性[131]。西安建筑科技大学杨柳教授首次提出了我国室外平均温度与中性温度的线性关系T_n=19.7+0.30T_o，作为建立适用于我国不同气候区的建筑气候分析的热舒适评价标准[132]。

以下展示了不同地区的学者对于热舒适问题所采取的相关研究，并对自然通风建筑和空调建筑给予的不同中性温度指标。从表2-3可以看出，空气和湿球温度是决定热舒适性的最重要指标。此外，在各种现场研究中发现的舒适温度彼此之间存在显著差异，往往与实验室研究计算的温度相差甚远。考虑到这些现象，我们重新审视了热舒适作为自我调节系统的一部分，在这种系统中，受访者的行为及其生理学构成了舒适特性的一部分（Nicol，2008）。这种关于热舒适性的方法通常被称为热适应模型（Adaptive Model）。

表 2-3 不同地区的学者对于热舒适问题所采取的相关研究

序号	研究学者或相关成果	研究环境	热舒适区	研究要点
1	霍顿 F.C.（F. C.Houghten）、亚格洛 C.P.（C. P.Yaglou）、米勒 W.E.（W.E. Miller）等学者（1923）	实验室环境	/	根据影响热舒适的温度、风和湿度三个变量的关系，根据提出有效温度（ET）
2	托马斯·贝德福德（Thomas Bedford）（1940）	实验室环境	/	根据温度、风速、湿度和太阳辐射的影响，提出修正有效温度（CET）
3	法格尔 P.O.（P. O.Fanger）（1970）	实验室环境	/	根据空气温度，平均辐射温度，湿度，空气速度，衣服水平和新陈代谢率提出热平衡方程式[1]
4	费格斯·尼科尔（Fergus Nicol）（1972，1975）	伊拉克和印度的混凝土建筑环境	32° C 左右	根据当地温度、湿球温度、湿度、风速和受访者的感觉，当温度上升到 36° C 以上和 40°C以上时，热不适感分别超过 20% 和 50%。这表明适应了炎热气候受访者，尽管在温和气候中不舒适的温度下也可能感到舒适
5	迈克尔·汉弗莱斯（Michael A.Humphreys）（1976，1978）	全球各地（36 处）	根据气候条件不同而不同	根据温度、风、湿和辐射提出中性温度 T_n，室内中性温度：T_n=2.56+0.831T_i；自由运行的建筑室外中性温度：T_n = 11.9 + 0.534T_o，受访者可以适应不同的环境条件[2]
6	杰夫·伍拉德（Geoff Woolard）（1980）	所罗门群岛的自然通风民居	27.5°C ± 4.5°C	测量了空气和湿球温度、湿度和风速，认为空气温度是合理的热舒适指标
7	沙尔玛 M.K.（M. K.Sharma）、阿里 S.（S. Ali）（1986）	印度室内和室外	27.5°C	空气 / 湿球温度是决定热舒适更为重要的参数

1 法格尔认为满足人体舒适的条件是在热平衡状态条件下皮肤表面的平均温度 T_s 和体表蒸发散热率 Q_e（W/m^2）在相应的舒适范围。其热舒适平衡方程由联立方程得出：T_s=35.7-0.032M 和 Q_e=0.42(M-58)，其中 M 为人体单位面积新陈代谢产热率（W/m^2），对于静坐的成年男子，M 一般取 58。参见：杨柳《建筑气候分析与设计策略研究》(2003 年，16 页）。

2 T_n=2.56+0.831T_i 式中，T_n 为中性温度，T_i 为平均室内温度。中性温度（T_n）是指一大群人感觉不到热或冷的空气温度，人体将处于最小的热应力下。T_n = 11.9 + 0.534T_o，式中，T_n 为中性温度，T_o 为月平均室外温度，即 1/2（月平均最大值 + 月平均最小值）。（Foruzanmehr 2017：110）

3 其中 T_c 为舒适温度，T_o 为月平均室外温度。

续表

序号	研究学者或相关成果	研究环境	热舒适区	研究要点
8	安德烈斯·奥利切姆斯（Andres Auliciems）、理查德·迪尔（Richard de Dear）（1986）	全球各地	根据气候条件不同而不同	发现了非空调建筑的热舒适与室外平均温度之间的关系。这种相关性适用于 18°C和 28°C之间的温度，并用方程 T_c=17.6+0.31T_o 表示[3]
9	尼杰尔·奥塞兰（Nigel Oseland）（1994）	英国新型民居	夏季 18.9°C，冬季 17°C	受访者认为冬天比夏天暖和，热舒适感觉受室内和室外温度影响
10	阿卜杜勒·马里克（Abdul Malick）（1996）	孟加拉国城市住房	24～32°C	在高达 95% 的相对湿度下，使用简单手段（如冷却和吊扇）能感到舒适
11	阿克瓦西·马拉玛（Akwasi A.Malama）（1997）	赞比亚	夏季 26 °C，冬季 25.2°C	湿球温度是热舒适性最准确的预测因子，对热舒适性的影响大于风速和相对湿度。在夏季受访者可以通过控制环境（如关闭门窗）来调节热环境
12	费格斯·尼科尔等学者（1999）	巴基斯坦	26.7～29.9°C	纵向研究：T_c = 11.7 + 0.55T_g 和 T_c = 18.0 + 0.33T_o；横向研究：T_c = 11.5 + 0.53T_g 和 T_c = 18.5 + 0.36T_o[1]
13	迈克尔·汉弗莱斯（Michael A.Humphreys）、费格斯·尼科尔（2000）	自由运行的建筑	/	T_c=13.5+0.54 T_o
14	希达里 S.（S. Heidari）（2000，2006）	伊朗自然通风建筑	26.7～28.4°C	中性温度与室内外平均温度有较好的关系，室内舒适温度（T_c）取决于平均室外温度（T_o），T_c = 17.3 + 0.36T_o
15	杨柳（2003）	中国	（20～26°C）± 2°C	T_n = 19.7+0.30T_o
16	美国供热制冷与空调工程师学会标准 55（ASHRAE Standard 55）（2004）	自然通风建筑	（20.9～28.18°C）± 2°C	T_c = 17.8 + 0.31T_o
17	欧洲自然通风建筑标准 EN15251（2010）	/	/	T_c = 18.8 + 0.33T_r

1　其中 T_c 为舒适温度，T_g 为湿球温度，T_o 为月平均室外温度。

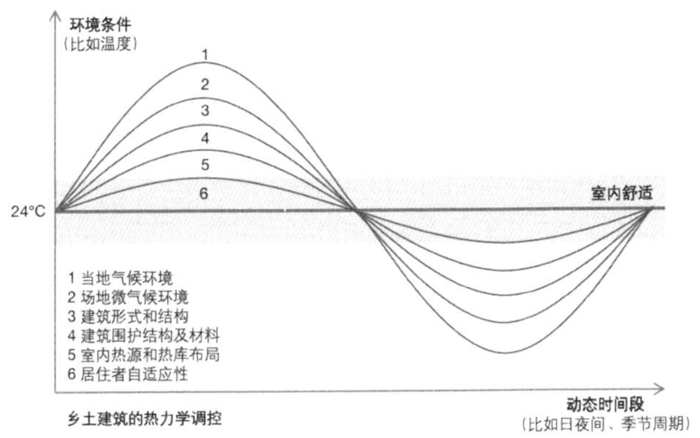

图 2-13　乡土建筑热力学调控的层次
资料来源：改绘自 OLGYAY V. Design with climate: bioclimatic approach to architectural regionalism[M]. Princeton: Princeton University Press, 1963: 11. 克里尚，贝克，扬纳斯，等．建筑节能设计手册——气候与建筑 [M]. 刘加平，等，译．北京：中国建筑工业出版社，2005：49.

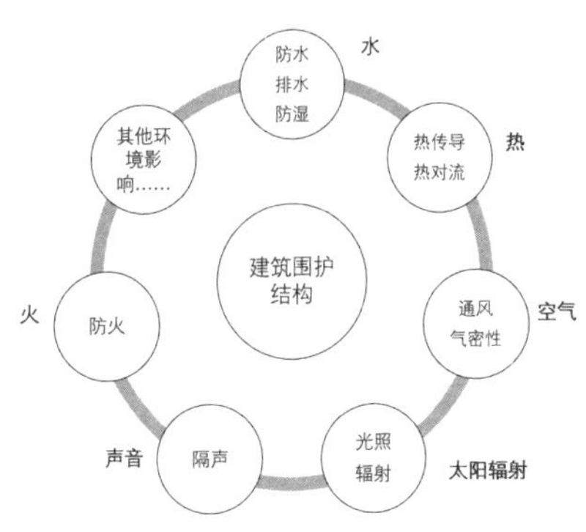

图 2-14　气候界面的调控和环境因子

2.3.2　基于热舒适的乡土建筑热力学调控

对于乡土建筑利用气候进行适应性调适的方式，一般是指调节环境现象从而对建筑和室内环境产生影响。这些气候应力主要是气候条件（即外部影响）和建筑使用（即室内影响）的结果（图 2-13）。实际上，这意味着乡土建筑的气候界面（外围护结构）与室内外环境始终保持着持续的相互作用。

热力学调控主要是指建筑对空气、水、热、太阳辐射、声音、火等环境影响因子的控制（图 2-14）。以建筑围护结构为例，上述的环境因子都会对其产生特定影响，必须对这些影响进行适当调整，以便在耐久性、能源使用、可用性、经济性、可持续性以及美学等方面实现建筑的舒适度。对建筑围护结构来说，是指通过对相应的环境影响进行围护界面控制参数的适当调节。图2-15表示了多种环境影响因子和建筑围护结构相应控制参数的关系，其很大程度上取决于建筑类型、用途和气候特征，因此不限于图表中的环境因子，比如核反应堆，其中辐射屏蔽也是一个重要的设计参数。

随着建筑的发展，建筑技术和对建筑性能、热舒适的不断要求，逐渐出现越来越复杂的建筑围护结构，如从只需要屋顶遮蔽或挡风墙的原始结构，到现在附加了隔热、防水甚至是会对环境作出响应的变色玻璃，等等。虽然最终的目标是更高的性能和更有效的环境影响调控，但往往在不断附加的过程中会出现需要额外的控制需求。

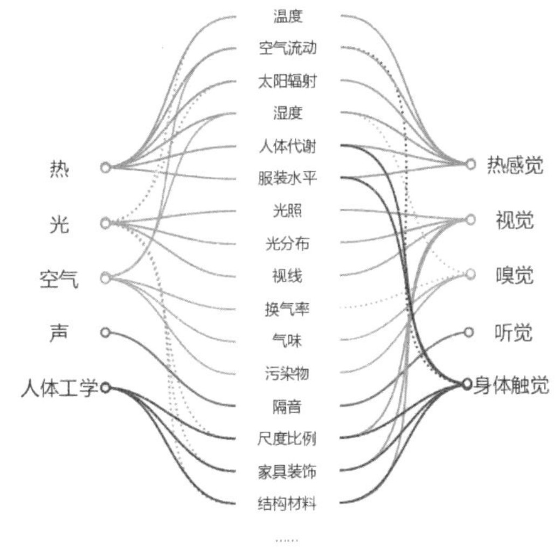

图 2-15　室内子环境和相应的感官感受在室内舒适上的主要影响因素

比如，由于对热舒适性和低能耗的要求，引入了隔热和提高建筑围护结构的气密性，却出现了与蒸气凝结有关的问题，有必要额外补救。同样，虽然现代建筑中的大面积开窗提供了视野和通风，还有相应的太阳增益和采光。但是，会出现过热的问题，因此需要进一步考虑遮阳。

室内环境质量作为影响室内热舒适的重要指标，长期以来一直被研究人员视为高性能建筑或旨在提高用户性能的建筑设计中的关键要素。从图2-15可以发现建筑物中的室内环境可以细分为子环境，这些子环境可以根据环境的波动变化和人类感觉系统（即感官）之间的联系来定义。例如，人类对室内环境中热的感知可以与人体的热感受联系在一起，这种热感受是由皮肤和下丘脑中的感受器实现的。这意味着，居住者对某一环境中的热条件的生理反应将通过其热感受对该环境特征的感知来调节。这个简单的分类基于室内环境条件和人体感官感受器之间的关系产生了总共五个室内子环境，即热环境、光环境、嗅觉环境、声音环境和人体工程学环境，由此定义了居住者对室内环境状态的心理生理反应。对于每个所述子环境，可定义与其相关的主要气候影响因素。

由此可以看出，室内舒适性是一种依赖于多种动态因素不断变化的，决定建筑物居住者生理反应的影响因素在不同的室内子环境之间表现出交叉和相互依赖的关系。如在热环境和光环境中，二者在某种程度上都是由太阳辐射的影响（即视觉和太阳光谱）决定的。然而，这两种情况下的舒适性要求往往是矛盾的，为了便于照明舒适，会允许太阳辐射热和光照进入建筑物来提供采光。这同时可能会导致室内环境过热，从而导致夏季热舒适性降低或制冷降温的能耗增加；在热环境和风环境中，又有类似的矛盾点，因为居住者往往喜欢自然通风，然而，由于不适当的通风，会造成更大的对流热损失或增益，从而对建筑物的能效产生负面影响；在风环境和声环境中也会造成一定的矛盾性，如打开窗户促进通风的同时，也会给建筑物带来不必要的负面噪声，在大城市中尤为常见。

上述问题意味着气候适应性建筑中的室内环境舒适性，应尽可能通过被动式方法解决，利用室内和外部气候条件之间的相互作用，如在岭南乡土建筑中设置冷巷以增强通风的同时隔热，为建筑使用者提供适当的舒适度。当无法达到这一点时，可以使用额外的机械干预来提高建筑物的舒适度，在传统乡土建筑中也有类似的例子，如旧时的东莞可园双清厅，在八仙桌的下方地面开设小地洞，隔壁房间的“风柜”（农民用来过吹风过滤晒干的谷子的机械）由仆人操作转动，把清凉的微风经由地下风道向主室输送[133]，以及西班牙传统民居中的地热和通风（图2-16）。

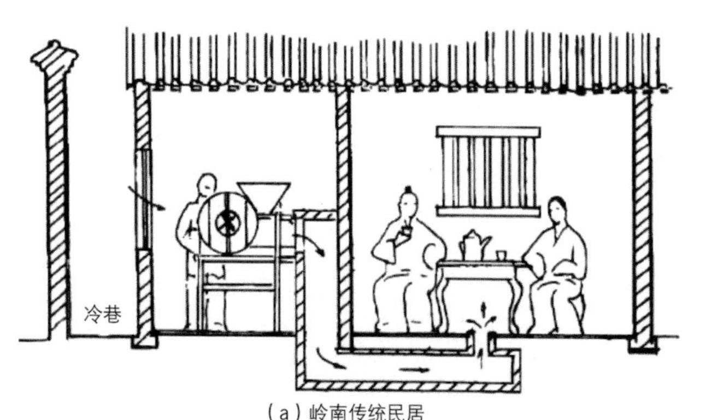

（a）岭南传统民居

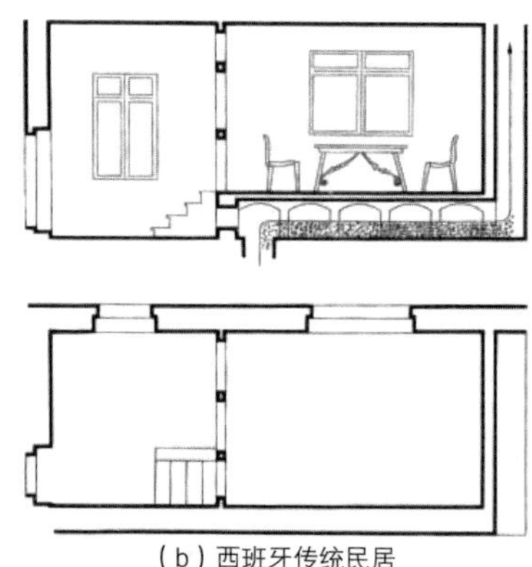
（b）西班牙传统民居

图 2-16 传统民居中的通风方式

资料来源：改绘自汤国华. 岭南湿热气候与传统建筑 [M]. 北京：中国建筑工业出版社，2005：117.

2.4 乡土建筑的四种热力学类型

2.4.1 基于热力学开放系统的能量平衡

建筑可视为一个开放系统，通过能量（如热量）、物质（如空气）和信息（如光）的交换，与环境（如气候）不断相互作用。这两种环境之间的相互作用通常处于恒定的通量状态，室内和室外环境条件在年、季、日和小时等不同的周期中随时间发生变化。因此，建筑物的能量流动和交换是一种极其不同的现象，同样取决于多种环境参数以及建筑物的围护结构特性。建筑物的一般能量平衡方程式与人体的能量平衡方程式[式（2-2）]类似，建筑物与其环境的热相互作用可以表示为式（2-3）。

$$\Delta Q = Q_{in} \pm Q_{tr} \pm Q_{ve} \pm Q_{ra} - Q_{ev} \tag{2-3}$$

具体解释如下：

（1）ΔQ指的是建筑总能量得失，表示建筑物在特定内部条件下与外部环境相关的总能量增益或损耗。与人体能量平衡方程的情况一样，这里ΔQ等于零的值表示一个与其环境处于热平衡状态的建筑系统。这种状态描述的是自由运行的建筑，它们仅通过环境调节提供室内热舒适性。此外，与这种热平衡的实质性偏差意味着建筑物正在失去或获得热量，因此意味着需要加热或冷却，以便将室内温度保持在规定的舒适范围内。

（2）Q_{in}指的是内部热增量，表示室内产生的热量，由居住者体内的代谢过程产生，以及建筑物内照明、电气设备等工业过程释放的热量。

（3）Q_{tr}指的是传导热量得失，表示通过建筑外围护结构的热量传递而产生的热传导损耗或增益。Q_{tr}的速率很大程度上取决于墙体的热传导率U值（W/（m^2·K））和室内外空气的温度差（ΔT）。这意味着，通过使用隔热材料，可以大大减少传导热交换，而在较小的ΔT环境条件下，Q_{tr}也可以忽略不计。

（4）Q_{ve}指的是对流热量得失，表示室内外空气通过通风交换（即对流）产生的热损失或热增益。与Q_{tr}一样，Q_{ve}取决于室内和室外环境之间的ΔT以及空气交换率（ACH）的强度。

（5）Q_{ra}指的是辐射热量得失，其中最重要的是以太阳增益（Q_{sol}）形式表示的太阳辐射效应。太阳能量的热量增益，特别是通过建筑外围护结构的玻璃部件直接获得的Q_{sol}，可以对室内热环境产生很大的影响，要么在夏天或午后会导致室内过热，要么可以在冬季提供被动太阳能的补偿加热。此外，当不透明部件具有较高的U值时，透过在不透明部件上的太阳辐射可以通过提供额外的间接Q_{sol}来影响建筑物的能量平衡。同时，太阳辐射增加了建筑材料的表面温度，这主要取决于表面材料的光学特性，即表面反射率（αS）。一般来说αS越低，吸收的太阳辐射越多。室内的入射太阳辐射代表辐射增益，而建筑物外表面发射到周围环境的辐射损失则代表辐射损失。

（6）Q_{ev}，蒸发热量得失，代表蒸发过程中吸收的热量引起热损失。在蒸发过程中，能量被用于从液态到气态的变化，温度保持恒定的情况下，热量被用于将所有液体转化为气体。蒸发1kg的水大约需要2257kJ的能量，因此在空气相对湿度较低的温暖和炎热条件下，这种效应会产生大量的热消耗。然而，在炎热潮湿的条件下，空气基本上已经被水蒸气饱和，蒸发能力受到限制，蒸发降温效果不明显。

式（2-3）中给出的建筑物热平衡和的气候适应性特征，实际上取决于影响最终ΔQ的各个热量之间的相互关系。一般来说，建筑物的热适应性主要取决于所在环境的气候条件，特别是可用的接收太阳辐射增益（Q_{sol}）、热传导（Q_{tr}）和热对流（Q_{ve}）作用下的室内外环境之间的温差。这种气候适应性特征在布局相对分散（即具有高体形系数的建筑）和具有低内部得热量的建筑中最为明显，这种以住宅为主的气候适应性需求较高的建筑，一般可以通过应用各种生物气候设计措施的来应对。相对来说，内部产生的热量值较大的建筑物，这些建筑通常体积较大地面面积较小且紧凑（如办公室、医院等）。即使在相对寒冷的外部条件下，它们也有过热的倾向，这实际上意味着气候条件对它们的影响较小。因此，在以内部负荷为主的建筑物中，生物气候设计措施相对受限，主要是考虑Q_{sol}而促进散热和防止过热。

建筑热平衡是一个瞬态问题，通常表现为温度差和时间差，但常常在建筑设计中被忽略。影响建筑物热平衡的一个主要原因是时间差所导致的热增益和损耗之间不断发生变化。然而，目前的工程实践中一般是通过U值的计算，在固定热边界的条件下将瞬态问题简化为稳态现象从而可以量化，但会忽略在现实生活中无法避免的材料热惯性的影响。

基于建筑热平衡来描述建筑热性能一般分为室内外最高温度差性能和时间效应两个方面。事实上，许多生物气候设计措施，如被动式太阳能加热、夜间冷却等都有利用建筑物的这种温度差特性和时间效应来促进室内的热舒适（图2-17）。建筑室内外温差性能，一般通过温度衰减程度来表示，也就是室内最高温度的变化幅度相对于外部温度的衰减程度。时间效应则是通过时间滞后来表示，表示室内和室外日最高温度出现的时间前后差。通过这两个热特征因素可以将乡土建筑按照建筑热平衡分为四种典型的热力学类型（无墙、低热质、高热质和隔热保温）。

然而，建筑物及其围护结构热特性对于正确评估建筑物的能量平衡至关重要。这尤其适用自然通风模式下的乡土建筑，其室内的温度通常取决于外界环境温度、围护结构的质量和太阳辐射的时间变

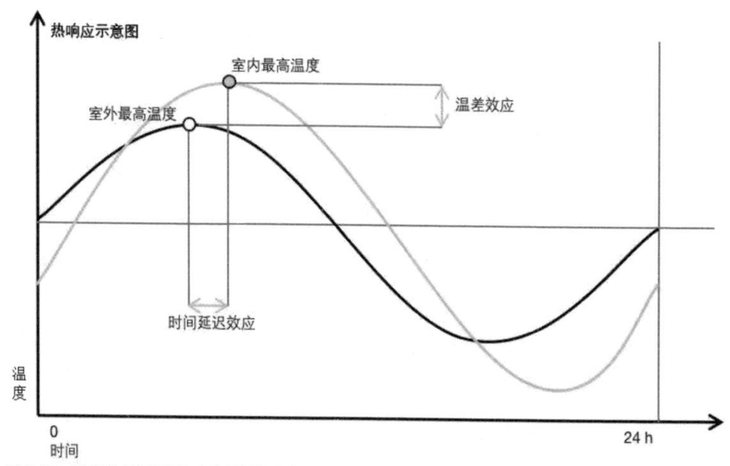

图 2-17　温差效应和时间效应的材料热响应示意

化。不同于那些有额外的机械设备制冷或加热来减少外部环境变化的影响的情况，自然通风的建筑几乎完全依赖于外围护结构来调节，包括建筑围护结构材料的热导率、密度和比热等特性。

2.4.2 基于能量平衡的乡土建筑热力学类型划分

本节基于热力学建筑理论和热舒适平衡理论，提出基于热平衡的四种乡土建筑热力学类型，分别为主要分布在热带地区的“遮阳篷”式的隔热散热型，分布在全球现代化更新的不同乡土环境的“现代小屋”式的吸热散热型，主要分布在干热地区的“夯土泥屋”式的吸热保温型，以及主要分布在温和地区和寒冷地区“木屋冰屋”式的隔热保温型四种类型。

第一种是乡土建筑“隔热散热”的热力学类型，类似遮阳棚，主要分布在湿热气候地区，需要通风和遮阳。建筑一般应用轻质和高反射率的材料，没有或较少围护结构，室内环境以促进空气流通和避免吸收过量太阳辐射来达到热舒适。这种“遮阳棚”类型一般只适用于白天和外部环境条件相对恒定的地方，如温带气候和热带干旱环境（Olgyay，1963）。在这种情况下，建筑物的最佳自然通风性能可以通过大量遮阳（主要是屋顶遮阳）来实现，以阻挡太阳辐射的影响，并通过提供足够的外墙开口来促进交叉通风（图2-18）。在这样的环境下，空气流动和遮阳是保证热舒适的最主要被动措施，因为蒸发和辐射热损失在相对湿度较高的空气环境中不明显。

第二种是乡土建筑“吸热散热”的低热质热力学类型（Low Mass Lightweight Type），主要分布在现代化影响下的乡土环境。建筑一般由高热导率、低密度和低比热容材料构成的轻质建筑，如现代的钢板集装箱和缅甸河上被现代盲目改造的架空式船屋，建筑几乎不会阻碍热量的传递，时间差和温度差都较小（图2-19）。因此，在太阳辐射的影响下，白天的室内最高温度甚至还可能比外部空气温度高，而在夜晚则比外部温度低，这一类建筑实际上几乎不适用于任何气候环境。对于这一类建筑，在热带气候地区一般是白天人们外出工作，只在夜间生活使用。否则如果要在一整天使用这一类建筑，除非大量使用空调设备的制冷和取暖才能居住，但会导致能源的大量浪费。

第三种是乡土建筑“吸热保温”的高热质热力学类型（High Thermal Mass Type），主要分布在干热地区和较为寒冷的地区。建筑材料具有较低热导率、较高密度和较高比热容的围护结构，通过建筑开口吸收太阳辐射热量，如黄土高原的夯土和地坑院建筑（图2-20）。这一类乡土建筑常常显示出

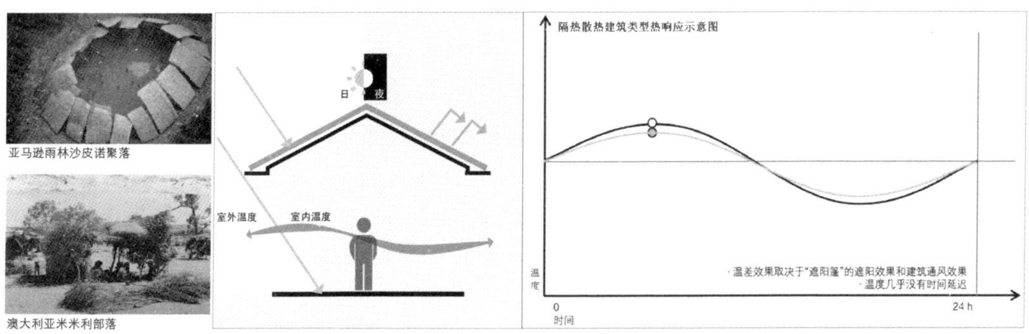

图 2-18 强调“隔热散热”的热力学类型及其热响应

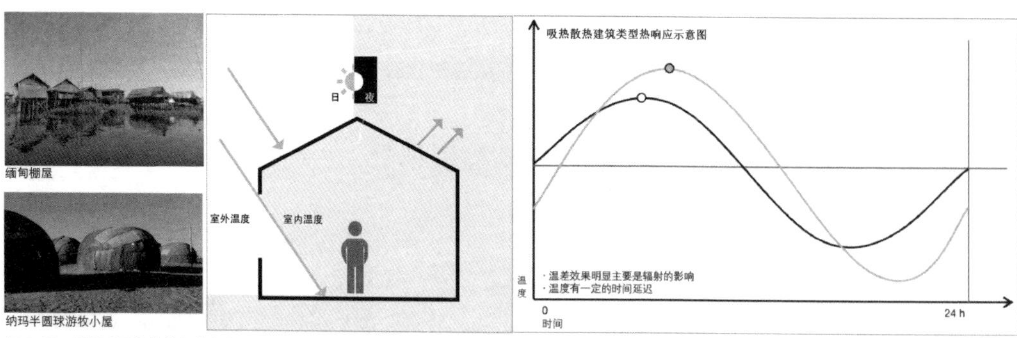

图 2-19　强调“吸热散热”的低热质热力学类型及其热响应

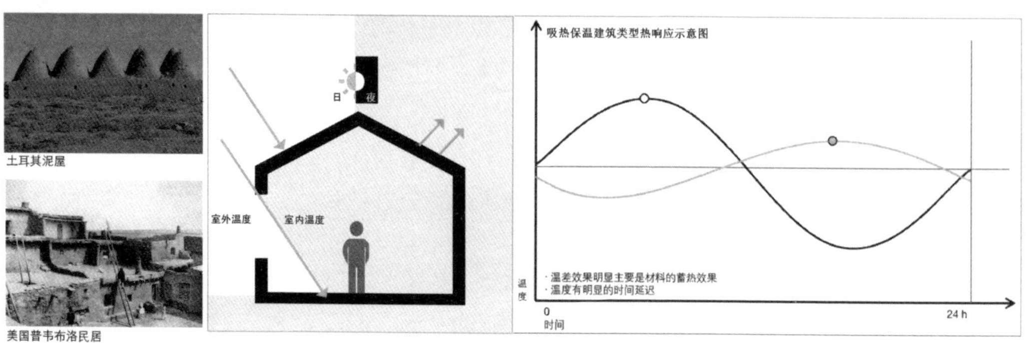

图 2-20　强调“吸热保温”的高热质热力学类型及其热响应

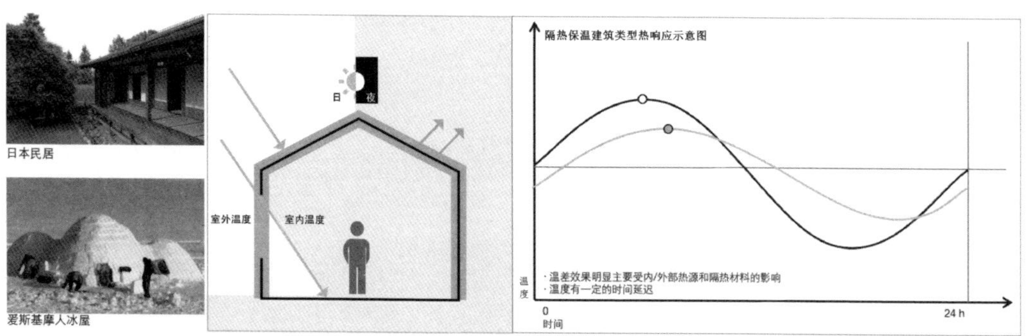

图 2-21　强调“隔热保温”的热力学类型及其热响应

明显的温度差（室内外最高温差通常大于5℃）和时间差（最高温滞后可以达到8个小时），从而使建筑室内保持相对恒定和舒适的最高室内温度。从气候的角度，这一类建筑特别适合日间温差较大的气候环境，通过热质的影响可以有效减弱外部温度变化的影响。

第四种是乡土建筑“隔热保温”的热力学类型（Insulated Type），主要分布在寒冷地区。建筑材料应用较低的热传导来阻隔热量的传导，一般是指轻质隔热建筑（图2-21）。轻质建筑改用低热导率的材料，其热性能和相应的能源性能可以得到有效的改善。隔热层对通过外围护结构的热量有很大的阻隔作用，但是时间延迟性和温度衰减相较于高热质而言对室内温度的影响较小，也就是轻质隔热建筑比高热质建筑的室内热平衡调节较弱[134]。假设两栋建筑都处于自然通风状态，轻质隔热建筑和高质量隔热建筑二者之间的室内最高温度差异可以忽略不计，但时间效应却会有明显区别。为了提高轻质隔热建筑的自然通风性能，可以采用温度相变材料，其中材料在熔化过程中储存的潜热与高热质建筑中的热质量具有相似的作用[135]。在隔热建筑围护结构中，隔热层的位置与建筑围护结构的热质量之间的关系也起着重要的作用。即使是相对较小的隔热层厚度，也可以大大减少室内环境和外围护结构热质量之间的对流和辐射相互作用。

第 3 章

特征与案例归纳——乡土形式的能量法则

3.1 乡土建筑热力学的谱系构建

3.1.1 谱系研究框架

在研究气候和建筑之间的关系时，大多停留在定性描述和主观概括上。本章将搭建建筑特征和气候适应性耦合的定量框架，根据乡土建筑热力学谱系的纵向分类，定性研究乡土建筑选址、形态布局、空间组织、几何结构与材料特征在气候应对方面的策略，并根据谱系的横向分类，研究在不同气候分类（湿热、干热、温和和寒冷）下的热、风、光和湿度等方面的能量设计策略，形成基于不同气候分类下的乡土建筑设计策略图表。

本章试图探讨下述两个问题：其一，对全球不同气候区下的乡土建筑进行分析与归纳，研究它们的空间形态，具体包括类型分类、描述、归纳，并形成几个层次的建筑空间形态要素集合，使之分别与热、风、日照等基本气候要素建立对应关系，最终在建筑特征—气候要素的框架（表3-1）上形成进一步可操作的乡土建筑案例研究特征谱系；其二，设计转化，按照“谱系—类型—原型”进行研究，基于气候适应性设计完成乡土建筑形式特征与气候特征之间作用规律的模式总结和当代转译，使其转化成为对当代乡土建筑设计实践具有指导意义的热力学策略和气候适应性语言。这些研究也为进一步研究不同气候条件下的乡土建筑热力学原型以及特定建筑类型（例如合院）的热力学原型的设计策略，以及它们在当代环境下的转化提供了基础。

对建筑特征因素与气候因素对应的研究，也是对建筑气候适应性研究的基础，其思路是将各个层级的建筑形态特征要素看作“自变量”，将以热、光、湿度、风和降水为代表的气候要素时空分布情况作为“因变量”。通过研究总结两个方面之间的耦合关系、作用规律，期望得出的结论能够指导乡土建筑的当代设计和转化，使其更为理性和科学。本书认为基于不同地区的气候环境下，需求也会有所不同。即使像拉普卜特所提到的，气候绝不是决定性的影响因素，他的理论框架跟森佩尔的数学式[1]十分相似。拉普卜特将社会文化当作常量，或称“首要因素”，将其他物质技术因素当作变量，或称“次要因素”。但是不同地域成长的人类需要克服的自然力是强弱不一的，对于庇护的需求也有所不同，因此“气候适应性量度”自然可以作为克服这一需求的一个有效概念，那么形态的选择自由度将在气候的角度，从无法容忍的气候条件跨越到无须考虑气候条件这两个极端。气候某种程度上会影响住宅的形式多样性，因而形式选择呈一定的线性关系的[60]。当然，每种形式选择的解决方案按照拉普卜特所言都是基于特定的社会需求和技术资源的框架下的，像当地人对聚落进行选址一般是基于个人的文化意识和需求。

研究主要应用的方法除了前面提到的在乡土建筑研究中经常使用的对比研究方法以外，还更多

---

1 森佩尔提出 $Y=F$（x，y，z，etc），其中 Y= 艺术作品，它由常量 F 和变量（x，y，z，etc）决定。森佩尔认为常量是功能，并按照类型区别功能。变量是材料、地方、民族、气候、信仰与政治，等等。

表 3-1　乡土特征要素与气候能量要素对应的热力学谱系研究框架

乡土建筑特征要素					主要适应的气候能量要素												主要可采用的研究方法
空间要素			定性描述	定量指标	热				光		湿度		风		降水		
					外部		内部										
					+ 增热	- 避热	+ 保温	- 散热	+ 采光	- 避光	+ 加湿	- 防潮	+ 通风	- 防风	+ 蓄水	- 防水	
01 聚落布局	选址	朝向	东 / 西 / 南 / 北	角度	√	√			√	√			√	√			实测 / 模拟
		位置	方位	角度距离	√	√			√	√			√	√	√	√	实测 / 模拟
	形态布局	尺度大小	大 / 中 / 小	面积	√	√								√			实测 / 对比 / 模拟
		组织形式	单体 / 群体	体块数量	√	√	√	√	√	√			√	√			对比 / 模拟
		建筑组合模式	点式 / 院落 / 行列式	秩序度	√	√	√	√	√	√			√	√	√	√	对比 / 模拟
		排列结构	点 / 散 / 带状	距离					√	√			√	√			对比 / 模拟
		几何形状	规则 / 不规则	形状指数	√	√			√	√			√	√			对比 / 模拟
		间距	大 / 中 / 小	建筑密度	√	√			√	√			√	√			实测 / 对比 / 模拟
		街巷空间	窄 / 宽	高宽比	√	√			√	√			√	√			对比归纳

续表

乡土建筑特征要素					主要适应的气候能量要素												主要可采用的研究方法
空间要素			定性描述	定量指标	热				光		湿度		风		降水		
					外部		内部										
					+ 增热	- 避热	+ 保温	- 散热	+ 采光	- 避光	+ 加湿	- 防潮	+ 通风	- 防风	+ 蓄水	- 防水	
02 建筑空间	整体形态	尺度大小	大 / 中 / 小	体积 面积	√			√	√					√			实测 / 对比归纳
		建筑外形	方 / 圆柱 / 球 / 不规则	体形系数	√	√	√	√	√					√			对比 / 模拟
	平面组织	房间朝向	东 / 西 / 南 / 北	角度	√	√	√	√	√	√			√	√			对比 / 模拟
		外形布局	圆 / 弧 / 矩形	纵横比	√	√	√	√	√	√				√			对比 / 模拟
		空间结构	单室 / 多室	房间数量	√	√	√	√	√				√				对比归纳
		空间组织	向心 / 聚合 / 分散	房间距离	√	√	√	√	√				√				对比归纳
	立面组织	建筑层数	单层 / 多层	楼层数量		√							√				对比归纳
		建筑高度	高 / 中 / 低	距离					√				√	√			对比归纳 / 模拟
		屋顶形态	平 / 坡	角度		√							√	√	√	√	实测 / 对比 / 模拟
		架空层	架空 / 不架空	距离		√	√					√				√	对比归纳
		阁楼间层	阁楼 / 夹层	距离		√	√										对比归纳

续表

乡土建筑特征要素					主要适应的气候能量要素												主要可采用的研究方法
空间要素			定性描述	定量指标	热				光		湿度		风		降水		
					外部		内部										
					+ 增热	- 避热	+ 保温	- 散热	+ 采光	- 避光	+ 加湿	- 防潮	+ 通风	- 防风	+ 蓄水	- 防水	
03 建筑界面	体型界面	形态开敞程度	开敞 / 封闭 / 半开敞	围合度	√	√		√	√	√			√	√			实测 / 对比 / 模拟
		缓冲空间	中庭 / 天井 / 敞厅 / 外廊	高宽比	√	√		√	√	√			√	√		√	实测 / 对比 / 模拟
	围护结构界面	开窗	大 / 中 / 小	窗墙比 渗透率	√		√	√	√				√				实测 / 对比 / 模拟
		墙体材料	热质高低 / 热容高低	热导率 比热容	√	√	√					√					实测 / 模拟
		屋面材料	热质高低 / 热容高低	热导率 比热容	√	√	√					√					实测 / 模拟
		地面材料	热质高低 / 热容高低	热导率 比热容		√	√					√					实测 / 模拟
		表皮颜色	白 / 浅 / 深色	色相 反射率		√		√									实测 / 模拟

续表

乡土建筑特征要素				主要适应的气候能量要素												主要可采用的研究方法
空间要素		定性描述	定量指标	热				光		湿度		风		降水		
				外部		内部										
				+ 增热	- 避热	+ 保温	- 散热	+ 采光	- 避光	+ 加湿	- 防潮	+ 通风	- 防风	+ 蓄水	- 防水	
04 设备构造	采暖设备	火盆 / 火塘	热量提供	√								√				对比归纳
	生活设备	照明 / 炊事	能量消耗	√				√				√				对比归纳
	空气调节设备	烟囱 / 拔风井	面积高度				√					√				实测 / 对比 / 模拟
	湿度调节设备	水体 / 水源	面积 距离				√			√				√	√	对比归纳
	排水蓄水设备	有 / 无组织排水	体系构造								√			√	√	对比归纳
05 与环境的关系	地形地貌	山地 / 平原 / 沙漠等	地貌指数									√	√		√	实测
	室外植被	有无	种类 绿化率		√				√	√						实测 / 模拟
	海拔高度	高原 / 平原	高度	√	√							√	√			对比归纳
	外部阴影	有 / 无	屋檐 / 植被遮阳率		√				√						√	实测 / 模拟
	与地面的关系	架空 / 平置 / 下挖 / 内置	形式 距离		√	√					√	√	√		√	对比归纳

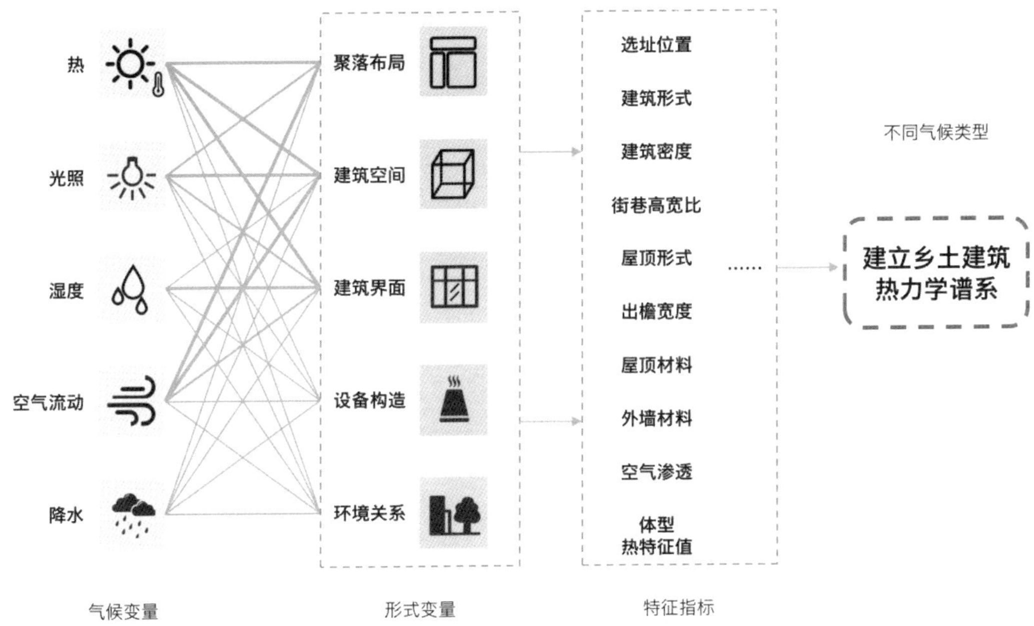

图 3-1 基于不同气候类型与能量需求的热力学谱系建立

地关注定量分析的方法，包括结合计算机技术的模拟研究（风光热环境模拟、数值模拟计算、热舒适模拟等）和基于现象学研究和田野调查的现场实测。因此，研究从聚落布局、建筑空间形式、建筑界面、设备构造和与环境（主要是地形地貌）的关系五个层面对77个乡土建筑案例的气候适应性和建筑特征逐一列举和深入研究。在这个基础上，在气候适应性和乡土建筑设计策略之间建立交叉分析方法，使用定性描述和定量指标相结合的方式对气候和建筑特征之间的关系进行研究，形成不同气候的乡土建筑热力学谱系1.0（图3-1、图3-2）。

3.1.2 构建特征图谱

在研究每个乡土建筑案例上，研究所遵循的主要原则如下：首先，做到特征提取的统一性，即每个案例都适配于气候维度、建筑维度、人文维度和热力学维度的分析框架，搭建能够进行可比性的谱系图表（图3-3）；其次，呈现特征记录的可读性，对于每个案例的研究都是基于大量文献研究的基础上，并对其中的特征进行进一步的筛选和提炼，呈现结果为案例检索和阅读提供参考，并为后面的热力学量化分析提供依据；最为关键的是，保证特征研究的多重性，就如20世纪以来的西方学者一直讨论的[136]，无论哪种建筑形式或风格的形成，都涉及多重因素的影响，包括建造、材料、结构、技术经验、风俗习惯、美学、自然气候以及现实社会需求，等等。因此，研究对乡土建筑案例的特征进行梳理，重点关注气候维度，遵循物质环境、文化环境和能量环境的多重维度进行特征耦合，探寻每个特定地区下乡土建筑形式的成因。

每个案例的详细特征图谱主要划分为5个部分，包括名称和地区特征、气候特征、建筑图式特

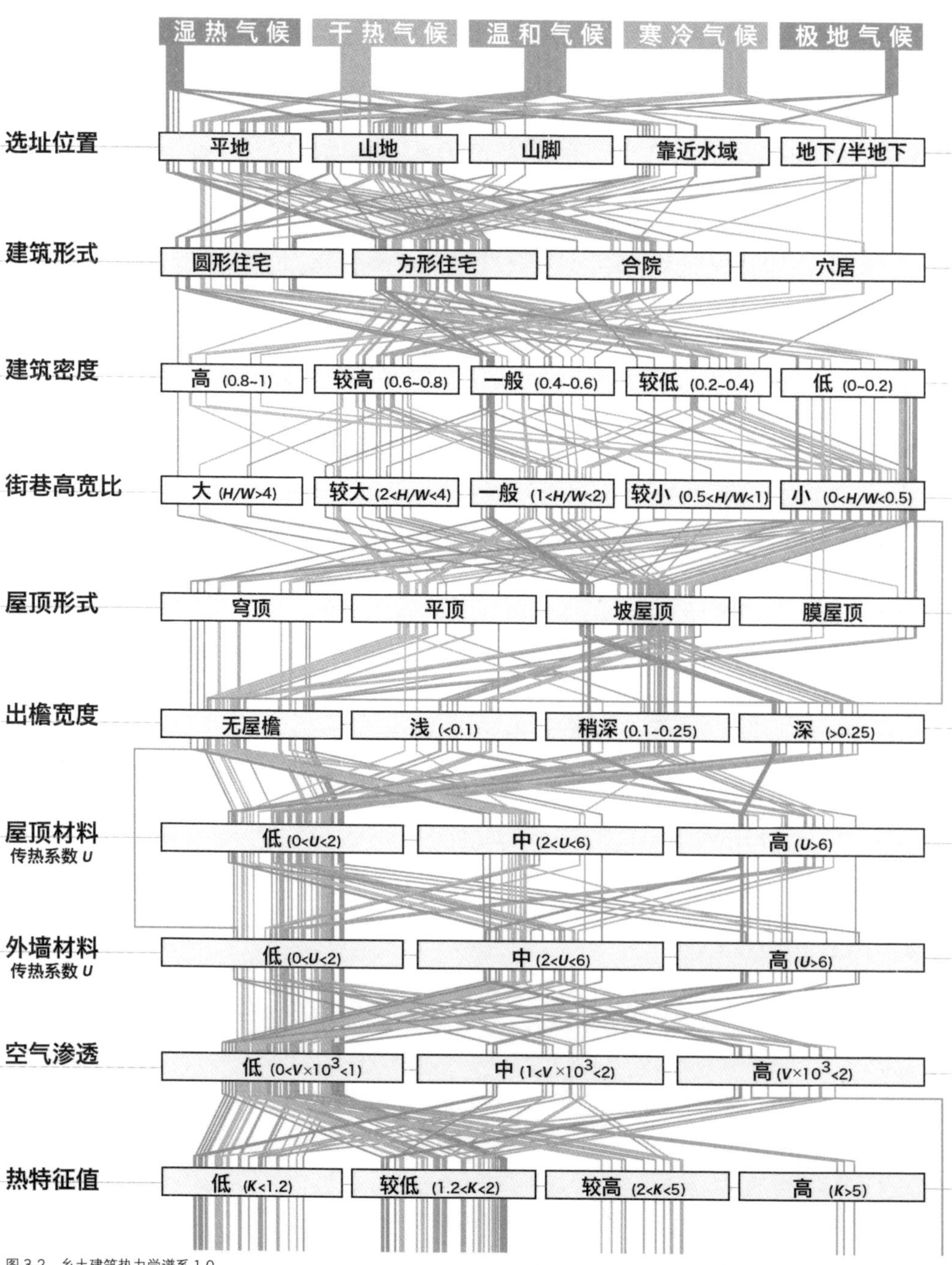

图 3-2　乡土建筑热力学谱系 1.0

征、建筑要素特征、文化环境特征和建筑气候适应性特征。其中，在第一部分名称和地区特征中，依据气候—文化语系—大洲进行命名，并根据柯本气候第二层级的气候类型进行排序，在对应乡土区划谱系的地图上进行位置的标注；在第二部分建筑图式特征中，依据相关文献资料进行建筑平面、建筑剖面和轴测图的绘制，并附上该乡土建筑类型的实景照片以提供直观的感受；在第三部分建筑要素特征中，进一步细分为“建筑布局—建筑形式—建筑界面—建筑设备—外部关系”五个类别，其中每个特征下还做了进一步的数据提取，为后面建模和量化分析提供数据依据；第四部分记录了文化环境特征，包括了特定乡土建筑形成所涉及的人文因素和社会环境因素，如南非开普敦的泥屋建造的小窗户和抬高的门槛，其部分原因来源于当地科萨人的信仰文化；第五部分是建筑气候适应性特征，其中对每个案例做了生物气候设计分析，采用Climate Consultant中的Adaptive Comfort模型，以焓湿图的形式呈现该建筑所在地区的生物气候性能。这里采用焓湿图而不是后文所采用的生物气候图的原因是以一种目前更为普遍的气候分析方式呈现该建筑的性能，也为后文的生物气候图2.0作铺垫。另外，在建筑性能特征描述上，每个案例还配有经过数据转化的建筑模型和夏至日或冬至日的热辐射图，有助于更直观地从热力学的角度上了解该建筑外形与太阳能量的关系。

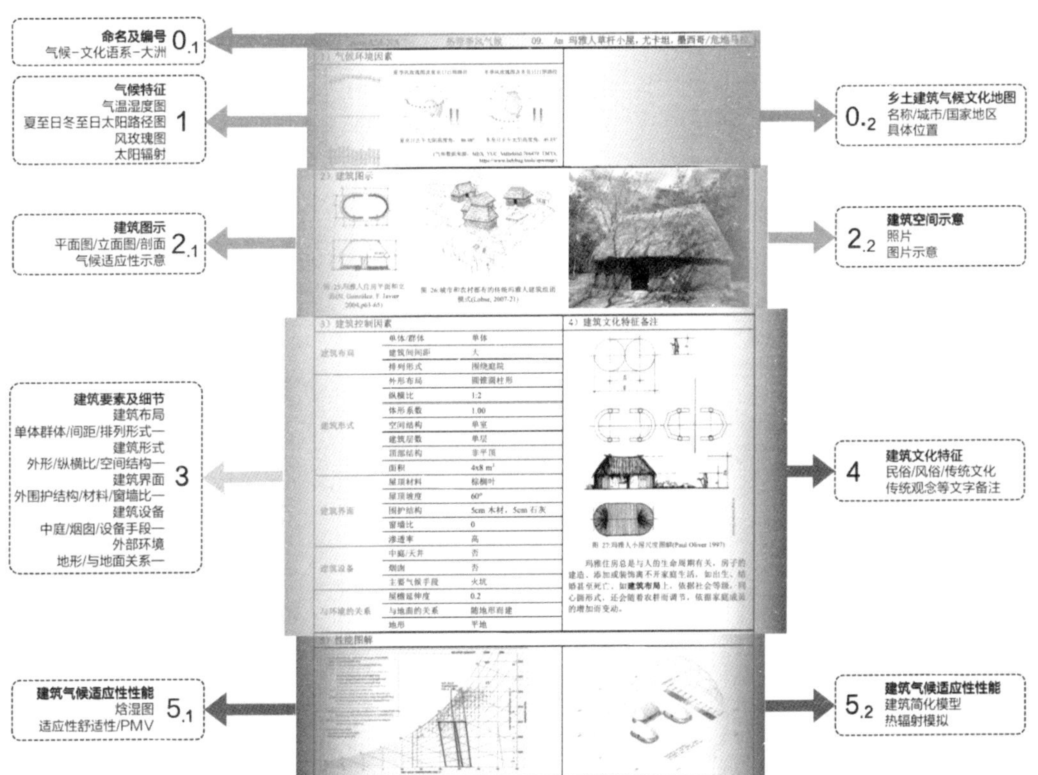

图 3-3　乡土建筑案例特征框架及其解释

3.2 乡土形式特征与气候适应性

3.2.1 乡土聚落选址

阿莫斯·拉普卜特曾说，理想环境的创建更多是体现在特定的空间组织方式。对于一般的传统乡土聚落（Settlement）来说，就是指人类最原始的庇护场所、定居点。其形成的原因很多都是“源于本能的建造”，没有明显的东西方区别，而是体现世界范围内人类解决生存问题所表现出的智慧[137]，它既不是通过政府规划，也不是通过专业建筑师团队设计。传统聚落在漫长的历史发展过程中，已经形成了自己独特的模式和形式。因此，乡土聚落的形态基于不同的选择要素之间，呈现着多样且神秘感，我们往往很难去剖析它的内在成因，其生成也随着时间的进展遵照着选择、类型、模仿、改进的模式。

本书着重探讨聚落的基本特征，包括地理位置、交流模式、生产与开发逻辑、建筑形式，以及聚落与自然环境之间的适应性。特别地，聚落与自然环境的适应性不仅体现了聚落对自然系统的冲突和相容性，而且是衡量其可持续性的重要标准。通过分析聚落所面临的自然限制和现有的自然系统，可以深入了解其社会结构、文化和技术能力的形成与发展。

乡土聚落通常表现为不规则的周边结构，与开放和可渗透的建筑边界相一致。这一特点主要是由于聚落的逐步发展，加强了建筑物和自然环境之间更为渐进的过渡。当然，也有例外，它们与特定的文化背景有关，比如宗教和战争冲突就会对聚落的空间组织构成巨大的压力。

尽管根据不同的气候条件聚落形态有很大的变化，但特定的自然气候元素对其结构和形态有重要的影响。首先是水，无论是在具有丰富水资源还是缺水环境的情况下，与当地水系的连接似乎构成了聚落空间组织的基本形式条件。由此产生的供水和排水网络对于任何聚落的发展来说都是必不可少的。因此，聚落的发展主要取决于资源表现形式和气候特征。缺乏延续传统乡土聚落规划，不仅会导致文脉的断裂，还是对该地区传统乡土的糟蹋。受城市化更新的影响，以及居住者生活条件需求合理增长的压力，一些聚落对其原始形态进行冲突且矛盾的结构更新，如在随后的设计规划中加入城市性的直线轴、不均匀区域的大规模开发和整平，或为了保留某些设施而破坏自然环境，最终导致聚落特征的错误表达及其可持续平衡的破坏。

上述聚落发展的矛盾性反映了这些聚落难以适应重新划分的城市规划政策和管理规范，迫切地需要一套适用于乡土聚落和建筑规划的相关规范，尤其是考虑所需的建筑距离、要素之间的基本关系等。否则，则会导致现有的乡土文脉和新的策略之间出现明显的城市化结构的组织断裂，从而改变传统的建筑模型及其原始的聚集系统。

本节将从聚落选址和聚落布局形态两个角度进行分析。聚落选址的确定和聚落形态的不断演化和维持是维持聚落基本特征的关键，而其可持续性通常受到三个主要因素的制约：一是自然气候系统因素，考虑原始地形和原生植被，控制建筑物的日照和风环境（根据当地气候加以促进或避免），同时调整聚落中建筑单体的布局，处理居民与自然要素之间的关系。形成的最终聚落形态通常是个人和社区集体需求之间妥协的表现。二是环境利用的可持续性，乡土聚落中一般都尽可能减少对肥沃土壤的占用，并在合理的距离内避免与保护水域发生冲突。考虑到土壤的质量，不断努力保护非建筑物区的农业土壤质量，即使当地社区不再依赖于其开发。这也说明了聚落对较大自然环境的影响及其长期管理的必要性。三是私人空间和公共空间的关系，聚落一般都需要方便直接获取资源，优化资源流通网络。流动性和传播性是所有乡土聚落发展中极为重要的组成部分。其主要也由主要生产活动决定，因此，在大多数情况下，聚落的维持需要一定社交网络和较为复杂的复合空间，包括对集体和共享空间的考虑，以及它们与私有空间重叠的关系。

聚落形态、乡土建筑的空间布局及其与自然资源的关系是环境充分共存的最普遍指标。聚落的形成首先考虑的是选址，任何的人类构筑物都离不开对客观环境的判断，人类会本能地利用自然环境的便利，躲避不利因素（气候、战争、自然灾害等）的侵扰，具体体现在地形和地貌的选择上。王昀在《传统聚落结构中的空间概念》一书中认为聚落形成（物象化）的过程分为两个阶段，其一是对聚落地形环境的选择而进行的空间概念物象化，其二是对居住空间形态的空间概念具体化[138]。聚落选址的四个关键气候因素就是水、热、光和风，其中普遍认为水源在聚落中的位置是聚落选择的最重要因素[1,90,139]。如在土耳其西南部的安纳托利亚希腊聚落Kayakóy，充分利用地形和环境的关系进行选址和布局。Kayakóy和其他五个邻近的聚落都建在该地区独特的可耕种低地周围的斜坡上，低地位于海拔62m以下，因此该聚落需要防止洪水的侵袭，该聚落建在高处也有助于保护它免受洪水的侵袭。选择在斜坡上定居从事农业活动，证明了长期以来对乡土与环境相互适应的智慧积累。Kayakóy聚落的街道规划既充当排水系统也充当水渠，以便将多余的雨水排放到低地[139]。

因此，聚落的选址往往体现在地形地貌的选择上，也就是说聚落配置的基地有可能是平坦的，也有可能是倾斜的。如果选址平坦，那么整个聚落无论选择在什么地方，其获取的太阳、水源和风的影响都是相似的，其受气候因素的影响就较小[140]。如在湿热气候区的位于亚马逊热带雨林的亚诺马米（Yanomami）圆形公共聚落（图3-4），其聚落选址一般是热带丛林中的空地建筑，避开茂密丛林中的害虫和积水，使用清理过的木材建造带有茅草屋顶的木栅栏，直径可达15～60m，供40～300人居住，一般1～2年就要更换。

在全球范围内，许多传统聚落多是利用地形与气候的相互作用，在山坡地区根据坡度不同，由于在不同的区域会产生不同层次的温度和气候，较凉爽的空气容易在山谷和低凹地区积聚，从而导致这些地区空气温度较低，斜坡迎风面风速较大，背风面风速较小。例如我国西南地区的乡土聚落配置会横向设置在山坡上，表现出对阳光和风的开敞和接纳。沿南向山坡等高线横向展开布局，不仅可以节约用地，还可以获取更多的阳光，避免相互遮挡，同时有利于山风进入聚落的内部，缓解夏季高温。所以，地形地貌、坡度坡向对于聚落选址来说影响着对风、辐射、光甚至水源获取的便利性，如在寒冷气候区，乡土建筑会更多地选择在地下建造（图3-5），利用土壤的热稳定性来保证室内温度的舒适。另外，乡土聚落的选址以及内部组织关系还在太阳和水源的基础上，表达该族群强烈的文化和思想意图，如巴西新谷马洛卡地区的部落，聚落的房屋选址根据特定的线性的轴对称关系，通常与太阳或河流的路线相关，将聚落划分为互补的两半，沿这些轴的关系则在男女使用的空间之间建立了等级关系，男女老少以及主人和来宾都有所区别。其对建筑环境线性特征的强调似乎与对外部关系的积极

聚落选址与气候类型	湿热气候	干热气候	温和气候	寒冷气候
	热带常年湿润气候 热带冬季干燥气候 热带季风气候	干旱沙漠气候 干旱草原气候	温带夏季干燥气候 温带冬季干燥气候 温带常年湿润气候	寒冷夏季干燥气候 寒冷冬季干燥气候 寒冷常年湿润气候 极地苔原气候

选址平原

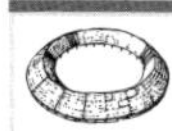

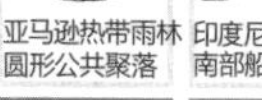

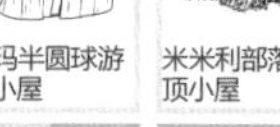
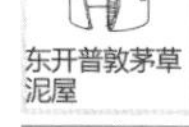

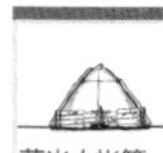

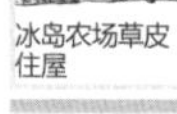

湿热气候	干热气候	温和气候	寒冷气候
亚马逊热带雨林圆形公共聚落 印度尼西亚Nias南部船屋 巴西新谷椭圆形公共木屋 玛雅人草杆小屋	巴格达城市民居 开罗半室外庭院式民居 纳玛半圆球游牧小屋 米米利部落圆顶小屋 蒙古游牧圆顶毡房 喀麦隆圆锥形泥土小屋 博茨瓦纳茅草住居	土耳其蜂窝状圆拱泥屋 西班牙坎波斯双墙鸽舍 摩洛哥合院民居 东开普敦茅草泥屋 赞比亚外廊式竹编泥屋 印度北部茅顶泥民居 广东西关民居 美国东南部乡村木屋 巴西外廊式夯土民居 日本轻质高床式民居	北京四合院民居 达斡尔族三合院民居 陕西乡土烤烟房 易洛魁人长屋 冰岛农场草皮住屋 萨米人帐篷 西藏北部牦牛帐篷 因纽特人冰屋

选址山地（含山脚）

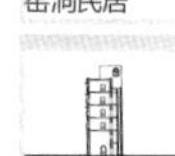

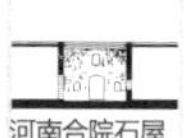

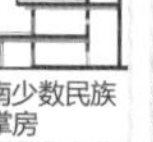

湿热气候	干热气候	温和气候	寒冷气候
新几内亚岛部落棚屋 喀麦隆Matakam部落住居 菲律宾吕宋岛仓式民居 肯尼亚传统泥屋民居	西藏阿里地区窑洞民居 新疆阿以旺民居 也门萨纳塔楼式民居 印度德干高原合院石屋 普韦布洛人台阶式民居 河南合院石屋民居 非洲马里地区多贡崖居	意大利突利石屋 巴勒斯坦传统庭院民居 西班牙托雷多风车 伊维萨岛白色乡村别墅 西班牙圆锥小屋帕洛萨 云南西双版纳干栏式竹楼 云南少数民族土掌房 河南窑房混合型宅院 湖北天井围屋宅院 非洲南部泥墙双层小屋 福建土楼民居 浙江十三间头三合院民居 四川城镇店宅 西班牙北部高床式粮仓 土耳其特拉布宗木屋	土耳其火山岩洞穴住宅 黑龙江井干式民居 俄罗斯井干式狩猎树屋 德国木结构传统民居 瑞士阿尔卑斯传统木屋 西藏碉房民居 因纽特人石屋

靠近水域

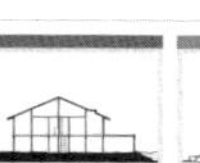

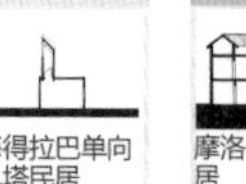

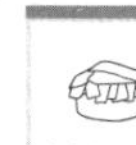

湿热气候	干热气候	温和气候	寒冷气候
伊班长屋 缅甸茵莱湖高床式民居 澳大利亚雨林穹顶住居 澳大利亚传统防风遮蔽物	阿拉伯贝都因人黑色帐篷 海得拉巴单向风塔民居 阿拉伯地区多向风塔民居	摩洛哥合院民居 云南西双版纳干栏式竹楼	易洛魁人长屋 圣劳伦斯岛鲸骨拱形帐篷 西伯利亚地区楚科奇帐篷 涅涅茨人圆锥形帐篷

选址地下

湿热气候	干热气候	温和气候	寒冷气候
	突尼斯中部地区地穴民居	印第安半地下木屋	土耳其代林库尤地下古城 陕西地坑院窑洞民居 美国曼丹部落土屋 因纽特人石屋

图 3-4　聚落选址和气候分区

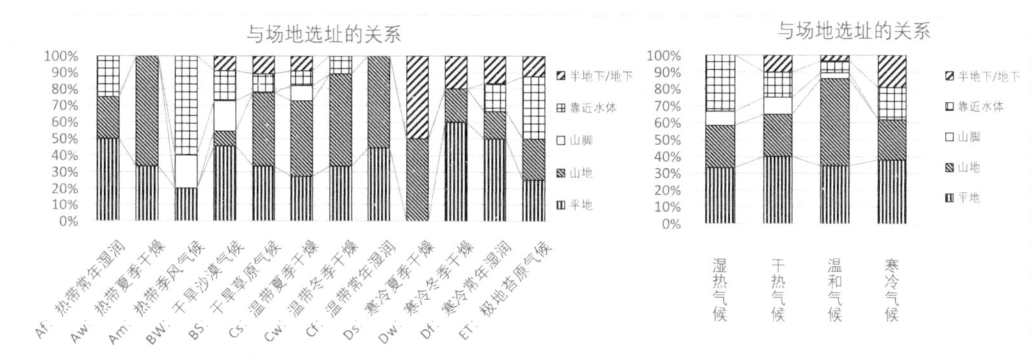

图 3-5　不同气候区的乡土建筑案例与场地选址的关系

评价相结合，而圆形房屋或村庄通常与对封闭和内婚制的文化重视相关。

1. 选址特征与热适应

聚落中的外部热量主要通过太阳辐射的获取，太阳辐射主要影响着建筑外部和聚落的热环境和光环境，也是建筑最为主要的自然能量来源。太阳辐射对建筑热的影响主要来自五个途径，分别是太阳的短波直接辐射、天穹的漫射短波辐射、地面反射的太阳辐射、受热地表和附近物体的长波辐射，还有建筑到天空向外发出的长波辐射交换。而建筑光环境的影响主要是指太阳辐射中的可见光对建筑室内自然采光的影响。对太阳辐射的分析，可以通过Tregenza天空和模拟天穹对某一区域的太阳辐射进行模拟，如在Ladybug Tools中将天穹模拟分成145块的Tregenza天空，通过太阳日光计算系数手段（The Daylight Coefficient Method）将天穹一定范围内的太阳辐射折算到每一块天穹板块中，对.epw气象数据文件中的太阳辐射信息进行可视化处理。

太阳辐射会随着地貌的变化而变化，地貌包括建筑所选择的周边环境坡度和朝向的结合。在不同的气候区，受到的太阳辐射量各异，其原因也与太阳高度角、经纬度、海拔等方面密切相关。对太阳高度角而言，在炎热的赤道气候区的聚落，由于太阳高度角一般较高，因此通常会通过选择遮蔽来避免接受过量热辐射，而在寒冷气候区的聚落则会尽量选择能够充分接受阳光，使即使过低的太阳高度角也能保证室内得到充分的热和照明。

结合太阳轨迹图、周围环境遮罩分析和天空穹顶的太阳辐射分析，可以通过一个给定的位置（如点A）来确定其周围太阳辐射的多少。具体方法是通过该点的高度角和方位角来确定太阳在其一年中每小时的位置，这里选取了上海某点A为例进行分析。由于太阳辐射在一年当中的分布不均，在过热的时候，周围环境的遮蔽所产生的阴影可以有效地起到遮阳隔热的效果，但是在热量不足的时候，就需要补充相应的热量。图3-6分别显示了上海某点A一年当中的太阳辐射增益的分析，设定当气温超过16℃时需要减少太阳辐射的获得以避免过热，当气温低于16℃时则需要增加太阳辐射来获取热增益。

热在某些乡土建筑中的选址也发挥着直接且重要的作用。如在湿热地区，马来西亚和文莱的伊班长屋，通常位于河流和河岸边上，利用水分的蒸发降温来缓解过热的天气。另外，当地的居民选择建造房厝时，遵循着太阳路径的一定规律，要求屋脊的长轴不能与太阳移动的路径重合，也就是房屋的朝向一般面向东西两侧以保证获得足够的光照，否则在他们看来该建筑会过热，而且根据文化适应，聚落要求不能横跨溪流而建。尽管伊班长屋反映的是当地居民对于太阳在宇宙中运动的理

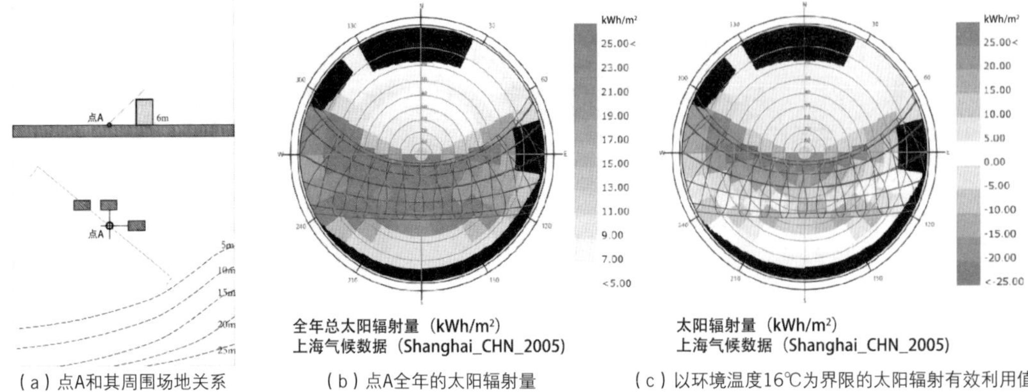

（a）点A和其周围场地关系　（b）点A全年的太阳辐射量　（c）以环境温度16℃为界限的太阳辐射有效利用值

图 3-6　太阳辐射与周围遮罩物

解，认为太阳应该绕着房子旋转反映了当地所认为的东方与生命起源相关的理解，大面积的活动平台朝向东侧既能保证获得充足日照，又能避免下午过热的太阳，这在某种程度上强调了乡土建筑与热之间的科学规律。

全地下或半地下的乡土建筑最常出现在寒冷的气候环境中，但除了在属于温和气候冬季干燥的北美中西部平原的印第安人木屋和炎热干旱气候的突尼斯中部地区的Matmata地穴民居外，在其他潮湿的气候环境中几乎并没有出现。因此，通过对不同气候区的乡土选址观察结果表明，一些乡土传统会利用土壤能够有效维持温度稳定这一特征来作为减少建筑室内温度波动的一种方法。在今天，地下室一般不用于居住，但在乡土建筑中也同样发现，地下室并不是有效空间和舒适空间的代名词，这类空间很少被使用者使用，通常用于储存。在温带和热带环境中，乡土民居几乎都建造在地面以上，在潮湿的气候环境中，很多住宅甚至是架空抬升于地面以上，这在后面建筑与环境的关系部分再进一步阐明。建造在土壤里的乡土建筑并不完全是防寒保温，还有的是为了避免室外高温。

位于突尼斯的Matmata地区富有特色的地穴住宅中，当地以砂岩为主的地质山脉成为人工地穴住宅的有利因素。对于这类型乡土建筑的起源和历史尚不清楚，学者普遍认为是由于当初柏柏尔人为了逃离战争，从人口稠密的沿海地区迁徙到内陆，在这里建立了特殊的防御住所[141]。柏柏尔人一般生活在一个大型家庭组织中，他们的生活基础和中心是一个直径约10m，深度6～8m的坑，坑深且形状不规则，可以在山坡、河岸两边以及高原的土壤上挖开[142]。这样形成的坑实际上也变成了建筑的内部庭院，它不仅具有气候优势，内部平均温度为20～22℃（位于干旱气候的Matmata其夏季温度经常可以达到50℃），而且还有很好的防御作用，只能通过入口在很远处的悠长坡形隧道来进入。此外Matmata地穴乡土建筑的“防御性”特征结合其气候适应性可以总结为：①有效抵御风与太阳辐射，在地下的住宅在地表上很难被发现，不仅可以防御外敌，还能形成很好的自遮阳，保护建筑内部不受干燥的沙漠风暴和太阳的直接辐射影响。②保持良好的热稳定性，就像前面所说的土壤为建筑提供了更稳定的室内温度，能够承受沙漠地区昼夜温差大和炎热气候等极端天气。③提供庭院舒适的微气候，在土壤包裹的庭院，积聚的水汽在干燥气候环境下更容易蒸发，在庭院内部保持新鲜和相对潮湿的环境（图3-7）。

属于温暖夏季干燥气候（亚热带地中海气候）的半地下印第安人艺术木屋，位于加利福尼亚的

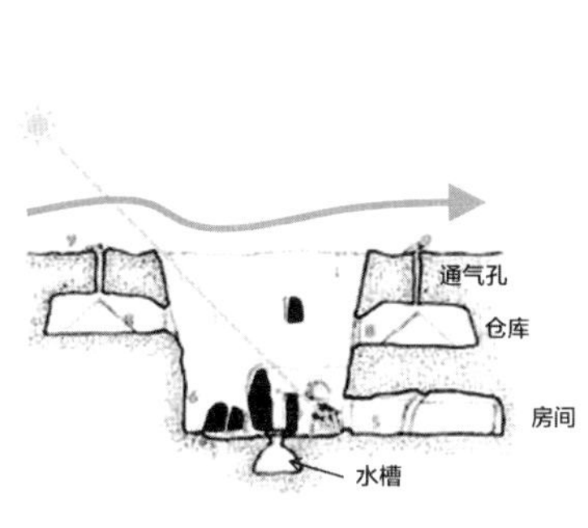

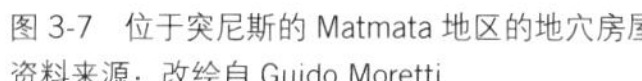
图 3-7 位于突尼斯的 Matmata 地区的地穴房屋
资料来源：改绘自 Guido Moretti

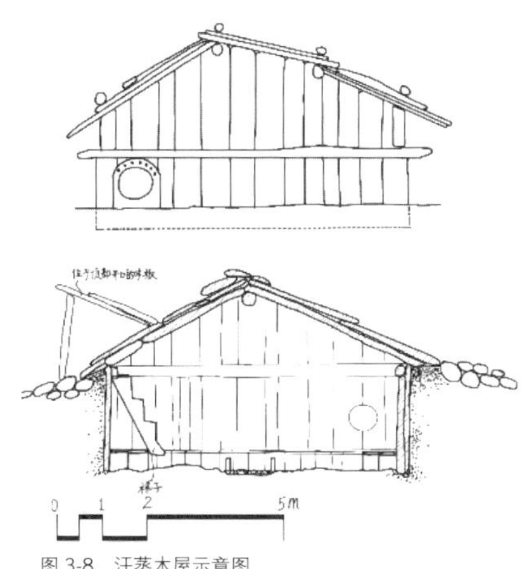

图 3-8 汗蒸木屋示意图

约克（Yurok），当地的民居和艺术汗蒸木屋（Sweatlodge）富有独特的民族特色，因此也称为Yurok小屋，这类小屋也象征着当地印第安人所认为的精神和神话家园，富有场所记忆和情感，往往被认为是宇宙的中心[44]。长方形的木屋通常搭建三层木板屋顶和一个圆形的入口孔，长可达10.7m，宽7.6m（图3-8）。开挖至1m左右深并衬有木板的地下坑，用作建筑的炉膛和就寝区域，而水平木板则用作挡土墙。房屋的墙壁本身由重叠的双层垂直木板制成。这些木板的高度可能高达2.4m，宽度为40cm，厚度为15cm，它们被放置在离火坑稍远的地面上。水平杆和其他支撑提供支撑。倾斜的屋顶，由重叠的木板制成，靠在内部椽杆上，椽杆与竖直的木板墙上的切口相吻合。直径达75～100cm的圆形入口，周边包裹厚度达30cm的木板。房子周边还会堆放鹅卵石，作为支撑和室外露台，用斜砌的石头围成的矮石篱笆可以把整座建筑物围起来。其具体的气候适应性如下：①Yurok小屋会半掩埋于斜坡上，一方面防止洪水泛滥，另一方面也防风，因为被埋在地下的一半中，几乎没有上升到地面上，因此最大化地避免了该地区的大风，半地下结构还同样可以保护它们免受外部气候变化的影响，并完全稳定室内温度，适应其用于汗蒸的功能。②材料的隔热性，红杉木材还是一种深色粗糙、易于干燥的材料，可提供良好的隔热性能。由于木材的高热扩散特性，内部热源以很少的能量就能快速加热室内的空气。③热稳定性和节能，因为这里土壤地面的热稳定性惯性，周边墙壁和地面的绝缘以及木材的热扩散率的组合为人们提供了舒适的室内温度，并且能耗低。④通风和屋顶的活动性，屋顶上的孔的开口可以使房屋充分通风。尽管在相对潮湿的雨后，入口的圆形开口和屋顶的缝隙也能够被打开，利用交叉通风来干燥红木板。

最常出现在寒冷的气候环境中的地下和半地下乡土建筑案例众多，在气候适应性方面也是以强调保温和室内热稳定性为主，具体案例包括土耳其的代林库尤地下古城、中国陕西的窑洞地坑院、美国曼丹的圆形土屋和北极地区因纽特人的冬季石屋等。如代林库尤地下城市（Μαλακοπή），其是一个古老的多层地下城，位于土耳其内夫谢希尔省代林库尤，古代的卡帕多细亚地区，属于干旱的沙漠或草原气候。在山区的包围下，气候十分干燥，一年当中温度会有巨大的波动，典型的夏热冬冷气候。和突尼斯地穴类似，卡帕多西亚地区有着独特的喀斯特地貌景观，这些火山岩石可以用相对简易的工具挖掘和处理，为地下城的建造形成了有利的物质基础。另外，由于夏热冬冷的极端气候环境，岩土所提供的热稳定性也有利于地下城的建造。代林库尤地下城市共有八层，向下延伸到约60m的深度，空间大到足以容纳两万人及牲畜，城内设施包括水井、马厩及教堂，并有通道连接另一个古城凯马克利地下城。这座古城在1965年被人发现，其后开始对游客开放。考古学家估计，该城建于8世纪左右，由当地的基督徒兴建，主要目的是逃避当时战乱及抵御外敌入侵。另外，这座地下古城的独特之处还在于开凿有52口水井，确保了在里面生活的居民的基本生存条件，这些水井还起着通风井的作用，通过地下房间之间的相连和拔风效果提供室内自然通风，这些井的作用就像地面建筑上的烟囱一样，热的和污浊的空气从里面抽出来，同时不断地引入新鲜的空气。储藏室的存在和直接通水使长期生活成为可能。尽管现在已经被弃用了，但地下古城能保证古代居民长时期的生活需要，其气候适应性因素今天依然可见，包括：①适应地形和环境，巧妙利用被侵蚀风化的火山岩所产生的山和岩石进行开凿。②保证良好的通风，由于开掘的空气井道垂直连接所有的房间，烟囱效应促进室内的通风。③土壤的热稳定性，地下城绵延至地底深处，离地面至少有50～150cm处保证室内温度的恒定，与日平均温度一致，而在10m或15m深处，其与年平均温度一致。④隔热效果好，因为凝灰岩是导热系数较低的岩石。⑤天然热源，尽管卫生问题堪忧，但人和动物在一起生活为冬天提供了自然热源。

2. 选址特征与光适应

采光的目的是使建筑内部有足够的照度可以满足生活生产工作的需要。尽可能多地使用自然采光减少人工照明是在乡土聚落中生态技术的一项策略。由于日照和太阳辐射一样也是对太阳能利用的效果，日照的效果受到天空状况的影响，天空状况可以分为以下三种情况：全阴天状况、多云状况和晴天状况，其中每一种天空状况都有各自的特点并对日照设计产生影响，天气的状况和聚落所在纬度一起直接着影响室外的日照总量。聚落选址中各个方位采光的多少可以通过利用该地区的平均照度气候数据和天空穹顶遮罩图来进行分析（图3-9、图3-10）。在晴天的状况下，日照会随着季节和朝向的不同而变，在夏季一个水平面会比一个垂直面获得更多光照。冬季里，在温带的北半球地区建筑的南立面可以获得更多光照。如果是阴天的话，建筑朝向对于日照获得所发挥的作用不大。

目前在我国的居住建筑日照标准中，以日照时数作为衡量和评判该建筑的采光质量程度。根据《城市居住区规划设计标准》（GB 50180—2018），要求居住建筑的室内在冬季，应保证在冬至日达到1小时或在大寒日达到2～3小时的日照时数，各地也根据上述规定结合各地的气候数据制定出不同方向的住宅间距系数。但是，日照时数显然不能够完全表达某一建筑空间采光质量的多少，或者说尽管满足日照时数，因为天空情况的不同也不一定能达到采光采暖的需求，因此在日照标准上还可以进一步添加太阳辐射和采光系数等作为衡量的标准。此外，目前还未有针对乡土建筑或乡村住宅的日

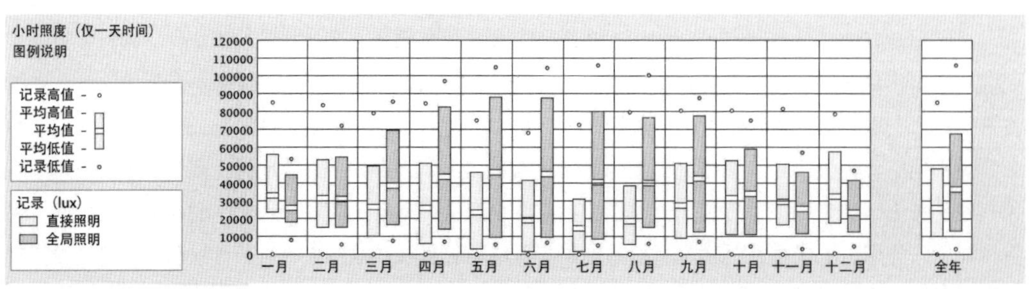

图 3-9　北京某地全年平均照度

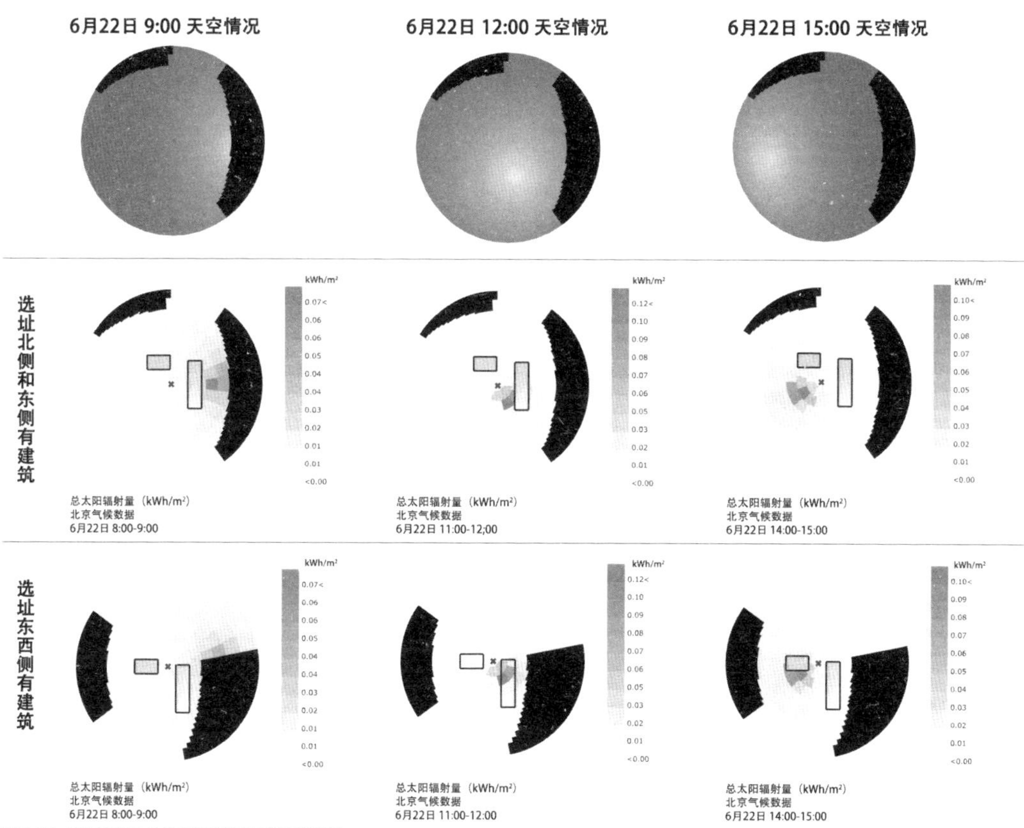

图 3-10 不同时空选址的天穹情况及日照辐射模拟

照时数要求和标准，在乡村振兴的大背景下，为了使乡村建筑满足现代生活中对热舒适、光舒适的需求，亟须完善乡村建筑的设计建筑标准，尤其是被动式设计领域。

在具体的乡土建筑聚落选址中，关于采光的利用主要体现在聚落朝向和坡向两个方面。在朝向上，如我国河南北部的窑房混合型宅院，由于位于山坡坡脚的窑洞内部光线相对比较差，春秋天容易引发潮湿，当地居民会通过建造东西厢房变换住所来适应气候，并在春秋天获取足够采光。在北半球的寒冷地区，位于山区的乡土建筑一般会尽可能选址在南坡（南半球则选择在北坡）。此外，高海拔山区会形成湿润的向风坡，较低海拔的丘陵会形成湿润的背风坡。因此遇到高海拔山坡时，湿空气气团会急速上升，当达到露点时在向风坡就会降温降雨，潮湿空气在背风坡会下沉，升温且相对湿度降低，使高海拔地区背风坡相对干燥。而对于海拔较低的丘陵，情况则相反，风携带着湿润的空气很容易越过小山，并在气流不规则的背风坡上形成降雨。在整体朝向上，我国的陕西窑洞地坑院也常以阳光照射最多的北方位为主窑，房间布局依据居住人口的辈分主次和功能，按照右手方向旋转依次递进，筑有主窑、客窑、厨房窑、牲畜窑、储藏杂物室等，采光和通风通过院子内部的天井实现。

3. 选址特征与风适应

风对于聚落场地环境发挥着同样重要的影响，主要体现在地形形态的地面风、水陆风和根据季节变化的季风，可以通过风速、风向、风温对风的情况进行描述，一般以风玫瑰图进行呈现。对于建筑师来说，一般可以通过理解空气运动的原理和掌握风与自然环境和建筑形态之间的相互作用规律来估算场地中的风速和风向。因此，关于风在乡土聚落选址中的影响，先厘清风在聚落场地的控制原理，然后再从聚落选址周边环境类型、地形形态和坡度坡向对风的影响进行详细分析。

首先，在风的控制原理上主要有三方面的因素，分别是地表的粗糙程度、遇到障碍物的惯性作用和从高压区域流向低压区域。对于不同类型的地形，风速由于地表的摩擦而产生差异，如图3-11（a）是三种地表类型的风速梯度变化曲线。在空旷地表附近（比如农村、田野）所测度的风速往往比机场塔楼所测得的风速要低。首先，在风与周边环境类型方面，因为在气候数据文件中的风气候数据主要是在城市的机场测量的，但具体的风速风向会依据不同的环境类型有较大的差异。这里我们可以通过不同的地形高度和环境下的风速变化图，如图3-11（b）来估算.epw气候数据文件中从机场处测得的风速和在所在乡土聚落场地上测得的风速差异，可以乘以相应的折算系数进行估算。

其次，关于山地的地形形态对于风的影响，在前述“热与地形”部分有所涉及，其主要是在一定的聚落尺度下对大气环流产生影响，分为动力因素和热力因素两个方面[143]。在较大尺度范围，风穿过山体时会受到各种地形的阻碍从而使风向和风速发生变化。当风从平地向山体穿越时，因为遇到障碍就会发生偏转，但是由于地形复杂风向变化也非常混乱，一般来说地形的风环境计算机模拟也十分困难。

再次，在山地局部范围内的气流会因为坡向坡度、地形形态和植被类型等因素而形成不同坡风和山谷风。在山地之间风的运动模式具体受到山谷的走向、宽度、山脊高度、山谷凹处的平坦度等因素影响。根据相关研究显示，在相同的高度差条件下，从山谷上升到山脊时所经历的气温变化，是在平原地区同等高度变化所引起的气温变化的两倍。这样就形成了平原和山地之间的气压变化。白天的气流从平原到山区流动，在山谷里风从下往上吹，在早晨气流会聚在山坡上，中午风往峡谷上方流动，夜晚则相反。

从次，在更大尺度范围，尤其是城市规划中还会考虑到海陆风，并利用海洋性气候效果为城市营造良好的城市微气候。具体是由于白天的水陆温差较大，地面的温度往往比水面温度高（这也是由于水的比热容较高，升温较陆地表面慢），形成从陆地吹向水面的热风；在夜晚则相反。具体情况还会受到各地的气压和具体环境的影响而不同，总的来说，水体不仅能够利用水陆气候效应为聚落城市营造微气候，调节周边环境的空气、温度和湿度，还可以在寒冷地区充当热源，在炎热地区充当热库，

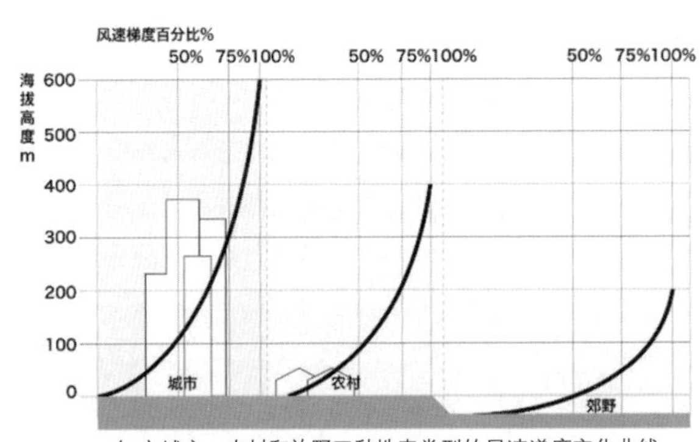

（a）城市、农村和效野三种地表类型的风速递度变化曲线

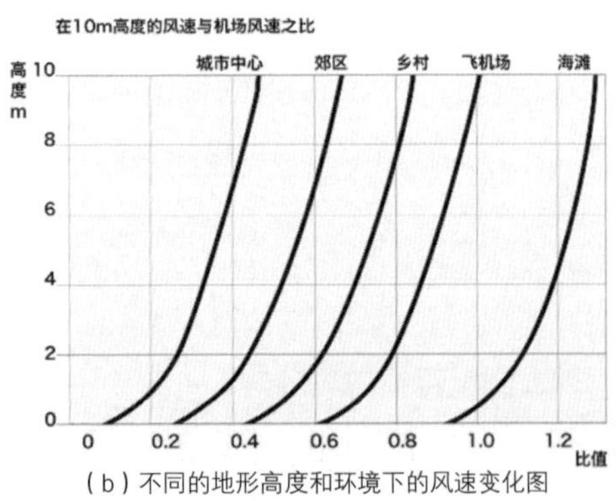

（b）不同的地形高度和环境下的风速变化图

图3-11　根据不同地形的风速变化图

其原理甚至还被应用到建筑设计中，如在屋顶建设蓄水池作为温度调节器等。

最后，利用风的乡土聚落选址也有不少案例。总体上来说，湿热气候区会更多地选择将建筑建在山坡和山顶处，因为温度高且湿度高，需要最大限度地获取自然通风，具体案例如印度尼西亚苏门答腊岛的Nias船屋，不仅建筑通过架空的方式促进通风，还会根据聚落部落中的等级划分在坡顶按照不同高度并排整齐地建造房子。Nias村庄由入口小径引入通达首领的高大房屋，其他民居分列两侧，当地居民曾经生活在战乱和冲突中，因此建筑从地面上抬高一方面也是出于防御的需要。还有新几内亚岛的Mountain-OK部落棚屋，该部落被认为是新几内亚岛最为古老的连续定居式村庄，而且经考古发掘发现，认为该村正早在公元前300年前就存在了。由于严格的宗教崇拜和礼节，老年男性、成年男性和女性的住房和祭祀用房有着严格的建筑要求，在村落中的布局、建筑架空高度、外部装饰和大小上都有差异。理想的Mountain-OK部落聚落模式是将男子住宅和宗教住宅聚集在村庄的最高处，即河流上游和山顶处，并且要比女性的房子（unangam）离地更高，女性的房子一般是两排平行的，或者是围绕一个空地“村庄腹部”而形成的一个圆圈。男人的房子有两种，“小房子”（katibam）是老人们睡觉的地方，面积很小，因为村里通常很少有老人。犀鸟屋（kabelam）是成年男人在村子里使用的地方。另外，还有位于西班牙中部卡斯蒂利亚地区的圆筒塔式风车，建造在风速较高的山顶，避免其他障碍物的同时最大限度地捕捉风力进行研磨和作业。

在防风方面的乡土聚落选址案例在不同的气候区也有不少。如在炎热半干旱气候的菲律宾Sagada地区的乡土建筑，建造在山谷之间，避免大风的干扰。又如热带季风气候中的澳大利亚的原始建筑，有专门应对东南方向吹来的寒风所建造的防风堤，防风林朝向南北，居住者一般睡在西侧。这类似于澳大利亚中部大部分地区的首选睡眠方向，即向西脚，向东头。人们认为，这样的朝向有利于做美梦。还有我国干旱寒冷气候下的阿里地区窑洞，由于位于高原地区，气候比较恶劣，冬天寒冷大风，因此在选址上窑洞大多选择在山体或河谷的南面，背风向阳而建。甚至同样处于干旱寒冷气候的我国新疆和田地区的阿以旺乡土民居，其深居内陆，远离海洋，四周由昆仑山脉、天山山脉和帕米尔高原环绕，又位于塔克拉玛干沙漠的西南边缘，居民为了避免风沙对居住环境的干扰，对建筑部分还采取了严密的封闭形式。前文提到的半地下民居也是通过掩埋在地下的方式来躲避当地的强风。

4. 选址特征与湿适应

聚落所在地域环境的湖泊、河流等水体，降水情况以及该气候环境的湿度都影响着乡土聚落中对于水的利用。除了前面提到的水陆微气候的影响，江河湖海等水体还需要作为水源为聚落居民提供生活的基本需要。因此，水对乡土聚落选址的影响主要表现在取水的便利度和质量上。

降水方面，全球气候分区中根据降水划分了二级气候分区，包括常年多雨湿润、常年干旱、夏季多雨、冬季多雨等。赤道附近一般为降雨多发区，比如东南亚地区，其乡土建筑一般采用架空和大坡顶的形式来适应当地的强降雨；沙漠干旱地区以及极地地区一般为全年少雨，极少采用架空的形式，即使在寒冷地区也会有类似涅涅茨人的帐篷一样坡顶角度较大的乡土建筑，但其主要目的是通过采取圆锥的形式，使周边气流能够压实帐篷，起到稳定性的效果，并且可以防积雪。降水除了与纬度和气候带的分布有关外，与海拔和坡向也有密切联系，同一地区随着海拔升高降水增加，会更加湿润，且迎风向的降水会明显多于背风向。许多乡土聚落经常选址在山坡的南面，就有降水方面的因素考量。

5. 能量视角下不同气候的选址策略

在不同气候区下，乡土建筑选址方面对气候的考虑，实质上是对不同地域范围和自然地形环境相关的微气候进行分析，包括太阳辐射、光照、风向和风速、植被和水体等各个因素。图3-12表明温和气候区下的乡土建筑在选址上注重在山坡的位置和朝向：昆卡古城在西班牙卡斯蒂利亚La Mancha区，位于西班牙中部内陆湖卡尔河和维卡尔河交界处的高地上，常年的河川冲刷形成了独特的断崖地貌，属于柯本气候分类中的Csa，即典型的地中海温和气候，夏季炎热少雨，其原始的城市聚落就是依山而建，后续逐步向山下蔓延发展，形成了今天现代乡土和传统乡土交相辉映的聚落面貌。图3-12左图表明位于山坡向阳坡和背阳坡的昆卡聚落所受到的太阳热量有显著的差异，在冬季下午测量的情况下位于向阳坡的建筑外墙测得的温度比在背阳坡的建筑外墙温度高达20℃；图3-12右图表明位于不同朝向的建筑外墙同样有着明显的受热差异，因此即使在环境温度一致的情况下，聚落的选址还应该考虑在山坡的具体位置和朝向。

根据本节对于地形地貌和自然能量特征规律的分析，总结不同气候区下乡土建筑选址的策略，具体如表3-2所示。

（1）湿热气候：由于在山坡的顶部可以得到较大的风力，一般选址在坡地的顶部，避免在通风不佳的山谷，除非是湿度较低的炎热气候；朝向向东，减少下午的太阳辐射的同时避免南向过多的热量积聚；如果选择在斜坡上，可以利用植被进行相应阻隔。

（2）干热气候：一般选址在山坡的底部和河谷低凹地带，利用下沉的冷气流进行降温和山体对阳光的遮蔽效果起到遮阳隔热的作用，如选址在东坡可以阻挡下午的西晒。干旱气候应该尽量靠近水体或周边植被，并利用当地的主导风进行加湿降温，同时还需采用小窗或遮蔽物，避免风中携带过多的灰尘进入建筑内部。

（3）温和气候：选址会在斜坡的中部或较上的位置，尽量获得阳光和适宜的通风，同时还需要避免大风的侵袭；靠近水体，尽量做到冬暖夏凉；为了保证一定的通风和新鲜的空气，应避免在盆地和凹地选址。一般会设置在南面（北半球），保证冬季采暖最大化的同时考虑夏季遮阳最大化，减少冬季风的影响但保证夏季通风。

（4）寒冷气候：选址应该在南向斜坡的低处（南半球则为北向斜坡），保证足够的太阳辐射；

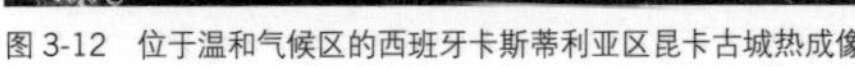
图 3-12　位于温和气候区的西班牙卡斯蒂利亚区昆卡古城热成像

表 3-2　不同气候类型的乡土聚落选址的气候影响因素

因素	热辐射		光照		风		水		策略形成
湿热气候	减少获得		避免直射		增加获得		地缘靠近		选址于坡地的顶部，避免在通风不佳的山谷；朝向向东，减少下午的太阳辐射的同时避免南向过多的热量积聚；如果选择在斜坡上，可以利用植被进行相应阻隔
	朝向	朝东，减少西晒，避免南向热量积聚	朝向	朝东，减少下午阳光直射	朝向	迎风	朝向	尽量朝向水源	
	位置	植被阻隔	位置	植被阻隔	位置	坡地顶部，避免在通风不佳的山谷	位置	沿水体选址	
干热气候	减少获得		避免直射		减少大风		增加获得		一般选址在山坡的底部和河谷低凹地带，利用下沉的冷气流进行降温和山体对阳光的遮蔽效果起到遮阳隔热的作用，选址在东坡可以阻挡下午的西晒。尽量靠近水体或周边植被，并利用当地的主导风进行加湿降温，同时还要通过采用小窗户或遮蔽物避免风中携带过多的灰尘进入建筑内部
	朝向	东坡，避免西晒	朝向	东坡，避免西晒	朝向	利用主导风加湿降温	朝向	尽量朝向水源	
	位置	山坡底部和河谷低凹地带	位置	山坡底部和河谷低凹地带	位置	使用小窗或遮蔽物避免风中携带灰尘	位置	靠近水源和植被	
温和气候	尽量获得		尽量获得		适量获得		地缘靠近		选址于斜坡的中部或较上的位置，尽量获得阳光和适宜的通风，同时还需要避免大风的侵袭；靠近水体，尽量做到冬暖夏凉；为了一定的通风和新鲜的空气，应避免在盆地和凹地选址。一般会设置在南面（北半球），保证冬季采暖最大化的同时考虑夏季遮阳最大化，减少冬季风的影响但保证夏季通风
	朝向	朝南	朝向	朝南	朝向	朝南，减少冬季风，保证夏季通风	朝向	尽量朝向水源	
	位置	斜坡中部或较上位置	位置	斜坡中部或较上位置	位置	避免在盆地和凹地选址	位置	靠近水体冬暖夏凉	
寒冷气候	尽量获得		尽量获得		减少获得		地缘靠近		选址应该在南向斜坡的低处（南半球则为北向斜坡），保证足够的太阳辐射；地势应尽量低以防风，但也要避免在谷底或凹地的冷空气；设置在有一定山体阻挡的南面，减少冬季风的影响且使太阳辐射的采暖效果最大化
	朝向	南向（南半球为北向）	朝向	南向（南半球为北向）	朝向	山体南面，减少冬季风影响	朝向	尽量朝向水源	
	位置	斜坡低处	位置	斜坡低处	位置	地势低以防风；也要避免谷底或凹地冷空气	位置	沿水体布置	

地势应尽量低以防风，但也要避免在谷底或凹地的冷空气；设置在有一定山体阻挡的南面，减少冬季风的影响且使太阳辐射的采暖效果最大化。

3.2.2 乡土聚落布局

聚落形态学（Settlement Morphology）研究的是聚落根据其特定的气候、地貌、地质和可利用的资源，通过适应特定社会文化视角所形成的人类聚居组织方式，以及其特定的发展模式。因此，应注意的是聚落可以适应多种不同的形态类型，但是其中一些具有强烈认同感的则成为乡土聚落的传统范式[138]。例如有在河边的聚落，建造在树上，或者在地下的山上住宅（图3-13）。地理学中形态学的研究认为，城市（聚落）是在漫长的时间中逐渐积累起来的物质形态，在时间和空间两个向度上都很复杂，所以真正理解城市形态必须明确研究尺度和将这个混乱的状态拆分成可以被定义清晰的不同方面，然后逐一分析[144]。

乡土聚落形态通常与乡村环境相适应。它的形态是由土地制度以来大规模利用和开发的方式而来的，同时也考虑到了生态与人文的平衡。乡土聚落与周围环境的关系十分紧密。聚落不仅仅是一个整体，它本身也成为广阔的文化景观的一部分。聚落的空间形态对土地的占有模式不一，其与田野、森林沙漠地区的物理联系，将这些不同的元素设置在一个连贯的层次结构中。对聚落形态的理解不仅需要从内到外、居民的角度来理解，更需要从一个生态的视角来理解。耗散结构论是1969年由普利高津在《结构、耗散和生命》一文中提出的[145]。熵流流向的热力学开放系统的内部组织十分重要，当把这种热力学观点应用到建筑和聚落设计中时，此耗散结构的内部组织就对应了广义的建筑和聚落形式——能量流动的组织模式。此时就需要考察该系统的状态，即聚落的整体形态、内部组织和边界状态等。

聚落是对文化景观及气候环境动态的变化的回应，这是社会文化可持续的首要目标。生产逻辑和形态总是相互关联，并一致作为开发和保护当地现有资源及其所属自然系统的工具。乡土聚落最常见的模式是基于分散（Diffuse）或紧凑密集（Compact）的空间组织模式。从本质上而言，乡土聚落的结构形式不能很容易地按照传统模式进行分类，因为它们大多是由自发自组织的策略产生

图 3-13 不同的聚落环境

的，这些策略很难限制在特定的理性模式中，尽管有的学者对传统聚落的形态结构的研究依然试图采用理性的数理模型来研究，但如果没有与实际的气候适应性需求和文化需求相匹配，就很难有可持续应用的价值。

在这个概念框架内，人们可以观察到采用有机布局的相对趋势，考虑从内到外的增长跨度，集中在不同的强度集群。因此，形成的形态主要是基于元素之间的内部关系的一致性，而不是复制特定的几何形式，在允许形式组合的多样性的同时不损害聚落的统一性。所构建的图形深刻地反映了非对称性和动态性，从而形成异构几何矩阵，如土拨鼠的土堆洞穴，根据地面的风向开挖出入口，利用气流的压力差进行洞穴内的通风，输送新鲜空气，并且还会根据风向对出入口进行调整，白蚁的洞穴同样也是利用拔风效应实现了洞穴内的换气（图3-14）。

不同类型和形态特征的聚落中往往对应着不同的气候状况。这在城市形态学中也有相关的研究，主要关注的是城市温度场和城市风场两方面的时空分布情况，认为城市聚落形态保证了聚落内部的有序高效运转，也是适应地域气候和创造舒适微气候的需要。例如凯文·林奇在《城市形态》中指出，在公元前2000年左右的古埃及的卡洪城（Kahun），其聚落布局就充分考虑了通风的需要，根据社会阶级的高低分配不同通风效果的用地，聚落总体平面是长方形，北面和东西面分别设置围墙，中间还建造了厚厚的墙体把聚落分为东西两部分，西面主要是阻挡从沙漠吹来的热风，为奴隶的住宅；厚墙东部分别通过一条东西向的大路分为南北两个部分，北部是舒适的凉风，因而分配给上层阶级，南部为小官员、商人、从业者等中产阶级的住所。

因此，乡土聚落形态特征的形成，和“蚁穴”一样也是各种内外因素共同作用的结果，其中最为重要的是自然环境要素和与一定气候条件相关联的地域文化[143]。也就是说，在一定程度上，乡土聚落空间形态的形成是当地聚落居民适应地域文化特征和自然气候特征的生存空间需求表达。一般来说，不管几何多样性如何，在选定的案例研究中，我们通常会观察到聚落形式及其相关类型的强大系统性。聚落形式的认可在居民的社会文化认同中被高度同化，表达了乡土聚落文化的发展和周边环境资源的长期联系。

不同气候区的乡土聚落案例的总体布局类型可以分为单体或群体组织两类。单体建筑为主导的聚落形式主要指的是一个族群或一个家庭的生活空间集中在一个单体中，群体形式组织的聚落形式则是指生活、工作和休憩等场所都是由不同的建筑空间体块组织而成。从原始的人类聚落遗址来看，居住建筑并不总是以今天的组群形式出现，并非今天经常出现的合院和大型宅院类的封闭型院落，而是在半坡、姜寨等原始社会聚落中建筑形态以封闭性单体的形式出现居多。其主要原因有两点：第一，原始社会聚落受到营造技术和能力的限制，因此多以简单可重复建造的单体形式建造庇护所；第二，从生活功能上来看，日常生活、工作和娱乐闲憩三类生活方式所占的时间比重中，

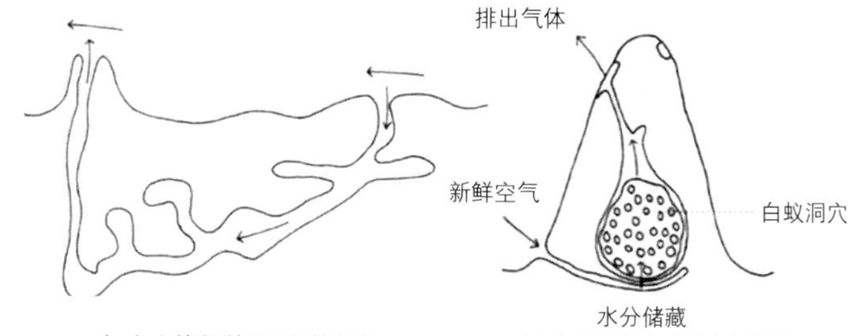

（a）土拨鼠利用风向挖洞穴　（b）白蚁洞穴内的空气组织

图 3-14　动物洞穴的聚落形态

资料来源：改绘自 KLAUS D. The technology of ecological building: basic principles and measures[J]. Examples and Ideas, 1994: 62-63.

日常生活（即生殖、排泄、睡眠、进食和维持生理和生命需要的行为[3]）主要是在封闭的空间中发生的，而在乡土聚落中工作和闲憩的场所往往发生在户外，如Nias部落的舞蹈跳石的场地是在聚落中央的空地，菲律宾吕宋岛仓形住居中，内部除了作为生活和储藏空间，甚至将厨房和工作区都放置在了外部。

我国的良渚文化时期，随着制陶场转移到建筑内部，住居内部的空间开始可以容纳越来越多的功能。从此，人们对室内空间的限定开始有了突破，开始从单体空间组织扩展到由多幢房间组成的群体形式，其中天井、合院、庭院、围廊等辅助空间都起了联系各个单体活动的作用，共同构成了整个乡土聚落。

乡土聚落的形态布局可以分为单体和群体组织两类。

首先，典型的单体聚落居住形式可以细分为单体集合类型和单体小型独立类型两种，主要区别是生活家庭的数量。单体集合类型如位于巴西亚马逊热带雨林附近的亚诺马米圆形公共聚落，位于文莱和马来西亚地区的伊班长屋，位于巴西马洛卡新谷部落的椭圆形公共木屋等；单体独立类型如新几内亚岛的Mountain-OK棚屋，菲律宾吕宋岛Sagada地区的仓形住居，非洲西南部纳米比亚的纳玛游牧小屋等。

关于单体大型集合形式的例子，如巴西亚诺马米地区公共聚落的一个常见形态是一种叫沙皮诺（Shabonos）的临时住宅，沙皮诺可以被构造为具有低墙和带烟孔的圆锥形屋顶住宅，传统上由茅草、棕榈叶和木材构成，也可以被构造为在中心具有巨大开口的巨型构筑物，甚至在最极端的情况下，仅仅是围绕一个大广场的外围护结构。这种围绕大广场的连续外围护结构，实际上也是作为扩大屋顶通风口以创建巨大的公共空间一种形式。中心公共区域可以用于举行各种活动，例如仪式、宴会和游戏。每个家庭都有自己的炉灶，白天可以烹制食物。到了晚上，吊床被吊在靠近大火的火上，火整夜燃烧，以使人们保持温暖。沙皮诺的建造方式是分段建造的，长达9m的树苗做成的木椽铺设在平行的檩条和屋脊上，排列形成一个30° 左右的树冠框架，向内悬挑约3m[44]，沙皮诺的大小差异主要取决于所容纳的人数，直径可以达到15～60m；还有由单独的一个长屋（rumah）形成的伊班长屋，当地族群以集群的方式生活在一起，每一个家庭生活在一个名叫比勒可（bilek）的组合部分，一个长屋平均可以由15个比勒可组成。伊班长屋在布局上，可以区分为四个主要部分：贯穿整个长屋的公共走廊（ruai），被分成三个平行的部分——居住空间、阁楼和开放的外部平台。一般在长屋的两端，通过开槽的圆木构成的楼梯可以通往走廊，地板和内墙都是由很轻的材料制成的，如竹、棕榈树叶、茅草和树皮。然而为了应对当地潮湿的气候，支撑外部平台的横梁一般由铁木或其他硬木制成。

关于单体独立类型形式的例子，如位于菲律宾吕宋岛的Sagada仓形住居，位于气温炎热和湿度相对较低的山谷地带，粮仓式的居住形式是当地乡土建筑中的典型例子。该单体住宅既承担生活也承担粮食储存的功能，主要由松木或紫檀木构成，尺寸为5m×5m，屋顶高度达6m高。架空的粮仓位于四根柱子上，柱子上有两个大梁，三层托梁，形成了该结构的核心。粮仓是用天花板围起来的，不仅仅依赖于四周的挡板，粮仓天花板上有两个主柱，这两个主柱反过来支撑着房屋的脊梁，椽子倾斜60° 支撑着与茅草屋顶交织在一起的天花板。椽子的下端竖立在较小的柱子和小屋顶梁上，这些柱子和小屋顶梁用填满泥浆的木板围起来，使房子能够保持热量。睡眠和休息在室内进行，而社交礼仪、舞蹈、烹饪等都发生在室外区域，室外的烹饪结构还为祭祀建造；单体独立乡土建筑聚落还有位于南非纳米比亚，在连绵交叠的山区和沙漠中，仍然可以找到传统的纳玛游牧小屋建筑。当地男人和女人在利用由先祖传承的传统建筑技巧的同时，分工建造这些小屋。这些圆形结构在当地语中称为“haru oms”，在南非语中被广泛称为“matjieshuisies”，其框架由树枝框架搭建构成，上面放置并固定了手工编织的芦苇垫，通过芦苇的数量和编织密度来实现，有着独特的热力学舒适性，其主要芦苇茎在干热的温度环境中收缩形成较大孔隙以允许微风渗透，并在下雨时膨胀，形成不透水的表面。因此纳玛小屋尽管没有窗户，但漫射的光线穿透交织的芦苇进入小屋，提供室内足够的白天光线。过去的聚落组织形状如一个大圆圈，村庄被低矮的大栅栏包围封闭，有两个入口，一个朝北，一个朝南。纳玛小屋沿着围栏的周围布置，中心宽敞的开放空间是牲畜在夜间被统一看放的区域，通常牲畜都位于主人的小屋前面。但是如今的那马夸（Namakwa）的某些地区，纳玛小屋已经逐渐不使用手工编织的材料，而换成了各种更现代的材料，例如粗麻布袋或塑料，它们没有天然材料那样赋予纳玛小屋魅力。

群体组织聚落在单体之间联系的紧密程度和相似度上可以进一步划分成重复形式和非重复的组合形式。重复形式的聚落主要特征是每个单体由相似外形组成，并承担不同的功能和活动，如位于喀麦隆Matakam部落小屋由相似外形的圆锥形茅草小屋组成；位于突尼斯中部地区的地穴式民居以数个大小不一，但形式一致的直径9m左右的坑形成整个聚落建筑环境，与我国陕西窑洞地坑院类似；类似的还有喀麦隆的Musgum泥屋和意大利的突利石屋，等等。非重复的组合式群体形态主要特征每个单体由不同的外形组成，分别承担不同的功能和活动，如新疆阿以旺中庭民居有着区别于采光的中庭空间结构，马里邦贾加尔的多贡崖居由圆柱形和矩形的单体按照一定的比例组合而成，还有我国的河南北部窑房混合型宅院和湖北天井院等。

关于重复形式的群体组织聚落的例子，如喀麦隆的Matakam部落圆锥形小屋就有着典型的特征，其组织上是居民对于自我意识形态的自我表达，把各个组合单体比喻为人类身体小宇宙，其所有的房屋都是以一种圆锥形屋顶的圆柱形单室空间形式出现，根据不同的方位和相对位置，其功能有着明显的差异。这些居住单元是内部没有额外分隔，仅仅通过门口进行采光。除了内部空间以外，居民还会充分利用外部额外的居住空间，如在聚落前部有一个半公共空间，在聚落的后部有一个相对私人的空间，用于食物准备、烹饪和其他家庭聚会，两个空间可以被一堵矮墙围隔住。聚落的密集程度根据不同地区有所差异，可以相对分散或聚集。牲畜通常被圈养在大型围栏内，牲畜对入侵者和掠食者起到防御作用。其建筑外形呈现出典型的热力学建筑特征，相对宽大的茅草的屋顶不仅遮阳还发挥通风的功能，抬高的门槛不仅防止鼠类和害虫还能起到防潮的作用，泥土外墙对于隔热和热稳定性起到显著的效果[146]。在建筑形式上遵行身体观，根据人体尺度进行象征性表达的还有同样位于喀麦隆的Musgum圆锥形泥屋。这种泥屋是“夯土建筑”的一个例子，其设计简单却独特，有着浓厚的传统手工艺术精神，同时也是典型的重复形式的群体聚落形态组织，其主体结构以圆锥形的泥屋形式呈现，分别承担厨房、住所、储物室等功能。顶部的小圆形开口有助于空气流通，如果遭受洪水淹没，可以用作逃生口，也称为“烟孔”，在下雨天用厚板或陶盆关闭，以防止水进入房屋。入口由一扇门提供，该门的宽度一直到膝盖的水平，但在肩膀的水平上却变宽，据说类似于钥匙孔。主体结构由当地居民使用少量工具由泥、茅草和水制成类似于蜂箱或贝壳的形状。实际上泥屋作为圆柱体的一种变形，呈倒悬链形式，表现出用最少的建筑材料承受最大的重量的意图。由于其穹顶形状，这些住宅也被称为“蜂巢型”，是喀麦隆重要的乡土建筑风格。

关于非重复的组合式群体组织聚落的例子，如新疆和田地区阿以旺中庭式民居以土墙建造，长期与酷热干旱的自然气候长期斗争中，形成了生土建筑营造的地域特点。和田地区的维吾尔族民居在和田地区各城乡民居中具有典型性。这个地区的“阿以旺”民居位于塔克拉玛干沙漠的西南边缘，居民采用外围设置小窗、严密封闭的建筑围合形式来避免风沙对居住环境的不良影响。该民居具体的形式构造如下：在建筑组合方式上，将基本的建筑方形单元体量、杂物房、厨房等小空间以内廊相连，并围合成四合院；中庭的设置上则是该民居的特色，一般采用并不大的正方形体量作为室内采光和通风的空间，由居室围合的“阿以旺”中庭空间都较小，当地居民喜欢将平时的起居生活和会客活动都在中庭内进行。另外，为了更好地减少和避免风沙的侵扰，庭院的上部会加设突起的封顶（高于四周屋面60～120cm），保证一定的通风和采光，侧向装窗，可开闭。恰恰是因为这种中庭空间的做法，这类民居被称为“阿以旺”；在门窗设置上，面向内部中庭的所有门窗全部开敞，建筑厚实的外墙设置小窗户甚至没有窗户。有时四合院的一侧没有设置房间的情况下，也会用墙体围筑，只设置一个出入口；还有传统的多贡崖居也是典型的群体组合形式，房屋由一间矩形的中央房间构成，该中央房间的侧面是一个圆柱形房间，一般作为厨房，另外还有两个矩形侧面房间和一个入口大厅。露台通常作为食品的储存空间，即传统的粮仓，圆锥形屋顶由小米茅草制成。因为该聚落在悬崖地区，山坡的倾斜度和可用于施工地面的狭窄程度使许多粮仓的底部被架空，由支柱或石墙支撑。

通过比较乡土案例中的聚落组织单体或群体层面在各气候区所占比例[图3-15（a）] 可以发现，第一，群体组织形式的乡土案例几乎在每一个气候区（按照湿热、干热、温和和寒冷四大类划分）都有出现，除了在详细的分类中的炎热湿热气候区的研究案例中没有出现，说明各个气候区下的乡土案例受到气候的影响而采取唯一的聚落形式的现象并不明显。第二，在使用群体组织形式的案例中，干热气候区的案例最多，无论是建筑形式的重复还是不同形式之间的组合，在干热气候区更偏向于采取不同空间应对不同的生活功能，一定程度上也可以说明在干热气候下采取根据不同气候和环境变换使用空间的手法更显著。第三，对于严酷气候条件下的乡土案例更偏向于单体组织的聚落形式，即生活空间主要在一个单体建筑中进行，说明变换使用空间的手段对于寒冷或炎热气候下的乡土案例并不突出，尤其是寒冷气候区下的乡土案例更偏向于单体形式，注重对单一空间中热量的储存；在温和气候中群体组织也相对较多，说明该气候下的乡土案例应对的气候问题更为季节性和混合性（如夏热冬冷）。下面将从气候和能量的角度来分析乡土聚落中群体组织与太阳、光和风的适应，单体部分将在建筑形式部分进行分析。

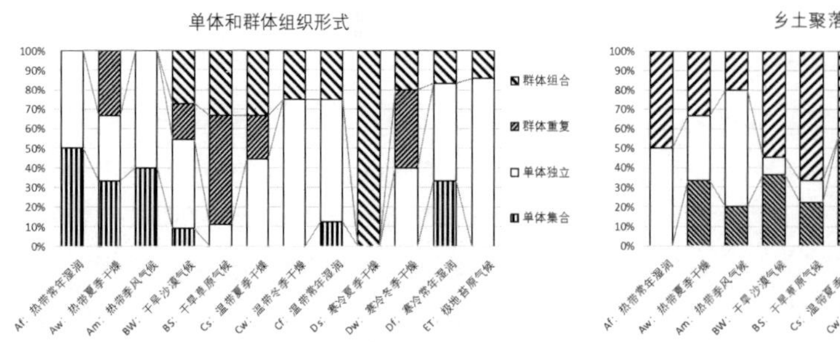

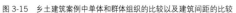

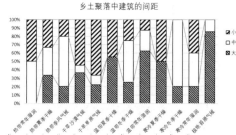

图 3-15　乡土建筑案例中单体和群体组织的比较以及建筑间距的比较

1.布局特征与光适应

自古以来，采光就是必要的建筑需求，群体组织之间的关系决定了聚落中每一栋建筑能获得日光的多少，采光的多少也受到太阳运动和遮阳手段的影响，可以说气候类型决定了采光的变化[147]。在较为寒冷的气候下，采光的需求往往与采暖的手段结合；在炎热的气候条件下，采光则与设置阴影和反射等降温策略相关。因此，聚落群体层面对气候的适应性主要体现在日照影响下不同高度的建筑物相互遮蔽的情况。

在群体布局中与天然光密切相关的建筑指标是建筑密度，对建筑密度的控制可以有效确保日照进入建筑当中。图3-15（b）所示是不同气候下的乡土案例中建筑间距的关系比较，大、中、小的间距描述分别对应的是建筑高度和宽度之比远小于1（间距大），建筑高度和宽度之比约等于1（间距中等）和建筑高度和宽度之比远大于1（间距窄）。可以粗略地发现在寒冷地区建筑密度相对较低，而在相对炎热的地区其建筑密度较高。在群体布局中，当相邻建筑的高度增加时，天然采光的水平就会降低，也就是说建筑内部获得采光的多少（尤其是临街面）主要取决于三方面：街道高宽比——相邻建筑的高度和街道宽度之比，外墙的反射率，以及窗墙比。相邻建筑的墙体遮挡了投射入室内的光线以及天空视野，建筑底层的窗户只能通过街巷中墙面之间的反射来获取采光。下面分别从通过调整街道高宽比（*H*/*W*）和太阳空间角（Daylight Spacing Angle）两个指标来对群体布局进行分析。

街道高宽比的确定可以通过采光系数和街道高宽比之间的函数图像进行预测，从而确定建筑高度和街道宽度的比例。群体布局中街道高宽比对于天然采光水平具有重要影响，*H*/*W*变大意味着建筑内部的采光系数减少，可以通过增大窗墙比来提高采光系数。另外，增加外墙的反射率也对*H*/*W*有影响，因此如果街道高宽比小，街道比较宽，增加窗户面积对提高采光系数的影响比提高墙面反射率的作用要更大。

对于群体布局中太阳空间角的设定，主要是指建筑通过采用退台或坡度的阶梯状形式，使太阳光最大化的同时不影响周边建筑的采光，而利用太阳空间角可以进一步设置采光罩（Daylight Envelope）。较低的太阳空间角意味着较宽街道和较矮的建筑，一般适用于高纬度地区，较高的太阳空间角则适用于低纬度地区。通过街道的地面标高经过街道另一边的建筑墙体顶部做天空暴露斜面，类似最小天空留白的斜面（Sky Exposure Plane），建筑周围的街道都完成这个过程之后，街道墙体所定义的容积内部就是太阳采光罩，采光系数根据*H*/*W*而变化，在较高纬度需要较小的*H*/*W*和相对较小的采光罩。这里的采光罩是对于群体组织和街道而言的，区别于太阳围合体（Solar Envelope）。

2.布局特征与热适应

在城市气候学的相关研究中，城市的肌理和起伏分布与城市热环境息息相关，如北京城市形态起伏分布呈“内凹”特征，城市外部建筑高度高而内部建筑低矮的“漏斗形”布局导致了夏季城市通风不顺畅，大量的热量聚集在城市中，加剧了热岛现象的发生[148]。除了代表群体布局某一方向断面上轮廓线的起伏程度以外，包括前文提及的街道高宽比、天穹可见度等都决定了城市表明对太阳辐射热的吸收情况。有学者提出，根据城市热岛强度的指标，城市“起伏分布”得越剧烈，街道高宽比越大，地表和建筑表面对太阳辐射热的吸收越小[143]。

在一些炎热地区，全年炎热的气候条件下为了使建筑尽可能避免过多的得热会采取相反的布局，如印度尼西亚的Nias南部船屋和马来西亚的伊班长屋采用南北向并排布置，甚至采用宽大的屋顶尽可能地遮挡太阳辐射。寒冷地区和温和地区则需要在冬季获得足够热量。为了确保建筑在冬季得热最大化，也就是太阳辐射最大化，一般会采用东西向拉长的建筑群体布置，即坐北朝南的建筑东西向并排排列的布局，通过控制南北向建筑间距从而使太阳辐射得热量最大。位于美国新墨西哥州的普韦布洛的印第安人村庄，其每个建筑单体都按照东西方向并排布置，每个建筑南面都有一个南向的平台。聚落群体布局在南北方向留出一定距离，在冬天即使是较低的太阳高度角都能够照射进建筑的南面。上海嘉定老城中心的西门大街同样采用东西向的布局（图3-16），不同朝向的围护结构给人带来的热舒适有着明显区别。在西门大街内部的建筑形式大多依据街区走向，面向南或东南方向布置，传统建筑的功能与各个朝向的太阳能辐射获取量相关，结合天井可以有效地增加朝南面在冬季获取更多日照。建筑的南向围护结构一年中捕获太阳辐射量最大，冬季较为舒适，但夏季给人感觉过热可以通过较为紧密的街区布局和屋檐阴影得到缓解，这是顺应当地的气候的一种建筑布局方式。

关于夏季和炎热地区的聚落降温方面，主要问题是要最大限度地减少太阳辐射热和最大限度地增加夜晚天空的向外辐射，在干热地区尤为有效，湿热地区则可以通过设置树木和柱廊建筑改善建筑群体内部的降温效果。根据前面提出的建筑街道高宽比，通过创建狭窄的南北街道可以形成建筑之间的阴影，从而减少热量的增加。建筑高宽比一方面影响了天空视阈因子（Sky View Factor），另一方面还会影响太阳辐射能力（Solar Intercept Factor），二者相互矛盾，受不同的建筑形态布局和间距而形成一定的函数关系。在这里，有效地减少太阳辐射的建筑群体布局形式受到天空视阈因子（保证夜间辐射降温和促进通风）与建筑之间的关系影响。相同总容积的不同建筑布局形态和不同的间距，会产生不同的太阳辐射能力和天空视阈因子。太阳辐射能力指的是太阳在建筑表面上的投射截距（Intercept），低太阳辐射能力即建筑表面上的太阳辐射较少，用于冷负荷的太阳热量则较少，炎热气候条件下高冷却能力的天空视阈因子和低太阳辐射能力的建筑结构是最佳的。一般来说较低的建筑高宽比意味着天空视阈因子较大，有利于日间采光和夜间的辐射冷却，较高的建筑高宽比则是有利于减少过多的太阳辐射摄入。因此，较大的建筑街道高宽比会在街道面上产生更多阴影，白天街道的温度也就较低，较少的太阳辐射，而夜间城市热岛效应加剧，夜间天空辐射冷却能力较低，较低的建筑街道高

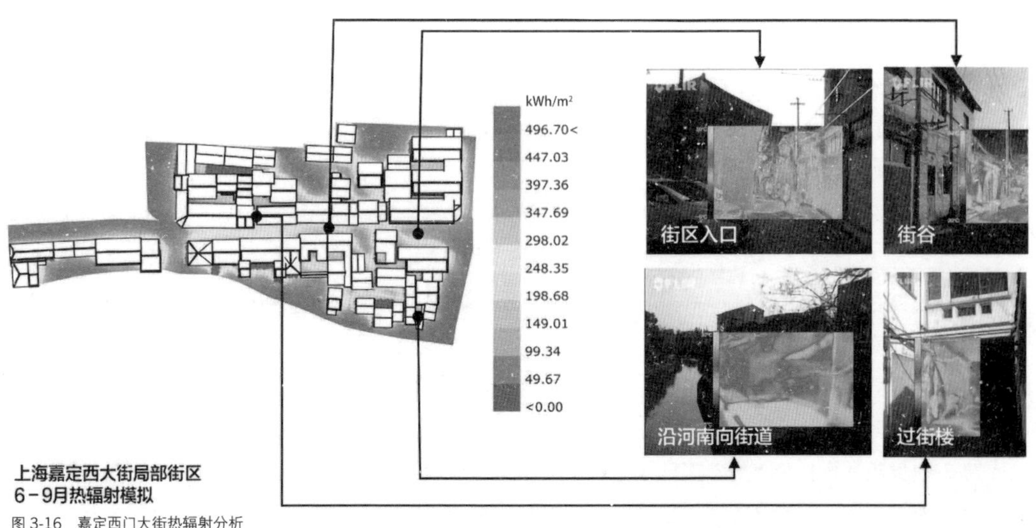

图 3-16　嘉定西门大街热辐射分析

宽比则相反。

除了上述从建筑和街道高宽比的角度控制群体布局的冷却效果以外，还有一种比测量评估建筑和街道高宽比更为复杂的方法，即建筑街道围合比（Envelope Ratio）[149]，表示建筑物之间的地面面积与地面和墙体的总表面积之比，包括任何与柱廊相连接的部分。南北向街道的设计一般采用低围合比的设计，保证采光。在东西向街道上，炎热气候一般采用0.1～0.3的街道围合比，夏热冬冷等温和气候则采用相对中等或较宽松要求的围合比（>0.3），但以上针对冷却的围合比指标不能以牺牲冬季太阳辐射为代价。在寒冷气候条件下，一般会采用0.4或更大的建筑街道围合比。由于树木和柱廊对于聚落布局具有额外的降温效果，树木和柱廊的最大冷却效果会出现在围合比更大的聚落布局中，随着围合比的减少，附加的树木和柱廊等策略的效果也会降低。

因此，干热气候地区聚落布局的特征是街道相对狭窄，建筑之间形成相互遮挡的阴影，体现了光与聚落布局之间的关系。湿热气候地区布置则相对分散，形成街巷通风廊道，促进空气对流，体现了风与聚落布局之间的关系。

3. 布局特征与风适应

图3-17是不同气候下的乡土案例聚落布局的排列形式，表明在所研究的乡土建筑案例中，呈现出一定乡土聚落秩序的气候类型差异，无特定排列形式的乡土聚落更多地出现在寒冷和温和气候。聚落布局的秩序程度，影响着风在其中的运行模式[150]。建筑聚落的秩序与否，有时候有很多的评判标准。如果每个建筑的朝向都是朝向同一个方向，那么这样的聚落具有高度秩序感，但是一个围绕一个聚落中心的圆形聚落，即使每个建筑的朝向与正北方向的角度计算是不一样的，但是它们与中心的向心量却是相似的，也可以称这样的聚落是具有高度秩序[138]。

在规整的建筑布局下，当风向与建筑迎风面垂直时，建筑群体布局的前后间距最好能够达到上风向建筑高的7倍，以保证后面的建筑有足够的自然通风及风速；而在错落形式的建筑群体布局下，当横向布局的建筑体量与主导风向相互平行时，则可以适当减少前后建筑间距，结合开敞空间的布局，保证夏季的自然通风效果。建筑的错落程度主要体现在迎风面与气流方向的所呈角度，建筑之间约错落有致，建筑群体迎风面宽度减少，更有利于夏季良好的室内外风环境。规整的建筑布局有利于冬季

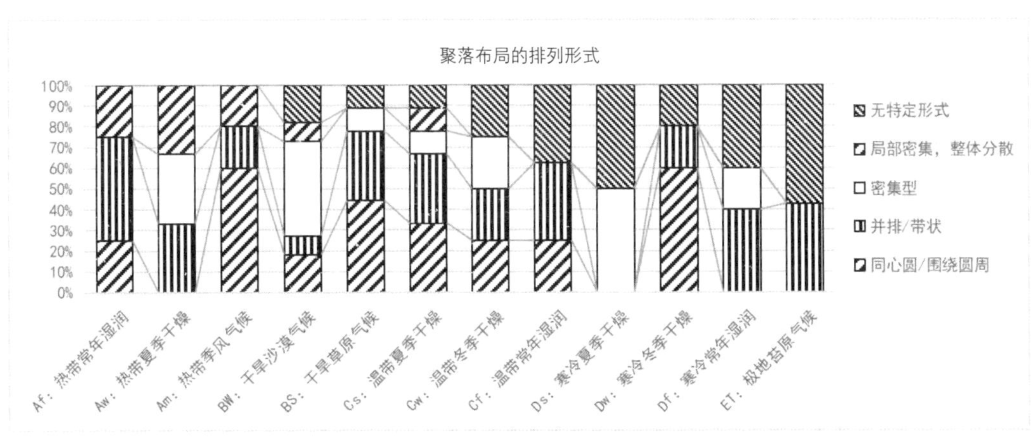

图 3-17 不同气候下的乡土案例聚落布局的排列形式

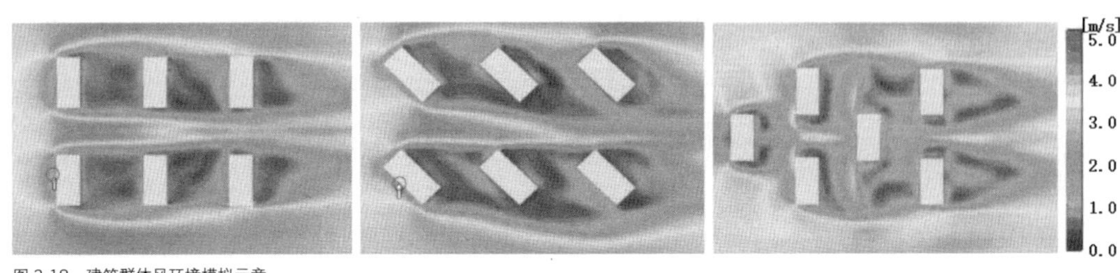

图 3-18　建筑群体风环境模拟示意

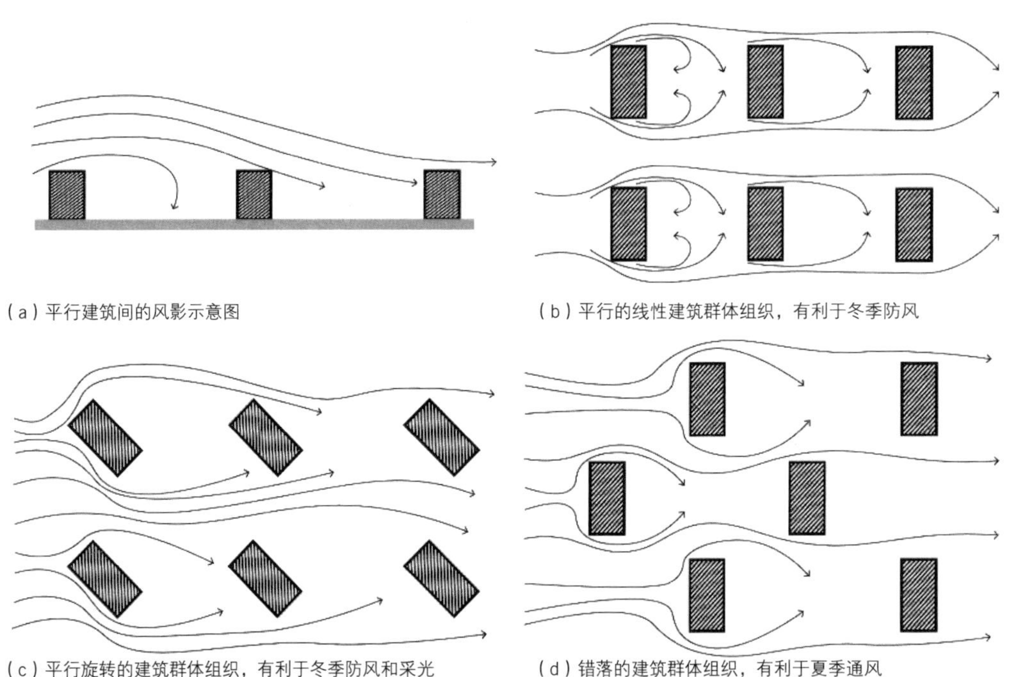

（a）平行建筑间的风影示意图

（b）平行的线性建筑群体组织，有利于冬季防风

（c）平行旋转的建筑群体组织，有利于冬季防风和采光

（d）错落的建筑群体组织，有利于夏季通风

图 3-19　建筑群体布置的气流状况示意
资料来源：改绘自 OLGYAY V. Design with climate: bioclimatic approach to architectural regionalism[M]. Princeton: Princeton University Press, 1963: 101.

最大限度地阻挡北风的侵袭，对上海这种夏热冬冷地区，规整布局较佳。因此，随着纬度的减少适宜采用错落式的建筑布局，随着纬度的增加适宜采用规整的建筑布局（图3-18、图3-19）。

建筑群体之间间距的大小直接表现为松散或密集的聚落布局，同时也影响了其中的风环境。分散的聚落布局在炎热气候中可以有利于风的运动，为聚落内部引进凉爽的通风，而高密度的聚落布局在寒冷的季节可以避免风的不良影响。风的运行在其中受到了建筑高度、主导风向和街道宽度的影响，较宽的街道、较低的建筑和迎着风向会使聚落内部产生更多的风。根据建筑的间距不同，建筑群体从剖面上可以总结为三种不同的风流方式：一是当建筑排列相对疏松且朝向和风向垂直，建筑之间的间距比风流产生的向上和向下涡旋所需的距离要大时，会产生独立的紊流，有利于建筑之间的通风和空气净化。二是当建筑之间的距离比产生向上涡旋和向下涡旋所需要的总距离小，又没有产生持续性的旋涡时，会产生尾流干扰风。三是当建筑紧密排列而且朝向和风向垂直时，会形成掠过式的气流，不

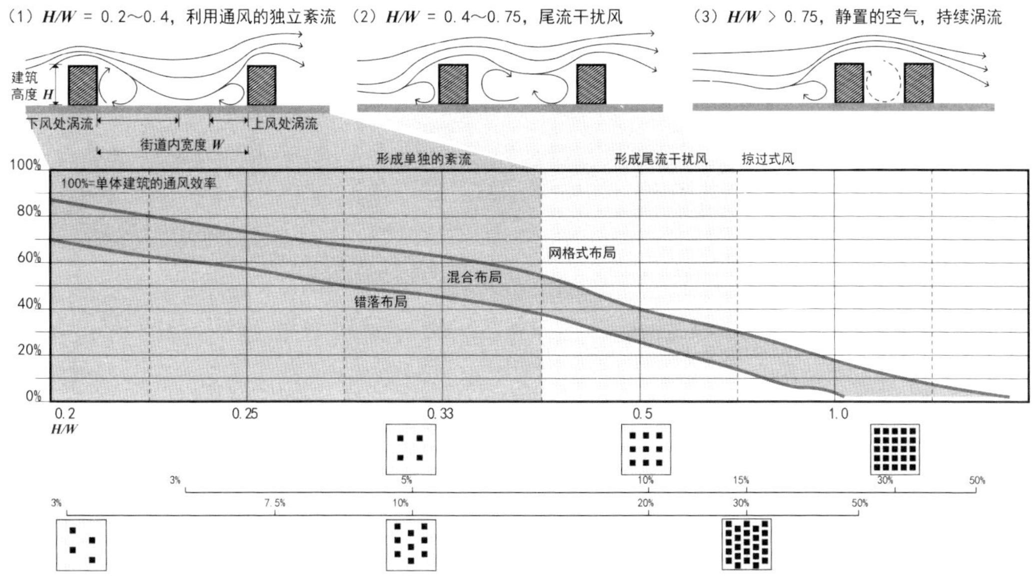

图 3-20 根据建筑群体布局和密度的通风效率

资料来源：改绘自 MARK D, BROWN G Z. Sun, Wind and Light: Architectural Design Strategies (3rd edition) [M]. New Jersey: John Wiley & Sons, Inc., 2014: E59. 布朗，德凯．太阳辐射 • 风 • 自然光：建筑设计策略 [M]. 常志刚，刘毅军，朱宏涛，译．北京：中国建筑工业出版社，2008：117.

利于通风。建筑和街道高宽比决定其中的涡流形态，当*H*/*W*较大时，气流形成掠过式的气流在街道上空滑过，而街道内部的空气呈停滞状态；当*H*/*W*很小时，风可以穿梭到街道当中，形成的涡流随街道的宽度分布在街道中。相关研究认为，当$H/W<0.2$时，街道内部产生两个同方向的涡旋，而当*H*/*W*在0.2～1.7内，街道内的涡流结构相对简单，比较适合污染物的扩散[151]。

为了保证自然通风的有效性和风速损失最小化，也就是避免空气运动因为遇到障碍物而减少风速，可以采用扩大建筑间距或降低建筑高度的做法，或者是通过建筑错落布局，从而使建筑间距可以相对缩小的做法。图3-20是预估不同建筑间距和不同建筑群体密度下的通风效果，方法是计算出建筑和街道的高宽比（横轴）从而读出对应群体排列形式的通风效率。因此，在炎热潮湿的气候下，建筑距离应该尽量分开，间距按照5倍的建筑高度为规则连续排列。平面密度较低的分散式建筑，错落组织效果最好。使用通风效率从而确定建筑内部交叉通风房间的尺寸并相应增加交叉通风的开口。

在冬季和寒冷气候下，应通过紧密排列的建筑组织方式来阻挡寒风的影响，在群体布局中的网格组织方式中，狭窄街道上的高大建筑可以阻挡寒风的影响，另外也可以通过设置防风墙和连续排列的建筑界面来阻挡不需要的寒风和夹杂尘土的沙漠风。

4. 布局特征与湿适应

在群体聚落布局中经常可以看到建筑和水体及绿化交织组织的形式，尤其在我国的江南地区。在干热气候地区，利用蒸发到空气中的水汽可以起到降低气温的效果，而蒸发的有效性往往取决于水体的面积、空气相对湿度和水体温度。绿化区域的气温比较低是得益于土壤和植物中水分的蒸发、反射、遮阳和蓄冷。植物所产生的降温效果主要是遮阳和蒸发蒸腾作用。炎热气候下的植物降温主要是蒸腾作用，在湿热气候下则主要是遮阳降温。树木遮阳效果可以占总降温节能量的15%～35%，而所

图 3-21　上海地区的聚落布局与河流的关系

有气候类型中植物的降温和蒸发可以占被动式降温节能量的17%～57%，比单纯的构件遮阳增加约25%[92]。

沿着水流布置的乡土聚落比比皆是，如亚马逊热带雨林附近的亚诺马米公共聚落、新几内亚岛的Telefol村和文莱和马来西亚地区的伊班长屋等。在我国的江南地区亦有很多传统民居和水体相互交错布局的例子（图3-21），分别呈现“水宅相间”“临水宅院”和“水路宅院”的聚落和水体关系。水流在房屋和庭院的地面和地下的沟渠流动，暴露在地表的水流形成水塘、小池、河道，和庭院中的植物相互交织辉映，通过蒸发进行降温，提供遮阳乘凉的外部空间。水体围绕着墙体，会对墙面起到一定的冷却作用，还可以通过辐射对建筑进行一定的降温冷却。有植物遮阳的水池会比没有遮阳的效果更好，有遮阳的水池的平均温度与日间空气平均湿球温度相近，由于水的反射率较低，容易把接收到的大部分辐射转化为热传导，另外还可以通过喷泉和流水的方式增加水的蒸发面积。

著名的由柯布西耶设计的印度昌迪加尔城市规划，针对夏季干热、冬季寒冷，而雨季又特别潮湿的混合型气候状况，设计线性延伸的开放空间，交错布局绿化和建筑，使夜晚能够进行蓄冷换热，日间促进通风。从聚落布局的角度，主要的水体布局策略如下：首先，利用聚落周边的大型水体，如湖泊、江流水溪等，改善聚落内部的微气候环境，达到夏季通风降温的效果。其次，适当增加与自然水体连接的人工水体和建筑空间，形成生态有机的系统性水体网络。最后，结合绿化系统和公共空间系统，增加水体的活动性和生机，形成绿廊通风网格。

5. 能量视角下不同气候的布局策略

对于聚落和建筑群体的布局模式在气候影响方面有以下要点：一是建筑群体布局和街道网格的布置，包括了前面提到的建筑间距与太阳、风之间的关系。二是根据建筑群体布局，为在建筑设计层面上采用被动式设计奠定基础。三是结合建筑群体布局和气候适应性的关系，考虑能量平衡中的采暖制冷和采光的需求。

结合不同气候条件，不同地域环境的建筑群体布局根据制冷、采暖或防风等需求比重会有不同的策略，如在寒冷气候下要考虑尽可能地吸收太阳辐射和阻挡寒风，在干热气候下要考虑阻挡太阳辐射和阻挡沙漠风，在湿热气候下要考虑阻挡太阳辐射和尽可能地通风，或是温和气候下对二者不断变化

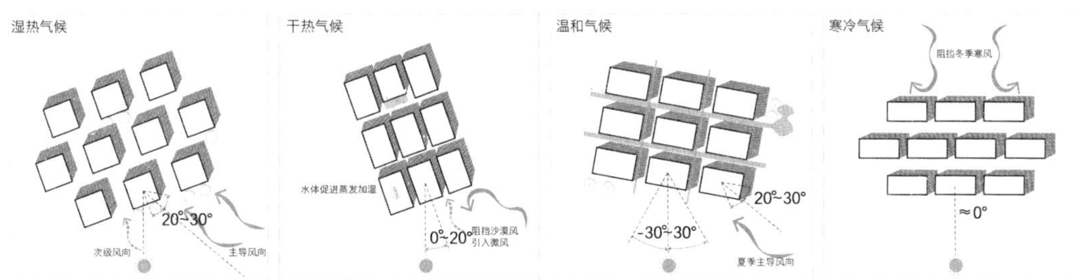

图 3-22　综合各种气候要素的聚落布局策略

的需求。综合不同气候要素的聚落布局策略如图3-22和表3-3所示。

湿热气候：主要考虑促进自然通风（尤其夏季），还要考虑阻挡太阳辐射（尤其夏季）和适量采光。对于用地充裕而且没有大风威胁的乡土环境，在湿热气候应尽量采用松散错落的平面布局，若用地紧张应保证建筑间距以促进通风，同时需保证建筑之间不会相互遮挡采光，可以结合树木遮挡太阳辐射进行。在促进通风方面主要使街道布局与夏季风方向成20°～30°，可通过适当拓宽街道以促进通风；在阻挡太阳辐射方面，通过旋转建筑群体布局来增加街道阴影，主要是增加东西向的阴影的同时保证南向采光。结合植物遮阳可以有效降低聚落温度。

干热气候：主要考虑阻挡太阳辐射（尤其夏季），还要考虑通风（尤其夏季、夜间通风和夜间防风结合）和适量采光，另外还需考虑增加水体。建筑群体布局一般采用紧凑型的布局模式，一方面建筑之间相互遮挡阻挡太阳辐射带来的热量，另一方面可以有效阻挡夹杂尘土的沙漠风。还可通过减少南北向建筑间距或增加南北向建筑界面形成东西向的阴影覆盖，阻挡太阳辐射。适当旋转建筑群体布局也可以增加全天阴影。此外，通过设置局部水体公共空间可有效增加聚落湿度。

温和气候：主要考虑冬季促进太阳辐射和夏季促进自然通风，另外再考虑冬季避免寒风侵袭和夏季阻挡太阳辐射。建筑群体布局可以设置沿东西向旋转30°，有利于夏季通风；适当增大东西向街道间距，增强冬季的太阳辐射摄入。但是，夏热冬冷气候下并不适宜采用过于松散的建筑群体布局，过宽的建筑间距会在夏季带来过多的太阳辐射热量，极大地增加不舒适性，还会在冬季加速建筑微环境的空气流动，不利于避风蓄热。结合植物和水体布置，设置绿色通风廊道调节聚落微气候。

寒冷气候：主要考虑冬季促进太阳辐射和防风，保证采光。建筑群体布局一般采用比较分散的布局方式，保证向阳面足够的太阳辐射，严格按照东西走向布置，坐北朝南尽可能地保证在太阳高度角较低的情况下有足够的太阳辐射；在避免冬季剧烈的寒风方面，在冬季主导风向上设置连续的建筑界面。

表 3-3　不同气候类型的乡土聚落形态的气候影响因素

因素	光照		热辐射		风		水体 / 植物		策略形成
湿热气候	避免直射		减少获得		增加获得		增加获得		主要考虑促进自然通风（尤其夏季），还要考虑阻挡太阳辐射（尤其夏季）和适量采光。对于用地充裕而且没有大风威胁的乡土环境，在湿热气候应尽量采用松散错落的平面布局，若用地紧张的情况下应保证建筑间距以促进通风，同时需保证建筑之间不会相互遮挡采光，可以结合树木对太阳辐射进行遮挡。在促进通风方面主要使街道布局与夏季风方向成 20°～ 30°，可通过适当拓宽街道以促进通风；在阻挡太阳辐射方面，通过旋转建筑群体布局来增加街道阴影，主要是增加东西向的阴影的同时保证南向采光。结合植物遮阳可以有效降低聚落温度
	建筑间距	南北小	布局形式	分散	布局秩序	错落分散	功能描述	水体蒸发降温、植物遮阳降温	
	群体布局	适当旋转建筑以增加阴影；增加植被、柱廊等遮阳降热系统			群体布局	尽量错落分散，利于通风	群体布局	沿水体布局，利用植物遮阳	
干热气候	避免直射		减少获得		减少获得		增加获得		主要考虑阻挡太阳辐射（尤其夏季），还要考虑通风（尤其夏季、夜间通风和夜间防风结合）和适量采光，还需考虑增加水体。建筑群体布局一般采用紧凑型的布局模式，一方面建筑之间相互遮挡阻挡太阳辐射带来的热量，另一方面可以有效阻挡夹杂尘土的沙漠风。在阻挡太阳辐射方面还有通过减少南北向建筑间距或增加南北向建筑界面形成东西向的阴影覆盖，适当旋转建筑群体布局也可以增加全天阴影。此外，通过设置局部水体公共空间可有效增加聚落湿度
	建筑间距	南北小	布局形式	紧凑	布局秩序	规整	功能描述	水体蒸发降温、植物蒸腾降温	
	群体布局	适当旋转建筑以增加阴影；街道相对狭窄形成阴影			群体布局	设置防风墙或连续排列的建筑界面阻挡沙漠风	群体布局	设置局部水体公共空间	

续表

因素	光照		热辐射		风		水体 / 植物		策略形成
温和气候	尽量获得		尽量获得		适量获得		地缘靠近		主要考虑冬季促进太阳辐射和夏季促进自然通风，再考虑冬季避免寒风侵袭和夏季阻挡太阳辐射。建筑群体布局可以设置与东西向旋转 30°，有利于夏季通风；适当增大东西向街道间距，增强冬季的太阳辐射摄入。但是，夏热冬冷气候下并不适宜采用过于松散的建筑群体布局，过宽的建筑间距会在夏季带来过多的太阳辐射热量，极大地增加不舒适性，还会在冬季加速建筑微环境的空气流动，不利于避风蓄热。结合植物和水体布置，设置绿色通风廊道调节聚落微气候
	建筑间距	适中	布局形式	较分散	布局秩序	较为规整，或较为密集	功能描述	调节微气候	
	群体布局	沿东西向旋转 30°，适当增加东西向街道间距			群体布局	街道不宜过宽	群体布局	结合植物和水体布置，设置绿色通风廊道调节聚落微气候	
寒冷气候	尽量获得		尽量获得		减少获得		地缘靠近		主要考虑冬季促进太阳辐射和防风，保证采光。建筑群体布局一般采用比较分散的布局方式，保证向阳面足够的太阳辐射，严格按照东西走向布置，坐北朝南尽可能地保证在太阳高度角较低的情况下有足够的太阳辐射；在避免冬季剧烈的寒风方面，在冬季主导风向上设置连续的建筑界面
	建筑间距	较大	布局形式	分散	布局秩序	迎风向紧密排列	功能描述	调节气候	
	群体布局	严格按照东西走向布置，坐北朝南，控制南北向距离			群体布局	网格组织方式，主导风向设置连续建筑界面	群体布局	无特殊影响，沿水体 / 植物布局	

3.2.3 乡土建筑空间组织

建筑空间组织可以通过建筑平面和建筑剖面进行表达。建筑平面代表了一个建筑或建筑群中房间和室外空间在水平面上的相对布局和详细形状，建筑立面代表了建筑空间在垂直面上的相对布局和关系。以建筑平面图为例，它可以用来直接显示建筑空间组织的邻近关系、社会等级以及结构和构造等方面的关系，也可以间接地暗示那些居住者的思维、自然气候观和宇宙世界观等。平面可以根据类型学分为不同的几何类型，相应地与当地社会组织关系、气候环境和周边文脉发生相互作用。在特定的类型中，建筑和建筑群体的详细平面组织又会反过来受到场地和建筑过程中出现的不同因素的影响。

建筑空间可以分为不同的形态类型和组合。这些形状和组合在平面维度上构成了一个基本的平面分类法，根据这个分类法，世界上大多数乡土建筑都可以被归类为简单的平面形式。例如正方形和圆形，也组合成更复杂的建筑布局；又如同心圆或由正方形构成的庭院形式，由较小的正方形或矩形平面元素构成的建筑群体阵列，或者由线性的正方形或较小的矩形序列构成的矩形平面。复杂的建筑平面布置通常是由一个简单形式开始，通过逐渐进化的过程所产生。基本的平面形状及其布局有助于解释建筑平面布局的各种功能和属性：比如正方形和圆形的乡土平面往往包含中心性和焦点，线性排列布置的平面可以暗示轴线和方向性，房间或元素包围空间的平面意味着扩充更大空间的重要性，空间之间相互分层的平面意味着在一个更为公共的领域里对隐私空间的强调等。在刘敦桢的《中国住宅概说》[49] 中，同样是以平面形状为标准，从简单到复杂分成了圆形、纵长方形、横长方形、曲尺形、三合院、四合院、三合院与四合院的混合体、环形和窑洞式住宅九类。在本书提及的77个乡土建筑案例中，平面组织类型与不同气候的关系如图3-23所示。

首先，建筑平面组织往往取决于气候类型及其特征。根据平面布局的类型，可以分为圆形平面、弧形平面、方形平面和线性布局平面。

圆形平面在乡土建筑中很常见，尤其是在非洲乡土建筑中。在气候适应性方面，圆形的平面意味着房间的朝向主要以门和窗的开口位置为准，弧形外墙接受太阳辐射的量一般只有垂直外墙的1/4，在减少太阳得热量方面有着显著的效果；圆形平面的帐篷还能有效防风，在建筑平面为圆形的乡土建筑中，圆形的外墙对风的阻挡较低，可以有效疏导风的流动；在寒冷气候中也有采用圆形的平面布局（如因纽特人的冰屋和圆形帐篷），因为太阳高度角低，圆形平面从各个方向展开可以尽可能地获取日照。另外，圆形平面的建筑形式有着强烈的“中心性”概念，在乡土民居中往往具有强烈的精神和

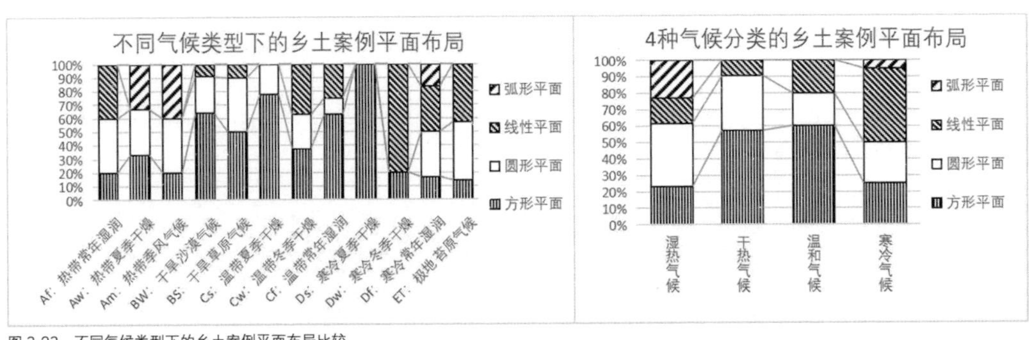

图 3-23　不同气候类型下的乡土案例平面布局比较

社会内涵。在圆形平面中，空间的使用可以与它的几何形状相对应，家庭的各个成员在圆周上都有固定的位置。尽管圆形平面象征着高度集中，但建筑物或内部房间布局与室外空间的关系往往具有相似的等距关系，如亚马逊热带雨林的亚诺马米公共聚落和我国福建土楼，表明在圆形平面布局中各个空间之间具有同等的地位，都以内部中心空间为主。

弧形平面不仅具有象征性意义（如许多欧洲的教堂，弧形平面往往象征着牧师领地空间的尽头），在乡土民居中弧形平面也有文化上与宗教相似的渊源，满足特定的精神需求，也同样具有较强的气候适应性。弧形的平面最显著的特征就是可以抵挡强烈的风暴，如在澳大利亚的茅草穹顶中，编织的藤条相互绑在一起，形成的张力可以有效抵御强风，位于澳大利亚卡彭塔莉亚海湾的原始乡土防风墙，也是采用弧形的设计来挡风，弧面的墙壁能够防止辐射完全照射，允许光线从不同的角度照射。

矩形平面可以根据平面的纵横比分成方形和线性平面。从气候的角度来看，将矩形平面应用到空间和房间组织中，建筑的长边朝向太阳方向可以自然地得到最大阳光照射，这在温带气候和寒冷气候中相对重要；或者长边垂直于主导风向，形成和主导风向最大的接触面积，有利于在炎热潮湿的气候中的自然通风。此外，长方形，特别是当它纵横比较大时，有助于单独的社会或家庭空间的进一步划分，如许多公共长屋。方形平面是矩形平面中的特殊情况。从气候的角度来看，其紧凑的布局和最小的周长允许建筑内部在冬季保持最大的热量。在寒冷的北方地区方形平面通常是原木结构，在沙漠干旱地区，也经常可以见到方形平面作为单体的夯土建筑，如马里邦贾加尔的多贡崖居，建筑附近尽管没有树木筑造阴影，但还是凉爽的，其原因是它们暴露较少的表面积，从而减少了日照带来的热量。

在所观察的乡土建筑的案例中，矩形平面会比圆形平面的稍微更为普遍，平面的纵横比在0.75～1.25。尽管在寒冷气候和温和气候环境下，矩形长屋会以东西轴线为方向利用获取更多的太阳能因而会比圆形平面布局更加常见。若以南北轴线为长轴一般是相互形成阴影减少太阳辐射的获得，更适用于干热气候。在寒冷地区的乡土建筑中，并不总是以开窗获取太阳辐射，火作为主要的供热来源，匀致的平面布置会使热量的利用更为有效。此外，根据建筑内部的空间划分可以分成单室或多室的空间结构，温和气候中大多数会采用多室的空间结构来适应季节的变换，如设置夏室和冬室。在寒冷的气候环境下，一般会通过设置有火炕的宽敞中央空间来进行取暖。在炎热潮湿的气候环境下，一般不需要点火来取暖，单独的空间结构有利于形成较高敞的内部空间，以及内部空气分层和室内外空气交换。

在立面空间组织上更多的是考虑通风、降雨和湿度带来的影响，不同气候下的屋顶坡度也会有不同的作用。图3-24表示在不同气候类型下的乡土建筑和气候、材料和建筑形态的关系，可以发现，湿热气候一般采用木制框架结构，屋檐宽大和陡坡屋顶的形式，采用轻质墙体或无墙结构，有利于通风和排水。干热气候一般采用石头、夯土等重质墙体结构支撑平顶屋顶，尽可能地提供蓄水的可能。温和气候的乡土建筑很多采用中等坡度的屋顶，主要用于排水和防止积雪堆积，墙体的设计较屋顶更为重要。一般来说，寒冷气候为了在冬季获得更多得热量，会更多地采用木材或保温性能好的重质材料，采用一定坡度（40°～60°）的屋顶可以保证在太阳高度角低的时候（冬季）有足够的太阳辐射。

在剖面设计中还应当注意排风的位置设计，自然通风能够有效的降温除湿，保证通风流畅。可以考虑在阁楼、屋顶层等室内较高的位置设计能够通风的地方，因为太阳辐射建筑内部升温，热空气便

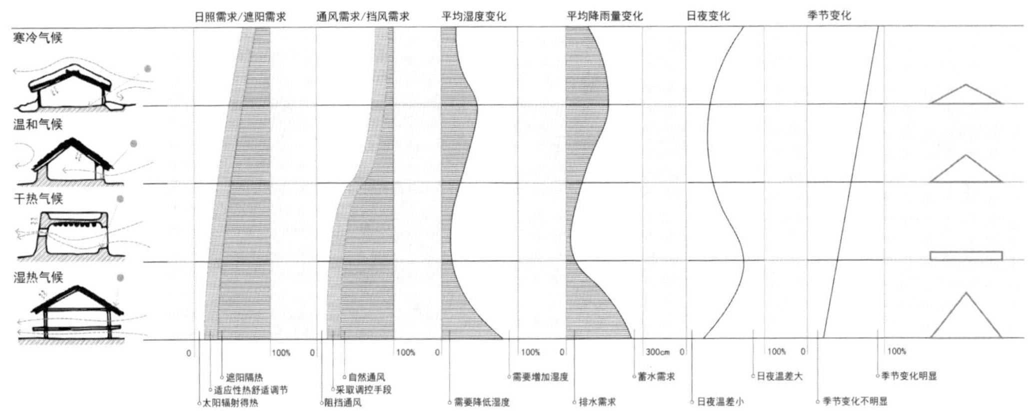

图 3-24　根据不同气候类型的立面变化规律

资料来源：改绘自 KLAUS D. The technology of ecological building: basic principles and measures[J]. Examples and Ideas, 1994: 30-31.

可以从高处流出，形成室内气流流动。在阿拉伯地区的传统民居中会在屋顶设置捕风塔，在室内立面中通过在与风向平行面设计隔断来引导风流，使整个建筑中达到通风降温的目的。

此外，在建筑尺度上，不同空间及其相邻空间是通过多种建筑元素的组合而形成的：例如墙体，形成空间之间移动或交流的屏障；外廊，指的是从街道进入建筑室内的空间，定义室内外空间的一种方式，允许人们自由移动和风、光等气候能量的进入；窗户，吸收光线和空气流动，但不允许人们移动；门，保留了墙壁的特征，但允许人们控制自身的移动等。在整个平面组织中最为重要的三个特定元素及其关系可以归纳为：①开口，公共空间的入口和内外空间的连接，包括外廊、前廊、门和门廊等；②主要空间，主要空间的位置和形状，包括大厅、房间等；③过渡空间，连接房间和空间的主要运动“流线”。在乡土建筑中，入口往往成为公共空间和通过建筑的主要运动路径之间的象征性和功能性连接。

乡土建筑都有类似过渡空间设计，最为常见的是庭院。庭院是乡土民居中最有标志性的过渡空间，指的是由墙体、建筑等通过围合而形成的空间。庭院空间在某些乡土建筑中可以成为家庭活动、生产生活的核心，如干热气候的埃及民居。庭院可以分为三种：内院、廊空间以及屋顶和院落。根据从允许人行通过和允许外部气候能量交换两个维度对过渡空间进行分类，可以进一步细分为外廊空间、内廊空间、中庭空间、庭院空间和捕风塔等过渡空间，不同气候类型呈现规律如图3-25所示。

以过渡空间的外廊空间为例，尽管在平面布局形态上有很大的差异，但是外廊空间所表示的建筑与街道、室内与室外的连接关系有着显著的相似性。如印度南部带有突起的平台的石屋、西班牙伊维萨岛的开放式入口庭院的乡村别墅、美国中部地区带柱廊和中央廊道的木屋等。这些乡土建筑都包含一个建筑与外部街道相连接的户外空间，在这个空间中许多活动都可以以邻里活动的方式进行，包括家庭活动、准备食物、娱乐休憩等。在空间和社会关系上，这些外部空间有助于把建筑和街道结合起来，具有属于二者的功能。从类型学的角度来看，图3-26中三种情况的空间都是相似的：不仅都是建筑和街道或外部环境的边缘，本身还都是定义明确的空间。其他此类过渡空间还包括具有集中功能的空间（例如庭院、中庭）或有助于将空间连接在一起的线性布置（例如拱廊、走廊等内部廊道）。

在气候适应性方面，不同气候类型的庭院和空间布局有着不同的作用。比如，寒冷气候下的建筑

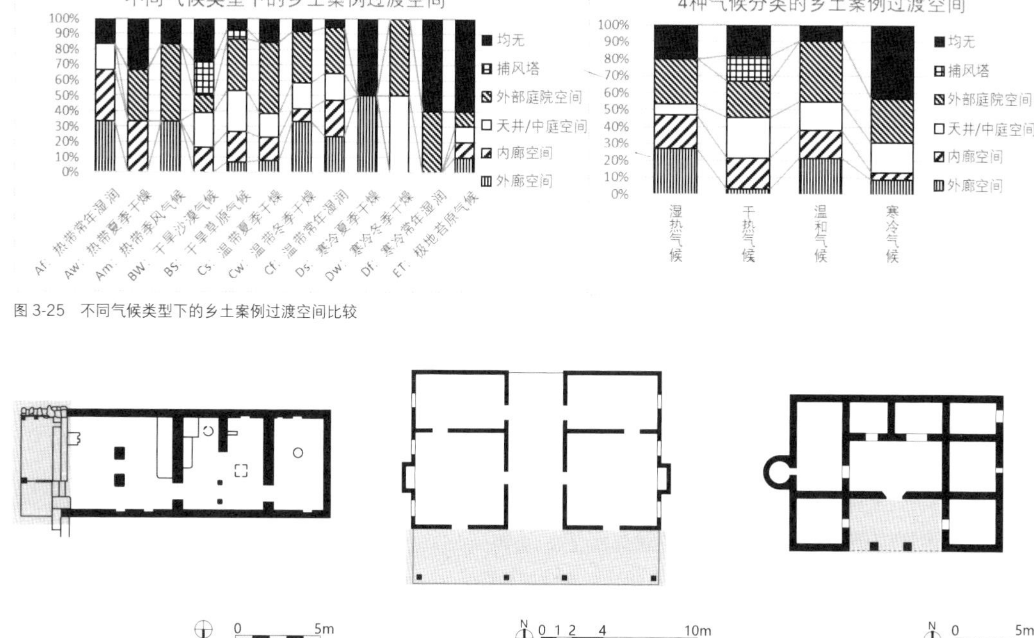

图 3-25　不同气候类型下的乡土案例过渡空间比较

（a）印度南部石屋　（b）美国中部中央廊道木屋　（c）西班牙伊维萨岛乡村别墅

图 3-26　三个具有外廊空间的乡土案例

平面通常更加紧凑，并在中心有一个热源，以保持足够的热量，线性的平面在东西方向上展开允许窗户沿着建筑物的南面接受更多的阳光，在寒冷地区的庭院宽敞能够接受更多的阳光；炎热干燥的气候环境下往往有着紧凑的庭院平面，因为阴凉的庭院有助于冷却室内，在平面布局上相对较短的外墙长度还会降低总的太阳能增益；湿热地区的庭院则较窄，能够防风与遮阳，平面布局也更分散和开放，保证空气的自由流通，有助于蒸发冷却。下面将分别从光、热和风等自然能量的角度，举例分析不同气候类型下的建筑空间组织的策略。

1.空间组织特征与光适应

光对于建筑空间组织的影响和前面提到的聚落层面的形态组织类似。乡土建筑中采光的方式一般通过自然采光，包括直射光和天空漫反射和地面附近墙面和物体的漫反射光。如何有效地遮挡太阳直射光线的同时不影响室内辐射增热，避免眩光的影响，利用漫反射光线，成为建筑平衡采光、遮阳和取暖的关键。“采光系数”一般是指在建筑内部的采光量占室外日照量的百分比，主要受到建筑的选址、窗户尺寸、天空遮罩、玻璃通光率、室内材料反射等因素的影响。采光系数可以根据室内某个位置的日光照度（lx）和全天空照度（lx）的比值进行计算。

乡土建筑的自然采光因为发生在日间，因此其很大程度上取决于以下因素：①建筑物和天空之间的几何关系；②建筑物与周边环境的布局；③建筑形态布局与采光口的位置，这个因素影响着建筑如何获得足够的光线，并能使每个空间都能够在日间得到充分使用；④采光口的构造与建筑内部空间的关系。上述因素相互之间呈复杂的关联性，如果其中一项导致光线被遮挡或削弱，建筑的采光设计的有效性将大大减弱。根据墙面采光口的位置，采光的方式可以分为侧窗采光（房间随进深变化不均匀）、天窗采光（采光效果是侧窗采光的三倍）和高位侧窗采光（对面积较大的室内可以达到比较均匀的采光）三类。

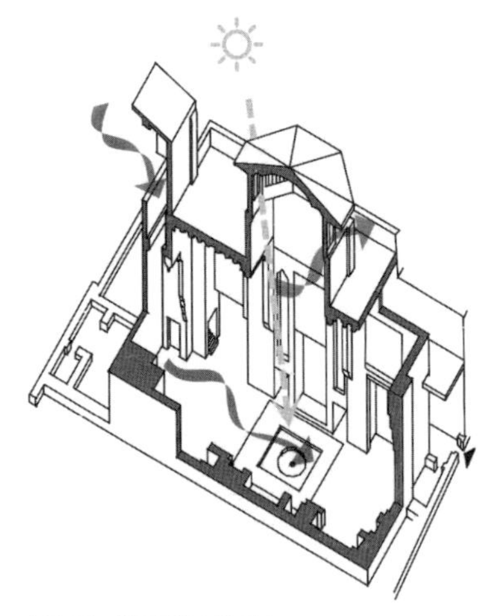

图 3-27 埃及开罗中庭民居

在建筑形态方面，乡土建筑的采光策略根据不同气候类型有所区别。在干热气候和温和气候，如果乡土建筑设计成宽厚的建筑形态，侧向的开窗不能满足建筑室内的有空间都有足够采光的情况下，往往会设置中庭或天窗为建筑室内提供采光。“中庭建筑”指的是乡土建筑的空间组织中，围绕有玻璃或无玻璃、带围廊或无廊的庭院而组织房间布局的建筑形式。如维吾尔族的阿以旺中庭民居不仅设置采光中庭，还会在中庭上方设置兼具采光和通风功能的“阿以旺”空间，一般会放置在中庭上方突出周边建筑体块60～120cm，侧向装设花格窗，有点类似阿拉伯地区的由两侧伊万（iwa）空间包围的咖阿（qa’a）空间；在埃及开罗民居案例中（图3-27），就是通过包含了捕风塔（malkaf）的咖阿空间进行顶部天窗的采光，咖阿一般比屋顶要高出一截。半开敞的庭院空间结合风塔的作用，对庭院的热舒适性发挥着巨大的作用[152]。风塔捕获来自北方的微风，然后把它直接引进咖阿中。在阿拉伯地区宽厚的建筑内部大部分采光结构，无论是朝向街道还是朝向庭院，都是由悬挂在立面或由梁支撑的木盒子围合而成，会用带木格栅的小窗采光，保护隐私的同时过滤光线，并结合活动的百叶适应室外炎热的气候。

温和气候的乡土建筑除了采用宽厚的建筑体型结合中庭或天窗以外，还经常可以看到在靠近庭院或街道的扁平空间中会采用侧开窗或高位侧窗，横向的侧开窗一般搭配有较宽的屋檐，避免夏季阳光的直射又能保证冬季阳光进入室内，如日本的传统民居。在我国江南传统民居中，还会利用白墙和地面的漫反射为建筑室内提供采光。

在湿热气候的乡土建筑中呈现出典型的光热矛盾特征，很多乡土建筑案例为了避免过多的太阳辐射照射以牺牲室内舒适的光环境为代价，宽大的屋檐，日间长时间封闭的窗户或窄小的侧窗，利用百叶或遮帘，利用反射光等大多是湿热气候乡土建筑光与建筑空间的特征，如印度尼西亚的Nias船屋。在一些非洲地区，也有利用轻质材料的透光性和渗透性为建筑室内带来过滤的光线的同时保证有效的通风的例子。在由凯雷建筑事务所（Kere Architecture）设计的Grando图书馆中，通过采用当地传统的材料，切割当地居民平时用于储水的陶土罐，将其使用在屋顶上作为天窗和通风口，排走室内热空气的同时，形成丰富迷人的光圈。除此之外，利用西非地区常见的竹编手法，应用到图书馆的外廊设计中，竹子利用直纹曲面的原理形成弯曲且富有变化的走廊，斑驳的光影为读者营造舒适宜人的阅读空间。湿热气候区的太阳眩光很大，所以墙采取通风的同时却不适宜开窗，竹编的墙透光柔和，通风又排除了眩光的不利影响。

寒冷气候，乡土建筑一般设计成较为扁平的建筑形态，会在建筑的南面（北半球）采用侧向开窗，布置光的廊道为建筑室内提供采光的同时，形成吸收太阳辐射的阳光房，或者会采用天窗为建筑室内提供采光。如在美国东北部的易洛魁人长屋，狭长形的平面空间布局尽可能地使长边沿着东西向布置，长屋的顶部设置天窗作为室内的采光；美国曼丹部落的圆形土屋顶部设置的天窗作为室内唯一的光源和空气交换口；西藏北部的藏族牦牛帐篷在顶部同样设置了开口，尽管在宗教传统上是有对天神敬畏的说法，但也是为了采光和通风，除非遇到雨雪天气，一般顶部的挡板或帐布都会保持开启；位于西藏的碉楼藏居也会在内部设置小型的中庭，搭配走廊对建筑室内进行采光；因纽特人的冰屋有一扇朝南面向日光的浮冰窗户和一个位于头顶上的通风孔，实现冰屋内部的采光和通风，窗户由长90cm、宽50cm和高15～25cm的冰块铸成，夜晚可以用动物皮革稍加覆盖进行密封防风。

2.空间组织特征与风适应

在建筑与周边环境关系上，除了建筑与街道高宽比的聚落布局关系以外，其和周边环境的关系，会因为建筑物自身对光热、湿度和风的应对情况而形成不同的微气候。根据不同气候类型结合主导风向和阳光的方向可以大致判断室外空间和室内房间的布局[92]，不同气候的乡土建筑室外空间的气候适应性策略如图3-28所示。

以湿热气候和温和气候的夏季为例，在湿度较高的情况下，如果太阳和风的方向不一致且呈一定角度，建筑应考虑放置在室外空间的向阳面，为保证室外空间获得更好的遮阳和通风，室内空间的遮阳可通过屋檐或百叶等构件实现。如果主导风向和阳光的方向一致时，室外空间就不能放置在建筑物的背面，因为不能得到有效的通风，而应该放置在建筑物的侧面；如果主导风向和太阳的方向相反时，建筑应为室外空间提供最佳的遮阳效果。

不同气候区的院落空间，其通风策略有很大的不同（图3-29）。如温和气候、纬度较低的徽州和江南传统民居，庭院空间进深较小，但夏季风很难进入庭院，所以较难实现风压通风，主要是通过庭院垂直面接受光照的不同引起热力差实现热压通风；在纬度较高的寒冷气候中，如我国北京地区的传统民居，冬季北侧的房屋和墙面能够阻挡寒风进入，夏季风可以通过低矮的南侧房间进入庭院；纬度较高的东北地区，因为冬季时间很长，进深较大的庭院对挡风没有什么作用，所以会在北侧设置外围的院墙，冬季通过北侧的院墙挡住寒风，整个院子基本都能在风影区内，而夏季庭院与主导风向基本垂直，大进深的庭院能够加强夏季通风。湿热地区的院落主要利用面向主导风向的方式，尽可能地进行通风降温。在干热气候区则会采用院落—风塔（甚至结合水池）相结合的模式强化对室内的通风降温和蒸发降温，风塔作为选择型环境调控的一种特殊形式，在干热气候中经常出现，可以有效地适应不同气候条件。

此外，湿热气候和温和气候的夏季应保证室内有充分的自然通风，在建筑室内风环境主要受到建筑开口位置，开口形状和外部体型等因素的影响。室内风速的大小主要取决于进风口的尺度和外部风速，与出风口的尺寸无关[150]。平面上进风口的位置和出风口的位置的连线应该与气流方向不一致，有利于形成室内均匀的气流。剖面上出风口的位置应该选择在墙面较高的位置，保证室内空间的充分通风，可设置挡风板和百叶对风环境进行调控。

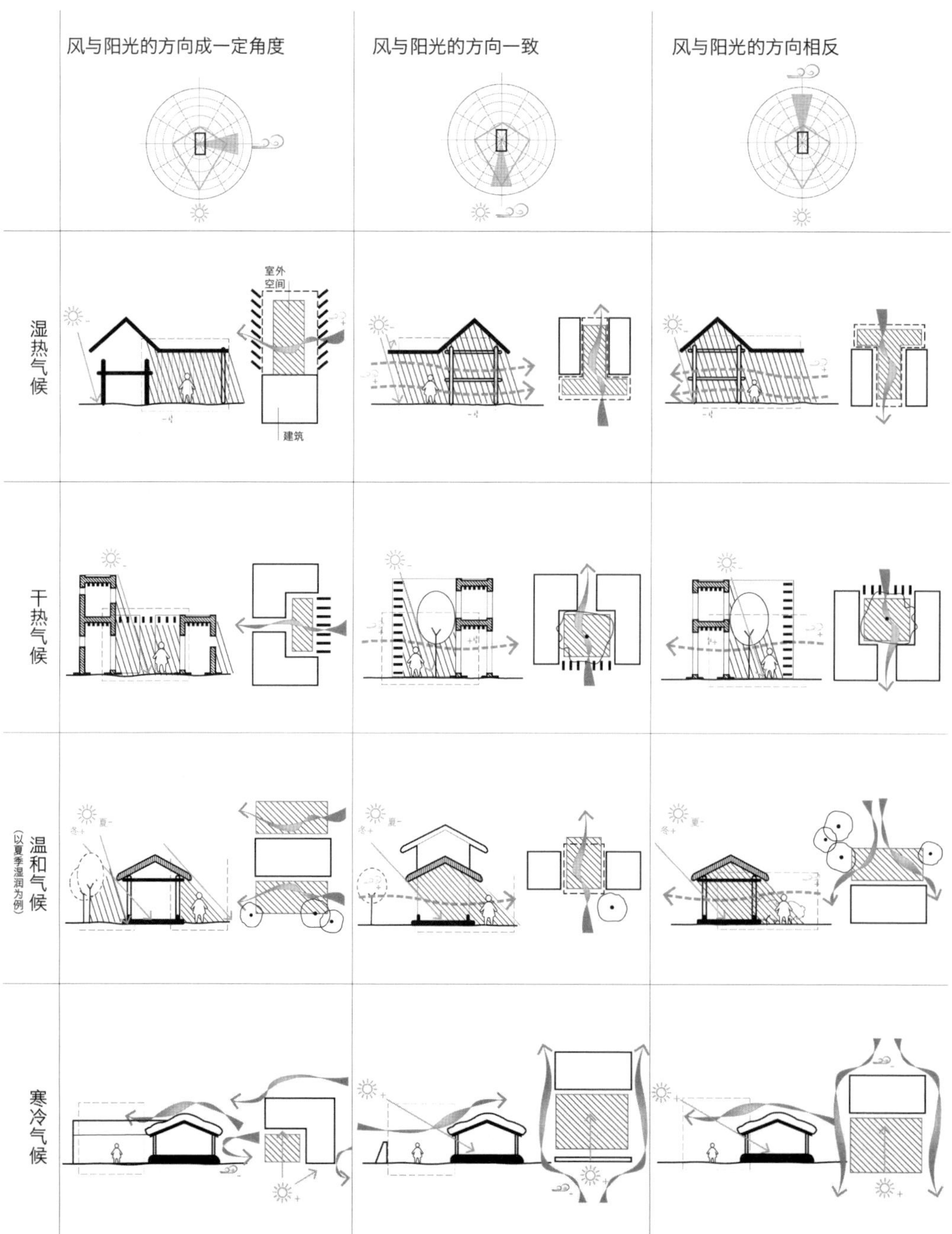

图 3-28　不同气候类型的室外空间布局策略

资料来源：布朗，德凯．太阳辐射•风•自然光：建筑设计策略 [M]. 常志刚，刘毅军，朱宏涛，译．北京：中国建筑工业出版社，2008：140.

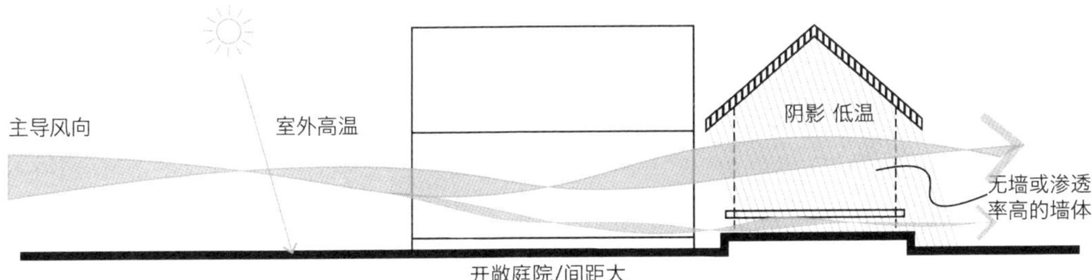

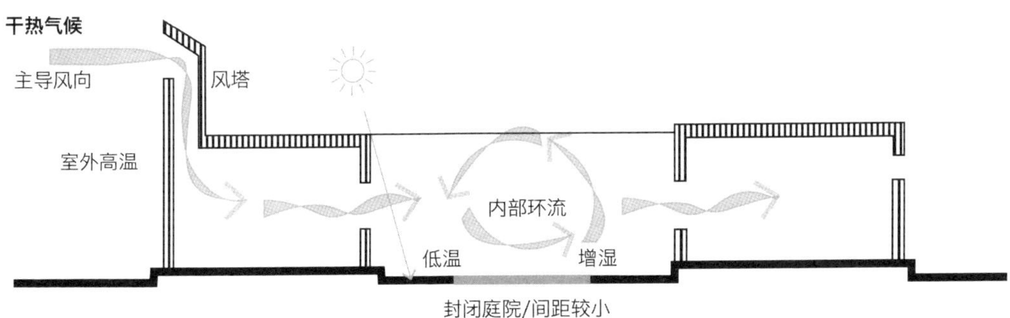

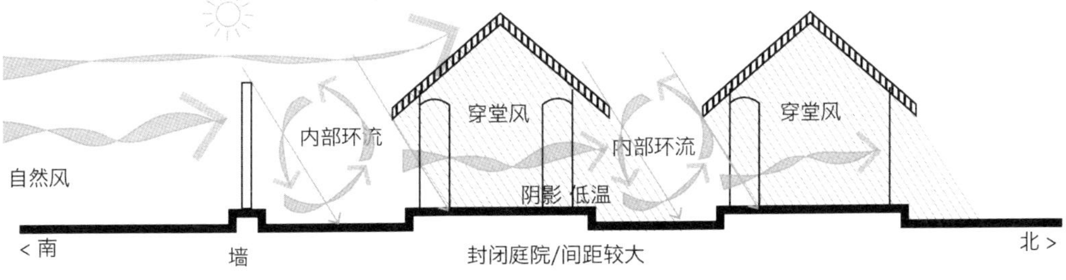

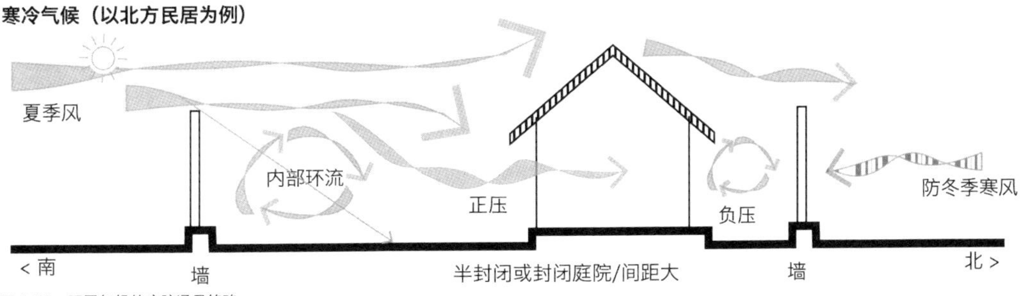

图 3-29　不同气候的庭院通风策略

3.空间组织特征与热适应

根据能量的流动和消耗，环境调控的模式可以划分为保温、选择、再生三种类型[19]，以下分别将这三种类型对应到乡土建筑空间组织中。

1）保温模式：从热到冷的空间迁移与热适应

首先，根据保温模式中的材料热工性能和气候模式的关系，从随季节和日间变化的空间迁移角度分析乡土建筑热舒适的空间策略。炎热气候中，降温是最重要的需求，温和气候的冬天和寒冷气候则需要太阳辐射增热，而在干热气候中，考虑到日夜巨大的温差，要求建筑尽可能地满足日间隔热降温和夜间增热的需求。因此，在温和气候的室外空间需要同时兼顾冬季采暖和夏季降温的需求，在干热气候的室外空间往往需要兼顾日间的隔热和夜间的采暖，许多乡土建筑就会有根据一天的周期或季节性周期，让使用者根据不同时段的舒适需求作出空间上的“迁移”变化，比如从起居室迁移到卧室、从卧室迁移到庭院平台等。然而这种特征在今天的住宅中基本上不会出现，今天的室内往往会坚持通过各种手段使气候保持不变，导致大多数的房间都只能限定一种特定的功能。在极端气候状况下为了达到最大的热舒适可以单独或组合使用室内空间。这种建筑空间是多功能的，可以根据一年当中的季节或一天当中的日夜变化的气候规律调整使用。因此，迁移的概念指的是在建筑中根据不同的气候条件，选择不同的空间区域来维持热舒适，因为每个空间都是针对特定的气候条件，因此设计往往会直接、简洁且高效。

关于热量与房间数量分配上可以划分为四类（图3-30）：①建筑只有朝南的房间（东西向长窄布局），一般不需要额外的太阳能分配策略。直接采光得热和蓄热墙就可以保证在建筑内部的热量收集、储存和分配。在太阳能直接增热下，热量主要是通过太阳辐射获得。蓄热墙将通过自然辐射或通风对流来分配热量。②当建筑在南北方向有两个开间进深，有一个面向太阳和另外一个无太阳能直接照射时，较冷的空间可以通过与南向空间相连，形成热量对流来获热。如果房间之间有大的开口，或者如果分隔墙直接由太阳加热，热量也可以部分通过辐射进行分配。③当有三个或以上的开间进深且屋顶或设置中庭有直接采光开口时，通常可以在剖面上进行热量分配。中央的空间可以在立面上设计

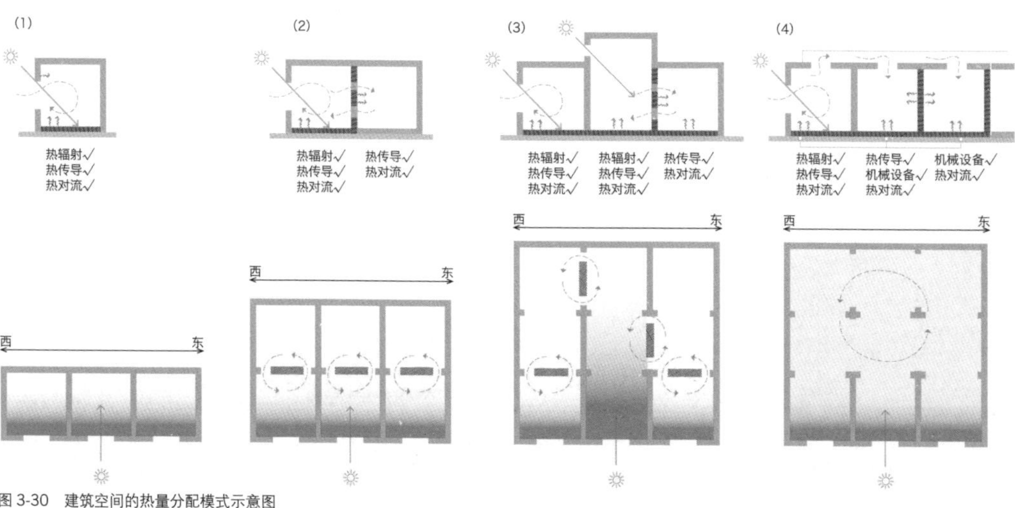

图 3-30　建筑空间的热量分配模式示意图

更高的空间，增加天窗捕获太阳热量，然后通过对流以及热传导向最里面的空间共享热量。④当有三个或以上的开间进深且屋顶没有直接采光开口时，只有一个向阳的房间，第二个空间可以按照上述第二类型相同的方式获得热量，主要是通过对流。最里面的空间通常因为距离阳光开口太远，其空气流通也不顺畅，无法通过自然对流来换热时，往往则需要采用主动技术的机械热分配。根据不同的采暖系统（如直接太阳辐射、太阳房、屋顶水池、蓄热墙体等）可以进一步结合空间的布置进行研究。

一般来说，热量的对流无论是以自然通风的方式还是机械通风的方式，都比通过墙体的辐射和热量传导更有效率地传递热量，因为墙体往往具有长时间的热稳定性，但如果在夜间进行换热，则离不开墙体的辐射。根据乡土建筑案例的空间热量分配模式的统计，可以发现在温和气候中多空间的太阳辐射直接得热（即有侧向窗户采光得热也有中庭或者天窗的采光得热）比例最多，而在寒冷气候对单空间的直接采光得热需求最大。

一个典型的根据全天和季节变化划分空间的例子是传统的伊斯兰庭院住宅，如伊拉克巴格达的庭院民居，其一般是由户外空间、半室外的过渡空间和室内空间组成，结合庭院和烟囱的导风有效地降低了建筑物夏季的高温。建筑以庭院为中心，通常分为女性房间（hareem）和男性房间（diwan khana），一般为地上两层，另外还有全地下室（sirdab）和半地下室（neem）。由于外墙的厚度，它们具有很大的热惯性，可以确保室内始终保持一天的平均温度。夏季白天，使用者主要用住宅的底层，因为外界炎热的空气通过烟囱顶部的捕风塔被冷却后，会流向底层的房间以及地下室，地下室的环境可以将空气进一步蒸发冷却再流向庭院。此外，位于二层的门廊和中庭会使一楼有充足的阴影，可以有效阻止太阳的直接照射（图3-31）。夏季夜晚，屋顶的户外空间因为向天空辐射热量会更加凉爽，

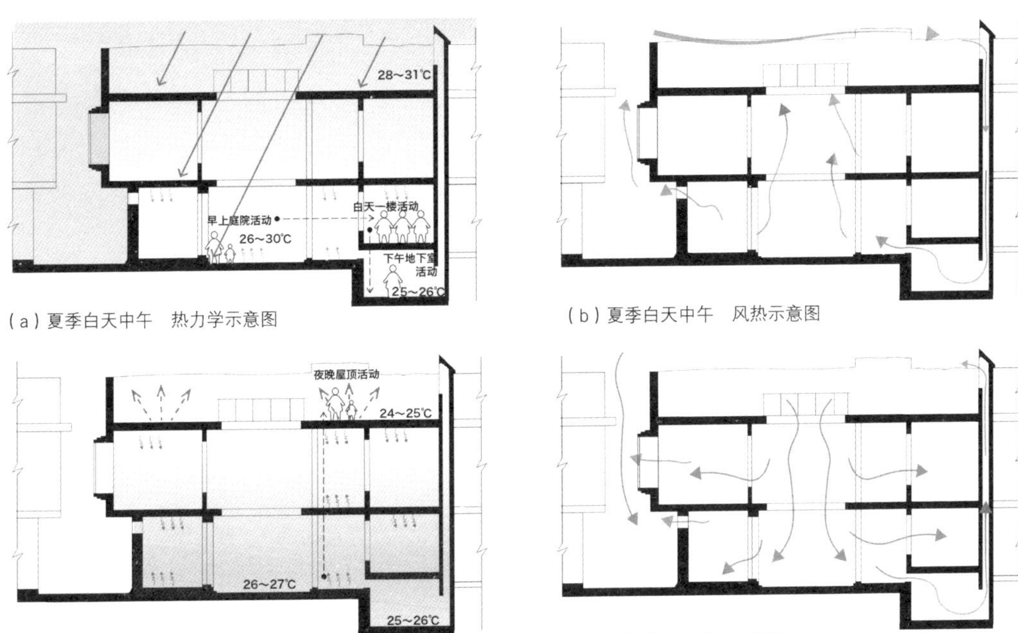

（a）夏季白天中午　热力学示意图
（b）夏季白天中午　风热示意图
（c）夏季夜晚　热力学示意图
（d）夏季夜晚　风热示意图
图 3-31　巴格达城市民居热力学示意图

使用者会和家人一起睡在屋顶上，白天晒热的建筑逐渐降温，较高温的空气从捕风塔经由烟囱导出。在冬季，庭院和屋顶较冷，使用者主要住在位于二层的房间，没有门廊的遮挡，阳光可以直接穿透房间，并在日间加热屋顶。在春秋两个过渡季，屋顶偏冷，使用者主要在二层的走廊和庭院活动。此外，由于具有双层墙体的结构，提供了足够的隔热和隔音效果。百叶窗可以提供充足的光线和通风，窗格很小可以减少夏天的热量渗透，并布置在视线上方，防止眩光和外界直接看到室内，保证隐私。

如果分开来讨论，在使用者根据季节性周期的乡土建筑时空变换上，典型的例子在季节变化比较明显的温和气候和寒冷气候中较为常见，如我国河南北部的窑房混合型宅院，窑洞冬暖夏凉，但是窑洞内部光线比较差，春秋天容易潮湿。因此，为了春秋天也能够更为舒适地生活，这类型民居常常会位于北面的窑洞前，搭建出东西两座厢房，或者与南面的倒座围成四合院，或与南面墙体围合成三合院。人们冬夏会住在保温防热性能较好的窑洞里，春秋两季则住在厢房，充分发挥了当地人适应自然环境，改善舒适度的能动性。在日夜周期的乡土建筑时空变化上，典型的例子大多集中在日夜温差较大的干热气候，除了上面详细分析的伊拉克巴格达的庭院民居以外，还有埃及的半室外庭院民居和美国普韦布洛土坯房村庄等。

2）选择模式：乡土建筑中的开口设置

乡土建筑中除了通过功能性的调整来应对不同气候条件以外，还有根据建筑中的局部结构对不同气候条件进行热舒适的适应，包括热浴池、火炕等类型的再生模式的环境调控，还有风塔、门窗构建等类型的选择模式。对案例的窗户开口进行研究可以发现，在乡土建筑中窗墙比和不同的气候类型呈现出一定的分布规律（图3-32），湿热气候窗墙比在0.2以上的比例最多，寒冷气候窗墙比在0.2以上的比例最少，这也符合对自然通风的考虑。

窗户的位置对庭院的热环境也有一定的影响[44,143]。如前所述，窗户的位置在很大程度上受到文化传统和当地气候需求的影响，如在阿拉伯地区因为隐私和炎热气候的影响，建筑会避免外部窗户的大开口，主要依靠向庭院内部的窗户来获得热舒适和视觉隐私，但这也影响了建筑的整体热性能。在夜间当冷空气向下进入庭院并通过窗户进入周围空间时，需要在面向街道的墙壁上的窗户排出热空气，以促进自然通风。在巴格达的庭院民居和埃及庭院民居中，会在二楼设置可以俯瞰小巷的小开口并采用木质窗格（mashrabiya），为室内提供更好的空气流动和通风。此外，窗户可以结合水分的蒸发冷

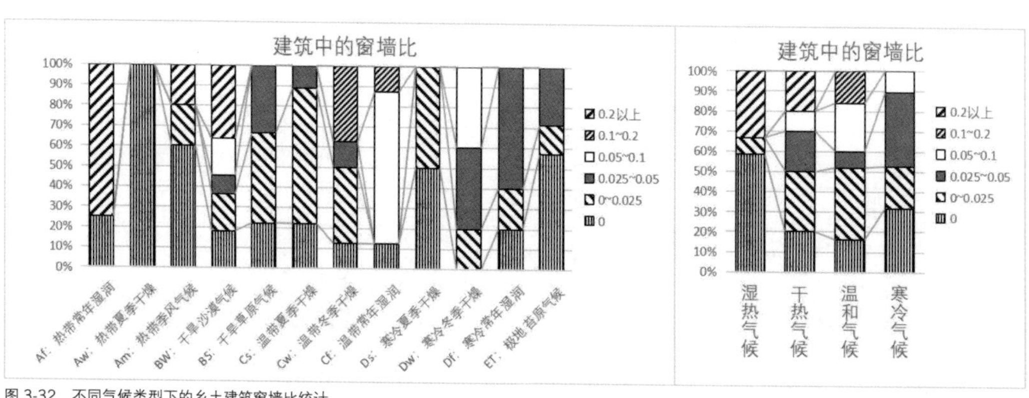

图3-32　不同气候类型下的乡土建筑窗墙比统计

却作用在炎热的夏天进一步降温。如在巴格达城市民居中有的窗户后面会放置一个多孔的水罐，这样当空气经过室内的水罐时，空气温度就会降低（图3-33）；还有易于组装和拆卸的贝都因人的游牧帐篷，为了适应沙漠气候的日夜温差大、冬季寒冷和夏季炎热的气候条件，会对帐篷的前后帘布进行关闭或开启的调节。在冬季，帐篷的后部会用厚实的羊毛帘布封闭起来，以保护帐篷内部不会受寒冷冬季风的侵袭。另外，在帐篷的周围，通过建立保护树篱和挡风墙保护入口，同时也可以聚拢和保护牲畜。帐篷的每一侧都可以根据季节变换关闭或打开，在夏天炎热的时候，侧壁的羊毛织物会升起，以便帐篷内部的通风降温。

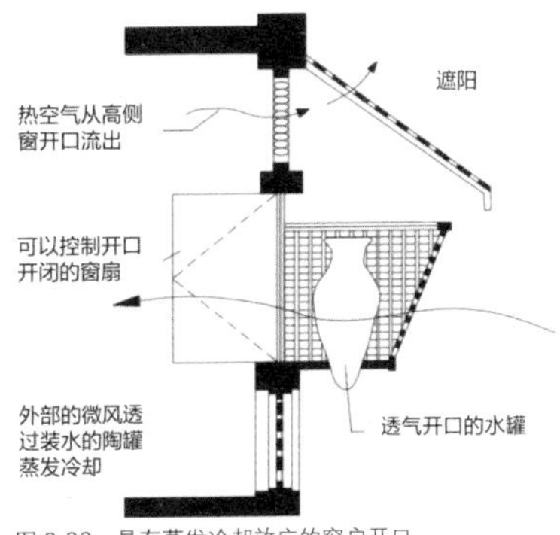

图 3-33　具有蒸发冷却效应的窗户开口

3）再生模式：乡土建筑中的热源装置

根据班汉姆的环境调控模式，乡土建筑中的热源设置属于再生模式，其中包括原始的火堆、火炉、炕、热浴池等，这些类型需要借助人工采暖、采光或降温手段来达到维持室内热舒适的目标，常用于乡土建筑中的传统手段包括火堆、油灯、壁炉和炉灶等明火器具，而电灯、空调采暖和其他设备系统则是现代机械时代以来的产物。从图3-34可以发现，在寒冷气候中的乡土建筑基本上离不开非太阳能热源的设置，而在湿热和干热气候中对热源的需求相对较低。

4.能量视角下不同气候的空间组织策略

在不同气候下，乡土建筑空间组织主要通过调节建筑朝向、平面布局、立体结构、过渡空间，以应对光照、热辐射、风等气候因素的影响，综合不同气候要素的空间组织策略如表3-4所示。

湿热气候：建筑通常采用南北向狭长布置以减少太阳直射，圆形布局来有效疏导风流，轻质墙体和宽大屋檐以提供遮阳和通风，并设置陡坡利于排水。此外，庭院设计狭长且阴凉，有利于通风。

干热气候：建筑倾向于南北向布置以减少太阳辐射，采用圆形或弧形平面，屋顶设计捕风塔等导风结构，以及重质墙体支撑平屋顶。居住者主动选择不同的生活空间来适应昼夜温差，庭院紧凑以避免大风。

温和气候：建筑倾向于沿东西向布置，以便南面获得更多阳光，同时设置部分南北向房间以适应季节变化。这种气候下的建筑多采用线性平面，中等坡度屋顶，以及多样的开窗方式以调整室内的风、光、热条件。

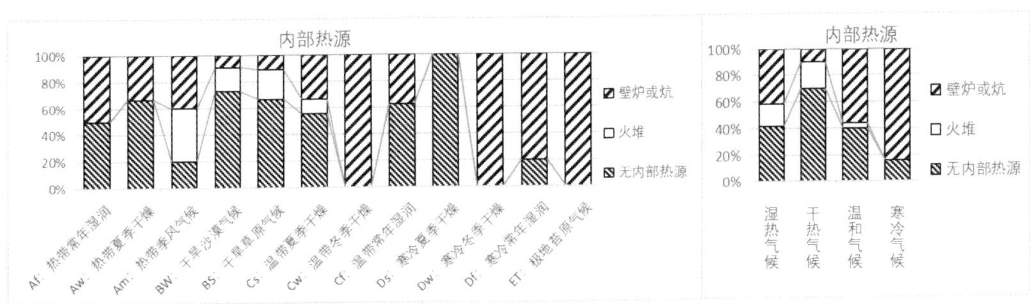

图 3-34　不同气候类型下的乡土建筑内部热源设置统计

表 3-4 不同气候类型的乡土建筑空间组织的气候影响因素

因素		光照	热辐射	风	策略形成
湿热气候	原则	避免直射	减少获得	增加获得	南北向狭长布置，减少太阳直射； 圆形布局，聚落中有效疏导风的流动； 采用轻质墙体、屋檐宽大，可以漏光通风又有效遮阳； 设置陡坡利于排水； 庭院狭长，较为阴凉，便于通风
	朝向	长轴南北向，互成阴影，减少太阳辐射	长轴南北向，互成阴影，减少太阳辐射	最大化朝向主导风向，增强通风	
	平面布局	减少建筑受太阳直射面	减少建筑受热面； 室内空间尽量宽敞以易于散热	减少风阻，提高建筑渗透率	
	立面结构	利用百叶、遮帘；遮阳比采光更重要	利用墙体材料特性适当采光	利用立面材质增强通风	
	过渡空间	遮挡阳光	提供降温空间	促进空气流通，有助于蒸发冷却	
干热气候	原则	避免直射	减少获得	减少大风	南北向狭长布置，减少太阳直射； 圆形布局，弧形平面； 屋顶设置捕风塔等导风结构； 重质墙体支撑平屋顶； 居住者通过主动选择生活活动空间来适应白天与晚上温差较大的气候变化； 庭院紧凑，避免形成大风，较为阴凉
	朝向	长轴南北向，互成阴影，减少太阳辐射	长轴南北向，互成阴影，减少太阳辐射	捕风塔朝向主导风向	
	平面布局	减少建筑受太阳直射面	减少建筑受热面	设置挡风结构； 低渗透率	
	立面结构	设置中庭、天窗	在屋顶导入微风，有条件可放水罐，给导入的空气降温	对外部环境只有小型捕风口，多在庭院内开窗；	
	过渡空间	补充阳光和作为通风的主要功能空间	过渡空间应起冷却作用	设置中庭、风塔	

续表

因素		光照	热辐射	风	策略形成
温和气候	原则	尽量获得	尽量获得	适量获得	沿东西向，使建筑可以向南面接受更多阳光，同时设置部分南北向房间满足季节变化居住需要； 线性平面居多，增加纳阳面积； 居住者通过调整不同季节的起居室来适应季节气温和湿度变化较大的气候； 中等坡度屋顶； 多种开窗方式调整室内风光热； 搭配较宽屋檐或利用白墙进行漫反射采光，在夏季减少阳光直射； 设置庭院和天窗采光得热； 利用庭院垂直受光面不同引起热力差实现热压通风
	朝向	长轴东西向增加太阳辐射面积	朝南北，朝向日照多的方向	朝南（北半球），避免寒冷季风，迎夏季风降温	
	平面布局	建造多间起居室； 矩形平面便于南向采光	室内空间需划分以适应不同时节； 可以通过自然通风和机械通风来达到室内度空间得热	平面布局间距适中，允许借助阳光及聚落中的空气流通	
	立面结构	侧开窗 / 高位开窗以保证冬季阳光	重质墙体具有高蓄热性确保建筑保温性能	设置处于建筑高处的通风空间	
	过渡空间	设置天窗或中庭等空间满足采光需求	兼顾夏天通风散热与冬季纳阳保温的作用	设置天窗或中庭等空间满足通风需求	
寒冷气候	原则	尽量获得	尽量获得	减少获得	沿东西向，使建筑可以向南面接受更多阳光； 因为太阳高度角低，圆形平面从各个方向展开可以尽可能地获取日照； 紧凑的平面布局，圆形布局和方形布局居多；具备室内热源； 采用 40°～60°的坡屋顶以保证太阳高度角低的时候有足够的太阳辐射； 侧向开窗及开天窗以采光； 宽敞的庭院采光更好，北面应筑挡风墙
	朝向	最大化采光面，朝南（北半球）	尽量通过直接太阳辐射得热	朝南（北半球），导入夏季风；防冬季风	
	平面布局	地处高纬度地区，需增加太阳直射的时间	地处高纬度地区，需增加太阳直射的时间； 减少热交换的表面积从而减少内部热源的热损； 紧凑的建筑平面布局	建筑本身具备良好的防风性能；低渗透率	
	立面结构	屋面坡度配合太阳高度角度以获得最大化采光； 侧开窗、天窗纳阳	屋面坡度配合太阳高度角度以获得最大化太阳辐射； 墙体具备高蓄热性能	冬季封住窗户以保温，夏季开窗可通风纳阳	
	过渡空间	宽敞庭院接受更多阳光	为室内热源功能性空间	扩大院落进深迎夏季暖风	

寒冷气候：建筑更注重最大化采光，例如沿东西向布置使建筑南面接受更多阳光。这类建筑通常采用圆形或方形平面，紧凑布局，以及40°~60° 的坡屋顶来增加太阳辐射。庭院宽敞以获得更好的采光效果，北面常设有挡风墙。

3.2.4 乡土建筑体型与界面

本节主要探讨乡土建筑的体型界面与气候适应性的关系，其中主要依据以下三个方面：第一，乡土建筑中的体型与气候要素的关系，讨论乡土建筑中曲面设计的动机和气候适应性，发现传统乡土建筑中极少采用直纹曲面[1]（Ruled Surfaces）的几何结构。第二，几何结构的统一性与整体性和气候的关系，主要是指屋顶和墙体的组合方式，这不仅仅是功能性、文化性、象征性的问题，还可能是出于气候需求和环境适应。第三，在讨论形式的影响因素避免采用决定论的观点，尽管乡土建筑形式表现出明显的物理特征，可以根据它们与相应几何属性的对应关系分类。但是，在乡土建筑中，选择形式的决定因素是多样和复杂的，因为涉及功能、气候、地形、经济、材料的可用性、建筑技术、文化和传统等因素的相互作用。虽然这些因素中的一个或几个可能会影响形式的使用，但它们都不能对形式起决定性的意义。

传统建筑作为人类社会活动中最持久和最重要的表现之一，其形式的产生是不可避免的。这是因为通过对物质的物理操纵，无论是封闭空间的创造还是体量的形成，都会导致特定建筑形式的产生。作为人造艺术品，所有的乡土建筑都具有形式，正是通过这种形式，我们从视觉上理解了建筑的主要物理特征。如果建筑形式被认为是由诸如体量（表示三维实体）、空间（封闭的体积）和界面（质量和空间的边界）等组成的元素组成，那么在描述或分析形式时，参考它们之间的相互关系是具有重要意义的。

在乡土建筑中经常可以发现其体量形式是有一定的相似性，经常在物理上近似几种可以辨识和确定的基本几何形式。柯布西耶曾把城市建筑的形态归纳为几种基本几何及其组合形式，包括圆柱体、三棱锥体、正方体、棱柱体、球体。除了某些建筑外，大多数的乡土建筑都可以用图3-35中的几种基本形式来描述。而在传统乡土建筑出现的那些几何形式中极少发现直纹曲面，即由直线运动产生的几何结构，其可以再分为多面体、单曲面或翘曲面等。例如，直纹曲面理论上可以用木材或竹子的排布来建造，但似乎在乡土建筑中没有遇到。而由曲线运动产生的几何结构，就产生了双曲面（Double-Curved Surfaces），如圆拱就是典型的双曲面。

建筑的气候适应性主要体现在受外部气候影响下的室内热舒适情况，而建筑的热特性取决于建筑的朝向以及建筑的各个部分之间的相互关系和内在属性，包括建筑墙体、屋顶和窗户等的U值，各部件的相互面积以及室内外环境的温差。也就是说，建筑围护结构的面积越小，让能量以热量的方式流向外部环境时，通过热传导向外损失的热量就越少。这一概念最直观的体现是建筑的几何结构特性，而乡土建筑由于功能、体量、可复制性及低技术性等特点，常常呈现出原始的几何结构，如立方体、半球体、圆锥体等。这些相对紧凑的建筑几何结构经常出现在乡土建筑的案例中，其中一个重要的原

---

1 直纹曲面，既可减少风的阻力，又可以用最少的材料来维持结构的完整性。

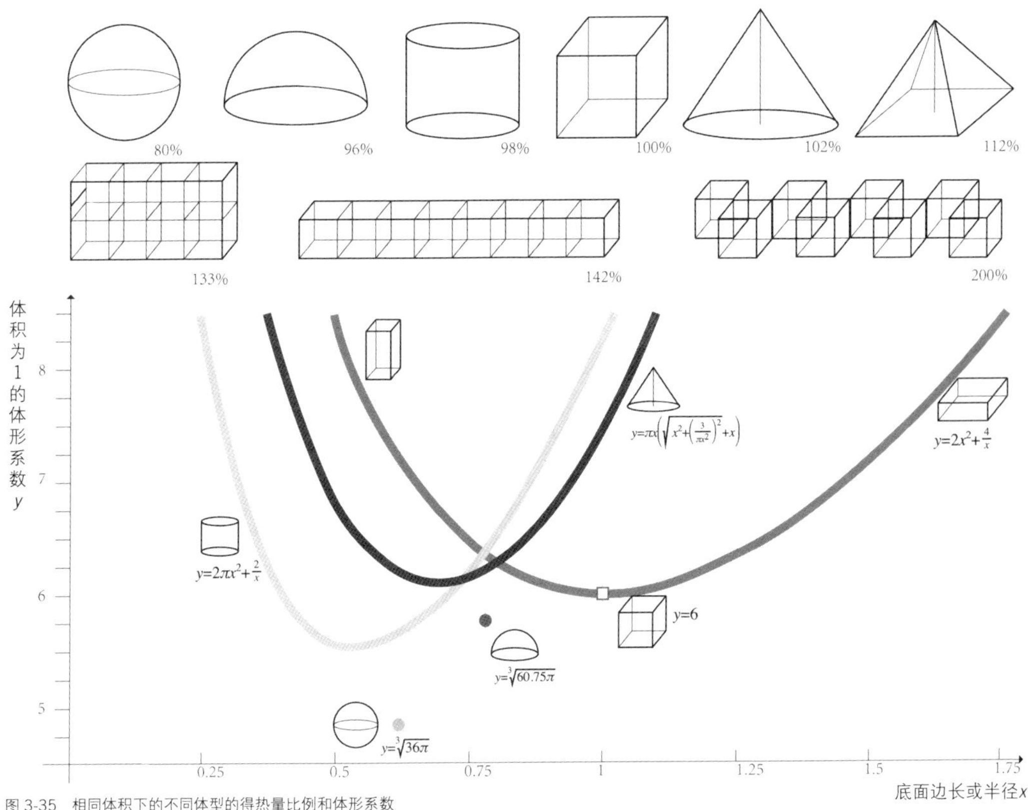

图 3-35　相同体积下的不同体型的得热量比例和体形系数

因就是它们具有相对较小的外表面积，对于具有相对复杂几何结构和分形特性的建筑，如中庭建筑，其相同体积下和外界环境接触的外表面积也相对较大。图3-35显示了几种建筑几何结构的体形系数和得热量之间的关系。

当乡土建筑以依赖外围护结构的气候适应性为主时，如因纽特人的冰屋（半球形）代表了一种非常紧凑的建筑形状，将室内和室外环境之间的热相互作用降至最低，从而减少热损失。在寒冷气候地区，如立方体、圆柱体和半球体这类紧凑的建筑形体对提高建筑热响应有着显著的影响[135]。只有在建筑形体确定的基础上，外墙、窗户等设计才是进一步着重考虑的方面，对于不同朝向的窗户和全年得热需求的关系，显然北向窗户比南向窗户的得热需求更大，这表明为了减少得热量用最小窗户面积这个手段并不是完全可靠的[153]。但是，对于具有平面较大的建筑，紧凑的建筑形式可能会对内部空间的采光造成很大的限制，因为可以设置窗户的墙体面积有限。图3-36是对不同气候下的乡土建筑体型结构的比较，在乡土建筑中经常可以发现由穹顶、圆柱形、矩形、圆锥形构成的结构。

1. 穹顶结构的能量适应

由富勒的穹顶实验所诠释了能源和几何学之间的密切联系，穹顶形的体型结构包括穹顶式、圆顶式或横向放置的半圆柱形，圆顶可以被认为是通过曲线绕轴线形成的旋转表面，即由平面曲线绕垂直轴旋转而产生的（图3-37）。根据旋转的曲线类型，可以采用各种轮廓，包括低坡度、半球形或抛物

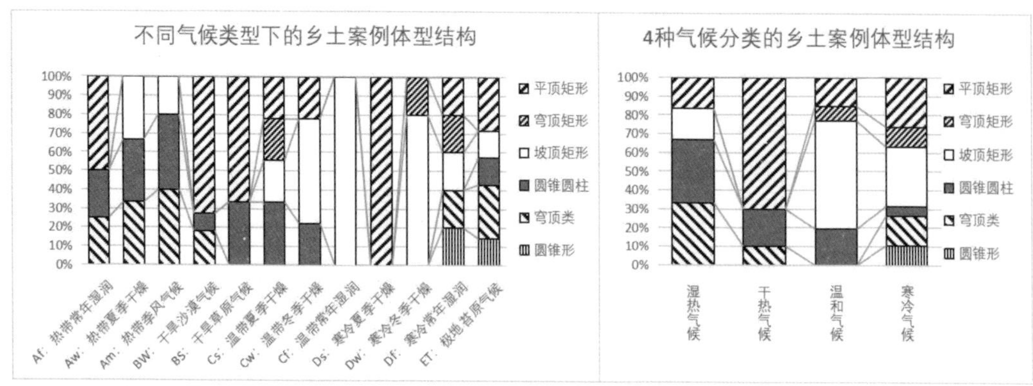

图 3-36　不同气候类型下的乡土案例体型结构统计

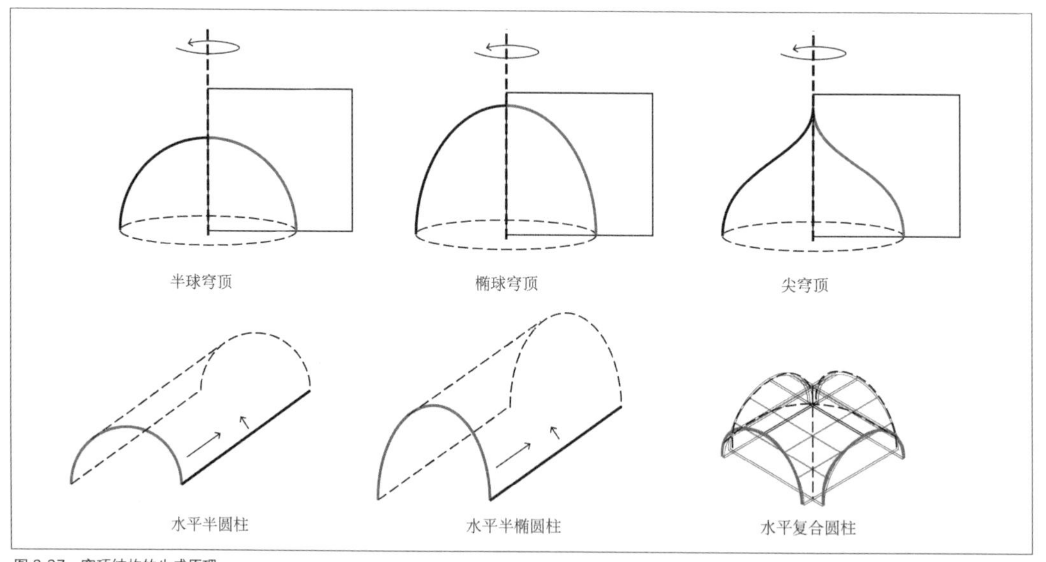

图 3-37　穹顶结构的生成原理

线形等。穹顶可以单独构成像因纽特人冰屋和纳玛小屋那样的乡土建筑，也可以和矩形体量一起构成复合的结构类型，如土耳其地区的蜂窝状圆拱形泥土小屋，或者像我国陕西的窑洞地坑院那样嵌入体块内部的半圆柱形穹顶。

穹顶结构很容易与圆柱结构相连接作为屋顶，但它们也可以覆盖在六角形或八角形棱柱上，在这种情况下，会产生上下分段的穹顶。放置在立方或矩形棱柱体上作为屋顶时形成了额外的建筑元素，如斜拱、尖拱顶或交叉拱顶。一般可以采用较为小块的材料（树枝、木杆、雪块、砖块、石头等）砌筑或编织而成，也可以用泥土或混凝土来夯实建造穹顶。穹顶结构以最小的表面积包围了最大的空间作为屋顶形式，它们是扩展和支撑内部空间的非常有效的手段。因此，它们在乡土建筑当中形成了一种非常常用的方法用来覆盖和封闭空间。

当穹顶作为单独的结构使用时，其尺寸、施工技术和材料上都有很大的差异。对于非洲西南部的纳米比亚纳玛半圆球游牧小屋来说，半径约2m的圆顶小屋由小树枝、树枝和草席编织制成，是作为储存和睡觉的非永久性结构。与此相反，巴西热带雨林的公共社区新谷聚落通常是一个直径约16m的椭圆形平面的大型穹框架，高度接近9m，错综复杂的房屋框架是用称为pindaíba的柔性木材建造的，由下至上编织，木杆在其顶部径向排列形成一个有盖的椭圆形圆顶。该大型聚落具有出色的通风系统，恰恰就是取决于穹顶屋顶的导风作用，夏季凉爽，尽管冬季寒冷的夜晚也相对舒适。它连续的茅草和棕榈叶屋面以弧形直接从地面升起，内部结构巧妙、集中、宽敞，这一大型结构通过其穹顶形式体现并揭示了公共住宅的聚合性和重要价值；同样，因纽特人的冰屋（iglu）也充分利用半球形穹顶作为最有效的空间封闭形式和可以建造出最坚固的结构形式的特性。采用切割成螺旋状的雪块建造，并不需要额外的框架来建造，它的形状有利于降低风压和抵挡强风。

当穹顶形状由泥土构成时，正如在非洲的一些大型圆柱形粮仓上方的半球形屋顶那样，可以实现形状和表面连续性的统一，而在许多穹顶的复合结构中往往缺乏这种结构和材料的一致性。在乡土建筑案例中，最为独特的穹顶结构之一是位于喀麦隆北部穆斯古姆（Mousgoum）的泥土小屋，其完全是连续的抛物线形穹顶住宅。该乡土建筑完全由泥土建造，没有任何内部框架，从结构上来说，它们是真正的圆顶，沿着抛物线一系列浅的、细长的和交错的突出物产生了纹理丰富的圆顶表面。该泥土小屋又称作Teleukakay，源于非洲的神话，建造时间需要3～6个月[154]。喀麦隆的泥土小屋建造在平坦的土丘之上，其特点是没有任何基础结构。这些小屋的墙体是以黏土和稻草混合物沿着一个直径5～7m的圆形路径砌筑而成，墙体高度约为1m。在其整个外表面上，竖立了一系列垂直或人字形的肋条，既可以用作黏土墙的支撑，又用作下一道的施工步骤的基础。整体外形稍微向内弯曲，开始形成小屋的曲线。拱顶的曲线直接从地面开始，确保了墙和屋顶之间的连续性。建造到最顶部交界处并不封闭，穹顶顶部的圆形开口用作天窗、烟囱和通风孔，门与屋顶之间的高度差为7～8m，防止雨季被水淹没。尽管在雨季泥土小屋的门被水塞住了，绳索固定在屋顶上，人们也可以攀爬到屋顶之上。整个泥土小屋是由多个建筑组成的建筑群体，这些建筑位于中央庭院的边缘，并通过低矮的土墙连接在一起。

水平圆柱面形状也是属于单曲面，可以被视为平移曲面，因为它是由沿水平直线平移或平面曲线横向移动生成的，其中平面曲线通常是拱形的，因此根据所涉及的拱形轮廓，半圆柱的横截面会有很大的变化。然而，半椭圆形、半圆形或抛物线形变型是最典型的。作为通过平移曲线生成的曲面，水平半柱面也可以由一系列拱门形成，这些拱门按照水平方向沿着竖直线移动。在这种情况下，尽管这种水平半圆柱面的形式类似于真正的拱顶，但并没有拱那样实际上承载主要结构荷载的功能，因此，真正的结构拱顶并没有形成。拱门提供了连续的墙面和天花板空间，由此产生的半圆柱形状在视觉上就是拱门本身的曲率。例如我国陕西地坑院中的窑洞，室内空间会产生一个独立的水平半圆柱。

当乡土建筑使用多个拱顶时，视觉和结构上的复杂性增加。例如，如果两个筒形拱形屋顶形状以直角相交，则半圆柱在其上方的矩形棱柱上建立视觉上相对的轴，从而创建具有交替横向和纵向方向的复杂屋顶轮廓。拱顶本身的交叉线也成为屋顶轮廓的重要美学特征。以它们的复合形式，一系列平行的半圆柱状屋顶可以形成一个连续的、有节奏的重复剖面，其中每个拱顶的特征在视觉上得到强调。例如以色列和巴勒斯坦地区的十字拱顶民居，其横截面接近半圆柱，其单元重复性通过其屋顶的平缓曲线优雅地表达出来。这种拱顶被称为aqds，在较老的aqds中，至少有一个通风天窗，有时有两

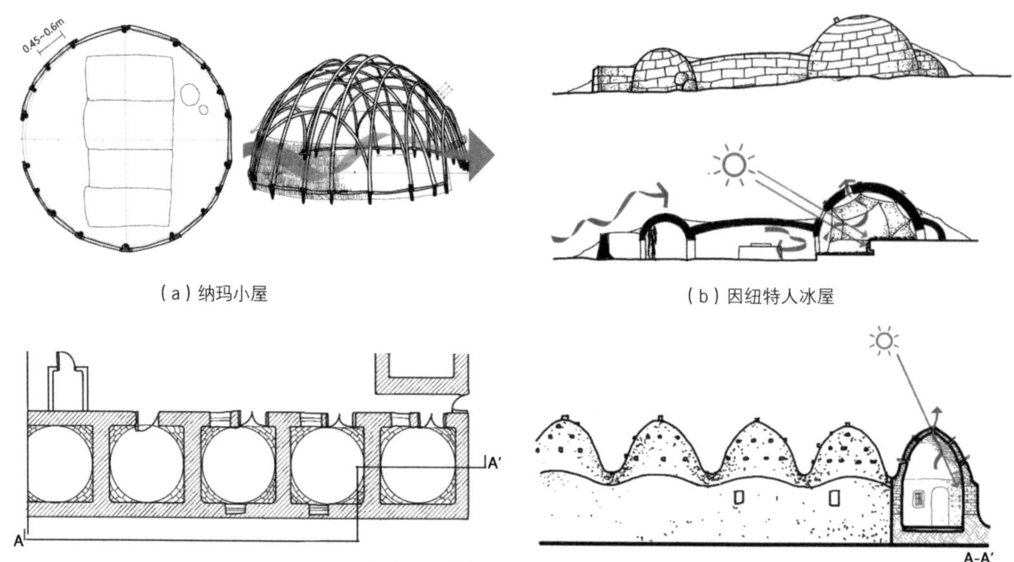

（a）纳玛小屋

（b）因纽特人冰屋

（c）土耳其地区的蜂窝状圆拱形泥土小屋

图 3-38　使用穹顶结构的乡土案例

个。较新的一般有成对的大拱形窗户，嵌入墙中，并在视平线位置提供通风，使人可以看到庭院和靠近窗户的植物。

穹顶结构在气候适应性方面具有显著的风热适应特征。在炎热和潮湿的气候中，拱形的顶部结构可以通过热压浮力使空气分层，从而使热空气聚集在居住者上方，冷空气停留在地板附近区域，从而发挥冷却降温的重要作用。然而，在寒冷的气候中也有许多拱顶结构的情况，可能是由于所研究的所有寒冷地区乡土建筑都有火炕或火炉，也可以发挥冷热空气分层的作用，而且可以猜测拱顶结构在寒冷地区还能用于烟雾的分层。

2. 圆柱结构的能量适应

在全球的乡土建筑中经常出现圆柱结构的建筑形式，或者是圆锥圆柱形相组合的几何结构建筑。正圆柱体的侧面是一个单曲面，是由垂直直线绕垂直轴沿着圆周的方式旋转产生的，该垂直直线旋转时总是平行于它的初始位置。如果旋转的直线倾斜，则形成圆台或锥形圆柱体。当圆锥圆柱体的高度相对于其底部直径较小时，也可以认为是截圆锥（图3-39）。任何可以构筑成曲线的材料都能形成圆柱形的外形，而且由于其表面积体积比较小，热特性比正方体要优，因此它经常出现在非洲的乡土建筑中。总体来说，圆柱结构具有结构的统一性和气候适应性，同时，在空间感受中具有强烈的围合封闭性，其在某些文化中还具有强烈的象征意味。

由于圆柱在结构上是由连续的表面构成墙体，因此它可以承受由于其形状而产生的巨大的外部侧向力。在许多灯塔和风车的乡土案例中，都会采用明显垂直的圆柱形结构来抵抗强风荷载，典型的构造是垂直面上逐渐变细点的墙体，反映了结构上底部对材料需求增加的直接结果。如在西班牙卡斯蒂利亚区的托雷多风车设施就采用了圆柱体的形态，通过利用风能，满足捕获最大风速和减少暴露于风中的外墙表面的需求。其建筑气候适应性还表现在该建筑的顶部开设小窗户，长宽约为0.5m，装设百

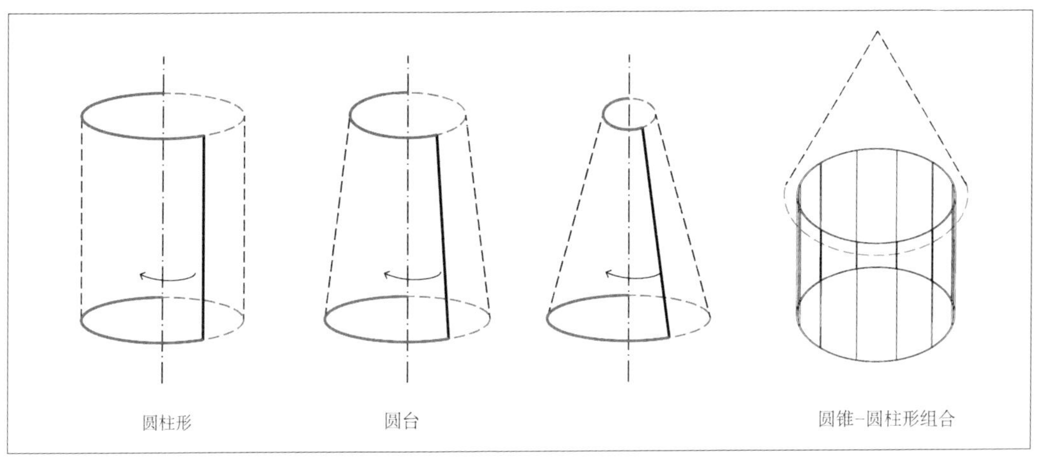

图 3-39 圆柱结构的生成原理

叶和风挡用来监测主导风向。另外，该风车建筑的外墙采用当地的石灰石和土坯建造而成，墙体的厚度自底部向顶部逐渐减少，从底部的1.2m递减至顶部的0.5m，屋顶采用稻草或木材覆盖，具有较大的热稳定性，尽管在冬天屋顶部分因为风摆的移动而造成巨大的热损失，也能够相对维持建筑内部的舒适性，不至于过冷而使机械结冰老化；墙体表面还经过漂白处理，减少夏季热辐射的吸收，因为在当地夏季炎热高温，太阳辐射非常强。

圆柱曲面的这种结构连续性还能够承受内力，因此圆柱也被用于许多乡土储存设施。例如，在整个西非随处可见的平顶、独立的圆柱形仓库和粮仓，尽管其大小和比例各不相同，但它们对食品储存的功能都是通过简单而优雅的圆柱形式，达到了最为突出且适宜的视觉表达，尤其当它们是整个聚落建筑群中唯一的圆形结构时。与之类似，在北美乡村农庄中常见的圆柱形储料仓通常与构成这些建筑群的房屋、谷仓和建筑的矩形结构形成强烈的视觉对比。圆柱体结构可以由木材、钢材、混凝土、砖块或瓷砖构成，可以具有各种表面纹理、颜色和饰面，并且根据高度的不同，它们往往会成为乡土景观中突出的美学特征。

尽管它们可以用平屋顶来建造，但是圆柱一般很少作为独立的形态存在，也很少出现平屋顶的情况，其通常被用作屋顶的圆锥形所覆盖。但在马里多贡崖居中也有出现圆柱形的烹饪空间（obolo），露台屋顶还特有采光和通风系统。在施工过程中，底部破裂的花盆会嵌入土坯内，这些位置的开口既可以作为天窗又可以作为烟孔，具备实用功能的同时，也富含深远的象征意义。典型的多贡住宅布局富有拟人化和宇宙学的象征，每个房间的形状和位置都与多贡的神话传说相联系。在这样的住宅中，烹饪区域的圆柱形设计是唯一的圆形结构，它在多贡的神话体系中承载了独特的象征意义。

因为圆锥体底面和圆柱体的顶部都是圆形的表面，所以圆锥体与圆柱体具有几何上的兼容性，很容易与之结合。连接的圆柱和圆锥形式出现在许多不同的地区和许多不同规模的乡土建筑中，集中出现在非洲地区。根据所使用的建筑材料和屋顶形状相对于圆柱体的高度，圆柱体或其上方的形状可能具有更多的视觉强调，建筑形式可以在视觉上合并。例如，在阿富汗北部半游牧的农民和牧民建造的圆形季节性棚屋（lacheq），形成圆柱的连续墙是编织芦苇垫，而半球形屋顶同样是编织草或扁平芦苇垫。尽管圆柱（墙）和圆顶（屋顶）都可以被清晰地识别，但从远处看，它们在视觉上可以融合成一个单色的统一整体。相反，当深色和高坡度的锥形屋顶放置在颜色较浅的圆柱上时，或者当茅草的锥形屋顶置于许多非洲乡土建筑的圆柱形泥墙之上，再搭配上由环形叉形柱支撑时，锥形屋顶形式在视觉上就会占主导。

当许多圆柱体结合在一起形成更复杂的结构时，它们可以通过墙体连接，或者它们之间通过连续排列形成整体。在许多非洲部落社会中，圆柱形棚屋聚集在一起形成有围墙的家庭院落是很常见的，这样的家庭院落，大小各异，有的直径可能达到65m。在平面图上，圆柱可以与这些聚落群体中的椭圆形或多边形组合，其形状可以在视觉上成为墙体界面的组成部分，也可以完全表示为整个建筑群体的主要空间单位或“单体”。

3. 锥形结构的能量适应

锥形结构包括圆锥体和角锥体（图3-40）。圆锥是由一条直线穿过一个固定点（顶点）并绕一个轴线以闭合曲线的路径旋转生成的几何曲面，圆锥也被归类为“旋转表面”。如果圆锥的旋转轴是垂直的，并且旋转的线与圆接触，则产生一个直角圆锥。可以看作是直角三角形绕其中一条直角边旋转所生成的曲面，可以发现直角圆锥体具有结构稳定性的三角形横截面。在乡土建筑中发现的大多数圆锥结构都是正圆形的，它们既可以单独存在构成屋顶，也可以和棱柱一起组成建筑的屋顶，通过图3-41可以发现，圆锥形的屋顶几乎在所有气候类型中都有出现。角锥是具有多边形底面和相交顶点的倾斜三角形面的多面体，因此角锥可以有多种外形轮廓，其取决于地面的形状、从底面到顶点的垂直距离（高度）以及底面本身的尺寸与高度之间的比例关系。

圆锥体最原始的建筑形式是被单独使用成为一种庇护所。圆锥体在一个顶点上汇聚，具有向内倾斜的稳定表面，并且在平面上呈圆形，这使它们在乡土建筑中相对容易建造。具体做法是通过将一系列倾斜的直杆的一端定位成圆形并将其另一端连接到顶部的交点来形成锥形结构。如果这个简单的结构骨架被兽皮、毛毡或树皮覆盖，就形成了乡土建筑中常见的“锥形帐篷”。这种帐篷由于其材料和结构效率高、重量轻、易于安装和携带，常常成为游牧的乡土建筑的主要结构之一，例如，北美平原印第安人的帐篷、北欧游牧萨米人的帐篷、阿拉斯加因纽特人的夏季帐篷和西伯利亚西北部涅涅茨人

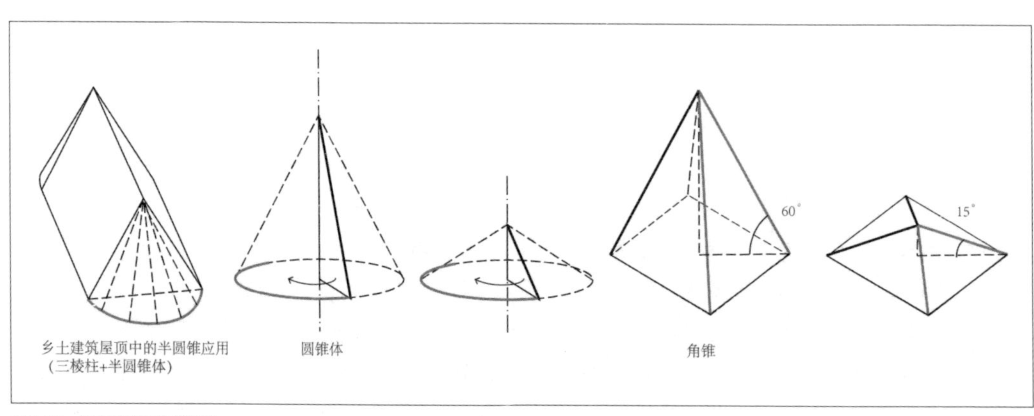

图3-40　锥形结构的生成原理

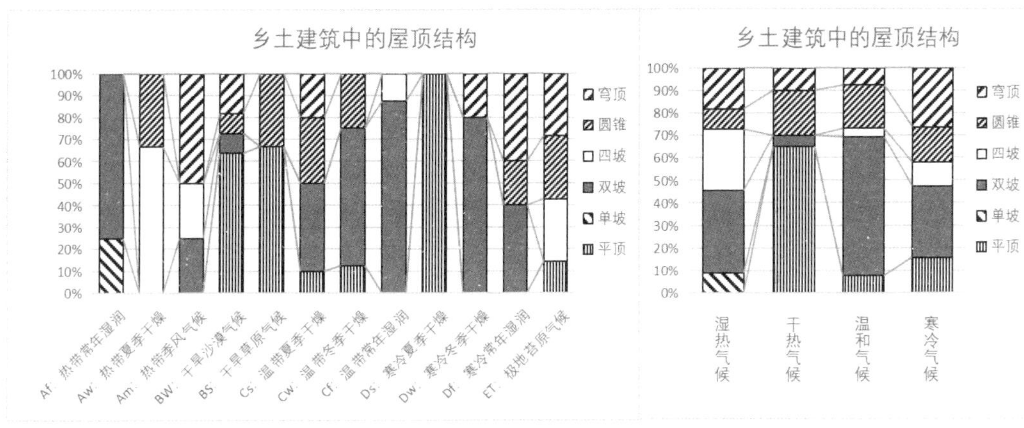

图 3-41　不同气候类型下的乡土建筑屋顶结构统计

的帐篷。这些都是基本圆锥形能够适应广泛气候类型的证明。然而，这些框架和表皮覆盖的方式并不总是能够精确地产生真正的圆锥形状，往往是多面角锥的结构形式。

位于北欧的萨米人帐篷，正是以典型的圆锥结构满足了该部落游牧的需求（图3-42）。其圆锥形帐篷是一个约7m^{2}的圆形空间，具体标准尺寸各不相同，约2.4m × 3.5m，细长的柱子约2.5m，建造时靠着承重柱形成主体框架。夏天用帆布覆盖帐篷，冬天用双层毛毯覆盖。帐篷搭在有遮蔽的地方，靠近木头和水。萨米人喜欢旧的营地，因为那里已经有了以前帐篷的壁炉石。人们砍下小树枝，铺成地板，在周围搭起帐篷。将箱子和被褥都搬进来靠墙放置，并生火，一个小时左右大家都能安顿下来。家庭中各个成员的位置都受到传统的约束，地板空间的分配也是如此，帐篷的朝向根据门的位置朝向东边。在帐篷的中央是壁炉，采用一圈扁平的石头堆成，形成壁炉石，在它正上方是一个贯穿帐篷顶部的烟孔，可以关闭。帐篷的地面被划分成几个区域。两根平行的原木从门柱延伸到火炉，其中包含存放木柴的uksa区域。在灶台的另一边，还有两根平行的圆木围绕着厨房区域，用来存放和准备食物。

因此，圆锥形帐篷的气候适应性可以归纳为：①利用空气运动的结构稳定性，空气在围绕圆锥体表面时，可以将其压在地面上，风暴越大对地面的压力也就越大，而且不会被风雪覆盖（图3-43）。②体型具有良好的热力学性能，因为帐篷设计为圆锥形，相对较小的外表面积能够抵御风暴的侵袭的同时，因为体形系数较小还能够在寒冷的气候中发挥储存热量的良好性能。③提供绝佳的保温蓄热效果，材料采用深色的毛皮覆盖，此外在点燃火炉后，烟并不会立刻上升到烟孔，而是在帐篷内均匀地散开，能够保持内部热环境的相对稳定。

圆锥体的结构稳定性和热力学性能，使它们很适合作为屋顶形式，也常常出现在位于圆柱形结构上的屋顶结构，如我国的蒙古包。圆锥形的屋顶可以有各种各样的外形，低坡度或高坡度，稍微有点凹凸的“喇叭形”等。当用茅草盖起来时，它们的表面可能呈现复杂的“人字形”图案，或按照直径递减的“环状”层层覆盖在上面，如非洲许多圆锥形圆柱形结构的乡土建筑，采用茅草覆盖时常常呈现的形象。当圆锥形屋顶用石头建造时，就像在意大利阿普利亚地区发现的突利石屋一样，石头水平交叠成环状，强调分层建造，锥形屋顶呈现出一个独特的、纹理辨别度高的视觉轮廓。突利石屋还具

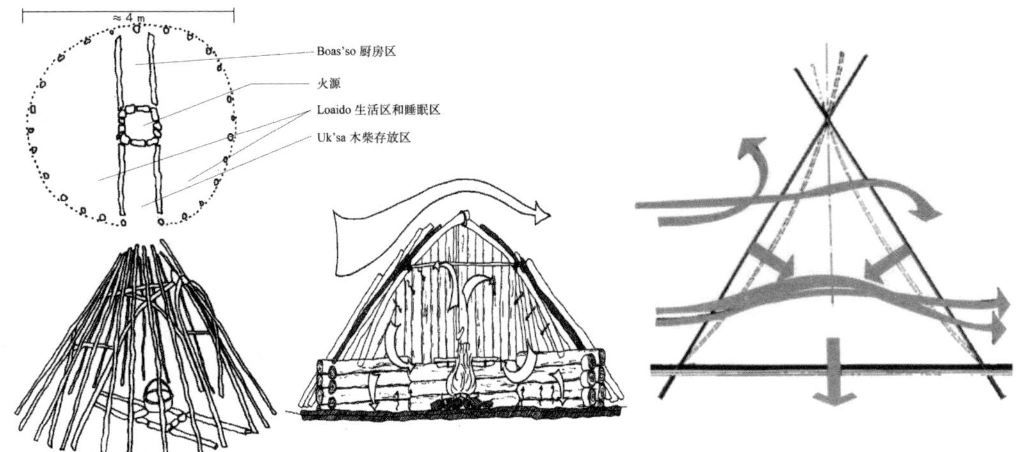

图 3-42　萨米人帐篷示意图

图 3-43　圆锥形结构的风环境示意图

资料来源：改绘自 F.JAVIER N G. Miradas bioclimaticdas a la arquitectura popular del mundo[M]. Madrid: Garcia-Maroto Editores, 2004: 116-117.

有冬暖夏凉的特性：隔热保温性能良好，作为隔热材料的石灰石堆叠出圆锥形屋顶和墙壁，形成的空腔能够保温；具有热稳定性，因为石头具有较大的厚度和密度，热传导较低，能够保持室内温度的稳定性；蓄水池发挥蒸发冷却和排雨水的作用。此外，突利石屋还会利用烟囱和小窗户控制建筑内部的通风和环境卫生；墙壁内部的石灰浆不仅防虫还能有效控制湿度。突利石屋的圆锥形屋顶还能够揭示内部空间的大小、重要性和用途（图3-44）。

巧妙编织的茅草屋顶在许多乡土案例中都有出现，如肯尼亚圆锥形泥屋、博茨瓦纳茅草圆锥形住居、西班牙安卡雷斯山脉的黑麦草圆锥形建筑和南非开普敦的圆锥形茅草小屋，它们共同展示了圆锥形状的不同比例、轮廓和材料。就建筑类型而言，圆锥形屋顶形式常见于住宅、粮仓、筒仓、风车和谷仓。无论是用茅草还是石头建造，这些锥形尖顶在乡土建筑中都具有象征意义和独特的外形。尽管它们最常出现在圆形结构上，但这些屋顶形式也可以被用来覆盖平面呈方形的住宅，如马里多贡崖居的圆锥形棱柱组合形式也会出现被圆锥形茅草屋顶覆盖的情况。以半圆为底的半圆锥体，也会出现在某些结构的端部，其形状为三角形截面的细长棱柱，和三角棱柱共同组合成屋顶，这些结构有着半圆形的特性，增加了结构的稳定性，如墨西哥和危地马拉地区的玛雅人草秆小屋。玛雅人居住的草秆小屋距今已经有2000多年的历史，位于墨西哥东南部的尤卡坦半岛，以普亚玛雅人的名字命名，所处的环境需要建筑适应湿热的气候。而玛雅小屋很好地诠释了对湿热气候的适应性，尽管玛雅人小屋目前已经不存在，但根据在乌克斯马尔（Uxmal）和拉布那（Labna）等重要考古中心的浮雕或壁画中对它们的描述发现，玛雅小屋就是乡土建筑对环境动态变化适应的范例，几个世纪以来都不曾发生变化[1]。在气候适应性方面，玛雅小屋有以下措施：①防潮，采用防潮的木材进行建造，而且木材是当地的丰富材料资源。②加强通风，包括多个手段，比如围墙采用圆柱形和垂直墙结合，弯曲的表面有

1　原文："In this way the contemporary old Mayan house constitutes an educational example of adaptability to the natural environment to change in a dynamic way."参见：玛雅历史博物馆 https://www.historymuseum.ca。

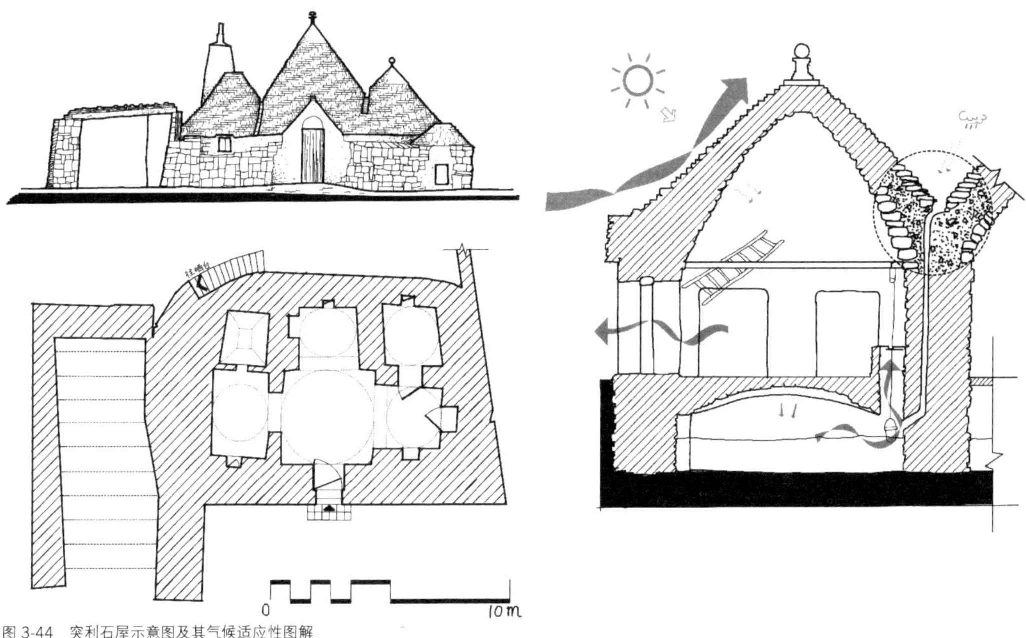

图 3-44 突利石屋示意图及其气候适应性图解

助于提高风速。还有墙体覆盖的植物材料透气，有助于渗透通风防潮，避免了材料的腐烂和冷凝。地板和天花板之间高差为3～4m，有助于产生良好的通风，热空气向上升，冷空气下部空间集聚从而有效冷却环境。③有效阻挡太阳辐射，由于屋顶采用圆锥体和棱柱的结合，弯曲的墙壁防止太阳辐射完全照射，只有四分之一的太阳光线同时投射到屋顶表面，有效减少太阳辐射的摄入，另外在墙壁上涂抹的白灰还有助于反射光线。④防雨水，屋顶坡度较陡，加快了雨天屋顶排水，防积水。另外，地基稍微抬升还能避免房屋在雨季收到洪水的困扰。

锥形还可以通过角锥或截断的角锥（或称为棱锥）形成乡土建筑中的坡屋顶。如果棱锥的高度相对较小，则会产生较低的倾角，在不同气候类型中乡土建筑屋顶的坡度会呈现出较大的差异。一般来说，在湿热气候中，乡土建筑的屋顶坡度较大，一方面是避免采用平屋顶摄入过多的太阳辐射，另一方面也因为该气候降水量大，坡屋顶可以快速排水。在干热气候中，往往会采用平屋顶形式，尽管也要防止太阳辐射过多，但是平屋顶有利于对雨水的收集，缓解当地干旱的气候条件。由于棱锥体的每一侧都是一个三角形，因此棱锥体形状具有几何稳定性的特征，如果这些边的建造方式能够将静动力传递到地面上，这些边则具结构的稳定性。另外，棱锥无论底面是什么形状，其底面大、顶点小的轮廓特点也有利于处理这些外力。尽管它们具有潜在的结构稳定性和气候适应性，但是单独的棱锥形式作为几何结构在乡土建筑中并不常见，截短的棱锥形式更为常见，如采用四坡屋顶的菲律宾Sagada地区的仓形住居和木构架歇山顶的云南竹楼。

4. 棱柱结构的能量适应

柏拉图立体，被数学家验证仅有五种，是指只由一种正多边形而构成的立体，也被称为最有规律的立体结构。而立方体（正六边形）作为柏拉图立体的五大基本实体之一，通常被认为是最为特殊的形式。因为这个正多面体的每个表面都是正方形，立方体的长、宽、高之间的关系可以用1：1：1的比例来表示，这六个表面的形状、大小和比例的是均等的，保证了立方体结构的稳定性。

立方体是所有四棱柱中以最小的表面积包围最大体积的几何结构，即最小体形系数，因此它表现出较高的结构材料效率。这也可能是立方体频繁出现在乡土建筑中的原因。此外，乡土中对于宇宙观的理解很多时候也是归因于立方体六个面的独特比例，在一些文化中也占据着重要的象征意义，特别是在教堂、寺庙和墓地的建筑中。就这一类型而言，那些在平面上呈正方形、高度等于（或几乎等于）其长度和宽度且为平顶的乡土建筑都可以被视为立方体。许多矩形棱柱的外形和尺寸的乡土建筑都接近于立方体，特别是在密集的村庄或乡土聚落中。如我国新疆和田地区的阿以旺中庭民居，当地的城市民居按照立方体的基本单元密集排布，围合成一个个内廊相连的四合院，传统巴格达城市聚落同样采用密集的立方体排布方式，还有印度南部德干高原的合院式石屋，西班牙伊维萨岛的白色立方体乡村民居以及希腊地区的白色民居聚落等。

由于立方体结构的平屋顶通常来说并不突出，因此它们不像具有大坡屋顶的乡土建筑那样提供与整体结构形成鲜明对比的剖面，而是墙壁本身就提供了最为主要视觉强调。因此，立方体形式往往强调其表面（或墙平面）作为基本的空间包围元素，当墙壁没有被大量的门窗洞口打破时，独立的立方体结构可以呈现出基本的“积木”美学。由于其几何清晰和未经修饰的表面，在整个希腊岛屿上发现的白色石头建筑被许多人认为是立方体形式的“原型”。这些白色立方体民居一方面继承了古希腊住宅（megaron）的传统，另一方面还具有独立的建筑形式或聚集的建筑形式，颜色统一，每一个立方体形式的可识别性始终通过其几何形状和比例来保持。在西班牙伊维萨岛上由白色立方体堆叠组成的乡村别墅还吸引了20世纪30年代许多现代主义建筑大师，包括包豪斯、柯布西耶和加泰罗尼亚建筑师和当代建筑技术专家小组（GATCPAC）。实际上，这些古老而简约的乡土建筑表明了前卫建筑师们所倡导的理念在某种意义上是正确的，并且有历史根据。这些建筑不仅受到了几个世纪乡土传统的认可，而且还在伊维萨岛这样一个文化摇篮中逐渐发展，它们的形式主要受到当地气候和材料的影响，几乎未受任何时期艺术或建筑风格的直接影响，体现了人类与环境之间直接的和谐关系。

伊维萨岛的传统乡村别墅位于西班牙地中海中央的小岛上，这一类建筑被认为起源于古代，几个世纪以来也没有发生过形式上的变化。主要是因为伊维萨岛在文化、环境和经济上都是相对孤立的社会，这就迫使其利用当地的材料和智慧进行建造，而伊维萨的白色立方体民居的每个矩形元素和景观都得到了适当的融合，每个元素都有一扇窗和一扇门，每个房间的组合随着时间的推移而越发复杂。伊维萨岛的房屋具有厚厚的双层墙壁和屋顶系统，确保了房屋的隔热性能，一般都选择在向阳面的山

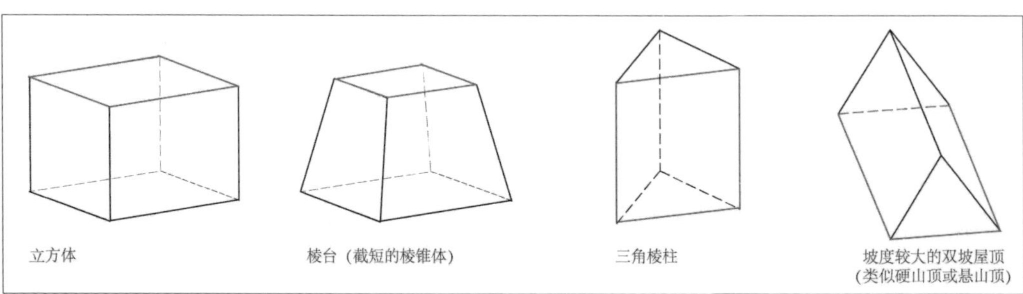

图 3-45　棱柱结构的生成原理

坡上建造，同时也避免了来自北面的冬季风，立面和通道的开口也以相同的方向放置，允许新鲜的夏季风进入建筑室内。被称作Porxet的门廊在夏天还能起到阻挡太阳直接照射的作用，而在冬季太阳高度角较低时又能使阳光进入室内。因此其生物气候适应性可以归纳为：①材料具有良好的隔热和保温性能，材料主要由干石、沙子、黏土和海洋动植物组成，发挥因地制宜的作用而且还可以由居民自主建造。②利用地形的气候适应性，房屋位置选择在山坡的高处，以岩石作为自然的地基基础，利用地形和坡度不会造成可耕种土地的浪费。③利用太阳辐射，坐北朝南，背山面海的格局，不仅阻挡北风的影响而且可以尽可能地利用太阳。④外墙不仅热力学性能良好而且和环境相协调，采用简约的外墙装饰元素，白色粉刷墙面，尽可能地减少过热的太阳辐射影响。⑤屋顶平坦，由松木、抹灰和海洋植物、黏土层三层结构组成，起到隔热和防水的作用，设置排水沟有组织排水（图3-46）。

由于立方体具有相似结构的平面、侧面和屋顶，单个的立方体形式可以很容易地在水平和垂直方向连接，从而形成紧密的建筑群体，它们在结构上相互依赖，成为相互联系的建筑系统。在这些情况下，一个立方体可以作为基本单元，在一个密集的多层建筑群体中重复使用。立方体的平屋顶可以用作室外露台，提供额外的生活、工作或存储空间，而外部楼梯、梯子、屋顶凉棚等可以为建筑剖面带来额外的视觉复杂性。以美国西北部地区的普韦布洛人村庄为例，其主要位于新墨西哥州陶斯和阿科玛镇，这些多层住宅分布在多层、密集的梯田式建筑群中，具有统一的视觉秩序，颜色基本统一。另外，在摩洛哥阿特拉斯山脉的一些柏柏尔村庄，建筑沿着山坡的轮廓聚集，采用当地的石头和泥土建造，立方体的住宅凸显出可识别的凝聚力和连续性，建筑轮廓分明，与周围的山地景观形成强烈的几何对比。

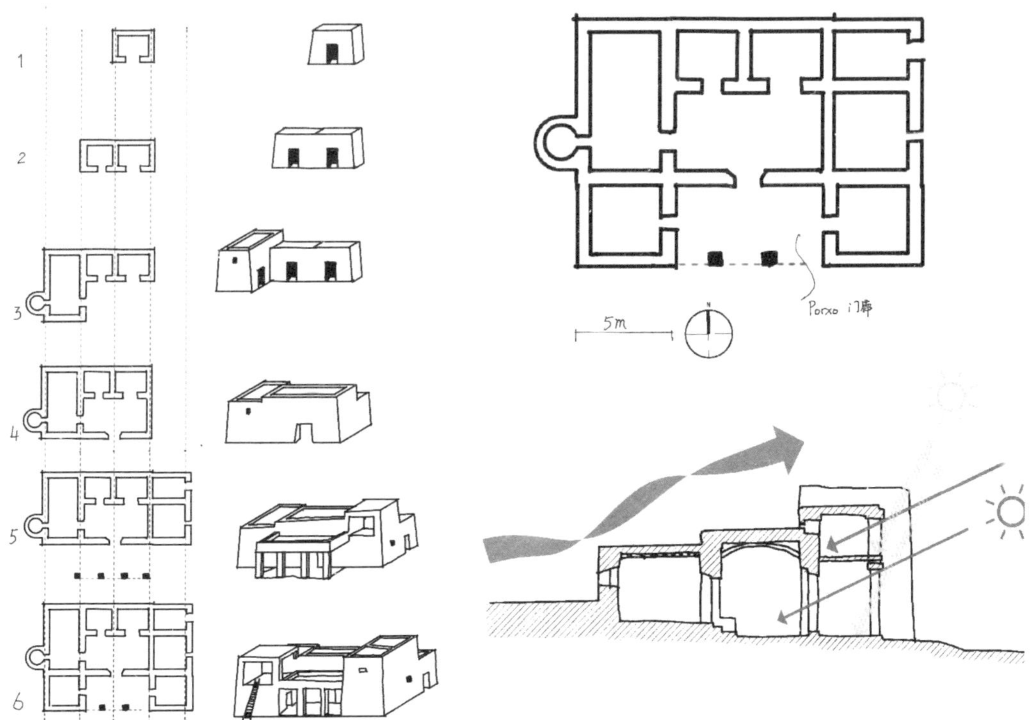

图 3-46 西班牙伊维萨岛白色乡村住宅的生成原理

棱柱，是由平行四边形的侧面和任何多边形的平行底面组成的多面体，立方体就是四棱柱。如果侧面垂直于底面，则为直角棱柱；如果它们以任何其他角度相交，则为棱台。通常用作独立平顶结构的直角矩形棱柱，根据其平面图和垂直截面，可能呈现简单或复杂的轮廓，其表面边缘可以是由石头或竹子制成的尖锐的直角，由重叠的原木制成的锯齿状的形状，或由泥浆涂抹制成的柔和的圆面。

与立方体一样，棱柱的墙平面是结构中主要的体积限定元素，根据窗户的大小和数量以及使用的建筑材料，它们也强调最小外墙表面的轻盈性或最大坚固性。当乡土建筑中出现棱台时，它们的面通常是梯形的。然而，斜矩形棱柱体更准确地描述为那些高度相对于其基底比例较高的棱柱体，其整体形状接近矩形棱柱。这些梯形面是由于底部墙壁的厚度增加，它们往往在视觉上强调结构的稳定性。例如在突尼斯中部的地穴式民居，中间的开敞庭院采用倒立的梯形棱台构成，保证地穴的坚固性，还有前面提到的伊维萨岛的白色乡村民居的单元矩形同样采用棱台结构单元，向内倾斜的墙壁在视觉上将黏土建筑锚固在山地上。

在乡土建筑中，直角棱柱是最主要的棱柱形式，它们除了自身结构的平顶以外，还可以被各种各样的屋顶形式所覆盖（图3-47）。水平直角三角形棱柱常常作为屋顶形式的一种，其可以适应任何平面上为四边形的结构。当具有两个斜面和两个三角形垂直侧面组成的直角三角形棱柱体作为屋顶时，就成为常见的双坡屋顶。双坡屋顶可能是屋顶形式中最基本的形式，根据其突出墙面的距离在中国传统屋顶分类中可以分为硬山顶或者悬山顶，其保护、遮阳和排水特性使其在其他许多文化中也常常被视为“原型”的屋顶形式。

具有典型的双坡屋顶的乡土建筑如马来西亚和文莱地区的伊班长屋、缅甸高床式Palaficio船屋、我国湖北的天井围屋、印度北部的大型茅草屋顶泥屋和美国东南部的Dogtrot木屋等。如果三棱柱的垂直侧面（山墙）向内倾斜，导致屋脊缩短（两个坡面的交线），则形成了四坡屋顶，这种屋顶在我国传统建筑中的庑殿顶和菲律宾吕宋岛地区乡土建筑中的仓形住居都有体现。坡屋顶也可能在上部被水平截断，从而在坡顶上方形成一个平坦的区域，如土耳其特布拉宗的全景客厅木屋，这种截断的屋顶也可被另外一个三棱柱屋顶覆盖，进一步组成具有不同坡度的屋顶，我国传统建筑中歇山顶便是此类屋顶的一种，类似的结构也出现在印度尼西亚Nias南部的船屋和我国西双版纳的干栏式竹楼民居中。根据具体的屋顶框架性质、屋顶本身悬挑，还有覆盖的形状以及三角形棱柱面的倾斜角度等不同因素，屋顶的整体轮廓会呈现出明显不同的特征。东南亚地区Toba Batak木屋巨大的悬挑屋顶，优雅的鞍形屋顶轮廓也展现出独特的美学特征。

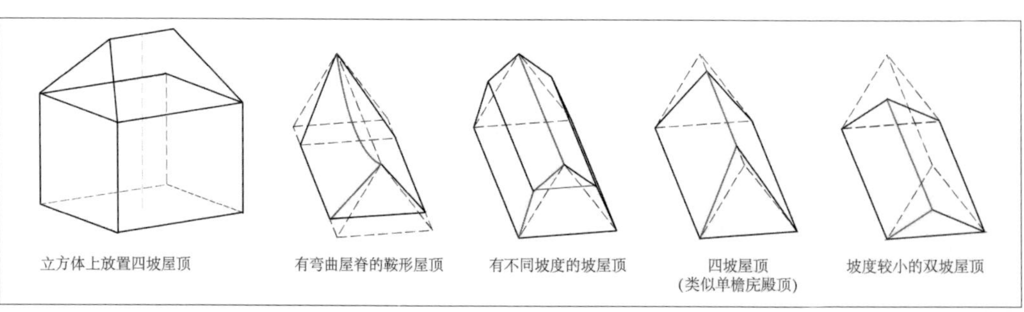

图 3-47　几种三棱柱形式乡土建筑屋顶形态的变体

5. 膜结构的能量适应

膜，一般由薄的、柔软的片状材料组成，如动物皮、机织物或塑料织物等，它们通常被认为结构不稳定，因为它们自身并不能作为支撑结构。然而，当由刚性框架、环、绳、索或杆固定并承受拉伸应力时，它们就能够跨越或包围空间，从而形成膜状结构。因为它们不能承受压缩或弯曲应力，所以膜需要张力来形成空间结构，可以说是拉伸的膜本身构成了形式，而这种形式又构成了这种特殊的结构。此外，考虑到薄膜的生成原理，在张力作用下，薄膜一般被视为“面结构”，并且该表面可以呈现平面或曲面形状。根据支撑构件的类型、膜的形状和张力的性质等，膜的形式可以由多面体、单曲面或双曲面组成（图3-48）。

在乡土建筑中，帐篷是最普遍的膜结构，许许多多的帐篷案例就能说明张力作用下的膜所能承担的物理和美学特征的适用范围非常广。例如，一个简单帐篷的支撑系统由一排竖直的木杆组成，在木杆上放置薄膜，然后通过拉索承受拉伸应力，就形成了一个简单的尖顶帐篷，如挪威北部的萨米人帐篷、因纽特人的夏季帐篷和我国西藏北部的游牧藏族牦牛帐篷等。在这种情况下，所产生的膜状形式基本上是单独的圆锥形结构或三角形棱柱体，尽管绳索本身产生的张力在棱柱体两个斜面的下边缘处也会产生轻微的弯曲。如果帐篷结构的垂直支撑数量、间距和类型增加，张力的方向和分布就变得更加复杂，并且会出现在剖面上多重曲线轮廓的帐篷。这是由于膜的拉伸和膜在两个或多个水平或垂直支架上时容易呈现悬链曲线轮廓的趋势。在更为复杂的情况下，膜也可以近似双曲抛物面，其表面是抛物线和双曲线曲面的复合物。在这种情况下，整个膜状结构的各个区域变成了弯曲的部分，每个区域都由拉伸应力和支撑线的组合在视觉上勾勒出来。如果一个膜由许多垂直杆子和一个或多个弯曲的木杆或动物骨头共同支撑，就像北非和阿拉伯地区的贝都因人黑色帐篷一样，膜的形状变成了一个优美的凹凸曲线的组合。当膜状物的表面在两个不同的方向上弯曲时，会达到最大的抗风稳定性。

贝都因人的黑色帐篷是阿拉伯地区季节性的游牧住所，发挥着重要的气候适应性效果，非常适合沙漠地区。黑色帐篷的结构种类非常多，帐篷还会覆盖在弯曲的脊上，形成一种隆起的效果，这样可以防止支杆刺破帐篷。贝都因人的帐篷易于组装和拆卸，一般卷起来在骆驼上进行运输，具有极高的

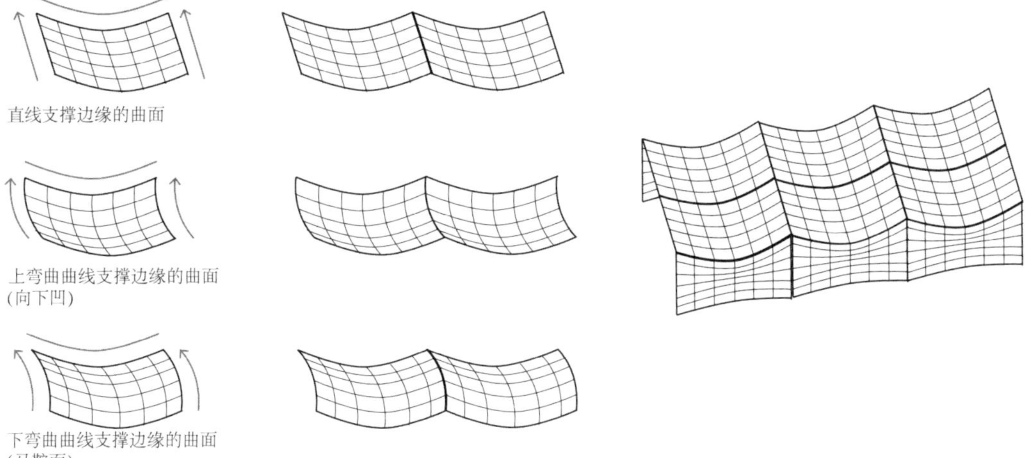

图 3-48 膜结构的生成原理

便利性。其生物气候适应性可以归纳为：①遮阳和防止太阳辐射，白天，黑色帐篷可以在沙漠炎热地区发挥重要的遮阳效果，尽管黑色表面会增加太阳辐射的吸收，使帐篷内部温度升高，但是帐篷内部的温度仍然会比外界温度低10～15℃。②自然通风，黑色帐篷的侧面帘布可以卷起，通过调整四周帘布的位置可以防沙漠风沙也可以在需要的时候打开，形成良好的自然通风来进行帐篷内部的降温。③保温防寒，羊毛编织的帐篷在夜晚还可通过将帐篷帘布紧紧裹实以防风保暖。④防雨保湿，如果偶尔遇到少量降雨，羊毛和动物组织的油性特性在遇水时会使组织膨胀而不会渗透，可防止雨水渗漏。而且动物组织中存在着毛孔，一方面毛孔中的水分不轻易蒸发，另一方面在没有雨水的情况下有助于空气的渗透，并不会使帐篷内部过于闷热。

6. 不同体型界面的乡土建筑能量策略

除了前面从聚落和空间组织等方面对乡土建筑空间的描述，建筑体型还可以根据体形系数对其进行描述，也可以根据热量与空间组织形式被描述为紧凑型或分散型的体型结构。从乡土建筑的开放性和封闭性来说，在《中国古代住居与住居文化》中对住居领域的限定范围，分为封闭性限定和开放性限定两种[3]。因为住居要适应不同的地理气候环境，构成气候适应性和社会适应性两个方面的作用因素。一般来说，干燥气候，如中东地区的乡土建筑基本上是对外封闭而对内开放，呈现出中庭开放式的基本形态；寒冷气候，多以石砌民居、圆木井干式民居为主，外墙很厚，呈现出封闭紧凑式的形态；温和湿润气候，尽管类型比较丰富，空间界限比较模糊但其乡土建筑多也呈现开放性的形态。除了中国云南，还有像日本以及东南亚各国的乡土民居，这些国家地区的建筑往往采取单体开放式的形态，以适应各自独特的环境和气候条件（表3-5）。

紧凑的建筑体型，其基本特征可以描述为在一个共同的屋顶单元下采用均匀的空间单元，在建筑空间上往往呈现出集中的空间分布特征，热量集中分布。它的空间特性与材料特性和功能之间相辅相成，特别注重保留建筑内部的热量和增强热辐射的效果。其整体形状也是对气候适应性最直接的反馈，除了太阳辐射以外，主导风向和降雨也是其形式生成的主要原因，常常呈现出较为厚重和气密性较好的外围护结构和富有表现力的屋顶，如意大利的突利石屋。分散的建筑体型在布局上呈现分离和松散的特征，倾向于促进热量的散失。湿热气候中的很多乡土建筑案例也呈现出分散的布局和透气性强的外围护结构特征，如缅甸船屋和亚马逊热带雨林亚诺马米聚落等。因此，建筑体型和气候适应性的特征，从热力学的角度进行描述可以分为以下三个方面。

（1）在热量组织方面，有利于热量积聚的集中封闭空间和有利于热量散失的开敞空间——火炉和天井。在紧凑型的空间组织方面，厨房和火炉作为建筑关键的要素，在很多寒冷气候的乡土案例中，空间往往会围绕着厨房或火炉进行布置。因为火炉作为建筑内部热量的主要来源，对于抵御冬季持续的低温至关重要。其布置原则是允许热量扩散到最常用的空间分区，在所有的家庭活动中都占有重要地位，因此火炉在空间组织中的位置具有重要的象征意义。天井和庭院作为火炉的对立要素，在分散型的乡土建筑中往往是作为热量的缓冲空间，促进热量的流动，在乡土建筑中基本上都是由辅助空间（如外廊、走廊、门厅等）围绕中庭进行布置。

（2）在气密性方面，增强与外界热交换的透气性表皮和减少与外界热交换的气密性表皮。紧凑型的乡土建筑一般以外墙较少的开口为特征之一，开口通常只出现在阳光直射的方向。目的是尽量减少与外界环境的热交换，并避免渗透热损失和可能会影响内部温度平衡的空气运动。而分散型的乡土

表 3-5　不同气候类型下各体型界面的能量策略

气候类型	乡土中主要采用的体型界面形式	热辐射		光		风		水	
		散热	隔热 / 蓄热	纳阳	遮阳	通风	防风	排水	加湿 / 蓄水
干热气候	穹顶式（主要采用夯土等重质材料）	营造上部空间，使热空气聚集穹顶，为空间下部降温	以最低的表面积减少外围护结构与环境的热交换，从而隔热	无纳阳需求，基本不开窗	遮阳为主，穹顶的建造连续性能有效遮阳，仅在顶端开小窗排烟和采光	竹子及木材搭建的框架会存在漏风现象	穹顶结构本身具备防风特性	穹顶便于排水	部分设蓄水池以储蓄水资源，同时配合通风调节微气候
	圆柱式（主要采用夯土等重质材料）	无特殊散热效果	以较低的表面积减少外围护结果与环境的热交换，从而隔热	无纳阳需求，基本不开窗	以密闭屋顶为主，多为圆锥屋顶；减少太阳直射面时间	屋顶开天窗以透风、排烟	最小化迎风面面积，减少风对建筑的影响	配合锥形屋顶进行泄水	平屋顶利于收集雨水
	膜式（主要采用动物皮毛等轻质材料）	利用皮毛毛孔进行散热	膜结构使用的皮毛具有天然的良好保温性能，配合室内热源有效蓄热	无纳阳需求	利用材质密闭性遮阳	侧面帘布随时卷起，利于通风	利用风压稳定围护结构	可防少量降雨	选址靠近水源
湿热气候	穹顶式（主要采用竹、木材等轻质材料）	营造上部空间，利用热压浮力使下部空间降温	以最低的表面积减少外围护结果与环境的热交换，从而隔热	利用竹、木材搭建框架的间隙透光	以遮阳为主	穹顶屋顶使聚落具备出色通风系统	穹顶结构本身具备防风特性	穹顶便于排水	选址靠近水源
	圆柱式（主要采用夯土等重质材料）	无特殊散热效果	以较低的表面积减少外围护结果与环境的热交换，从而隔热	平顶或圆锥顶面会开启小窗	以圆锥屋顶为主，遮挡大部分阳光	在墙面开窗	无防风需求	配合锥形屋顶进行泄水	选址靠近水源
	锥式（主要采用茅草、树枝等轻质材料）	锥形较平屋顶具有较小迎光面；减少太阳辐射	一般作为圆柱结构的屋顶起空腔隔热作用	一般作为屋顶，开小窗获得适量阳光	锥形较平屋顶具有较小迎光面；减少太阳辐射	墙体开窗以通风	利用植物减缓风暴类风	坡度较陡，宜排水	选址靠近水源

续表

气候类型	乡土中主要采用的体型界面形式	热辐射		光		风		水	
		散热	隔热 / 蓄热	纳阳	遮阳	通风	防风	排水	加湿 / 蓄水
温和气候	圆柱式（主要采用石灰石、夯土等重质材料）	无特殊散热效果	采用白色涂料减少热辐射吸收，同时采用重质材料进行有效蓄热	一般采用圆锥屋顶，墙体开小窗适度纳阳	开小窗 / 不开窗，控制纳阳	墙体开窗以通风	抵抗强风荷载，减少风力接触面	以坡屋顶为主，有助于排水	利用蓄水池配合通风调节室内环境
	棱柱式（主要采用石灰石、黏土等重质材料）	无特殊散热效果	采用白色涂料减少热辐射吸收，同时采用重质材料进行有效蓄热	棱柱可以开窗面较多，纳阳效果良好	屋顶采用较多的坡屋顶，有效减少阳光折射	墙体开窗以通风	无防风要求	平屋顶采用排水沟排水，使用防水材料	选址靠近水源
寒冷气候	穹顶式（主要采用雪块搭建雪屋）	无散热要求	以最低的表面积减少外围护结果与环境的热交换，结合室内热源达到最佳保温效果	穹顶上开小窗，利用阳光折射照明	利用密致的穹顶遮挡大部分阳光	穹顶上开小口以通风	抵抗强风荷载，减少风力接触面	穹顶结构便于卸冰雪	选址靠近水源
	锥式（主要利用皮毛、帆布等轻质材料）	无散热要求	外表面积比例较小，具备良好储热性能；室内热源可以在室内均匀分布	无纳阳需求	外围护结构不开窗，遮阳作用	利用烟囱、小窗等使室内通风	利用风压稳定围护结构	防冰雪覆盖	选址靠近水源
	膜式（主要利用皮毛等轻质材料）	无散热要求	使用多层皮毛增加膜的厚度，结合室内热源加强空间蓄热能力	无纳阳需求	外围护结构不开窗，遮阳作用	侧面帘布随时卷起，利于通风	利用膜张力抗风	皮毛遇水膨胀特性防止雨水渗漏	选址靠近水源

建筑围护结构的较高透气性可以保证空气质量，特别在潮湿的环境中，高渗透性的表皮可以通过与缓冲空间连接起来调节与外部环境的关系，在夏季通风换热。

（3）在蓄热性和热惯性方面，增强热量积聚和热量流动延时性的重质墙体和促进热量快速流失的轻质墙体。围护结构的隔热性能对紧凑型建筑至关重要，而且往往呈现出较大的热惯性（如夯土材料的运用），并结合外部开口的设置与朝向，维持内部的温度稳定。需要注意的是，因为紧凑型建筑依赖太阳辐射的适当利用和建筑围护结构的低渗透性，导致其高效的建筑保温和良好的通风难以平衡。

除了热力学角度以外，在土地利用和社会文化方面，紧凑型或分散型的乡土建筑往往呈现出不同的意义。在社会文化方面，紧凑型乡土建筑呈现出融入社会环境活动的趋势，因为内部紧凑的空间利用，迫使人们向外部寻求更多活动和社交空间，建筑内部则作为主要的家庭空间。而分散型的乡土建筑，往往会有内向和相对隐私的共享活动空间，中庭在一些阿拉伯乡土建筑也作为分担一部分家庭生活需求的空间。

3.3 乡土建筑的热力学特征矩阵

3.3.1 基于材料性能的乡土建筑气候适应性简述

乡土建筑的外墙根据材料的不同可以划分为重质建筑和轻质建筑两类[155]。重质（Massive）材料具有储存热量的能力，一般通过形成密度较高和质量较重的材料组成，孔隙率一般较低减少空气的渗透。重质材料包括石头、泥土夯土、砖石、填充有泥土的木头和泥土和砂浆混合物等。对不同气候类型的乡土建筑围护结构的材料统计，可以发现，石头和夯土等材料较多地出现在需要维持室内温度稳定的气候环境中，如昼夜温差大的干热气候和室内温度相对舒适的温和气候。很多重质材料应用于外墙的乡土建筑也会采用重质材料的屋顶形成结构和材料一体化的乡土建筑形式。但是，也有乡土建筑会将厚重的外墙和轻薄的屋顶结合在一起，比如夯土外墙和茅草屋顶相结合的喀麦隆茅草夯土小屋。

轻质（Lightweight）材料在乡土建筑中通常包括茅草、木材、竹子或树皮等。轻质材料通常孔隙率较高，具有较高的空气渗透率，可以保证在湿热气候环境中进行自然通风。还有前面提到的便携式游牧小屋经常采用的毛皮帐篷等也属于轻质材料。随着气候变得更加炎热和潮湿，采用轻质材料的建筑围合结构会明显变得更为普遍。采用重质材料的建筑在较为凉爽和寒冷气候类型中较为常见，在具有极端昼夜温度变化的沙漠气候中也经常出现这样类型的建筑。沙漠的干热气候中，厚重的外围护结构可以有效延缓建筑内部极端温度的变化，具有较高的热稳定性，并且可以将白天储存的热量转移到夜间，为夜晚提供热量。

在乡土建筑的屋顶材料中，一般包括茅草、木材、砖瓦、夯土、岩石和水泥砂浆以及皮毛等。在非洲和东南亚等湿热气候地区几乎都采用了茅草、树皮等植被建造的屋顶，对于这些地区，采用茅草不仅因为其具有较佳隔热性能，还因为其较高的空气渗透率有利于在湿热气候中进行有效的通风，因此在湿热气候中几乎都是采用轻质材料。像在湿热地区那样简单地采用茅草进行堆积的建造方式在寒冷和极地地区并不常见，除了像冰岛地区采用的夯实的草皮屋，但草皮并不像茅草那样干燥和轻薄。砖瓦屋顶是在温和气候的乡土建筑中最为常见的一种材料，但其保温质量很差。因此，砖瓦屋顶一般采用和较厚的木头和陶土，将二者结合在一起使用。土壤作为最佳的保温材料具有优异的热惯性，常常出现在日夜温差大的干热气候和室内点燃了热源并需要长期保温的寒冷气候中。

3.3.2 基于能量要素的乡土建筑热力学特征计算

建筑室内热舒适与否离不开建筑界面的性能，这里指的是建筑的体型和材料，这也是实现建筑与外界环境热交换的关键。本节通过辐射、采光、通风以及由体型参数和建筑材料共同作用的热单体比值系数（K）等指标对所研究的乡土建筑案例进行热力学特征比较，具体说明如下。

（1）辐射热量：辐射是太阳辐射通过窗户进入建筑，这部分能量不仅提供了天然采光，还以热量的形式加热室内空间，这里通过特定地理位置的太阳辐射数据，对各个乡土建筑案例窗户周围的夏季平均最大辐射值做模拟，得到平均辐射值（R）指标，单位为kWh/m^2。

（2）采光性能：采光是太阳直接或间接（反射或散射）照射进入室内的结果，一般来说靠近窗户的光线最强，越往室内光线就越弱。根据《建筑节能设计手册—气候与建筑》[90]，可以通过窗户在平面中的位置来评价建筑室内的采光效果，这里采用窗户面积与建筑墙体面积的比值（窗墙比）作为采光指标（L）对各个乡土案例的采光性能进行特征提取。

（3）空气渗透情况：通风是指空气通过门窗向建筑室内和室外交换，这里将空气渗透作为乡土建筑通风效果的关注重点。空气渗透是指空气通过建筑的孔隙（包括门窗、墙体缝隙等）向建筑室内的自然渗透，尤其是门窗和墙体之间的缝隙以及窗户各部分之间的缝隙。空气渗透是建筑能量平衡中的一个重要因素，可根据经验公式对乡土案例中空气渗透量进行统计。

（4）综合材料与体型的乡土建筑热单体指标：根据《建筑物・气候・能量》中关于建筑物界面的描述，建筑师只要在材料选择和构造形式上进行改变就能影响建筑界面的热特性[87]。而热特性的变化还能够使建筑物材料的U值发生变化，再加上构造形式的改变还会影响建筑内部风环境。

在稳态传热条件下，建筑物热损失量Q为式（3-1）、式（3-2）：

$$Q = Q_t + Q_v \tag{3-1}$$

$$= \sum AU\Delta t_1 + (V \times n/3)\Delta t_2 \tag{3-2}$$

式中，Q_t表示外围护结构热损失量，$Q_t = \sum AU\Delta t_1$；

Q_v表示通风热损失量，$Q_v = (V \times n/3)\Delta t_2$（V为体积，单位m^3）；

$\sum AU$表示建筑物各面面积A与传热系数U的积之和；

$(V \times n/3)\Delta t_2$表示通风量；

Δt_1表示界面两侧温差。

由$Q_t = \sum AU\Delta t_1$可知，建筑物外围护结构热损失量与建筑物外围护结构的热特性（U）、面积（A），以及温度差（$\triangle t_1$）有关系。在某个特定地区，建筑材料的选择与构造往往是在传统建造的千淘万沥中形成固化，通常材料比较易得、气候响应比较具有针对性，描述这一特性的墙面传热系数U_W、屋面传热系数U_R、地面传热系数U_G都具有稳定性，所以在热稳态下，影响建筑物外围护结构热损失量的主要因素就是建筑物围护结构的表面积。然而在研究各种材料表面的U值时，体形系数并不能代表建筑的热损失情况。

为了确定最佳的乡土建筑外形，达到建筑物外围护结构热损失量最低，这里需要提出一种有异于体形系数的指标。通过式（3-2），我们可以知道影响建筑物热损失量有三个主要方面，一是建筑物外围护结构的热特性，二是建筑界面的通风性能，三是建筑物室内外环境。根据上述三个变量，建筑师只要对其中任何一个变量施加影响，对于任何一个体积确定的建筑，都会使其长、宽、高尺寸和外形有不同的变换方式，从而得到不同的总表面积，根据总表面积和体积的比值我们可以得到“体形系数”。因此，用相同材料建造的、相同容积的两个建筑可以具有完全不同的总表面积，从而导致其外围护结构热损失的差异。进一步考虑，大型建筑比小型建筑的表面积大，热损失也会多些，但是这样的比较没有考虑建筑体积的不同。只有考虑体积（V）的影响，才能有效评价建筑的热损失，因此本书提出“热单体”的概念，以外围护结构热损失量（Q_t）和建筑外形来评估乡土建筑案例的热损失性能。我们定义建筑外围护结构热损系数q_t来衡量建筑物外围护结构热损失的性能，用式（3-3）表示：

$$q_t = \frac{Q_t}{V \cdot \Delta t_1} = \frac{\sum AU \cdot \Delta t_1}{V \cdot \Delta t_1} = \frac{\sum AU}{V} \quad (3\text{-}3)$$

可以发现，建筑外围护结构热损系数与建筑体形系数（$\sum A/V$）及材料的传热系数（U）有关，当传热系数恒定时，体形系数越小，热损系数越小，表明对应的建筑外围护结构具有较好的热稳定性效果。一个空间体积恒定，不同的空间形态具有不同的体形系数，将导致其热损系数不同。我们这里定义这样一个单体，该单体在既定体积和满足一定的形态特点下，具有最小热损系数，我们将这样的单体称之为“热单体”。这样的热单体，即是在该种形态特点、该种热损性能下具有最小的体形系数。在不考虑热工系数和形态特点的条件下，球体具有最小的体形系数；如果设定形态条件为立方体，那么正方体具有最小的体形系数；建筑体形离散度越大，体形系数也就越大。

但是，最小热损系数要求考虑建筑各面的传热系数，即一个单体的不同面可能具有不同的传热系数，从而导致热损系数最小的形体并非球体或者正方体。同时为了使“热单体”在乡土建筑评价的使用更具逻辑性，这里将采用三类热单体，即“热立方体”，“热圆柱体”和“热半椭球体”对乡土建筑的外形设计和材料热特性进行比较，分析在不同气候类型下不同结构外形的乡土建筑的热特性所遵循的规律。

3.3.3 乡土建筑案例的热单体特征矩阵分析

利用所求得的热单体特征值K（以下简称“热特征”）和各个案例的外围护结构热损值的矩阵关系探讨不同气候类型下的热损失和建筑形式的关系的相似和差异。例如，对于建筑构造形态近似为立方体的建筑，在已知案例建筑的各面面积，各面传热系数及其体积的情况下，可以计算选定的民居建筑的外围护结构热损系数$q_{t\cdot case}$和同体积的“热立方体”外围护结构热损系数q_t。取$q_{t\cdot case}$和q_t的比值为K，则运用K来衡量乡土建筑的外围护结构的热损失性能，包括对于最佳建筑外形的拟合程度和材料性能的综合考虑，从而评价不同乡土案例的热特性。通过研究可以发现：①不同气候类型下的乡土建筑外围护结构和材料对于气候的响应有着明显差异，越是极端的气候，其建筑热特性越接近于热损失系数最小的同体积热单体。②湿热气候与干热气候乡土建筑的热单体特征值大多在2以下，与理想的热单体接近，可以认为是在炎热气候下，乡土建筑需要具备优良隔热性能的外围护结构，防止外界热能过多地进入室内。③寒冷气候乡土建筑（尤其极地气候类型）同样具备较低的热单体特征值，可以认为是在寒冷气候下，乡土建筑需要具备优良的外围护结构以防止建筑内热量损耗过快。④温和气候下，乡土建筑热单体特征值差异性较大，说明建筑外围护结构的热损性能并非其主要考虑因素，且建筑体型与空间形式差异性较大，中庭空间形式比较多。⑤纵观所研究的乡土建筑案例，经过验证反推，将一当代7层混凝土结构民用住宅与之进行比较分析，计算可得其热单体特征值约为2.5，乡土建筑的热单体特征值大多较低，可以一定程度上反映出乡土建筑在形态构造和建筑材料的使用上均保持着较好的气候适应性。

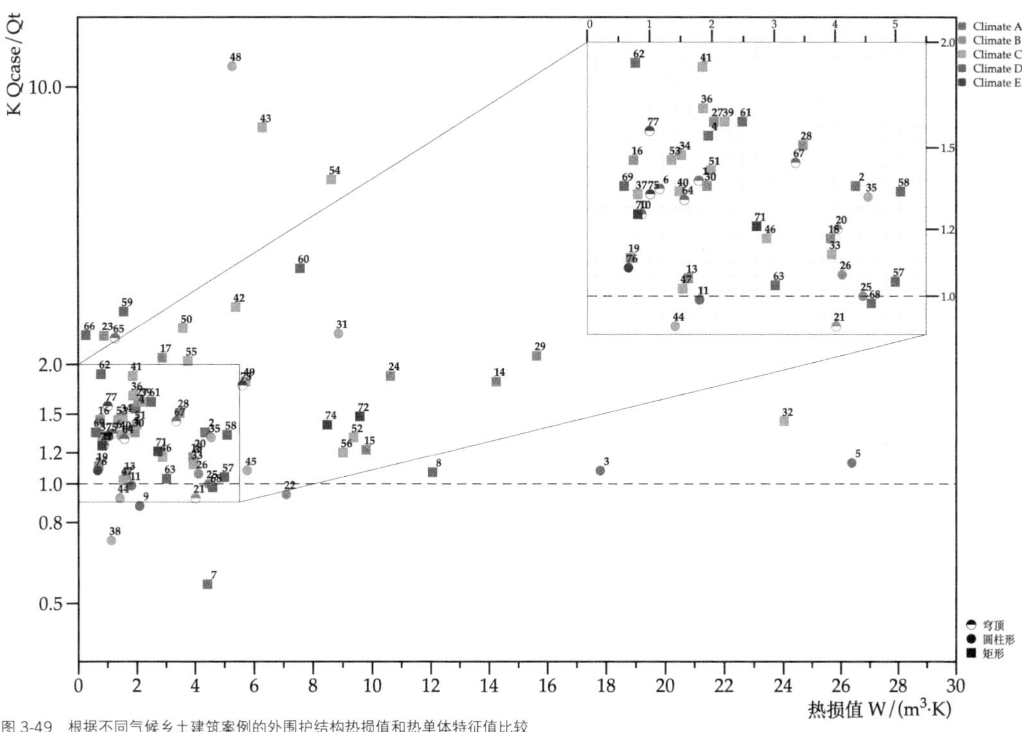

图 3-49 根据不同气候乡土建筑案例的外围护结构热损值和热单体特征值比较

图3-49显示的图中数据标签代表每个案例的标号，如1代表案例1亚诺马米圆形公共聚落，图3-50—图3-53分别是湿热、干热、温和和寒冷气候的乡土建筑案例热特征矩阵组合。此外，根据不同气候分类、建筑形式、屋顶构造、材料类型、文化地域等分类的热单体特征矩阵具体分析如图3-49—图3-93所示。

1.热单体特征与不同气候区

图3-49矩阵表明，①不同类型的乡土建筑热单体特征值分布差异明显，所研究的案例在1～1.5（K）的特征范围较为集中。越是极端的气候，其建筑热特性越接近于热损失系数最小的同体积热单体。②湿热气候与干热气候乡土建筑的热单体特征值大多在2以下。③寒冷气候乡土建筑（尤其极地气候类型）同样具备较低的热单体特征值。④温和气候下，乡土建筑热单体特征值差异性较大，且建筑体型与空间形式差异性较大。

2.热单体特征与建筑形式

圆形建筑、方形建筑、合院和穴居四种建筑形式的热单体特征及其在不同气候区的分布表明：①圆形建筑形式的乡土案例大体呈现出较好的热特性，在各个气候类型中的分布广泛且均匀，与各自相应同体积的热单体热特征系数的比值接近于1。②方形建筑形式的乡土案例矩阵范围较广，在总热损值$Q < 5$W/（m^3·K）和在$1 < K < 2$的范围较为集中，说明采用方形建筑形式的乡土案例，大多会通过采用建材或控制规模来维持较低的总热损值。③合院建筑的热单体热征值分布最为广泛，原因在于合院一般在固定体积下具有较大的表面积，其主要分布在温和气候。④穴居的热单体特征值分布较为集

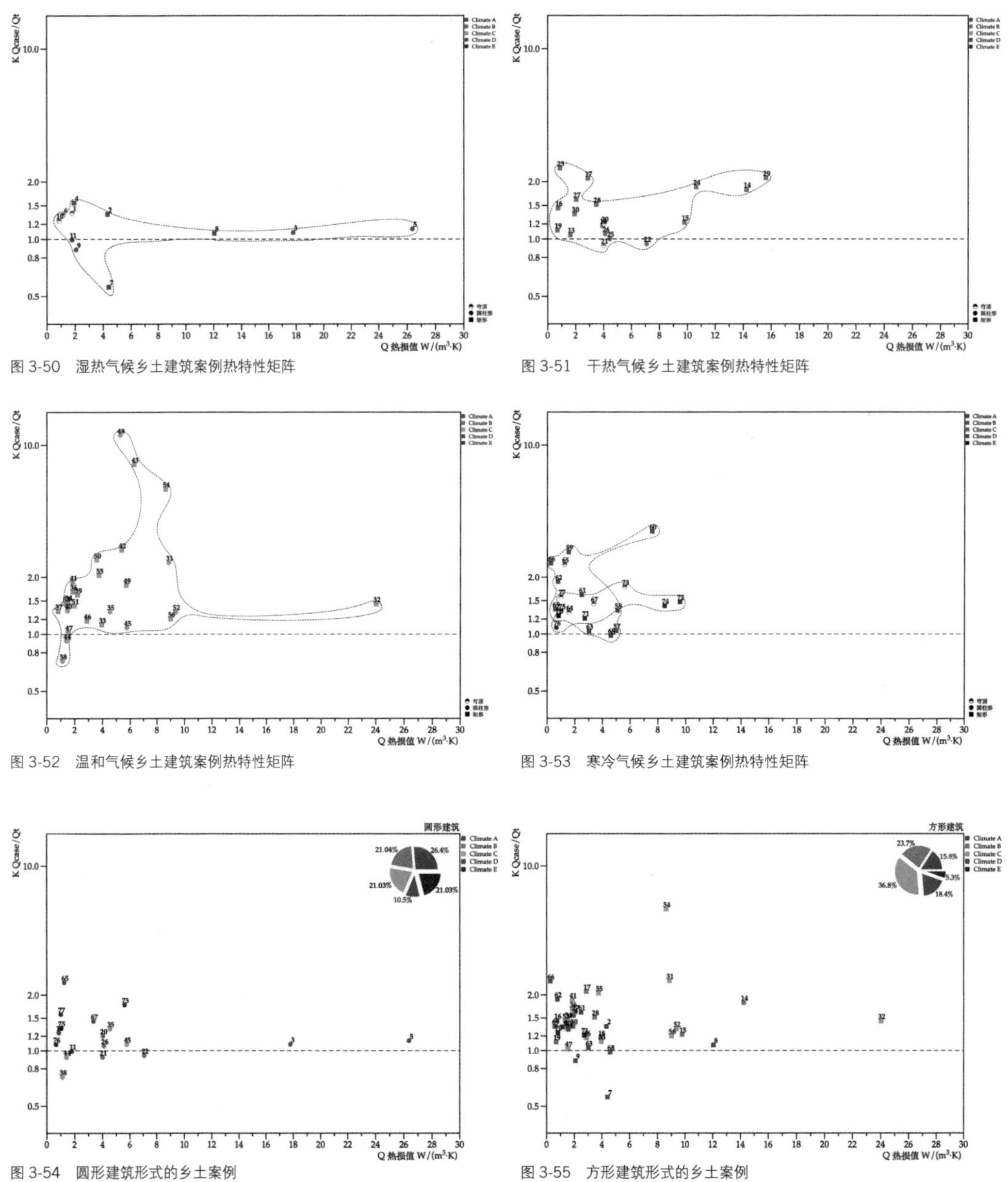

图 3-50　湿热气候乡土建筑案例热特性矩阵

图 3-51　干热气候乡土建筑案例热特性矩阵

图 3-52　温和气候乡土建筑案例热特性矩阵

图 3-53　寒冷气候乡土建筑案例热特性矩阵

图 3-54　圆形建筑形式的乡土案例

图 3-55　方形建筑形式的乡土案例

中，各个案例的总热损值也较低，主要在寒冷气候和干热气候出现。

3.热单体特征与屋顶形式

穹顶、平顶、坡屋顶和膜屋顶四种屋顶形式的热特征表明：①穹顶形式的案例热单体特征分布集中在$0.8<K<2.5$和$Q<6$W/（m^3·K）的范围，说明其形态具有较好的热适应性，而且在湿热、干热、温和和寒冷气候均有出现，说明穹顶形式广泛适应于不同气候类型的需要，气候适应性强。②平顶形式的案例热单体特征分布基本在$K<2.5$范围，采用平屋顶形式的乡土案例具有较好的热适应性，

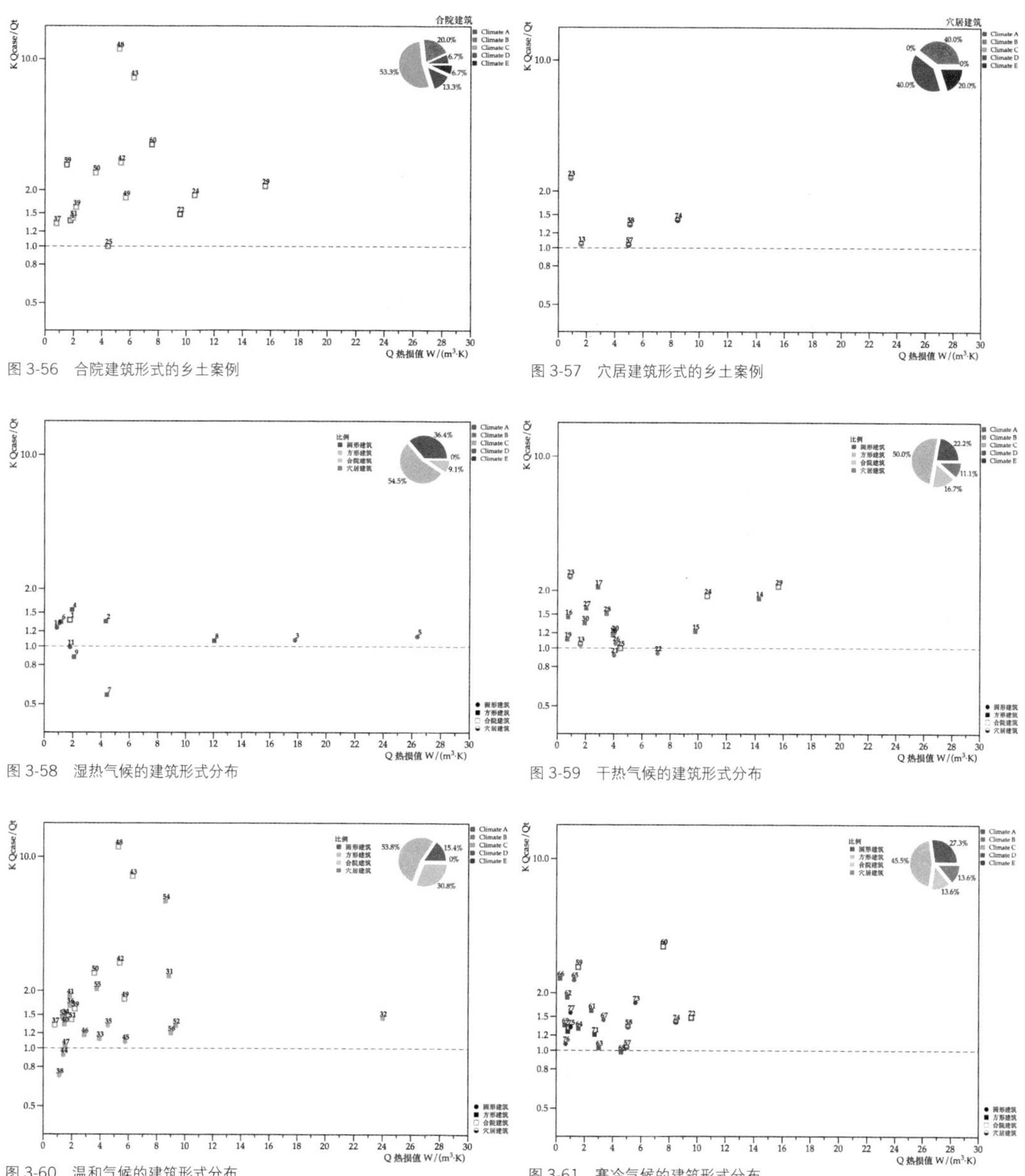

图 3-56　合院建筑形式的乡土案例

图 3-57　穴居建筑形式的乡土案例

图 3-58　湿热气候的建筑形式分布

图 3-59　干热气候的建筑形式分布

图 3-60　温和气候的建筑形式分布

图 3-61　寒冷气候的建筑形式分布

但是其集中分布在干热气候类型，没有出现在湿热气候，说明平屋顶形式适用于干燥的气候，不适用于热辐射强度高、湿润多雨的湿热气候环境。③坡顶形式的案例热单体特征分布较为分散，主要分布在温和气候、湿热气候和寒冷气候，不适用于干热气候环境。④膜屋顶形式的案例热单体特征集中分布$K<1.5$范围，说明膜结构具有很好的热适应性，其集中分布在干热（沙漠）与寒冷的极端气候，其通过张力形成的较小体形系数的庇护所，能够最有效地减少热量交换，同时，由于极端气候难以觅得合适的建筑材料，动物皮毛显然成为了最容易利用的建筑材料。

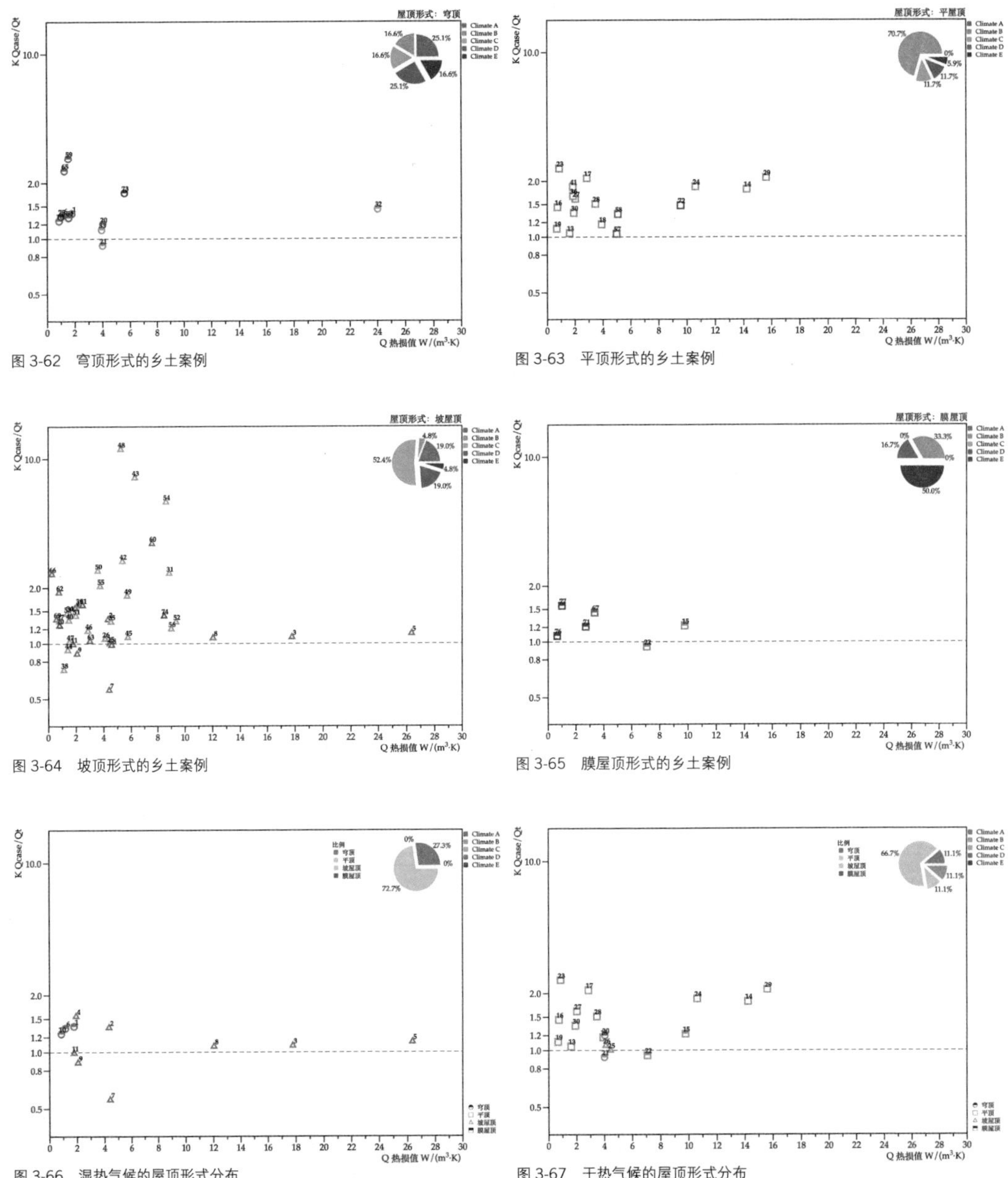

图 3-62　穹顶形式的乡土案例

图 3-63　平顶形式的乡土案例

图 3-64　坡顶形式的乡土案例

图 3-65　膜屋顶形式的乡土案例

图 3-66　湿热气候的屋顶形式分布

图 3-67　干热气候的屋顶形式分布

4.热单体特征与屋顶材料传热

屋顶材料的不同U值情况的乡土案例热单体特征表明：①低U值屋顶材料的乡土案例大体上呈现出总热损值较低的情况，表明材料对于控制建筑热损失发挥重要的作用。②从湿热、干热、温和到寒冷气候的变化，屋顶材料的高U值的比例是湿热 > 温和 > 干热 > 寒冷，对于屋顶材料低U值需求度的排序从大到小分别为寒冷气候 > 干热气候 > 温和气候 > 湿热气候。

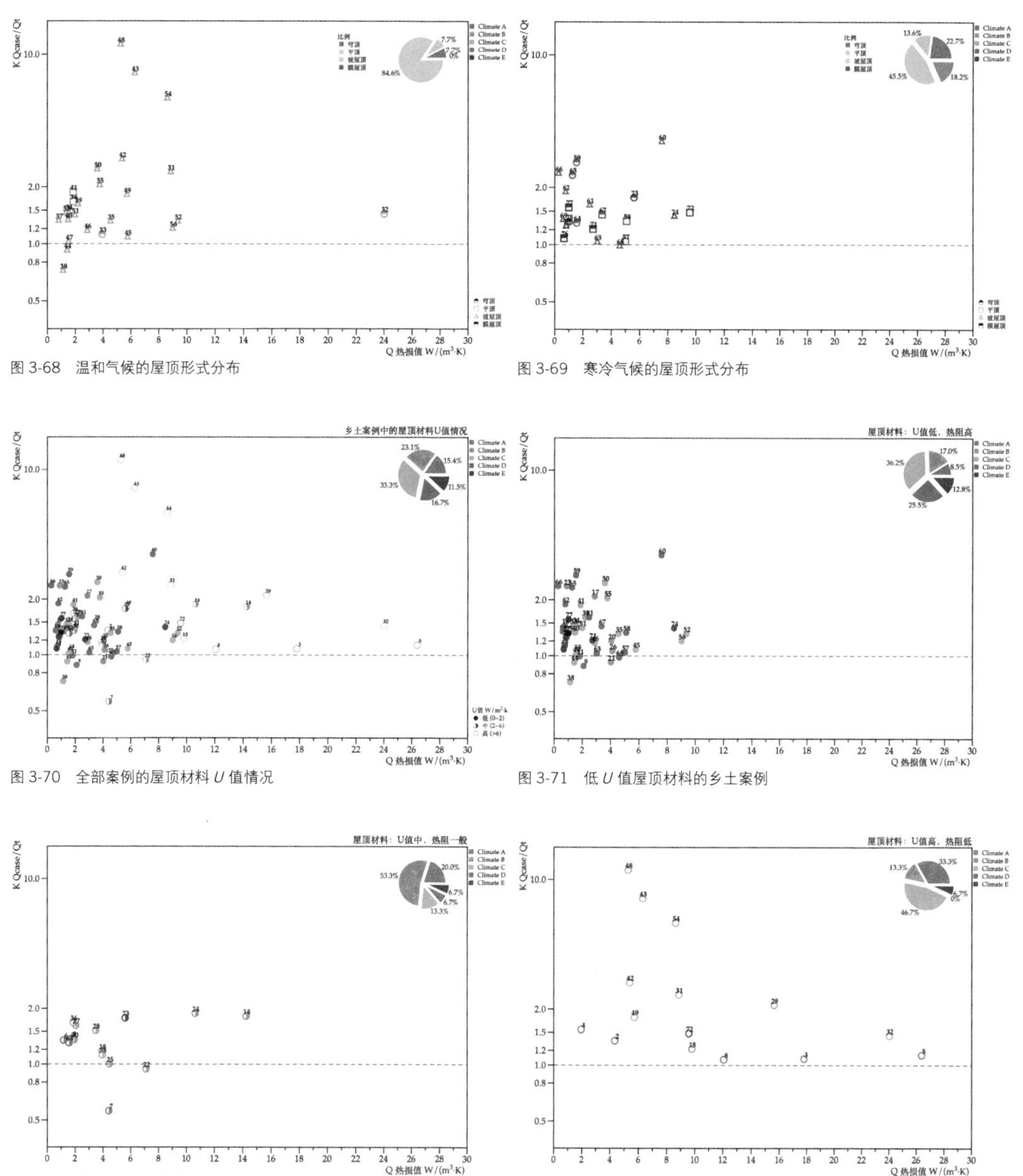

图 3-68　温和气候的屋顶形式分布

图 3-69　寒冷气候的屋顶形式分布

图 3-70　全部案例的屋顶材料 *U* 值情况

图 3-71　低 *U* 值屋顶材料的乡土案例

图 3-72　中 *U* 值屋顶材料的乡土案例

图 3-73　高 *U* 值屋顶材料的乡土案例

5.热单体特征与外墙材料传热

外墙材料低*U*值需求度从大到小排序为寒冷气候 > 温和气候 > 干热气候 > 湿热气候，在屋顶材料和墙体材料的低*U*值需求度排序中，干热气候与温和气候表现出相反的次序，纬度的差异导致建筑部位应对太阳辐射时发挥出不同的重要性。简单来说，相对于温和气候而言，干热气候的乡土案例所处纬度一般较低，屋顶所受到太阳辐射的影响相较于墙体更大，干热气候呈现出较大的建筑密度，因此干热气候对于屋顶材料低*U*值的要求更高，反之亦然。

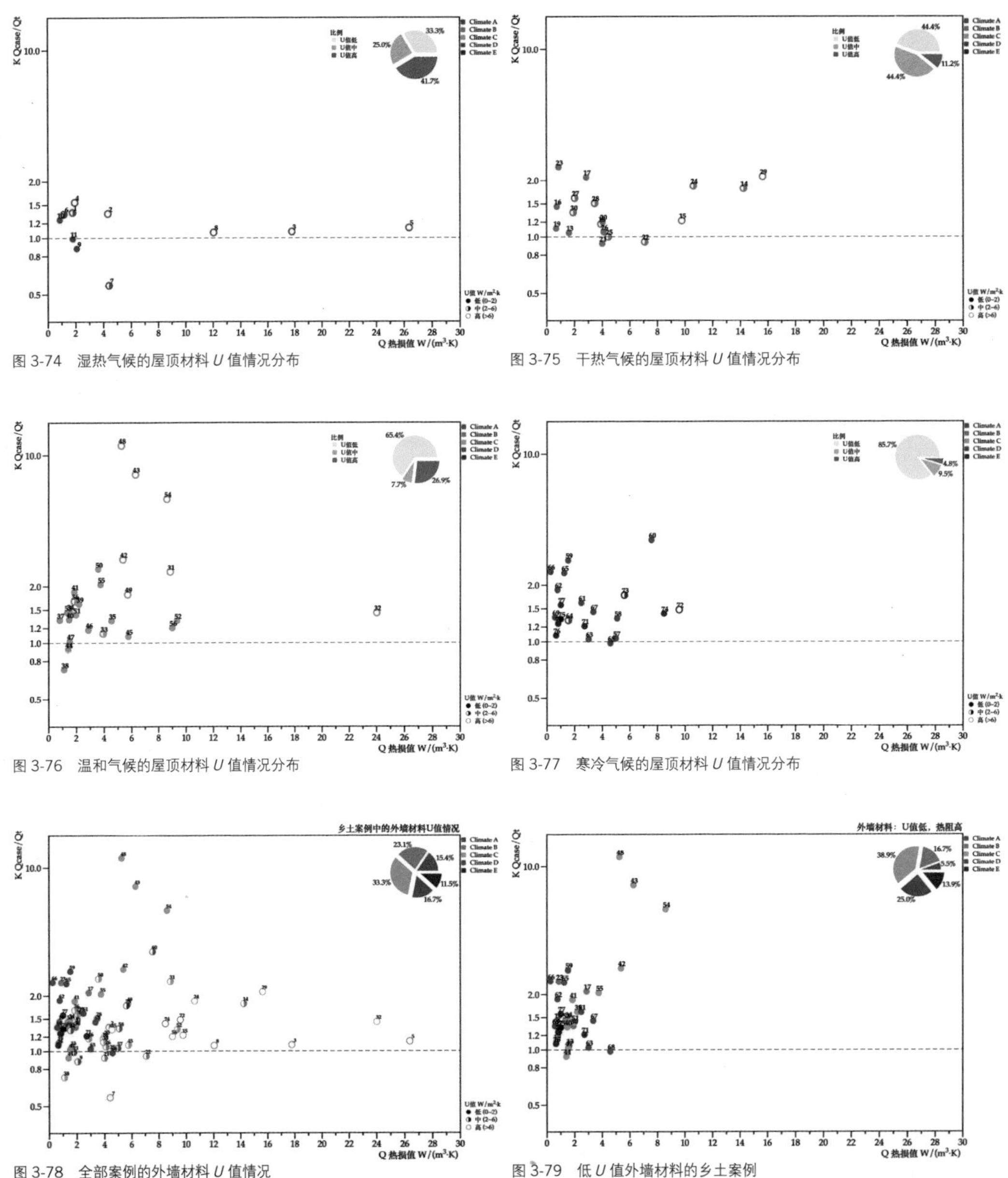

图 3-74　湿热气候的屋顶材料 *U* 值情况分布

图 3-75　干热气候的屋顶材料 *U* 值情况分布

图 3-76　温和气候的屋顶材料 *U* 值情况分布

图 3-77　寒冷气候的屋顶材料 *U* 值情况分布

图 3-78　全部案例的外墙材料 *U* 值情况

图 3-79　低 *U* 值外墙材料的乡土案例

6.热单体特征与空气渗透情况

不同空气渗透情况的乡土建筑热单体特征分布表明：①湿热气候相对于其他气候对建筑具有高空气渗透能力需求更大，干热气候则要求建筑具低空气渗透能力，以达到低热量交换的目的，温和气候与寒冷气候都偏向于要求建筑具备低空气渗透能力，但是温和气候比寒冷气候更能允许较高的空气渗透情况。②考虑到乡土建筑的建筑过程是遵循取材—结构搭建—外围护构造的顺序进行建造，建筑外

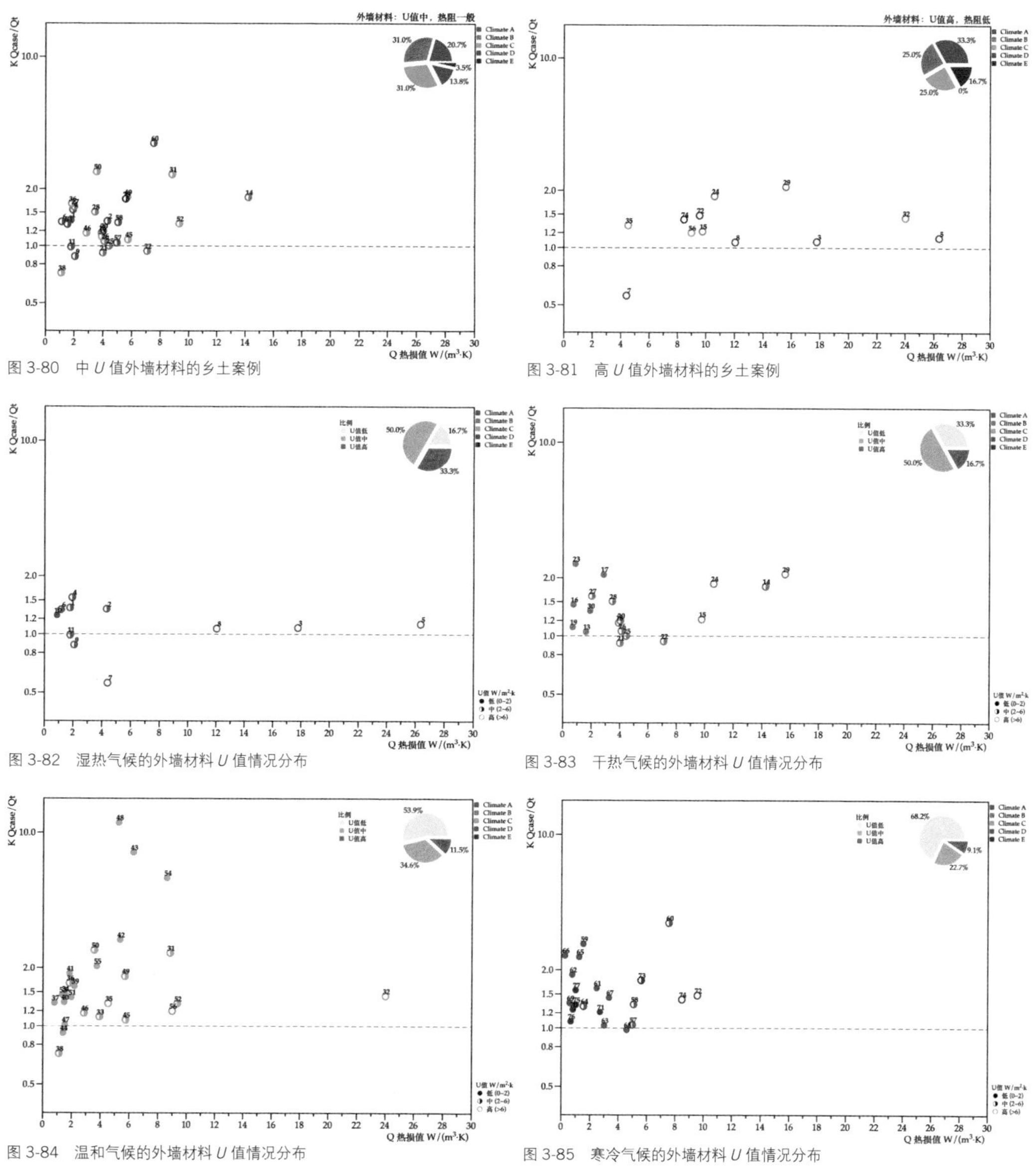

图 3-80　中 U 值外墙材料的乡土案例

图 3-81　高 U 值外墙材料的乡土案例

图 3-82　湿热气候的外墙材料 U 值情况分布

图 3-83　干热气候的外墙材料 U 值情况分布

图 3-84　温和气候的外墙材料 U 值情况分布

图 3-85　寒冷气候的外墙材料 U 值情况分布

围护结构的渗透能力有可能作为对建筑热特征的一种补充调节手段。因此，高空气渗透情况往往会出现在具有低热损值和低热单体特征值的案例中，低空气渗透情况则允许存在高热损值及高热单体特征值的案例。

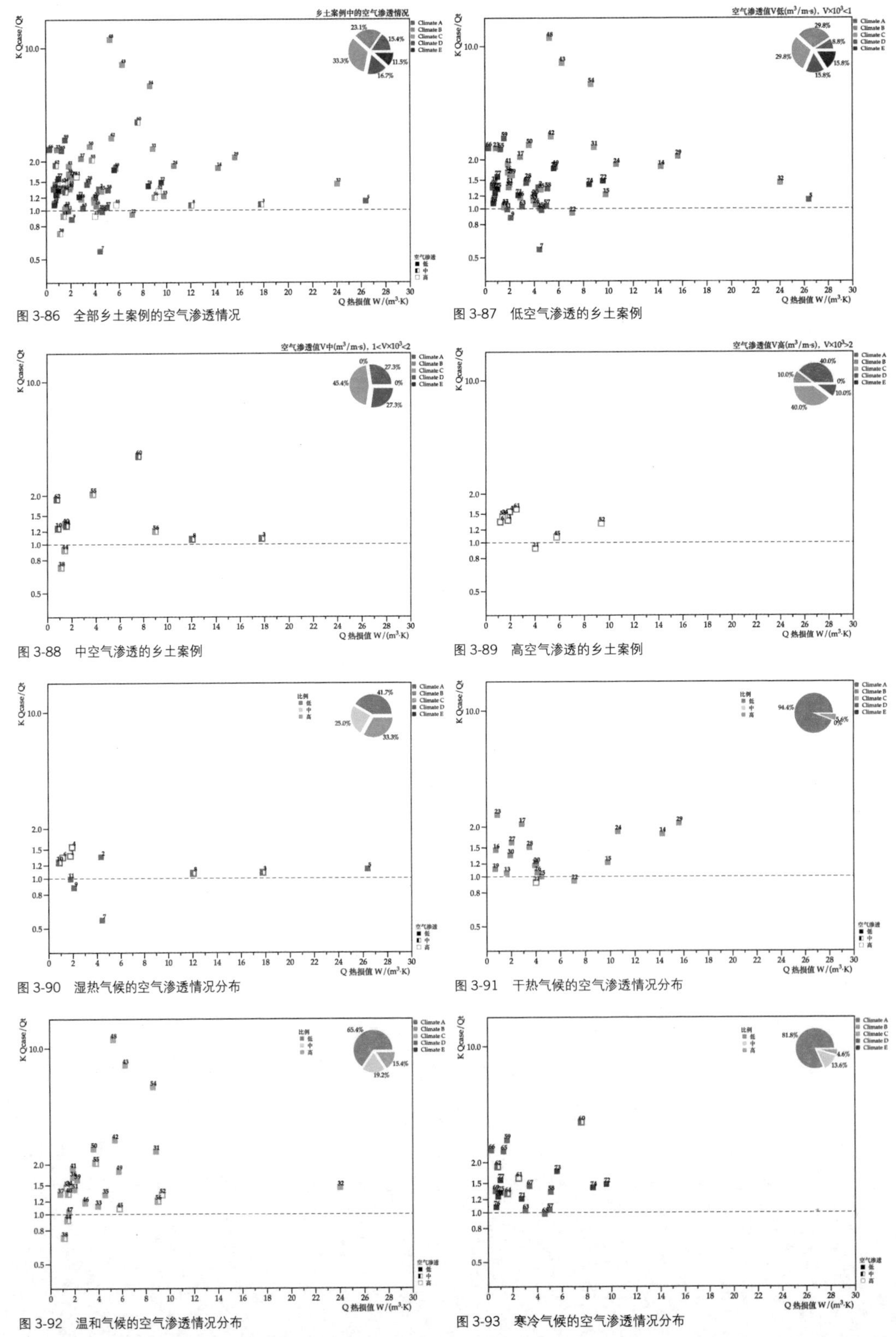

图 3-86　全部乡土案例的空气渗透情况

图 3-87　低空气渗透的乡土案例

图 3-88　中空气渗透的乡土案例

图 3-89　高空气渗透的乡土案例

图 3-90　湿热气候的空气渗透情况分布

图 3-91　干热气候的空气渗透情况分布

图 3-92　温和气候的空气渗透情况分布

图 3-93　寒冷气候的空气渗透情况分布

3.4 乡土建筑的热力学谱系归纳

首先，基于不同气候类型与能量需求，结合不同尺度的建筑特征与气候适应性的关系，对所选取的案例进行特征筛选和比较，根据选址位置、建筑形式、建筑密度、街巷高宽比、屋顶形式、出檐、屋顶材料、外墙材料、空气渗透和热单体特征值10个特征指标，形成不同气候类型的乡土建筑热力学谱系（图3-94—图3-97）。

前文对不同建筑特征与能量特征进行了气候适应性的分析，并针对各个建筑特征形成基于不同气候类型的设计策略。通过进一步对所有乡土案例进行综合归纳和比较，可以发现：在研究不同气候条件下乡土建筑的热力学特性时，这些建筑在某些特定特征上表现出一致性或差异性。以湿热气候为

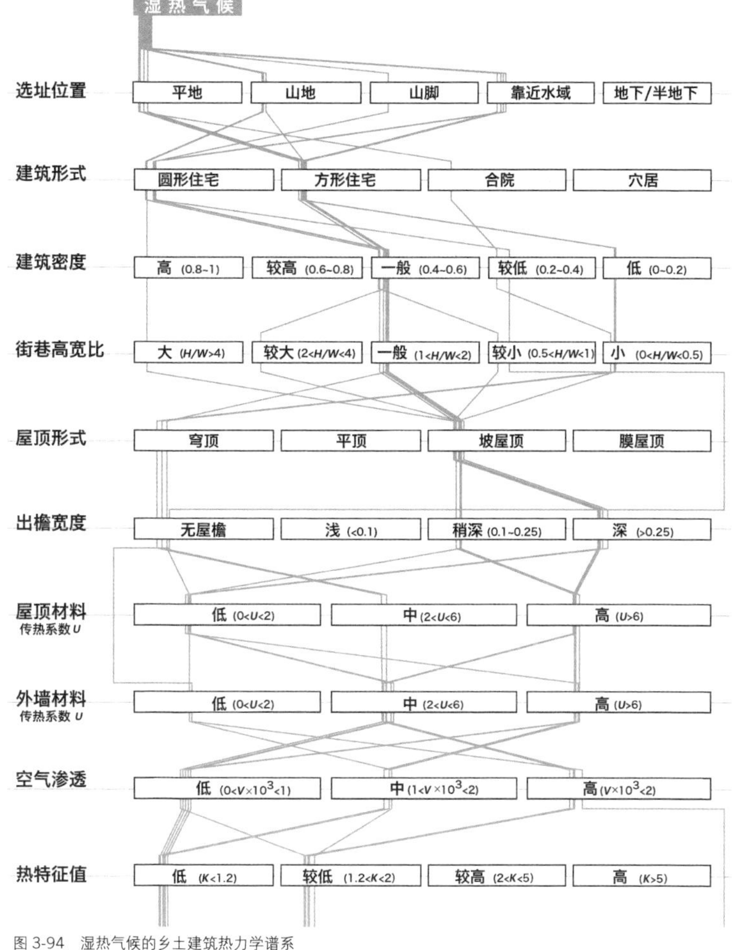

图 3-94 湿热气候的乡土建筑热力学谱系

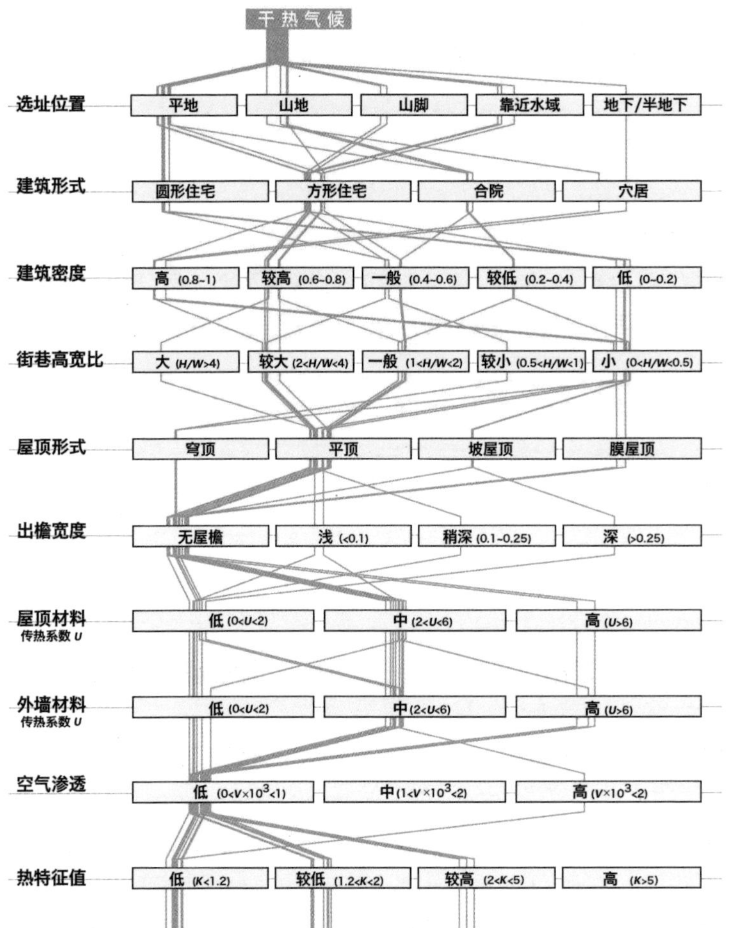

图 3-95　干热气候的乡土建筑热力学谱系

例，倾斜的屋顶和宽阔的屋檐通常是这一气候下乡土建筑的共有特征。此外，这类气候条件下的建筑密度通常集中在0.4～0.6的范围内。在干热气候下，乡土建筑案例则集中在采用平屋顶和没有屋檐的建筑形式，一方面降雨量小，平屋顶可以满足蓄水的需要；另一方面，干热气候的建筑材料采用以夯土或石材为主的重质材料，因此更多采用平顶的建造方式。在温和气候下，更多采用坡屋顶的建造形式，但是由于气候宽容度较大，建筑对于材料和空气渗透的要求差异性对较大。在寒冷气候下，可以发现乡土建筑案例更多采用低密度和较小街巷高宽比的形式，这可能是处于寒冷气候的建筑需要尽可能地利用太阳辐射热量进行采暖，还对增加材料保温性能和减少建筑空气渗透有着显著的需求。

采用这种方式来呈现乡土建筑热力学谱系，可以直观地揭示不同建筑案例在适应各种气候条件时的关键特征表现与相互关系。根据前文对不同建筑特征（建筑形式、屋顶形式和材料等）的热单体特征值的筛选和比较，有的建筑特征具有明显的气候适应性倾向（如平屋顶具有干热气候的适应性，坡屋顶具有湿热气候和温和气候的适应性），以及建筑特征之间具有显著的关联性（如穴居的建筑材料一般具有较低的传热系数），但是，也有的建筑特征没有明显的气候差异和特征关联性。

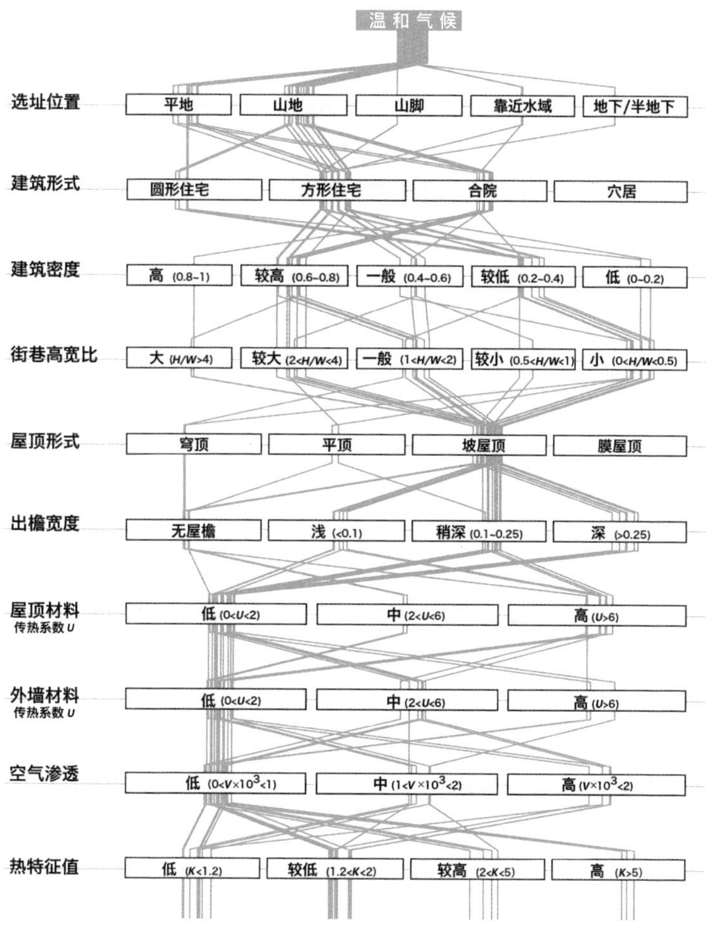

图 3-96 温和气候的乡土建筑热力学谱系

结合前文对于不同建筑形式的热力学谱系和热单体特征值分析，可以进一步发现，合院的热力学谱系（图3-98）相较于其他建筑形式来说，其热单体特征值（图3-99）分布最为离散，各个案例之间的统一性较小，差异性也非常大，在各个气候区都有所出现。图3-100是根据热单体特征值的高低，对合院类型的乡土建筑进一步划分，可以发现具有较低的热单体特征值的合院建筑，表示其具有更为优化的外形，更接近于最低热损失的热单体，这类合院一般较热单体特征值较高的合院建筑形态上更为集约紧凑，合院天井空间的开口更小或数量更少。

但是，合院空间的建造经验是否只是一个浪漫而非理性的策略，其中是否具有隐藏的气候科学和热力学规律值得被设计借鉴，从而可以为我们设计合院类型的建筑形式提供有用的参考？因此，为进一步厘清合院的气候适应性，还有以下问题需要解决：①合院空间在全球范围的乡土建筑和当代建筑设计中都是如何体现的，呈现出什么形式差异？②合院是否有应对不同气候类型的气候适应性设计策略？③由于合院的技术量化很难通过外部温度和简单的公式进行计算，如何分析和量化合院的热力学现象，并使之应用于设计？④结合前文提到的紧凑体型和分散体型，对于节约能耗和保温而言紧凑型建筑无疑是被

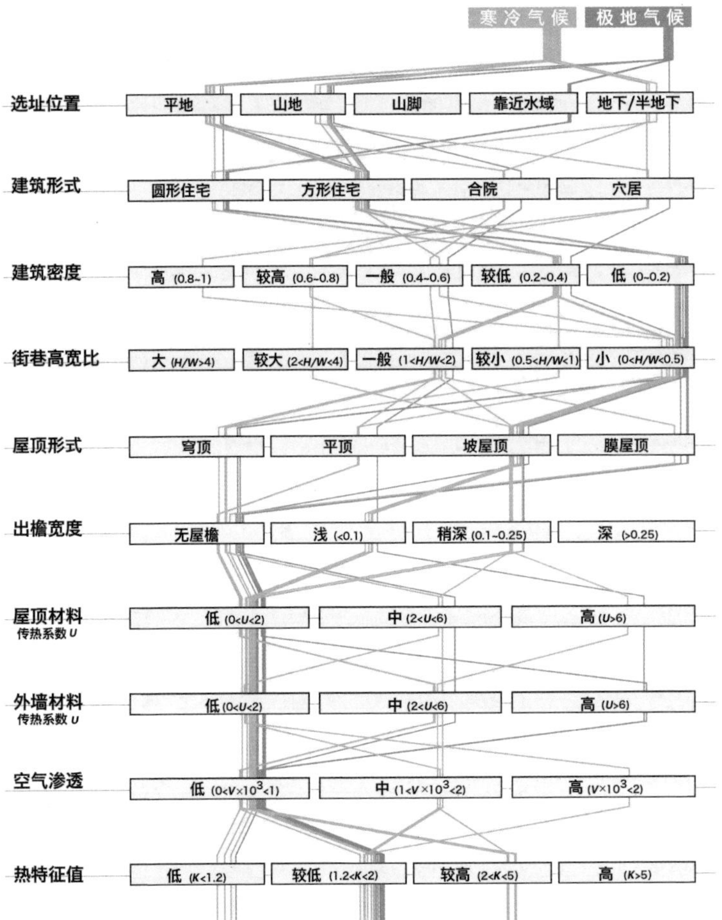

图 3-97　寒冷气候的乡土建筑热力学谱系

优先考虑的，但是合院恰恰是紧凑体型的对立面，它存在于建筑中往往代表着较大的体形系数和与外界较大的接触面，那么作为衡量合院热力学性能的空间物理参数是什么？这些都是本书后续讨论的问题。

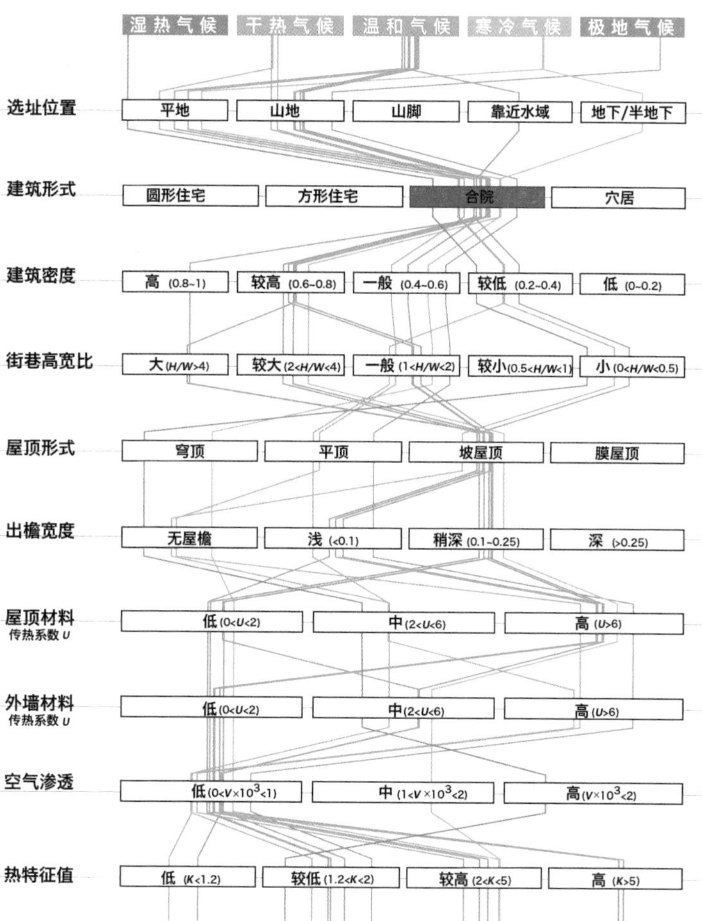

图 3-98　合院建筑形式的乡土建筑热力学谱系

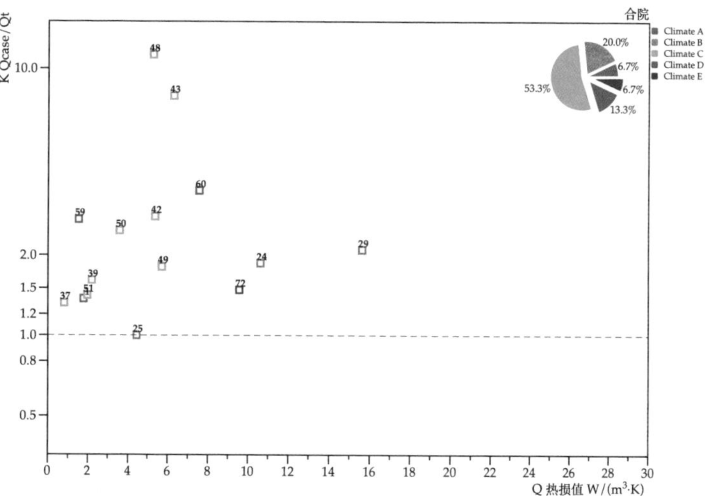

图 3-99　合院案例热单体特征值

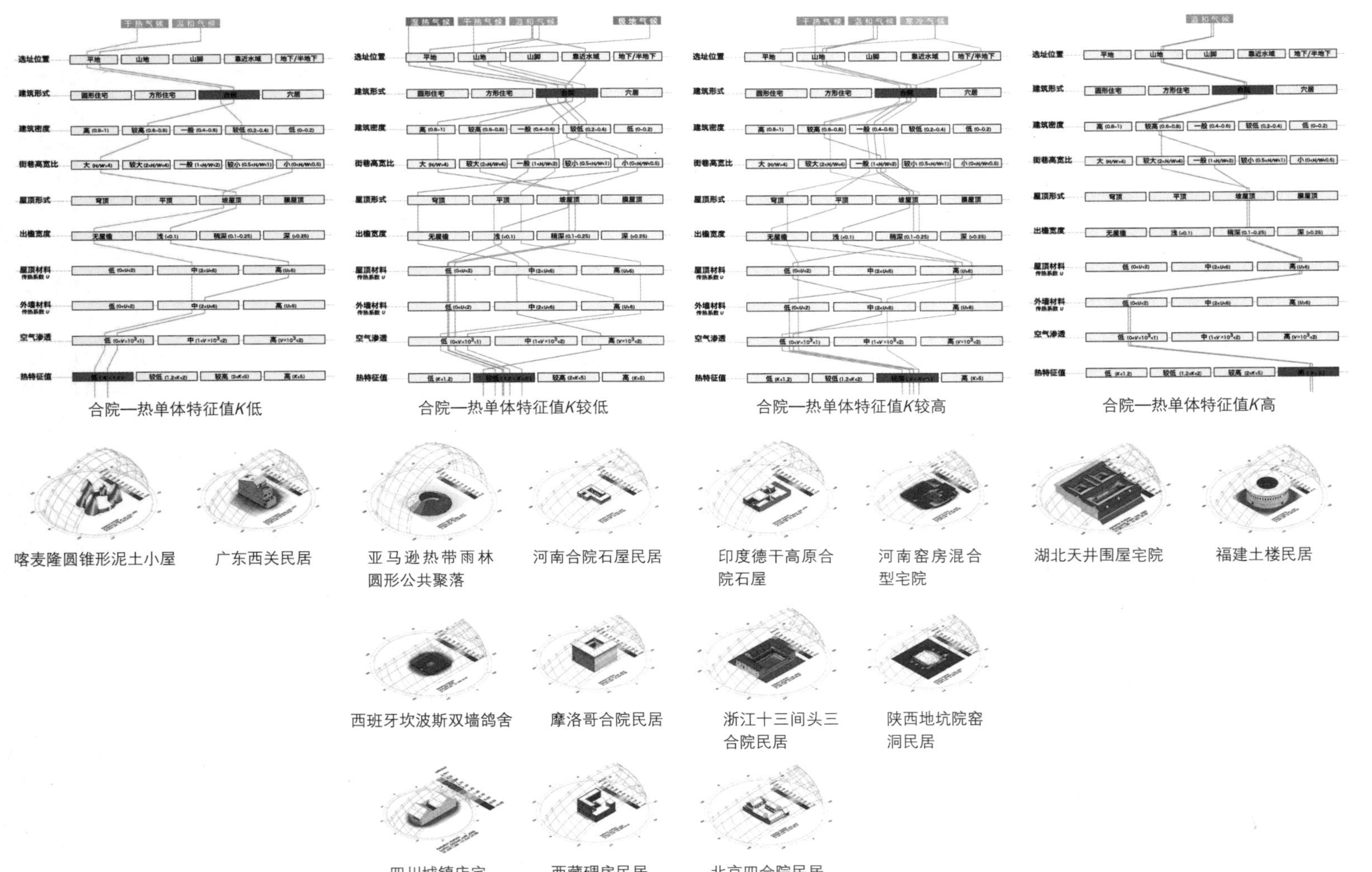

图 3-100　不同热单体特征值的合院类型乡土建筑热力学谱系

第 4 章

乡土建筑热力学设计方法及策略——以乡土合院原型研究为例

4.1 基于气候适应性分析的乡土建筑热力学设计方法

气候适应性设计的方法和相关工具可以让建筑设计者在设计方案的早期阶段理解建筑所在场地的气候状况、建筑和能量平衡的关系，然后针对一年或一天当中的能量平衡变化提出适宜的被动式设计手段，如被动式太阳能采暖、自然通风、遮阳、建筑蓄热等措施，并进一步和建筑设计方案的其他因素进行协调，使被动式设计的策略和建筑相结合。

21世纪以来，建筑师对建筑性能的认识有了很大的提升，会通过运用复杂的分析工具来分析建筑性能。其一是因为昔日数据烦琐、计算量大的设计性能分析变得更快，也更容易获得，这意味着设计性能分析可以从设计过程的概念阶段就开始。其二由于人们逐渐意识到建筑物对环境和能源问题的负面影响，设计对气候条件作出反应的建筑物已变得至关重要。其三是对经验式的乡土建筑生物气候设计方法的有效性和实用性一直以来都受到很大的质疑，如何验证乡土建筑中真正有效的气候适应手段以及将其转化到建筑设计中也成为许多建筑师一直关注的问题。

在气候适应性设计中，气候（包括气候特征、气候限制性因素和气候增益潜力等）和居住者的热舒适性是建筑物热调节的两个主要驱动力（图4-1）。这两个要素共同作为气候适应性设计过程的基础，同时也影响着作为第三要素的技术和设计策略的选择，这三者最终通过在建筑设计中的生物气候设计策略和气候响应设计措施来得到验证和表达。

这种设计过程背后的主要思想与设计建筑的建筑特征与区域环境、文化和社会以及普遍的气候条件相关。然而，生物气候建筑设计的方法往往不是分析性的，是从乡土建筑的经验中直接转化而来的，原因有三点：其一是原始气候数据对于建筑师来说难以处理，甚至更难转化为具体的设计解决方案。其二是居住者的热舒适性要求很难与一套具体的建筑设计措施联系起来。其三是乡土建筑长期以

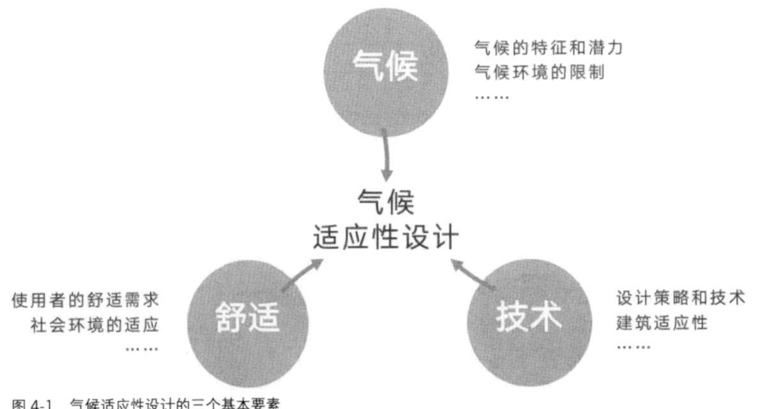

图 4-1　气候适应性设计的三个基本要素

来应对气候的技术在向当代转化的过程中并没有得到有效的验证。

尽管乡土建筑的经验式方法可能会成功地设计出符合气候适应性的建筑，但尚不清楚是否选择了最合适和最有效的生物气候设计策略，最终的建筑性能也无法从一开始就有所判断。因此，为了实现分析性生物气候设计过程，能够将某个位置的气候参数与居住者的热舒适性联系起来的工具（如生物气候图），将能够定义所需要的设计特征。换句话说，输入的需求将是热舒适性需求和选定的气候参数（包括温度、风速和相对湿度），而输出的结果就是目标地点建筑的生物气候适应性的大小[18]。因此，对生物气候适应性的初步评估是分析性生物气候设计过程的起点和关键要素之一。然而，建筑气候适应性的确定始终只是一个粗略的评估，而不是建筑能源性能的预测。

4.1.1 基于气候适应性分析的设计过程

以能量为导向的气候适应性的分析和建筑热力学设计是一个动态调整的过程，包括在乡土建筑中提取传统空间原型、对原型进行热力学性能和气候适应性的分析、利用生物气候图进行气候分析和能量需求分析、对演绎空间进行能量平衡温度的计算、能量需求折线的评估、提出应对的措施以及性能的反馈评价等。

第一步，乡土建筑原型的提取和研究。这部分内容需要结合乡土建筑的地域性特征和传统文化需求，对特定地域下的乡土建筑传统空间原型进行提取，很大程度上反映出建筑师的设计意图与社会、文化环境的关系。

第二步，对原型空间的热力学性能分析。基于气候适应性图解和相关研究对提取的乡土建筑热力学原型进行性能的界定，包括在风、热量、光照和湿度等方面的调节作用进行充分的界定。

第三步，对所提取和分析的原型空间性能进行热力学验证。依据能量捕获、能量交换和能量梯度的能量流动模式，对空间原型的热力学性能进行研究，包括具体的空间尺度、空间类型、界面等与对应能量的关系，从而获取适应于相应的气候需求和能量需求的优化原型。

第四步，基于能量平衡分析的建筑气候设计调整优化过程。需要结合设计进行反复调整，对提取的乡土建筑原型进行能量优化，包括利用生物气候图的室外气候分析和针对建筑形体的能量平衡分析。

气候适应性分析是指将建筑所在城市和区域的气候环境数据绘制在生物气候图上，形成简单的定性分析，使建筑设计者对场地气候环境有一个初步的认识，并对需要采取什么样的策略有一个大体的概念。这部分工作需要和建筑总体规划和场地分析同时进行，除了生物气候图以外，还可以采用基于PMV或AC的焓湿图分析、气候列表分析等方法。气候适应性分析的结果可以结合设计和生物气候图选择相应的能量策略。

能量平衡的计算包括能量平衡温度的计算和能量需求折线的分析，是在前面气候分析的基础上，得到了初步的建筑规划和建筑形体，然后结合某一建筑形体的初步设计情况（包括建筑类型、建筑面积和体量、围护结构的外形、材料、开窗的设置等）进行能量平衡温度的计算。其中要统计该建筑某一时间段的能量增益和损耗情况，包括外围护结构、人员使用、设备使用、通风情况等。能量需求折线的评估，是通过定义一段时间内（可以是一年、一个月或一天）的能量平衡情况，从而确定建筑在什么时间段需要采用什么样的加热或降温策略，这一步骤是在步骤一的基础上对已有建筑体量的进一步分析。

在掌握了上述的气候基本情况和能量平衡需求以后，需要采取能量策略判断框架提出针对性策略，并考虑这些策略的可行性。最后将所采用的策略措施汇总和评价分析，可以用相关建筑符号表达，从而形成一个较为完善的气候设计建筑方案。结合具体实施和其他设计因素的考虑，还需要对建筑方案进行最后的性能评价分析，对不满意的策略重新选择或替换，结合性能模拟软件进行方案的比选。这里需要强调的是，气候适应性分析和能量平衡分析是相辅相成，又有所区别的。前者是对建筑所在环境的气候状况的认识，以厘清该地域各种气候变量之间的关系以及什么时段应该着重考虑什么气候要素；后者是强调在建筑初步成型阶段，对建筑形式、空间、人员设备和能量平衡的关系，从而有针对性地提出该建筑形体需要采用的策略和改进措施。

1.生物气候图

生物气候图作为建筑气候分析的工具，由维克多·奥戈雅率先于1953年提出，随后吉沃尼也采用了类似的方法，采用焓湿图对建筑气候进行分析。这两图是目前较为常用的方法，都通过将气候数据和人体舒适度相联系，从而分析初步的建筑设计与环境热平衡的关系，并给予相应的生物气候策略的建议（包括被动式太阳能供暖、自然通风等），分析通过策略的改进可以使设计的理论舒适范围扩大多少时间。生物气候图作为气候评估的工具适用于建筑设计初期对建筑生物气候适应性的判断，有利于直接通过使用基本气候数据和一般居住者的热舒适标准来定义生物气候设计措施[83]。因此，生物气候适应性的分析应该尽可能地在设计各个阶段进行分析，反复验证，并在后期设计阶段通过更复杂的建筑能量模型进行校正。

近半个世纪以来，生物气候图的方法经过许多学者的努力得到了不断改进，可以适用于更广的气候范围和建筑类型，目前应用较为广泛的建筑气候设计方法包括：奥戈雅的生物气候图方法、吉沃尼的建筑气候图方法、阿伦斯新生物气候图方法和伊万斯热舒适三角图方法等（图4-2）。

目前，对于生物气候适应性的分析除了可以采用生物气候图，还可以进行建筑模型分析或参数化建筑能源性能模拟等工具来试图寻求建筑的最佳性能之解。与能源模拟计算相比，生物气候图的优点有：①不需要准确的模型参数设置，更加适用于在基本掌握气候数据、当地使用者舒适性和初步建筑形态的基础上，对设计初期的生物气候适应性进行判断。②不依赖计算机的性能，计算时间更短，表

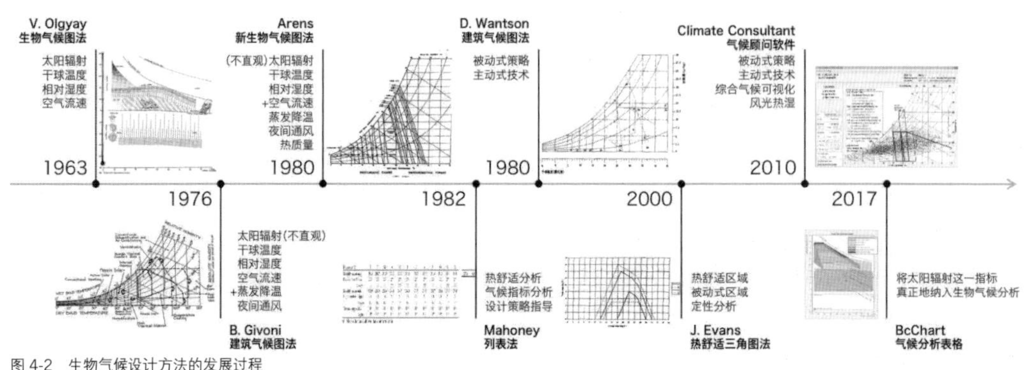

图 4-2　生物气候设计方法的发展过程

达直观。③对于建筑师来说更为适用，能够直接对设计进行响应，对设计策略的方向能够提供科学直接的指导。

虽然生物气候图的提出已经历时半个世纪，但是在节能建筑设计领域，设计师很少使用生物气候图进行建筑设计的气候分析，即使在今天有较为完善的计算机模拟工具的辅助，如加利福尼亚大学2010年开发的Climate Consultant气候顾问软件和EcoTect气象工具中的焓湿图，对生物气候图这种设计方法的应用也并不常见，可能有以下原因：①在计算机的发展和数据处理普及应用之前，生物气候图的绘制需要依赖手工对气候数据进行绘制，对于设计师来说需要耗费太多的精力对不熟悉且大量的气候数据进行整理。②可能由于建筑教育课程中涉及生物气候设计的分析较少（被认为是过时的），或者只是在涉及建筑物理和能源性能的课程中被简单提及，尤其是生物气候适应性的分析。③由于原本的生物气候图方法依然存在应用上的问题，主要是没有直接且直观地在生物气候图中包含有太阳辐射对生物气候适应性影响的考虑，即使在Climate Consultant 6软件中也只是对气候数据中太阳辐射因素作为单独的气候因素进行图表的可视化，并没有在焓湿图中呈现出来。需要明确的是在节能建筑设计中，太阳辐射显然已经成为大家普遍认为的最重要的气候参数之一，尤其是以外围护结构为主导的被动式建筑中。上述问题可能直接导致建筑师和建筑学生在分析太阳辐射这一关键气候因素时，要么将其作为孤立的分析项目，要么完全忽略，从而使其对建筑的生物气候适应性分析的有效性存在持续的怀疑和困惑。因此，上述提到的生物气候图都各有优缺点，目前以吉沃尼建筑气候图法为基础的焓湿图应用得较为广泛，如上面提到的Climate Consultant软件。2017年，卢克（Luka Pajek）和科希尔（Mitja Kosir）对生物气候图的研究作出了突破，在奥戈雅生物气候图的基础上，开发了一个更新的生物气候图方法工具BcChart，能够直接计算生物气候适应性，并包括太阳辐射的影响[156]。

将太阳辐射这一指标真正地纳入生物气候分析，而不是把它单独拿出来考虑，对于被动式设计和生物气候适应性的分析尤为重要。其原因不仅是考量夏季这一单一季节太阳辐射量对于建筑的热力学性能的影响，还有助于分析春季和秋季过渡季节出现的太阳辐射导致的过热问题，以及冬季利用太阳辐射进行供暖的可能性。如在生物气候图（图4-3）中的遮阳线就是用来评估通过阻挡太阳辐射的生物气候适应性，但是对各个设计中的建筑利用或阻挡太阳辐射的能力，主要取决于单个建筑的特征和各个设计要素的整合，如外围护结构的特征、墙体开口的朝向、面积、建筑类型和材料等。本书尝试利用BcChart软件，采用“替代温度”[135]分析使用者的热适应性需求，其中就考虑太阳辐射的影响。

图4-4分别表示采用替代温度前和替代温度后的生物气候适应性分析，通过图4-4右可以将“辐射”与每个月的温度和湿度联系起来，从而在给定的热舒适标准下，对特定位置的生物气候适应性进行可视化，其中包含了太阳辐射对该位置要进行建筑设计的考量，不仅是对该位置假设建筑的生物气候适应性分析，而是可以让建筑师真正对确定选址的生物气候适应性进行分析，并且考虑采取相应措施和策略用于建筑设计中，其中最为关键的是要清楚采用被动式技术、自然通风、建筑蓄热、蒸发冷却、遮阳等设计策略的时间占比。

各项策略的时间占比，是通过表示每个月的最大平均温度和最小平均湿度，最小平均温度和最大平均湿度所定义的线段长度，在特定范围内与相应月份的线段的比例来确定的。

图4-4和图4-5表示了上海的生物气候适应性分析以及各项因素的影响比例，以百分比表示影响时

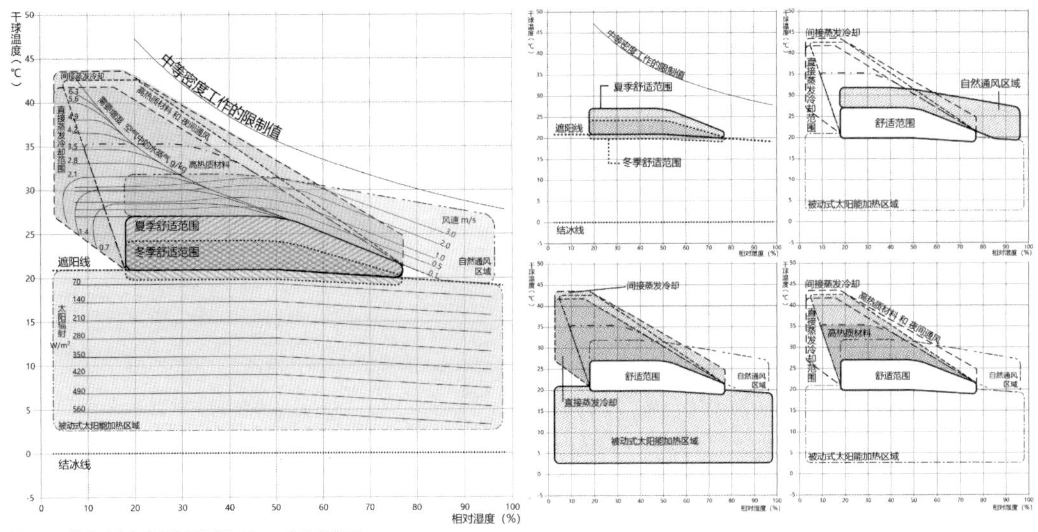
图 4-3　带有生物气候设计策略的 Olgyay 生物气候图

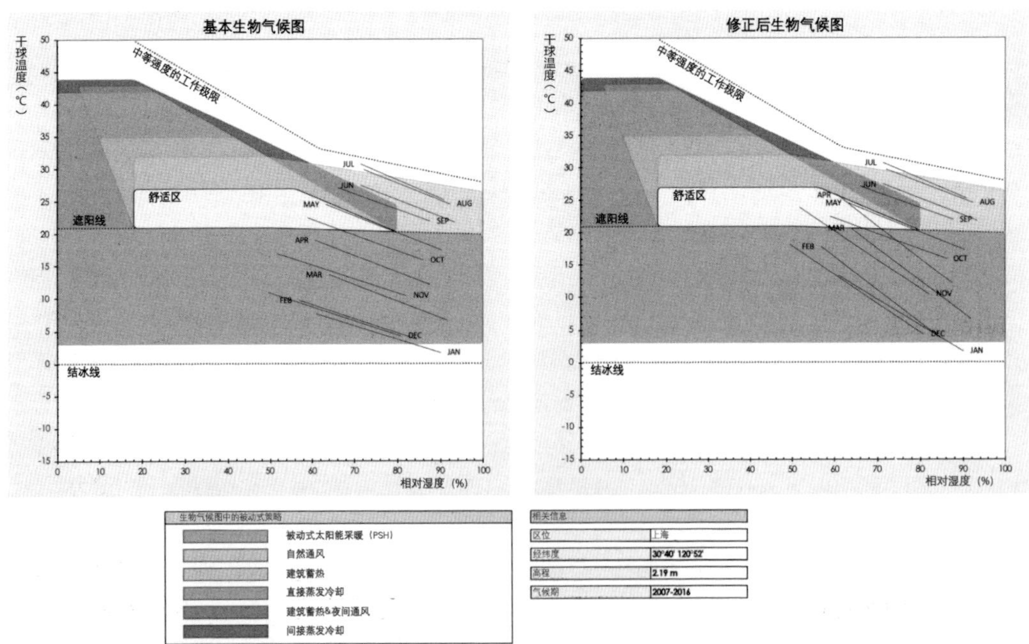

图 4-4　利用 BcChart 对上海地区生物气候适应性进行分析

间的占比（按一年8760个小时计算），对上海的具体分析如下。

1月，气候寒冷，远离舒适区，太阳辐射不足以完全用于被动式太阳能采暖，需要采用常规采暖来满足热舒适的要求。

2月，气候寒冷，远离舒适区，太阳辐射可以用于被动式太阳能采暖（100%）。

3月，气候寒冷，远离舒适区，太阳辐射可以用于被动式太阳能采暖（100%）。

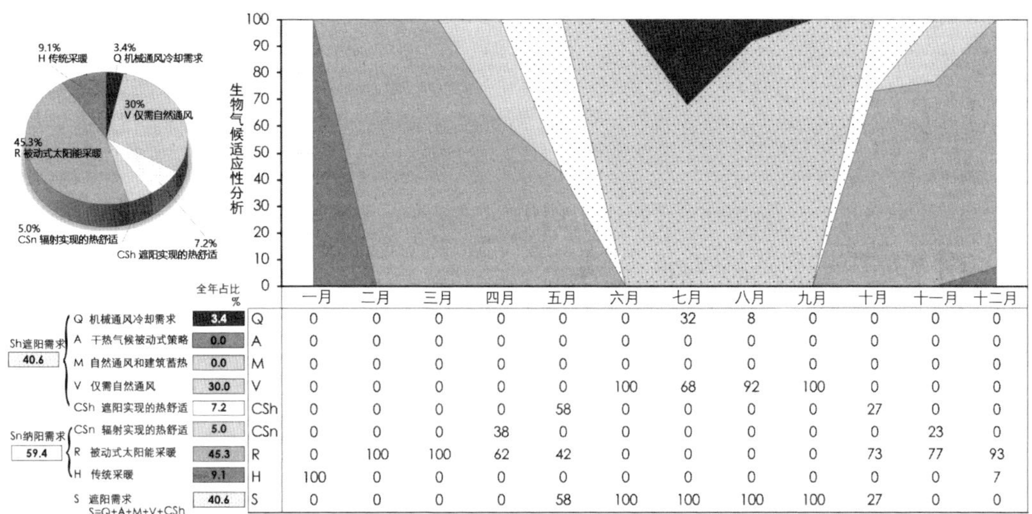

需求	策略	全年占比%		一月	二月	三月	四月	五月	六月	七月	八月	九月	十月	十一月	十二月
Sh遮阳需求 40.6	Q 机械通风冷却需求	3.4	Q	0	0	0	0	0	0	32	8	0	0	0	0
	A 干热气候被动式策略	0.0	A	0	0	0	0	0	0	0	0	0	0	0	0
	M 自然通风和建筑蓄热	0.0	M	0	0	0	0	0	0	0	0	0	0	0	0
	V 仅需自然通风	30.0	V	0	0	0	0	0	100	68	92	100	0	0	0
	CSh 遮阳实现的热舒适	7.2	CSh	0	0	0	0	58	0	0	0	0	27	0	0
Sn纳阳需求 59.4	CSn 辐射实现的热舒适	5.0	CSn	0	0	0	38	0	0	0	0	0	0	23	0
	R 被动式太阳能采暖	45.3	R	0	100	100	62	42	0	0	0	0	73	77	93
	H 传统采暖	9.1	H	100	0	0	0	0	0	0	0	0	0	0	7
	S 遮阳需求 S=Q+A+M+V+CSh	40.6	S	0	0	0	0	58	100	100	100	100	27	0	0

图 4-5 上海地区生物气候适应性设计策略全年及各月时间占比分析

4月，气候相对温和，有38%的时间可以通过辐射采暖实现热舒适，利用被动式太阳能采暖可以补偿62%的舒适时间。

5月，气候变化较大，有58%的时间可以通过遮阳隔热实现热舒适，利用被动式太阳能采暖可以补偿42%的舒适时间。

6月，气候炎热潮湿，远离舒适区，需要遮阳，在风速条件许可的情况下，利用自然通风策略能够补偿100%的舒适时间。

7月，气候炎热潮湿，远离舒适区，需要遮阳，在风速条件许可的情况下，利用自然通风策略能够补偿68%的舒适时间，其余32%时间需要采取机械通风降温和除湿。

8月，气候炎热潮湿，远离舒适区，需要遮阳，在风速条件许可的情况下，利用自然通风策略能够补偿92%的舒适时间。

9月，气候相对较热，远离舒适区，需要遮阳，在风速条件许可的情况下，利用自然通风策略能够补偿100%的舒适时间。

10月，气候相对温和，有27%的时间可以通过遮阳隔热实现热舒适，利用被动式太阳能采暖可以补偿73%的舒适时间。

11月，气候相对温和，有23%的时间可以通过辐射采暖实现热舒适，利用被动式太阳能采暖可以补偿77%的舒适时间。

12月，气候寒冷，远离舒适区，利用被动式太阳能采暖可以补偿93%的舒适时间，其余时间需要采用常规采暖才能满足热舒适的需求。

表 4-1　不同气候类型的生物气候适应性分析

<table>
<tr><th rowspan="3">气候分类</th><th>Q
机械通风冷却和除湿</th><th>A
蒸发冷却、建筑蓄热和夜间通风等被动式策略</th><th>M
自然通风和建筑蓄热</th><th>V
自然通风</th><th>CSh
由遮阳实现的热舒适</th><th>CSn
由纳阳实现的热舒适</th><th>R
被动式太阳能采暖</th><th>H
传统采暖</th></tr>
<tr><th colspan="5">Sh 减少太阳辐射的需求</th><th colspan="3">Sn 增加太阳辐射的需求</th></tr>
<tr><th colspan="4"></th><th colspan="2">Cz 考虑太阳辐射的热舒适</th><th colspan="2"></th></tr>
<tr><td rowspan="3">湿热气候
Af 新加坡</td><td>26%</td><td>0%</td><td>0%</td><td>74%</td><td>0%</td><td>0%</td><td>0%</td><td>0%</td></tr>
<tr><td colspan="5">100%</td><td colspan="3">0%</td></tr>
<tr><td colspan="4"></td><td colspan="2">0%</td><td colspan="2"></td></tr>
<tr><td rowspan="3">干热气候
BWh 埃及</td><td>0%</td><td>20%</td><td>21%</td><td>0%</td><td>26%</td><td>4%</td><td>29%</td><td>0%</td></tr>
<tr><td colspan="5">67%</td><td colspan="3">33%</td></tr>
<tr><td colspan="4"></td><td colspan="2">30%</td><td colspan="2"></td></tr>
<tr><td rowspan="3">温和气候
Cfb 上海</td><td>3.4%</td><td>0%</td><td>0%</td><td>30%</td><td>7.2%</td><td>5%</td><td>45.3%</td><td>9.1%</td></tr>
<tr><td colspan="5">40.6%</td><td colspan="3">59.4%</td></tr>
<tr><td colspan="4"></td><td colspan="2">12.2%</td><td colspan="2"></td></tr>
<tr><td rowspan="3">寒冷气候
Dfc 瑞典</td><td>0%</td><td>0%</td><td>0%</td><td>0%</td><td>0%</td><td>5%</td><td>21%</td><td>74%</td></tr>
<tr><td colspan="5">0%</td><td colspan="3">100%</td></tr>
<tr><td colspan="4"></td><td colspan="2">5%</td><td colspan="2"></td></tr>
</table>

根据对不同气候区的典型城市的生物气候适应性分析，同样采用上述的方法清晰地表明太阳辐射（增加或减少）对热舒适性分析的重要影响，图4-5中的CSn和CSh分别代表了通过太阳辐射的减少（遮阳）和增加（纳阳）所获得的热舒适时间占比。通过表4-1可以看到，通过纳阳获得的额外热舒适在上海可以获得5%，如果按照以往的分析，这个因素将会被忽略。此外，被动式太阳能加热和传统采暖将为生物气候设计提供被动式设计策略的有效性反馈，如上海的数据中分别为45.3%和9.1%的占比，这说明只要采取用适当的太阳能加热的被动式设计策略，可以有效提高使用者的热舒适性，同时还能减少冬季供暖耗能。如果将被动式采暖和纳阳实现的热舒适两处数值相加，上海地区可以达到50%以上，这说明了被动式太阳能采暖的设计措施是该地区建筑设计中最为重要的生物气候设计策略之一。

尽管对于湿热和干热地区来说，太阳辐射对于其寒冷时段的生物气候适应性影响较少，但是通过对减少太阳辐射的需求分析可以有效地判断该地区的遮阳需求，如对于埃及等干热气候地区来说，可以在全年67%的时间采用遮阳、蒸发冷却、建筑蓄热和夜间通风等设计策略来实现建筑的热舒适。因此，在绝大多数地区，兼顾遮阳和纳阳两个方面的设计策略对于建筑的生物气候适应具有重大的意义。但是像新加坡这样的湿热气候来说，全年都有遮阳的需求，每个月都有相应的设计策略响应生物气候适应性变化，这是该气候下最大的特征。建筑师可以通过判断不断变化的季节条件来对建筑性能作出相应的调适，从而提供最优的设计方案。因此，采用生物气候图进行建筑的生物气候适应性分析，尤其加入对太阳辐射的考虑，是建筑设计早期阶段的一个有效工具，有助于让生物气候适应性这一抽象概念，即一个地区的气候特征与采用了生物气候设计策略的建筑实体进一步联系起来，实现抽象到具体的过渡。

2.能量平衡温度

无论是现代建筑还是乡土建筑，他们最重要的目标是，在特定的地理环境下，为居住者提供足够的室内舒适度，因此建筑的整体性能取决于如何调节两种环境（室内和室外）之间的差异。

根据通过前述的生物气候图分析方法得出的基本气候适应性分析，建筑师可以有初步的建筑体量的考虑，但是最优性能和最优舒适度的建筑设计如何获得？理解控制建筑性能的基本因素十分重要，尤其对于以气候适应性为主导的乡土建筑设计而言。尽管在今天，我们已经可以借助复杂的计算机模拟工具，对复杂的建筑性能进行详细的分析。目前建筑设计阶段在性能优化上可以分为两类，一类是依赖计算机自动化和人工智能，建筑师试图在反复试验的基础上设计建筑物，其结果是建筑师脱离了自主控制建筑环境性能的能力，而这个话语权被机器和工程师所取代；另一类是以气候适应性设计为代表的，在生物气候设计的背景下，理解建筑性能背后的核心，通过利用环境能量和物质交换的过程来分析建筑环境的适应性和性能。

建筑热平衡和建筑能量平衡点温度（Balance Point Temperature，TB），是用于计算和识别某一时间段特定建筑物的气候适应性大小的有效工具。能量平衡点温度主要适用于设计初期阶段，根据相应体量的建筑和给定的能量增益和损耗的情况下，以及在设定的室内热舒适条件下，建筑物的外部温度与环境达到热平衡的温度。其中一种计算方法是采用估算公式式（4-1）计算出一段时间的平衡温度[92]。

$$TB = T_C - \frac{R_W \cdot A_W \cdot \rho_W \cdot Q_{in}}{(Q_{tr} + Q_{ve}) \cdot t} \tag{4-1}$$

其中，T_c代表所需要的室内温度。R_W表示平行于窗户平面上某时间段所接受的太阳辐射，单位为Wh/m^2；A_W表示窗户表面积，单位为m^2；ρ_W表示玻璃对太阳辐射的有效透射率，包括遮阳构件的影响；表示太阳辐射热量的利用效率系数，根据具体设计而异，一般取0.5～0.7。Q_{in}表示建筑内部产生的热量，用Wh表示；Q_{tr}表示建筑物的传导热量得失率，计算方式为建筑外围护结构各表面的热传导率[U值，$W/(m^2 \cdot K)$]乘以各表面面积的数值之和；Q_{ve}表示建筑的通风渗透热量得失率。

在一年中最冷的一个月内，具有较低TB（一般是$TB<10℃$）的建筑物被认为是内部增益占主导地位或隔热性能非常好的建筑物，而对于外围护结构占主导的建筑物，TB通常在15℃左右或更高，一般来说传统乡土建筑的最冷月份，TB通常都较高。

3.能量需求折线

前面提到的平衡点温度的计算是一种稳态建筑的能量特征，也表明在特定的外围护特性和形态下，分析不同时间下的建筑气候适应性的能力，也是一种衡量使用被动式设计方法可能性的方法。一般来说，通过将计算出的TB折线与平均温度波动折线进行比较，从而评估在特定的时间段内，建筑物是否能够达到环境的热平衡。由此，可以更清楚地了解设计初期所设计的建筑形体的能量需求，并据此进一步对后续的设计进行气候适应性的优化。利用得热量和失热量确定一段时间的能量平衡点温度以后，并使之和室外平均温度、室内舒适温度一起绘制折线图进行比较，就能够确定建筑在该时间段的加热或降温的基本模式，也是该建筑的一个基本能量概括，对设计初期具有参考作用。

图4-6为一个简单的建筑单体全年每个月的日间平衡点温度，建筑设计为宽5m、长8m、高3m的一座普通上海民居，南面窗墙比为0.2。从中可以看出，当平衡点温度低于平均室外温度的时候，表示建筑围护结构在该时刻达到该温度（*TB*）时得热量和失热量相同，建筑可以利用调节内部温度需求（T_c增加）、内部发热量（Q_{in}降低）、太阳得热量（降低）、对流失热量（增大）、传导失热量（增大）和蓄冷等被动式策略从而实现降温，达到建筑外围护结构所需要的平衡点温度。反之，当平衡点温度高于平均室外温度的时候，表示建筑围护结构在该时刻，建筑需要实现升温加热才能达到所需要的平衡点温度，那么可以采用的手段就包括降低室内舒适温度（T_c减少）、增大内部发热量、增加太阳得热量、减少对流失热量、减少传导失热量和蓄热等。

最后，需要强调的是，计算*TB*是对建筑在一定时间段内实现自然通风的近似估算，不能代表详细

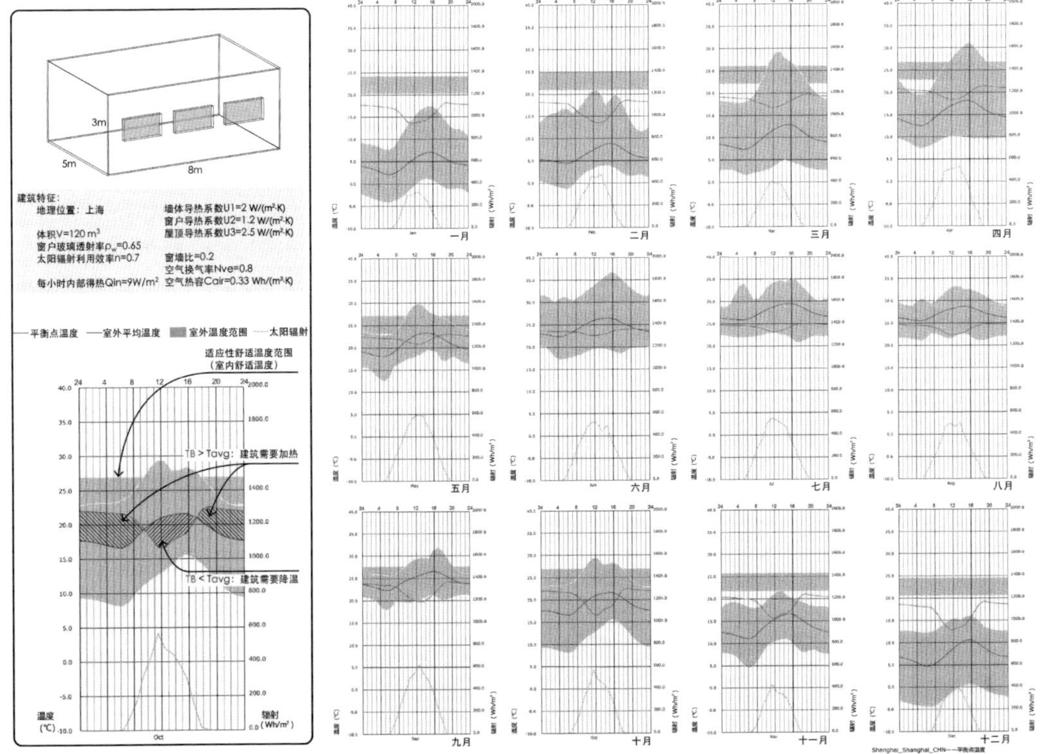

图 4-6　上海一简单建筑单体的每个月日间平均平衡点温度的稳态计算

的能源性能分析，进一步进行验证应通过使用瞬态建筑能量性能工具（如EnergyPlus）来计算。

4.策略判断框架

基于平衡点温度的节能策略一般存在三种模式：①只需要采暖，②只需要降温，③既需要采暖也需要降温[5]。每个模式都有对应的策略组合，如图4-7所示。首先需要根据前述的平衡点温度计算方法，确定建筑属于哪种模式，然后在对应模式下选择相应策略。

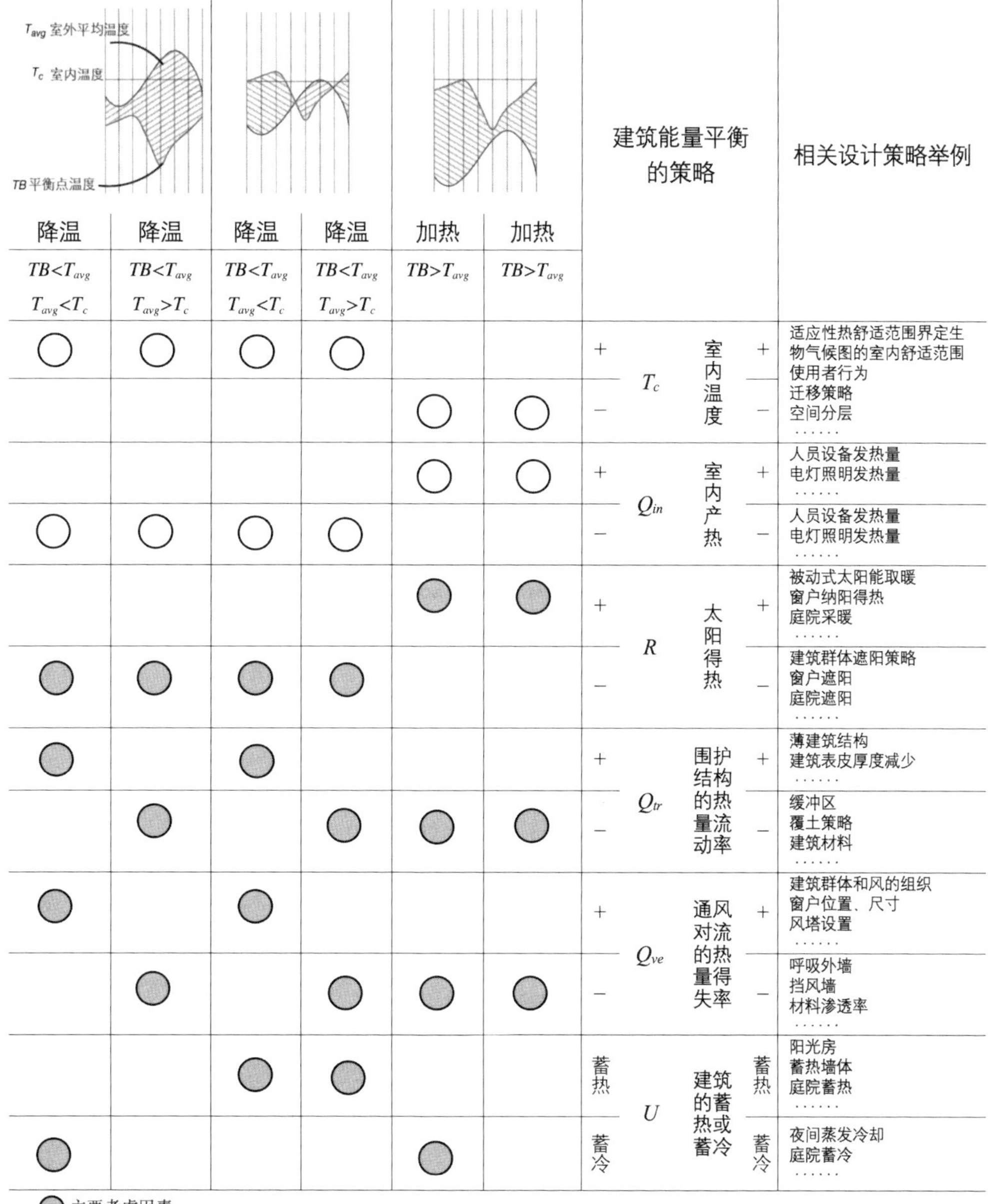

降温 $TB<T_{avg}$ $T_{avg}<T_c$	降温 $TB<T_{avg}$ $T_{avg}>T_c$	降温 $TB<T_{avg}$ $T_{avg}<T_c$	降温 $TB<T_{avg}$ $T_{avg}>T_c$	加热 $TB>T_{avg}$	加热 $TB>T_{avg}$	建筑能量平衡的策略				相关设计策略举例
○	○	○	○			+	T_c	室内温度	+	适应性热舒适范围界定生物气候图的室内舒适范围 使用者行为
				○	○	−			−	迁移策略 空间分层 ……
				○	○	+	Q_{in}	室内产热	+	人员设备发热量 电灯照明发热量 ……
○	○	○	○			−			−	人员设备发热量 电灯照明发热量 ……
				●	●	+	R	太阳得热	+	被动式太阳能取暖 窗户纳阳得热 庭院采暖 ……
●	●	●	●			−			−	建筑群体遮阳策略 窗户遮阳 庭院遮阳 ……
●		●				+	Q_{tr}	围护结构的热量流动率	+	薄建筑结构 建筑表皮厚度减少 ……
	●		●	●	●	−			−	缓冲区 覆土策略 建筑材料 ……
●		●				+	Q_{ve}	通风对流的热量得失率	+	建筑群体和风的组织 窗户位置、尺寸 风塔设置 ……
	●		●	●	●	−			−	呼吸外墙 挡风墙 材料渗透率 ……
		●	●			蓄热	U	建筑的蓄热或蓄冷	蓄热	阳光房 蓄热墙体 庭院蓄热 ……
●				●		蓄冷			蓄冷	夜间蒸发冷却 庭院蓄冷 ……

● 主要考虑因素

○ 辅助考虑因素，涉及热舒适区划分，设备产热和人员情况

图 4-7　基于能量平衡温度的设计策略

根据能量平衡温度的计算，一共划分为6种策略，每种策略根据降温或加热划分为2组，具体如下。

（1）室内（舒适）温度增加或减少，室内外温差越小，建筑采暖或降温的能量就越小，可以通过调整不同季节的室内舒适温度范围从而达到能量得失平衡。

（2）室内（设备人员等）产热量增加或减少，可以通过增加室内热源来抵消采暖负荷，减少室内热源减少降温负荷，比如采用天然采光替代电灯即可减少一部分电灯照明的室内发热。

（3）太阳辐射量增加或减少，可以通过纳阳或遮阳的策略来调节。

（4）外围护结构的热量得失率，与材料的*U*值有关，热量的传导可以通过降低隔热来增加，但是当室外温度比室内温度低且建筑有降温需求时，热量从内部向外部流动的速率增加是有利的。但当室外温度比室内温度高且需要降温时，需要降低围护结构的热量流动，放置外部热量进入室内。

（5）通风对流的热量得失率，与外围护结构的开窗、孔隙率或场地上的挡风墙等策略有关。

（6）蓄热或蓄冷，利用热量的延迟适用于建筑一天中既需要采暖也需要降温的情况。可以利用降温期间多余的热量储存于结构材料中或水池等结构中，然后在晚间需要采暖时再加以利用。另外，当建筑一直需要降温且室外温度比室内温度低时，冷量可以储存在建筑结构中，当室外温度高于室内温度时就可以进行降温负荷的热量抵消。

4.1.2 基于生物气候图的能量策略分析及图解

从奥戈雅的生物气候图可以看出，当室外气候条件位于舒适区以下时，建筑将失去热量，此时如果建筑热力学系统不引入额外的热能或采取保温措施，室内温度将降低；对于舒适区上方，因为室外环境温度较高，如果没有采取有效的散热或隔热措施从建筑物中排出多余的热量或阻止热量进入室内，室内温度将持续升高。热量的流动取决于室内和室外温度之间的关系。然而，建筑物的室内热条件也受到来自太阳的热辐射和内部热量所形成的“热源”（Heat Source），以及外部辐射、蒸发和对流等形成的“热库”（Heat Sink）的影响。

“热源”在图4-8中可以理解为在遮阳线的下方，表示为通过太阳辐射的形式引入热能来抵消较低的室外温度的影响（即被动式太阳能加热），如果接收到的太阳辐射量足够大，就可以抵消室内外环境温差所造成的热损失；“热库”可以理解为在遮阳线的上方，建筑物内多余的热量可以通过使用周围环境中的热库排出，这些热库依赖气候的影响，包括水的蒸发、向外的长波辐射的热损失以及通风散热等方式从建筑物中排出多余的热量。因此，笔者根据热量在室内外流动的方向和对室内外热量的需求定义了四种热力学策略：保温、吸热、隔热和散热。

笔者提出的乡土建筑热力学原型主要从热量流动、热量平衡的方式出发，进行气候适应性策略的相关建议。根据第3章的生物气候适应性分析和生物气候图，气候适应性的策略可以分为促进失热的建筑散热策略、防止得热的建筑隔热策略、防止失热的建筑保温策略、促进得热的建筑吸热策略（图4-8）。

1.促进失热的建筑散热策略及图解

散热，是指促进室内热量向室外扩散的策略，目标是排出建筑内部多余的热量，通过热量平衡来

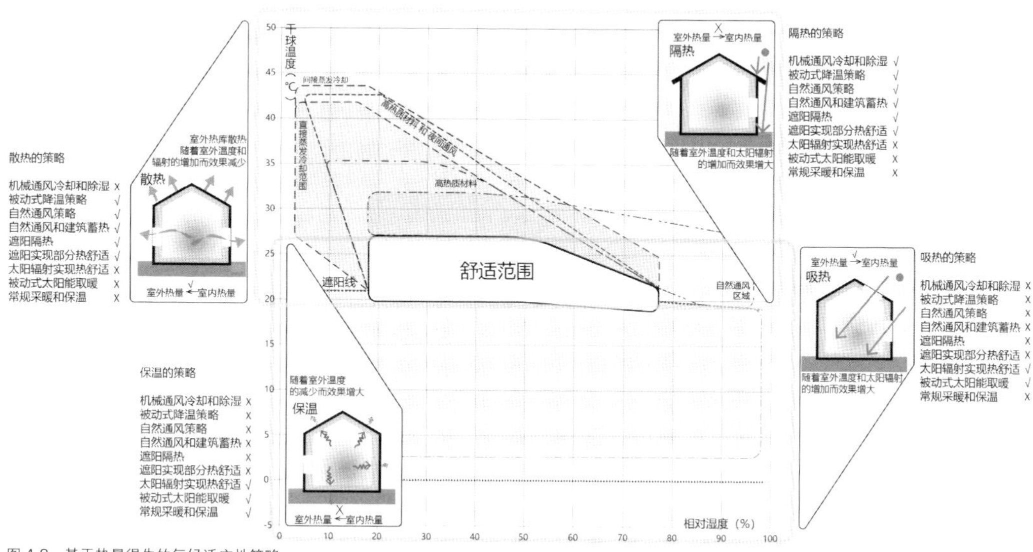

图 4-8　基于热量得失的气候适应性策略

降低室内温度。这个策略适用于建筑在升温的同时外界环境存在热库，可以进行自然通风、外围护结构的辐射热损失或蒸发冷却等措施，较常用于干热气候中的乡土建筑（表4-2）。

表 4-2　促进失热的建筑散热策略

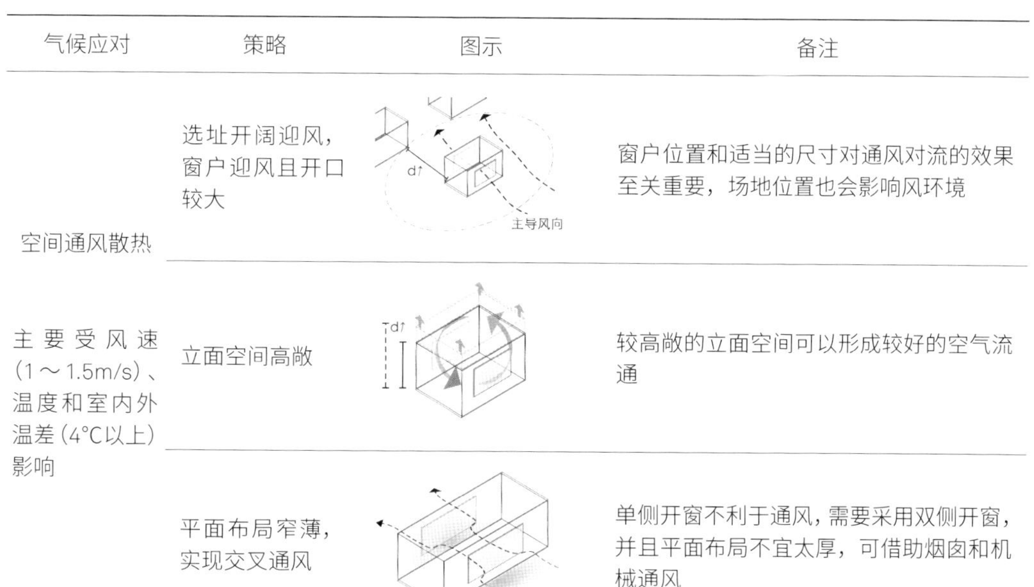

气候应对	策略	图示	备注
空间通风散热	选址开阔迎风，窗户迎风且开口较大		窗户位置和适当的尺寸对通风对流的效果至关重要，场地位置也会影响风环境
主要受风速（1～1.5m/s）、温度和室内外温差（4℃以上）影响	立面空间高敞		较高敞的立面空间可以形成较好的空气流通
	平面布局窄薄，实现交叉通风		单侧开窗不利于通风，需要采用双侧开窗，并且平面布局不宜太厚，可借助烟囱和机械通风

续表

气候应对	策略	图示	备注
空间通风散热 主要受风速（1～1.5m/s）、温度和室内外温差（4°C以上）影响	土壤地穴通风冷却	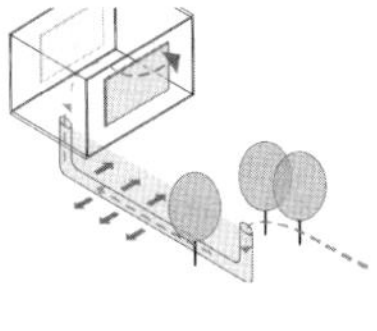	利用地下通风管道（宜 2m 以下）或自然洞穴循环空气进行热交换
	结构通风冷却	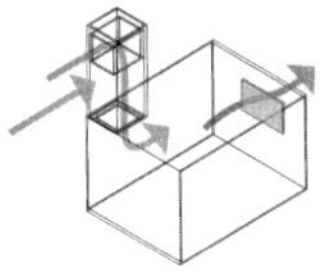	利用捕风塔、Trombe-Michele 墙和太阳能烟囱技术进行通风对流，冷却散热
建筑体量散热 主要受温度影响、辐射和风速影响	布局形式疏松，体形分散	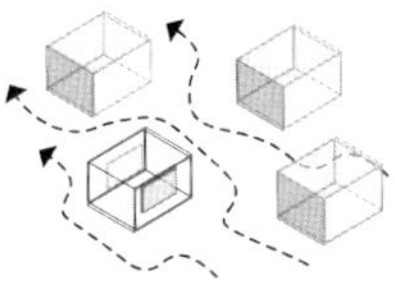	分散布局有利于建筑外围护结构的热损失和通风疏导
	体形系数大	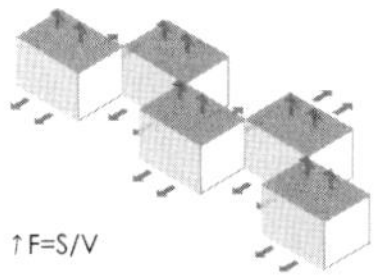 ↑F=S/V	对于内部热量较大和昼夜温差较大的气候环境可以有效地散热，但不适合太阳辐射大的地区
蒸发冷却散热 受湿度影响大	直接和间接蒸发冷却	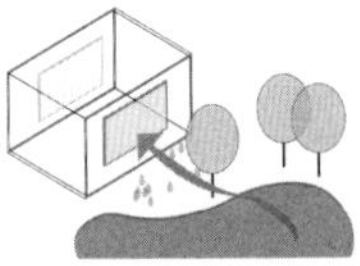	设置室外水池和水的边界（如在窗台上放置多孔陶罐）、引入室内泉水以及增加植被，有效利用水的蒸发进行冷却
辐射散热 主要受云层密度和湿度影响	屋顶水池		屋顶蓄水池在日间覆盖保温盖防止吸收太阳辐射，夜间通过辐射或蒸发释放热量到室外，屋顶材料宜选用轻质材料
	高辐射发射率和低太阳吸收率性能材料	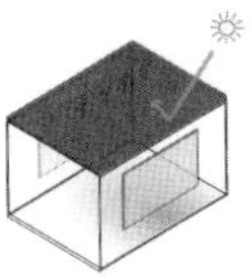	结合夜间通风系统，对于昼夜温差较大的地方可以形成热库进行冷却
结论：散热策略较适用于湿热气候、干热气候和温和气候（夏季）			

2.防止得热的建筑隔热策略及图解

隔热，是指防止外部热量向室内流动的策略。随着室外温度升高和太阳辐射增加，隔热就显得越发重要，是炎热气候的乡土建筑的常见问题。而温和气候要视具体季节变化，因为温和气候在寒冷季节也有对太阳利用的需求（表4-3）。

表 4-3　防止得热的建筑隔热策略表

气候应对	策略	图示	备注
空间遮阳隔热 主要受太阳辐射的影响，需兼顾采光通风	建筑避免东西向布局	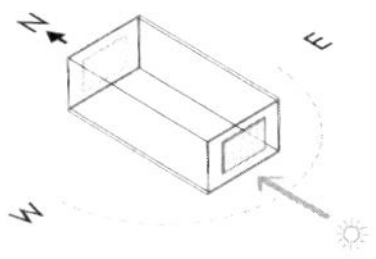 N E W	避免东西向布局，减少南向的阳光长期照射，减少太阳辐射，尤其湿热气候
	远离阳光直射	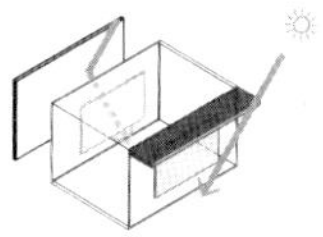	主要起居空间远离阳光直射，可采用围墙间接反射光照
	设置室内外缓冲区进行空间自遮阳	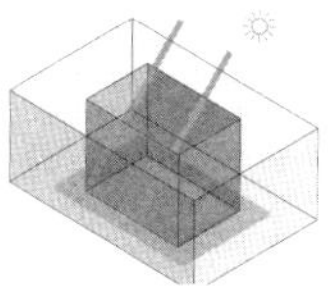	室内外环境的过渡区域，如中庭、外廊等非起居空间
建筑体型隔热 主要受太阳辐射的影响	布局形式和建筑体型紧凑	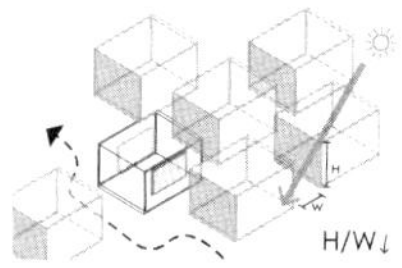 H W H/W↓	建筑街道高宽比小可以形成遮阳，紧凑的建筑形式可以减少室内外的热交换面积，减少太阳辐射的面积
	体形系数小	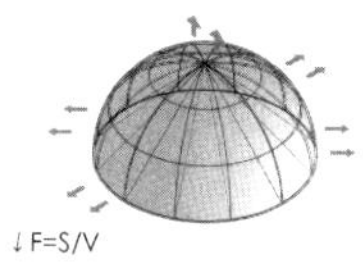 ↓F=S/V	表面积和体积的比值越小，外围护结构的热损失越小，太阳辐射得热也越小
建筑材料隔热 主要受太阳辐射和材料性能影响	材料反射性	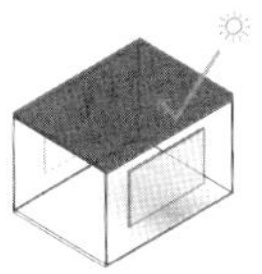	一般选用低太阳辐射吸收率和高反射率的材料进行反光隔热

续表

气候应对	策略	图示	备注
建筑材料隔热 主要受太阳辐射和材料性能影响	材料导热性能低（热阻大）	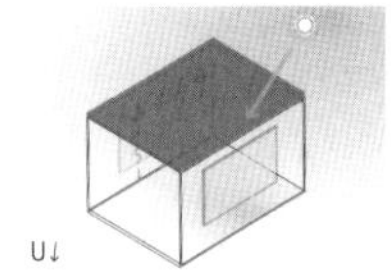	热阻大的材料直接阻止热量的流动，应使用低导热系数材料，降低整体 *U* 值
	重质材料（热容大）	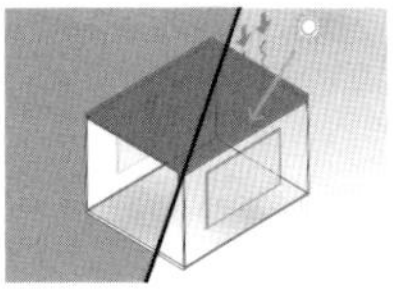	重质材料影响热量流动的速度和时间分布，一般是高密度和高比热容材料，如夯土
界面隔热 主要受太阳辐射和孔隙率影响，需兼顾采光	窗户遮阳装备	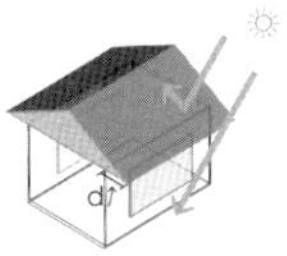	宽大屋顶或百叶设置，阻挡太阳辐射直接进入建筑
	植物遮阳	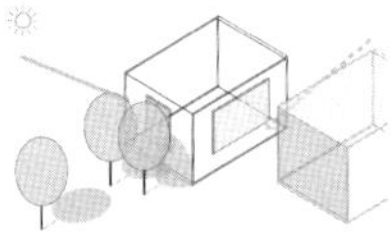	利用外部障碍物（如植物或附近建筑物）遮挡外墙
结论：隔热策略较适用于湿热气候、干热气候和温和气候（夏季）			

3.防止失热的建筑保温策略及图解

保温，是指抑制室内热量向室外扩散的策略，目标是减少建筑内部的热损失，适用于室内温差所造成的热损失较大的情况。保温策略类似于隔热，只是目标相反，一般出现在寒冷和温和气候（表 4-4）。

表 4-4　防止失热的建筑保温策略表

气候应对	策略	图示	备注
空间保温 主要受室内外温度影响	设置室内外缓冲区	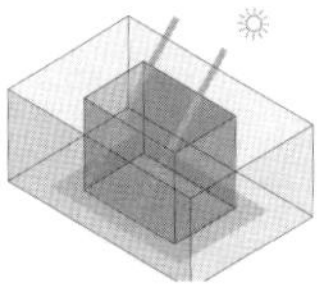	室内外环境的过渡区域，如中庭、外廊、储存空间等非起居空间

续表

气候应对	策略	图示	备注
空间保温 主要受室内外温度影响	设置空间分区，热量集中布置	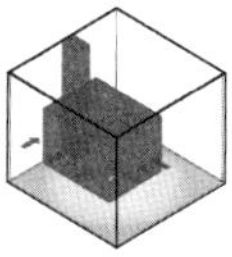	应将有相同热需求的房间集中在一起，减少多余热量的损失
	利用土壤和地下空间	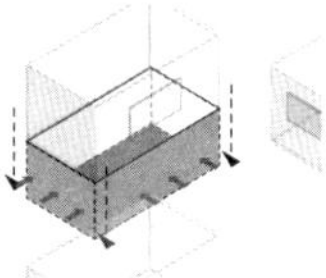	当缓冲区域不能完全作为室内外热环境的过渡时，可以采用土壤或地下空间设置提供很好的热稳定性
建筑体型保温 主要受温度影响	布局形式和建筑体型紧凑	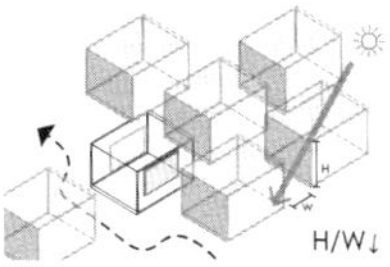	紧凑的建筑形式可以减少室内外的热交换面积
	体形系数小	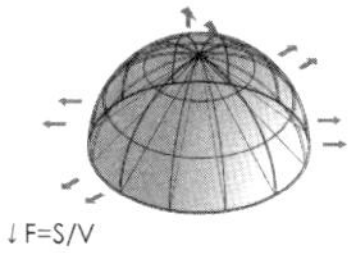	表面积和体积的比值越小，外围护结构的热损失越小，但要注意在有限的墙体设置采光开口
对流换热 主要受室内外温度、风速和孔隙率影响	减少渗透热损失	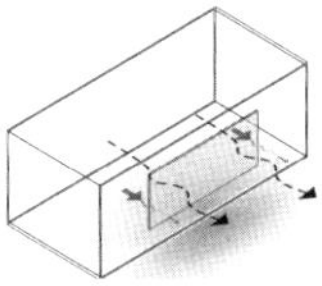	避免通风过程当中的热损失，可采用机械通风系统缓解
	气密性界面	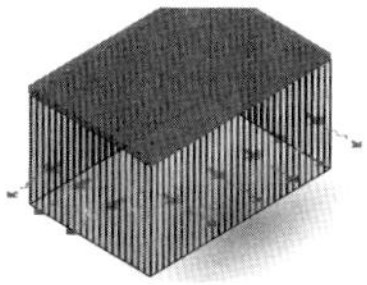	增强窗户与墙体之间，材料多孔率等方面的气密性
建筑材料保温 主要受室内外温度、材料性能影响	材料导热性低（热阻大）	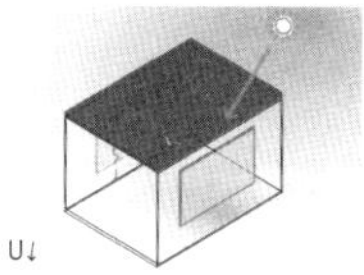	热阻大的材料直接阻止热量的流动，应使用低导热系数材料，降低整体 U 值
	重质材料（热容大）	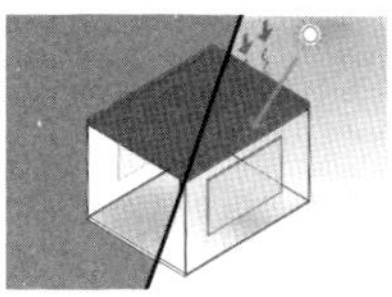	重质材料影响热量流动的速度和时间分布，一般是高密度和高比热容材料，如夯土

结论：保温策略较适用于寒冷气候和温和气候（冬季）

4.促进得热的建筑吸热策略及图解

吸热，是指促进外部热量向室内流动的策略，目标是尽可能地利用太阳辐射使室内升温。随着室外温度的降低其效果会减少，寒冷气候可能由于太阳辐射不足而无法得到足够的热量，此时可以利用地热能或内部设备等采暖（表4-5）。

表 4-5 促进得热的建筑吸热策略

气候应对	策略	图示	备注
空间吸热 主要受太阳辐射的影响	朝向阳光	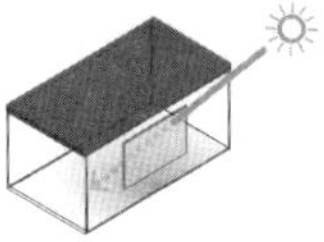	主要起居空间或吸热表面应尽量面向太阳
	长窄布局(东西向)	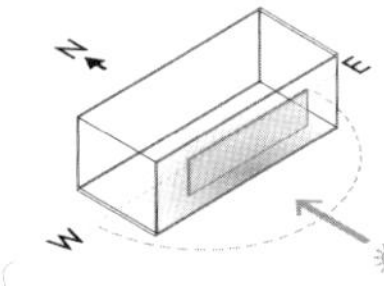 N E W	东西向布局可尽可能吸收太阳辐射
	地形退台（如果采用宽厚布局）	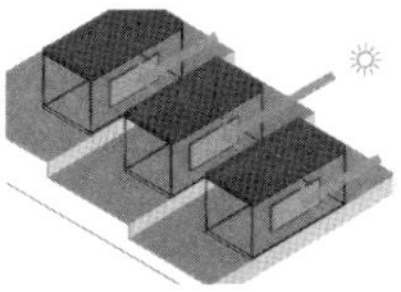	巧借高差使建筑向阳面都能获得太阳辐射
	设置采光空间	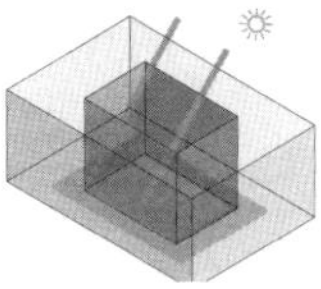	可设置中庭、阳光房等采光空间纳阳
建筑体型吸热	布局形式疏松，体形分散	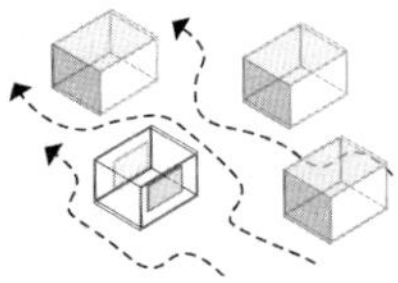	减小建筑街道高宽比，增加太阳辐射的面积。
界面吸热 主要太阳辐射和昼夜温差的影响	采光窗户，设置较大开口	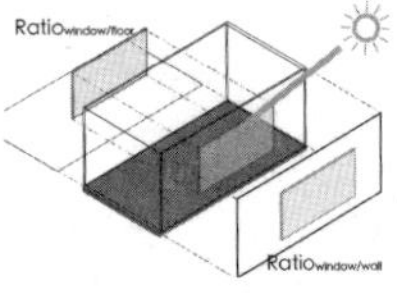 $Ratio_{window/floor}$ $Ratio_{window/wall}$	窗户不采用遮阳，控制窗地板面积比（寒冷和温和气候 15% ～ 45%，较温暖气候＜ 15%）

续表

气候应对	策略	图示	备注
界面吸热 主要太阳辐射和昼夜温差的影响	室内直接吸热	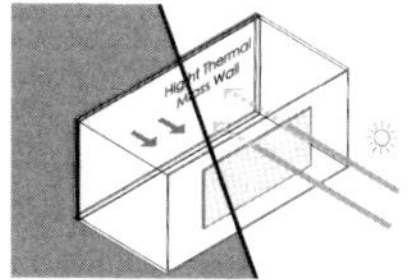	室内直接吸收太阳辐射，室内墙面材料辐射吸收率应较高，反照率低，可储存太阳能，如夯土、较厚的混凝土，深色材料
	间　接　吸　热（Trombe-Michele 墙体）	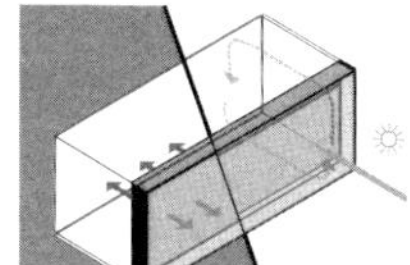	建筑围护结构充当太阳能的“收集器”，太阳辐射没有直接进入需要加热的空间，而是被材料吸收，然后再被辐射对流重新分配
	间接吸热 阳光房	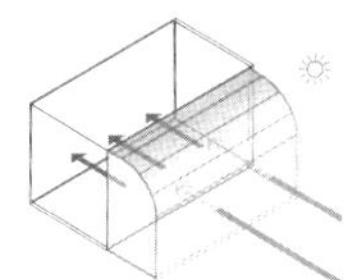	设置温室空间间接吸热，注意过渡季节适当遮阳和通风
	屋顶水池		深色蓄水池放置在较高导热性能的屋顶上，蓄水池充当高热质材料，日间吸收太阳辐射，夜间通过辐射或蒸发释放热量到室内
对流换热	通风换热	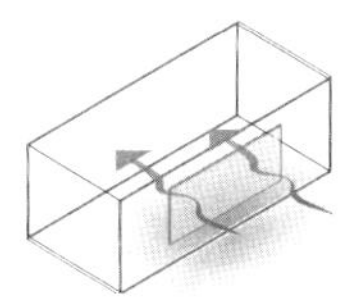	极少情况下外部温度比室内温度高且室内温度低于舒适温度的情况，此时可以通过通风供暖
结论：吸热策略较适用于寒冷气候和温和气候（冬季）			

4.2 原型提取：传统合院式乡土建筑原型与空间结构

气候和建筑之间的关系及影响在前文已经作过相关描述，其可以在不同的建筑类型和建筑尺度中发生，但在类型上而言，原始建筑和传统建筑中，气候适应性的影响更为明显。从气候上来说，气候环境越严苛的建筑，其适应气候的外部特征就越显著。气候和地域等物质因素造就了地方特色和当地人的生活习俗，这种特色和习俗也同样反映在传统民居中，包括建造技术、材料、空间组织方式等。

4.2.1 乡土建筑的热力学原型概念

关于原型和类型的解释，昆西给过一个精妙的定义，“原型”实际上是一种能够被依样复制的物体，而他认为“类型”这个词并不是指被精确复制或模仿的形象，也不是一种作为原型规则的元素。从实际操作角度来看，类型和原型的概念恰好相反[144]。类型意味着人们可以根据它去构想出完全不同的作品，而热力学谱系的建构就是基于在类型归纳和划分的基础上，对不同的气候类型提出相应的乡土建筑热力学原型，从而形成多样性和可适应性的设计参考。因此，本节将从“气候—文化—热力学”三个环境维度，提取它们的形式要素和能量模式，进一步挖掘乡土建筑适应气候的科学智慧和能量利用方式，并为当代建筑的设计转化提供动力，也就是乡土建筑“热力学原型”。

4.2.2 乡土建筑中的合院原型提取

合院既不在建筑外部也不在内部，是在一个被包围和限定的体块中，在建筑的黑暗和狭窄的空间之外，它代表了建筑在试图限制开口的同时开放的愿望。本书以合院空间作为乡土建筑热力学原型的典型传统空间结构，进行提取和深入研究，主要原因如下：①合院空间作为原型[157]，在全球范围的乡土建筑和当代建筑设计中都有体现，是研究传统乡土建筑到当代建筑转化的范本，如我国不同气候环境的中国传统合院民居案例，还有罗马贵族乡村住宅到欧洲城市合院住宅。②合院在与自身地域文化进行交汇发展的过程中延伸出了许多不同的形式[158]，但是合院空间的建造经验是否只是一个浪漫而非理性的策略，其中是否有所隐藏的气候科学和热力学规律值得被设计借鉴？这些都值得进行深入的发掘探索。③尽管很多文献指出庭院的纳阳、避风、遮阳和冬暖夏凉等的气候效应[159-161]，但是建筑内部和合院的温度和微气候环境目前较多还是采用外部环境气候数据进行评估，由于合院的热力学现象和过程的复杂性，技术量化很难通过外部温度和简单的公式进行计算。④结合前文提到的紧凑型建筑体型和分散型建筑体型，对于节约能耗和保温而言紧凑型建筑无疑是被优先考虑的，但是合院恰恰是紧凑体型的对立面，它存在于建筑中往往代表着较大的体形系数和与外界较大的接触面，对衡量合院热力学性能的空间物理参数的系统性研究存在必要性。通过结合国内外的传统合院案例，分析合院的热力学现象和气候适应性之间的关联性，以合院空间作为例子，解读热力学原型和策略的分析、设计和应用过程。

关于合院空间的起源众说纷纭，一般认为是源于古罗马时期的乡村住宅，在公元前2000年的古埃及卡洪城也是外部封闭中央开敞的合院住宅，也有的人认为合院空间的早期形式源于地下，位于突尼斯的Matmata地区的地穴民居就是一个典型的例子。其建造就是为了应对恶劣气候和防御外敌入侵，空间的组织和设计很大程度上取决于庭院。在《建筑十书》第六卷的第三章，在描述气候对建筑的影响的后面，维特鲁威专门研究了院子的形式和功能，包括塔斯坎形式（天井）、科林斯形式（柱廊式）、四柱式、分水式、拱顶式。尽管如此，一直到了20世纪，西方才真正将庭院与可持续性和能源相关的建筑科学或技术研究联系起来，但是目前合院热力学特性的相关研究工作还是较少。

从早期原始文明以来，合院形式一直是欧洲地中海和中东地区最普遍的建筑类型，这两个地区的气候特点是温和和干热的气候，气候的采光和通风需求也是原始文明中合院形态产生和普及的最重要原因之一[157]，图4-9是庞贝（Pompeii）古城中的乡村合院式住宅潘萨住宅，其带有两个合院的空间组织形式发挥着适应不同季节气候的需求。这些住宅也被称为天井住宅（patio），其空间组织形式是通过一个中央开敞空间（只有上部朝天空的一面开敞）作为标志，建筑内部空间依靠这个合院来接收光线和空气。内部中央空间作为主要的建筑元素，发挥着其他空间元素的组织和生活场景营造的作用，也就是说合院既是住宅的核心，也是日常活动的中心。

带有一个或多个合院的住宅类型，自古以来就是地中海地区住宅文化的共同特征之一[1]。正如我们从庞贝古城的合院住宅和传统罗马住宅的庭院（domus）中看到的，住宅功能由两个开放空间进行调节，在这两个开放空间中，住宅的公共生活（atrium）和私人生活（peristilio）都会发生。合院住宅

庞贝的潘萨住宅

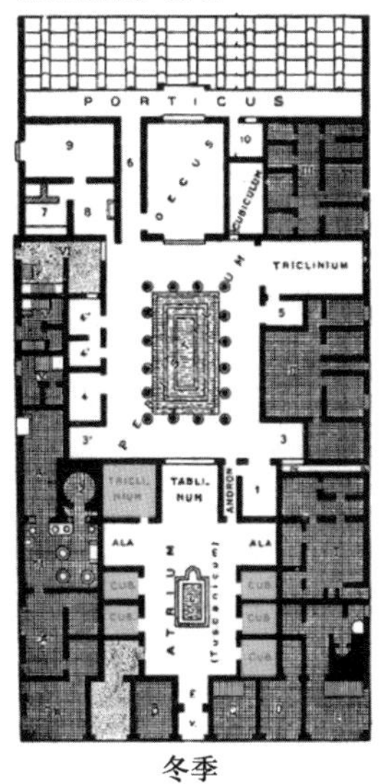

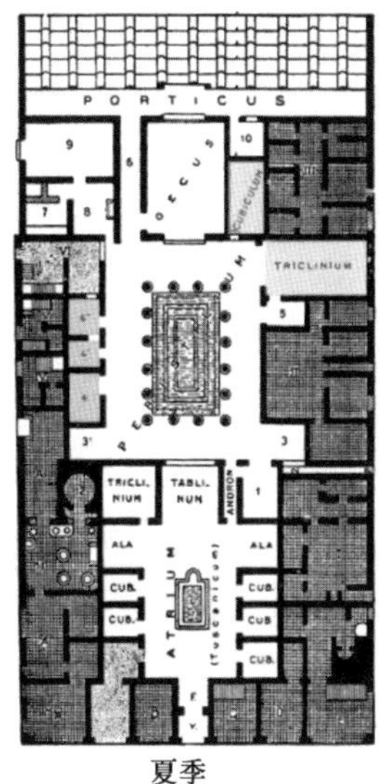

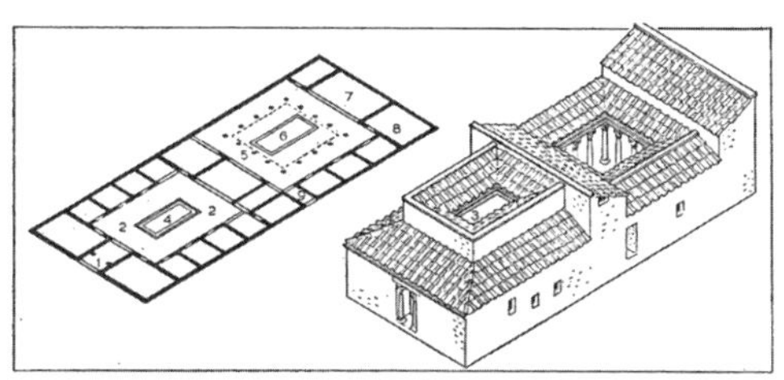

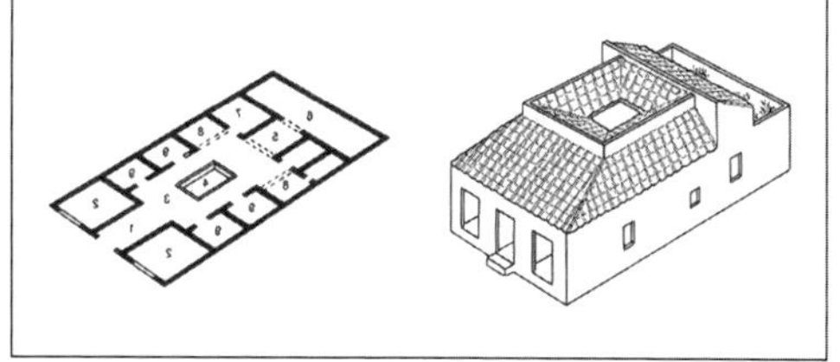

图 4-9　庞贝住宅和古罗马时期合院住宅示意

的平面构造与中心轴相连，其中开放的和覆盖的空间相继出现，每一个空间在平面和剖面中都有适当的比例。合院代表了连接所有空间的中心位置，遵循一定的层次结构。

根据不同的气候和所属的地域文化，合院被应用在不同的建筑类型中，传统民居、传统公共建筑（如祠堂）、现代办公建筑和住宅等。合院空间会根据地理、宗教或民族文化、经济条件、场地和形态结构限制以及城市文脉的规律而产生不同的空间形式。它广泛分布在不同的地区和建筑类型中，很大程度上是因为合院空间结构的弹性可以对各种环境，社会和文化的需求作出反应的能力。合院空间作为建筑当中的过渡空间，连接房间与外部环境，其空间结构系统要素包括：用于家庭户外活动的空间（如露台和中庭）、过道（门廊和走廊）、居住空间和辅助空间（房间、厨房、储藏室）或墙体。所有这些要素都布置在中庭周围，并由空间使用和私密性需求来决定相应空间的位置。

合院还可以有其他许多不同的标准来分类，如根据风格进行分类、按用途（公共、私人等）进行分类、按照地理位置等分类方式进行划分等。然而天井中的各种几何结构和空间关系很难完全用类型进行涵盖，因为它们与文化、社会，以及建筑师与业主的不同需求有关。根据空间结构的关系，从中庭与房间、墙体和过道的连接情况，可以大致将合院空间分为三类：第一类的特征是由房间直接包围中庭的形式，这也是古罗马合院住宅的原型空间，我国传统的北京四合院和陕西窑洞地坑院以及突尼斯地穴民居可以归为此类，常见于气候较为寒冷和需要抵御极端气候环境的地区。第二类的特征是房间通过过道或外廊和中庭连接，如埃及和伊朗地区的城市民居和我国江南地区的合院民居，常见于气候变化大需要气候缓冲和调节的地区。第三类是中庭空间一部分与过道相连，一部分与建筑墙体或房间相连，如我国典型的三合院民居。

因为本书主要讨论的是建筑空间与热力学的关系，因此将重点讨论是否存在与建筑热力学现象相关的物理参数，并且可以被用作设计参考的，其中经常被讨论的有合院的南北“进深”、面积和高宽比等。从南到北的纬度差异直接导致了太阳高度角的变化和地理气候的差异，我国传统合院民居大多是坐北朝南的布局，导致了合院的南北向进深直接影响到建筑内部的采光和室内环境。研究合院热力学性能的物理参数指标，需要共同考虑“空间深度”（P）和进深（D）的相互影响，继而对不同气候的合院空间进行形态平面和剖面上进行分析，以研究合院在适应气候适应性方面的形态规律和特征。

柯本气候分类（Koppen-Geiger Climate Classification，KGC）的完整分类，达30种的气候类型，直接用于分析气候与乡土建筑的关系会过于复杂，除非有大量的乡土建筑案例。所以，目前在确定基本气候类型的建筑设计中，通常使用更为简化的气候分类。英国学者欧克莱（Szokolay）在《建筑环境科学手册》中提出的分类模式仅由四种气候类型，即干热、湿热、温和和寒冷组成，大大简化了KGC分类，同时仍然保留了与建筑设计相关的元素（表4-6）。由表4-7可见，如果仅从4个气候类型出发对全球的乡土建筑进行研究，实际上比柯本气候的第一层所划分的主要类型（炎热、干旱、温暖、寒冷、冰冷）还要简化，其只关注温度和湿度两种因素，而忽略了季节变化的气候特征。由此，本书考虑在四种气候类型的基础上，对所提取的12气候类型的气候主要特征及其与乡土建筑的关系进行进一步分析。

表 4-6 柯本气候分类说明

KGC 详细分类	分类系统 第一级	第二级	第三级	气候特征	Szokolay 简化分类
热带气候	A			全年气温炎热	湿热
雨林		Af √		全年降雨量多	
季风		Am √		全年降雨量中等，随季节变化	
稀树草原		Aw √		全年降雨量较少	
干旱气候	B			全年降雨量少	干热
沙漠		BW √		全年降雨量很少或几乎没有	
草原半干旱		BS √		全年降雨量少	
热			-h	全年炎热，年平均气温 T 大于 18°C	
冷			-k	全年寒冷，年平均气温 T 小于 18°C	
温暖气候	C			全年气温温暖	温和
夏季干燥		Cs √		夏季降雨量少	
冬季干燥		Cw √		冬季降雨量少	
温暖常湿		Cf √		全年多雨，降水量平均	
夏季热			-a	夏季炎热，最热月份气温大于 22°C	
夏季暖			-b	夏季温暖，最少有 4 个月平均温度大于 10°C	
夏季冷			-c	夏季寒冷，少于 4 个月平均温度大于 10°C	
寒冷气候	D			全年气温寒冷	寒冷
夏季干燥		Ds √		夏季降雨量少	
冬季干燥		Dw √		冬季降雨量少	
寒冷常湿		Df √		全年多雨，降水量平均	
夏季热			-a	夏季炎热，最热月份气温大于 22°C	
夏季暖			-b	夏季温暖，最少有 4 个月平均温度大于 10°C	
夏季冷			-c	夏季寒冷，除了 a、b、d 以外的情况	
夏极冷			-d	夏季极冷，最冷月温度在 -38°C以下	
极地气候	E			全年气温冰冷	
极地苔原		ET √		全年气温冰冷，最热月温度 >0°C ,<10°C	
极地冰原		EF		全年气温极度冰冷，最热月温度小于 0°C	

注：KGC是较为广泛和被公认为世界气候分区方面较为精确的方法。该气候分类系统由德国气候学家弗拉迪米尔 • 柯本（Wladimir Koppen）提出。以气温和降水为指标，并参照自然植被的分布进行气候分类，划分出 14 个区域，后来被继续发展为 5 大类 29 小类。

表 4-7　不同气候下的乡土建筑合院空间与空间深度关系图示

KGC	乡土建筑中的合院空间与空间深度关系图示		
寒冷气候	*P*=0.25，0.5 北京民居 Dw	*P*=0.5 西藏碉楼 ET	*P*=0.2 东北民居 Dw
	P=0.3 陕西地坑院 Dw	*P*=0.3 内蒙古三合院 Dw	
温和气候	*P*=1,1.5,3 徽州民居 Cf	*P*=1 广东三间两廊民居 Cfa	*P*=1，5 广东西关民居 Cfa
	P=0.3 浙江十三间头民居 Cfa	*P*=0.5 河南混合型宅院 Cw	*P*=0.2,0.5,2 湖北天井院 Cw

续表

KGC	乡土建筑中的合院空间与空间深度关系图示		
温和气候	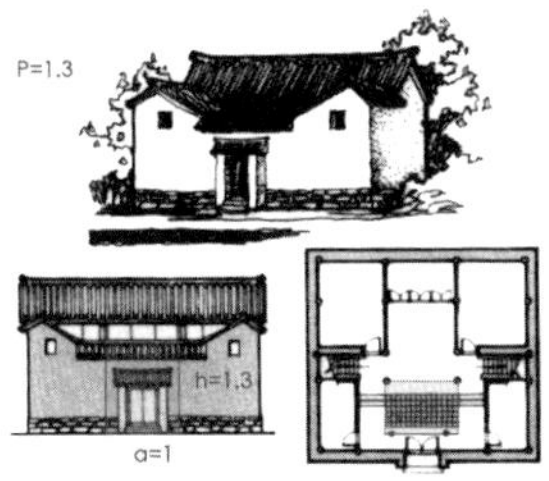 云南一颗印民居（杨大禹《云南民居》） *P*=1.3 云南一颗印 Cw	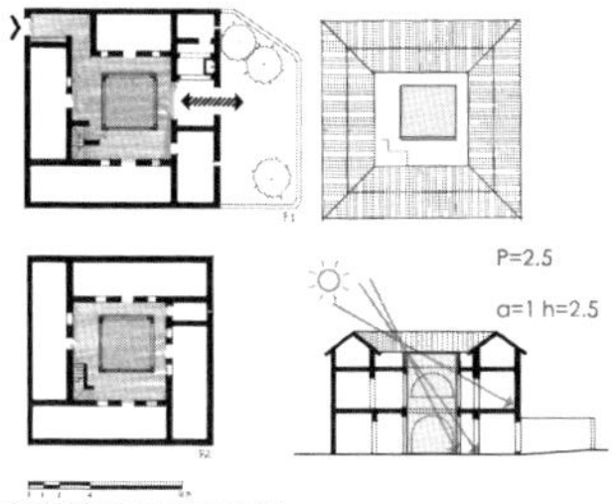 摩洛哥四合院民居（Letizia Dipasquale 2014） *P*=2.5 摩洛哥合院民居 Cs	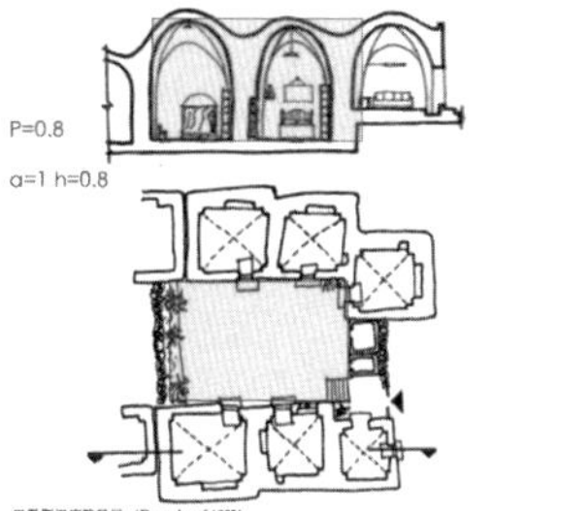 巴勒斯坦庭院民居（Dena Assaf 1989） *P*=0.8 巴勒斯坦十字拱民居 Cs
	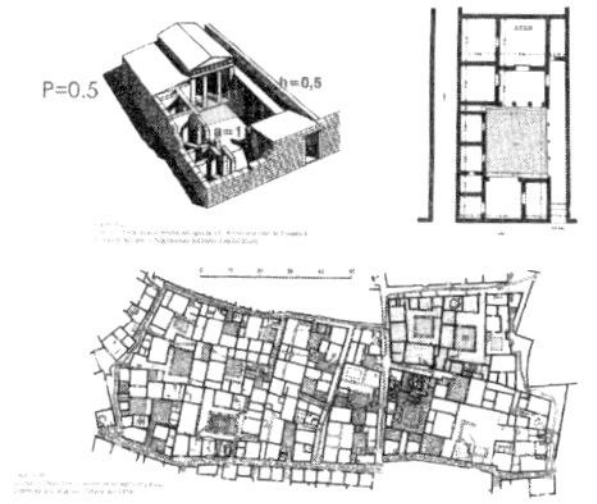 希腊传统民居（JUAN MANUEL ROJAS FERNANDEZ 2016） *P*=0.5 希腊传统民居 Csa	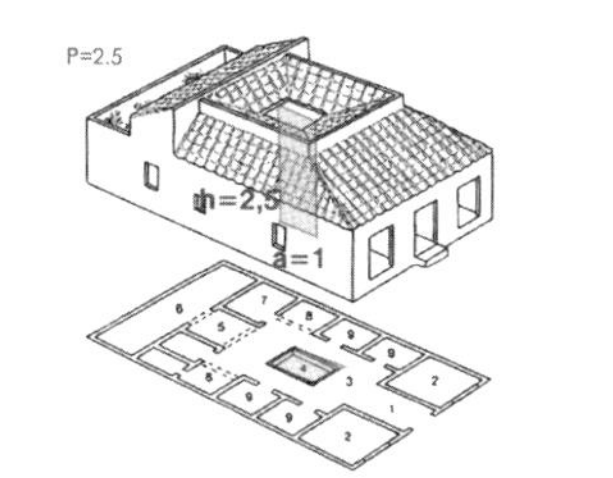 古罗马合院民居 *P*=2.5 罗马传统合院民居 Csa	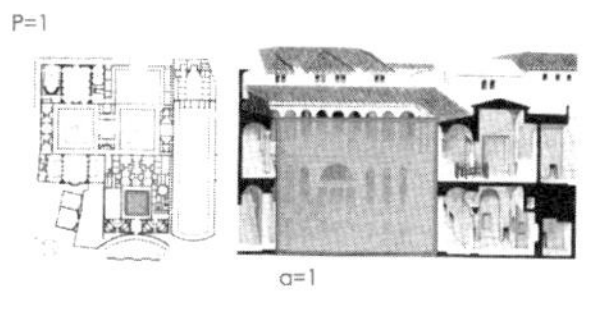 罗马弗拉维安宫庭院 House Flavia House y August, Rome, s. I (Chueca-Goitia 1989a) *P*=1 罗马宫殿庭院 Csa
	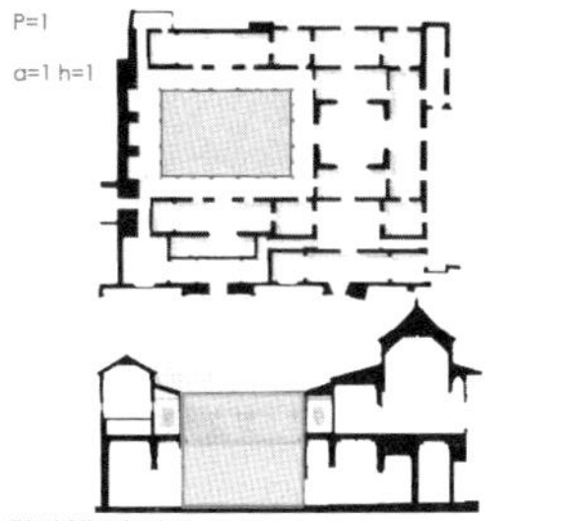 西班牙塞维利亚王宫 Valor Pinechota 2008 *P*=1 西班牙塞维利亚王宫 Csa	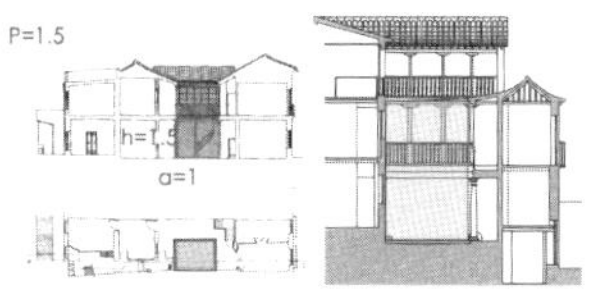 西班牙典型民居（Sierra Delgado 1996；J. M. López Osorio） *P*=1.5 西班牙典型民居 Csa	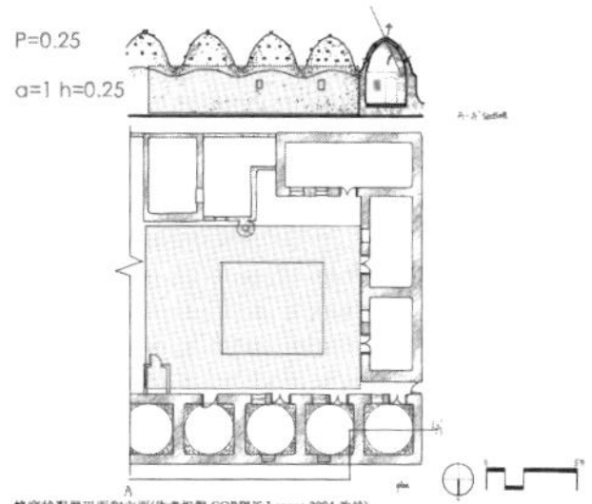 蜂窝状泥屋平面和立面(作者根据 CORPUS Levant 2004 改绘) *P*=0.25 土耳其蜂窝状小屋 Cs
干热气候	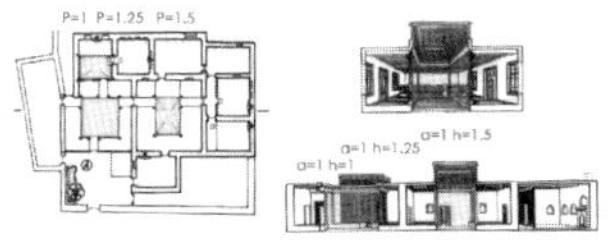 新疆阿以旺民居 中国传统民居类型全集下 2016:308 *P*=1 ～ 1.5 新疆阿以旺民居 BW	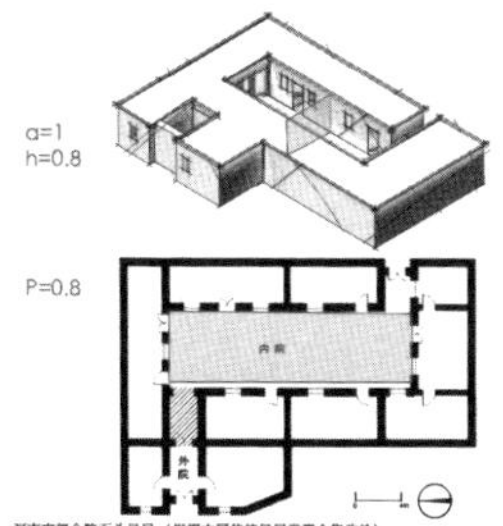 河南南部合院石头民居（根据中国传统民居类型全集改绘） *P*=0.8 河南南部石头民居 BS	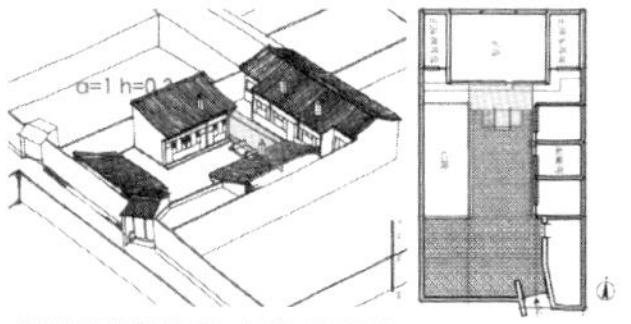 晋北纱帽翅民居 得胜堡村许宅《中国传统民居类型全集 2016:117》 *P*=0.3 晋北纱帽翅民居 BWk/BSk

续表

KGC	乡土建筑中的合院空间与空间深度关系图示		
干热气候	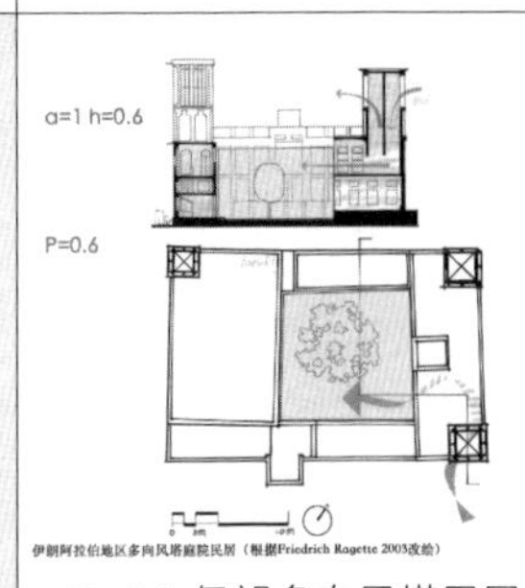 *P*=0.6 伊朗多向风塔民居 BS	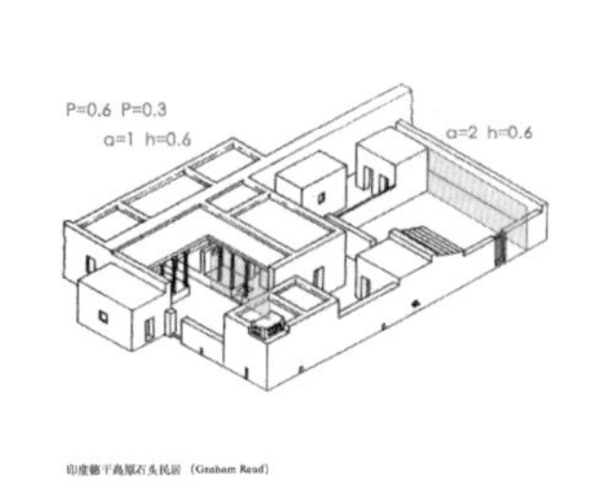 *P*=0.3，0.6 印度德干高原石屋 BS	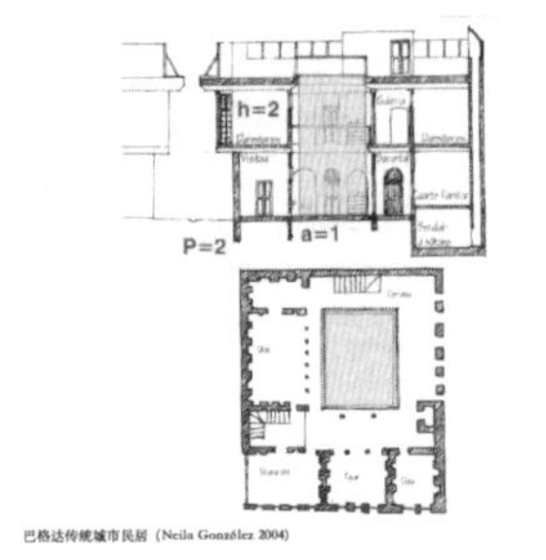 *P*=2 巴格达传统城市民居 BW
	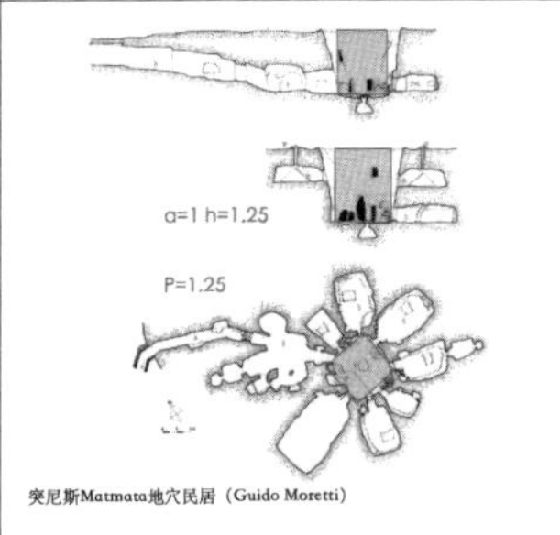 *P*=1.25 突尼斯地穴民居 BW/BS	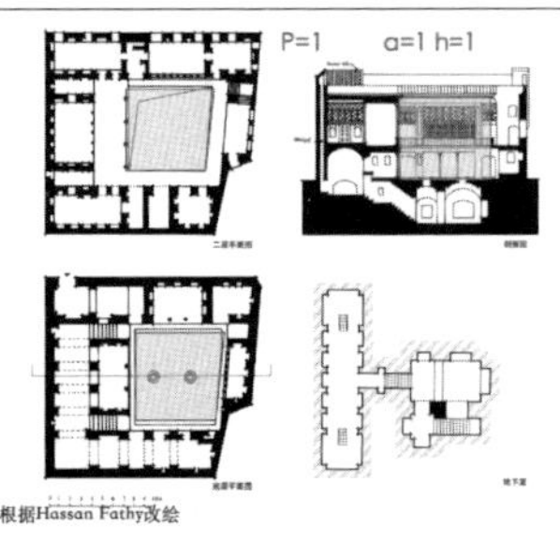 *P*=1 埃及巴格达城市民居 BW	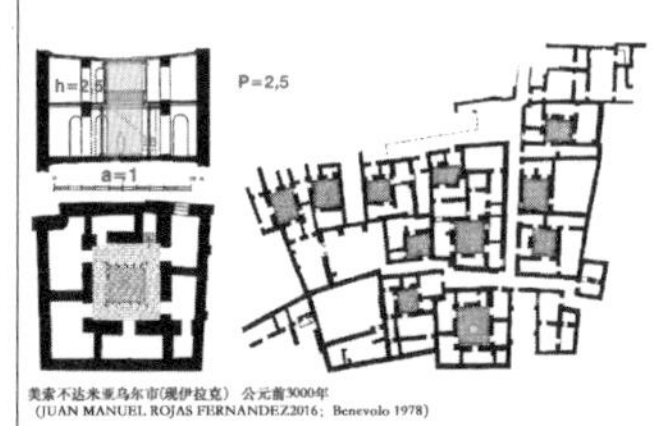 *P*=2.5 美索不达米亚传统民居 BW
湿热气候	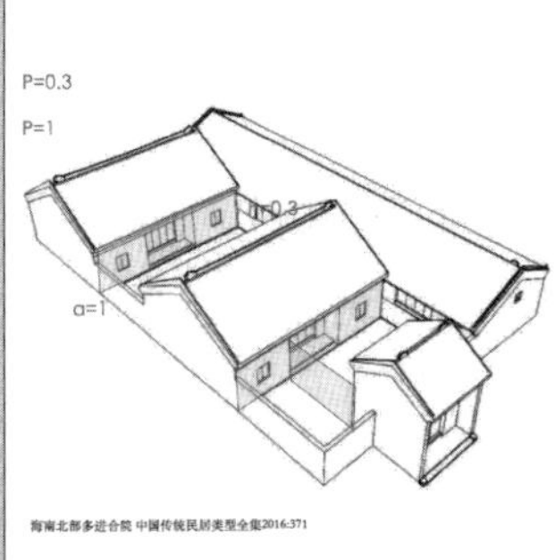 *P*=0.3，1 海南多进院落民居 Aw	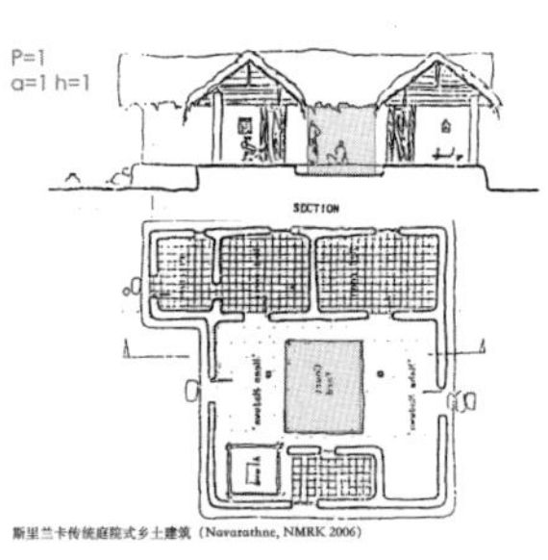 *P*=1 斯里兰卡传统住宅 Af	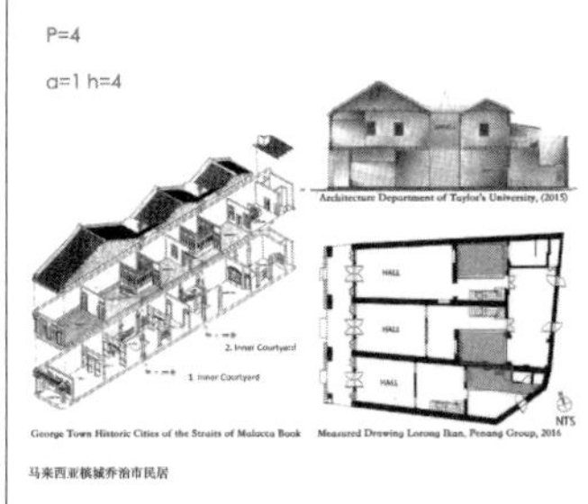 *P*=4 马来西亚唐人传统住宅 Af
	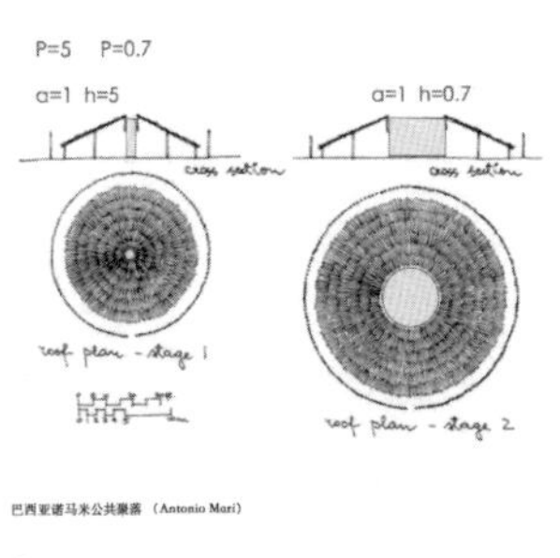 *P*=0.7，5 巴西亚诺马米公共聚落 Af	 *P*=0.5 印度南部喀拉拉邦民居 Am	

目前从热力学和气候适应性方面分析合院的空间形态特征，采用较多的物理参数是“空间深度”指标（P），表示合院立面高度与平面宽度的比值（$h:a$），即合院空间的剖面尺度关系，开口与外部环境的联系程度。其中由于定义平面尺度有长和宽，而空间深度指标所采用的是与主导风向垂直的方向作为宽度参数。表4-6展示了不同气候类型中的乡土建筑中合院空间的空间深度关系，该物理参数可以根据空间上的量化对空间的热性能进行评价验证和优化，已经被验证与太阳辐射、风环境等气候响应有密切关系，但根据不同的气候条件与地理环境有着不同的标准[162]。

根据空间深度，合院可以被大致分为两类：第一类的合院空间底部宽度低于其高度，类似于广东民居和上海里弄中的狭窄天井，可以部分或完全打开，常见于气候较为炎热的地区，从南欧、北非、中东到东南亚都可以看到。第二类来源于围墙所围合出的庭院，即宽度比高度要大，这在伊斯兰的城市民居和北方寒冷城市中都经常可以看到。与第一类相比，第二类更容易接受到太阳辐射。这两类的建筑都有面向合院中庭的开口，外部有可以与相邻的建筑相连的墙体，形成紧凑的城市结构，减少太阳辐射和通过墙体表面的热损失。空间深度参数对分析合院热力学具有重要的意义，因为它们不仅在一定程度上决定了城市的结构组织，并且还以一种非常显著的方式确定了半开放的外部空间的微气候以及在这些空间中的能量行为，上述比例还说明了这些空间与外部能量相关的方式，并影响了它们的内部气候特征。

4.2.3 传统合院的当代研究转化

许多现代建筑师都受到了合院住宅的影响，形成了别具一格的设计理念，如伯纳德·鲁道夫斯基、哈桑·法赛和柯布西耶等著名建筑师。受地中海合院住宅影响颇深的美国建筑师鲁道夫斯基，对乡土建筑的热情也同样投射到了合院空间当中。他研究并重新设计了普罗奇达（Procida），庞贝城和赫库兰尼姆（Herculaneum）的乡土建筑，汲取了当代住宅项目的批判性经验以及他对地中海建筑的构想，并在普罗奇达的住宅项目中产生了对合院的浪漫构想。从普罗奇达合院住宅可以看出鲁道夫斯基提到“合院宣言”的本质：古老的人物和居住在房屋中的动植物跃然纸上，鸟、狗、马和女佣在各种家庭生活场景中穿插。通过合院空间的植入，建筑师描绘了以人为中心的视野，住宅不再是一个单一的环境，合院将自然界中的人和动植物联系在一起，形成的围绕合院为重心的生活空间立方体。合院住宅没有与自然隔绝，生活空间也没有被过度的景观布置所破坏，而是创造了一个融合的环境；现代建筑大师柯布西耶在意大利旅行期间，同样也画了一些受庞贝古城罗马房屋影响的建筑草图，其主要特征是正对着中庭主轴沿线的透视，每个递进的空间都根据门的大小发生变化，中间的合院作为采光和实现的焦点，营造出渐明渐暗的场景氛围。

在哈桑·法赛的一些设计和研究中，他将庭院住宅的内部空间与阿拉伯传统住宅之间的关系进行关联。例如在他设计的开罗城市住宅中，两个庭院依次排列，第一个庭院阳光充足，第二个庭院由于栽种了具有遮阳、蒸发降温作用的树木和花草而阴凉舒适。两个庭院由连廊相连接，都发挥出气候调控的作用，形成“冷热院”的独特空间形式，连接冷热院的空间被称为塔克塔布斯（Takhtabush），促进了室内外的通风。哈桑法赛在1964年设计建设的新巴里斯村（New Baris Village）中也采用了冷热院。建筑师在建筑之间布置了多个院落，在一些庭院种植多种植物（包括棕榈树）进行遮阴降温，

图 4-10　哈桑法赛的“冷热院”设计组织

资料来源：改绘自 FATHY H. Natural energy and vernacular architecture: principles and examples with reference to hot arid climate[M]. Chicago: University of Chicago Press, 1986:140-143.

形成“冷院”，阴凉的空间为老年人提供了很好的休憩空间；另一些“热院”则尽可能地接受太阳光，作为人气较旺的中心集市，通过形成鲜明的冷热差从而促进通风。哈桑·法赛在“冷院”与“热院”之间，塑造了适合社交活动和短暂停留的缓冲空间（Takhtabush）（图4-10）。

此外，通过研究更多的合院设计项目和实验，可以发现合院不仅作为许多当代城市组织的基质（尤其是欧洲的城市），而且在高密度的城市中也通过整合私人空间和公共空间的关系发挥着独特的活力，如位于城市街区中著名的密斯·凡·德·罗三合院住宅和由阿达贝托·利贝拉（Adalberto Libera）设计的罗马Tuscolano邻里街区。建筑师们重新提出了单一形式的四合院，如库哈斯在1991年完成的位于日本福冈的一处住宅项目，在概念中明确提到了希腊和罗马古城的紧凑街区以及庞贝古城的合院住宅原型，该街区由24个单一的四合院组成，每幢三层楼高，结合在一起形成了两个街区。每栋住宅都被一个私人垂直庭院所穿透，庭院将光线和空间引入建筑内部。

在上海市章堰村的旧村改造建筑实践案例——艺术家小院中，设计通过对清代末年老宅“王家宅”丰富的院落结构进行重构与更新，在有限的空间内置入两种属性截然不同的使用空间——热闹而开放的小吃铺，静谧而私密的民宿。案例的流线设计借留园回廊复折、小院深深，形成从热闹到宁静的空间序列体验（图4-11）。合院作为动静功能属性之间的缓冲带，设计中汲取传统园林之精髓，宾客从沿街商铺进入民宿区域能够达到步移景异的感官享受。

院落与房屋错落有致，布局实现了空间的藏与露、疏与密、虚与实的有机结合。院落既作为民宿客房的私家开放空间，供住客单独使用，也作为客房与小吃铺、餐饮店的过渡空间（图4-12），实现

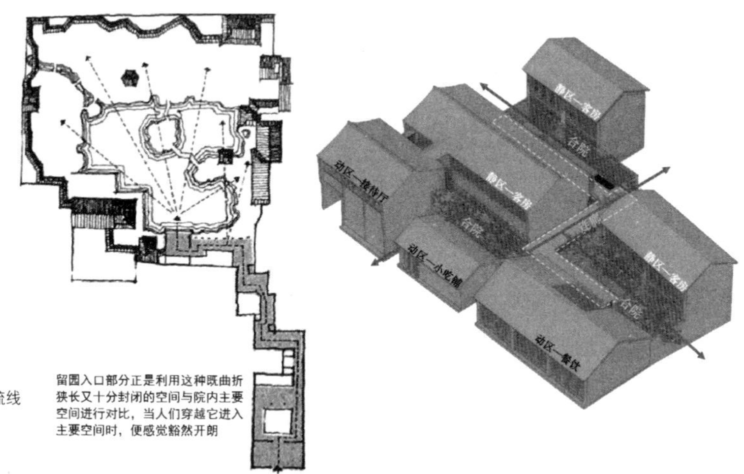
留园入口部分正是利用这种既曲折狭长又十分封闭的空间与院内主要空间进行对比，当人们穿越它进入主要空间时，便感觉豁然开朗
静区一客房
合院
动区一接待厅
静区一客房
合院
连廊
动区一小吃铺
静区一客房
合院
动区一餐饮

图 4-11 留园流线和艺术家小院设计方案流线示意
资料来源：L+ 麟和工作室提供

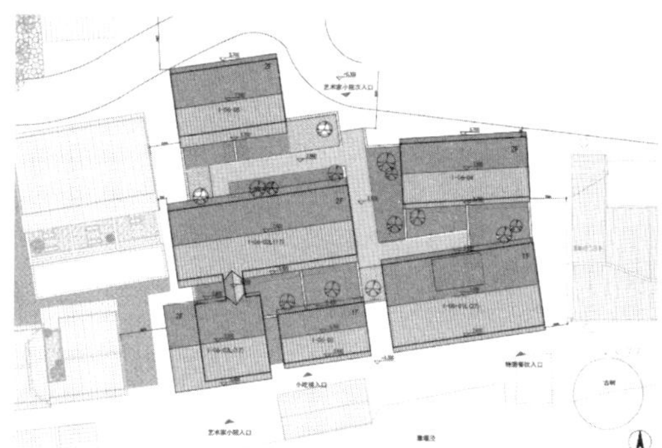

（a）平面图

（b）鸟瞰效果图

图 4-12 上海章堰村艺术家小院
资料来源：L+ 麟和工作室提供

了乡土建筑现代化更新的重构延续，展现了合院空间的极强生命力。项目在2020年改造完成，目前已经作为重固镇章堰村乡村振兴示范工程的重要组成节点。

因此，传统合院的当代转化可以归纳为四个要点：①对自然户外空间的需求，空间的围合方式产生自然的内向性，可以为建筑增加特定的绿色空间，也为户外活动营造更多的可能。②空间层次的划分，通过空间上和视线上的分割和连接，划分出封闭或开放、私密或公共的空间。③环境氛围的塑造，通过光线的引入，建筑内部主要获得反射的光线和部分直射光线，为室内空间提供舒适平和的氛围感。④室内外热舒适的维持，合院无论是以狭窄的天井还是较为宽阔的中庭，都能不同程度地根据不同时间段和气候条件创造出舒适的室内外微气候环境。在当代建筑中重新提出这种类型学不仅是一种文化立场的重新审视，可以让设计与构成环境条件唯一真正联系的传统文脉保持一致，而且还是找寻建筑适应当地气候环境的一种答案。

4.3 性能分析：合院原型的热力学性能与气候适应性

合院具有气候适应性和社会适应性的双重因素。在社会适应性方面，合院往往呈现出共享性、社会性和家庭性的空间场景特征，在乡土建筑中一般承担着重要的宗教庆典活动或家庭聚会的功能，同时也是接待客人的地方。合院的空间结构以内外空间的连续关系为基础，与凉廊、廊道等缓冲的中间空间相衔接，自然产生了和内部家庭私人空间相差很大的环境。合院作为开放的外部空间，符合社交和家庭聚会的功能需要，空间利用灵活而丰富。多功能性和灵活性的特点使该空间具有弹性，能够适应气候变化和社会变化。本节内容通过生物气候图提出合院的热力学性能与气候适应性关联性策略，具体包括合院的自然通风、建筑蓄热、蒸发冷却、遮阳和被动式冷却等，其中受到合院的几何形状，与合院交叉的空气流动以及立面和风的强度等因素影响。

4.3.1 “冷库”：合院空间中的通风性能

在气候适应性方面，除了前面提到的通过设置冷热院促进空气循环，合院住宅还作为一种被动式能量冷却系统（Passive Energy Cooling System）维持环境的可持续性和舒适性。在炎热气候中，天井或中庭作为合院的重要形式经常出现，因为开放的中庭在炎热的季节可以起到冷却环境能量的作用。此外，合院的形态确保了建筑内部的自然通风，因为空气流动的原则是基于暖空气的密度小于冷空气，因此热空气会上升，当合院与建筑中的其他开口（如门或窗）相连时，冷空气则会取代热空气，从而在建筑内部产生连续的气流。

自然通风，结合奥戈雅的生物气候图，合院可以利用自然通风和机械通风冷却进行空气冷却和净化（图4-13）。天井和庭院空间就是空气处理系统，具有降低温度的热力学性能，具体如下：空气通过有限的外部合院空间进行流动和循环，结合喷泉或池塘的设计，可以进一步蒸发冷却空气。如果将其与遮阳结构系统、植被、被动式太阳能利用等相结合，可以进一步提高其有效性。因此，合院空间就是一个“冷库”，可以将冷空气进行储存然后将其分配到周围空间中，同时作为调控新鲜空气进行通风的入口。

4.3.2 “热源”：合院空间中的蓄热与夜间通风性能

建筑蓄热与夜间通风，主要是基于包围合院的墙体材料的热力学性能（图4-14）。院子作为建筑的中心，日间正午的时候，太阳会到达院子的上方，太阳高度角较高，此时院子作为建筑外部空间是最为炎热的。建筑墙体和屋顶材料的热惯性和蓄热能力，可以使建筑内部保持不同于室外气候温度的

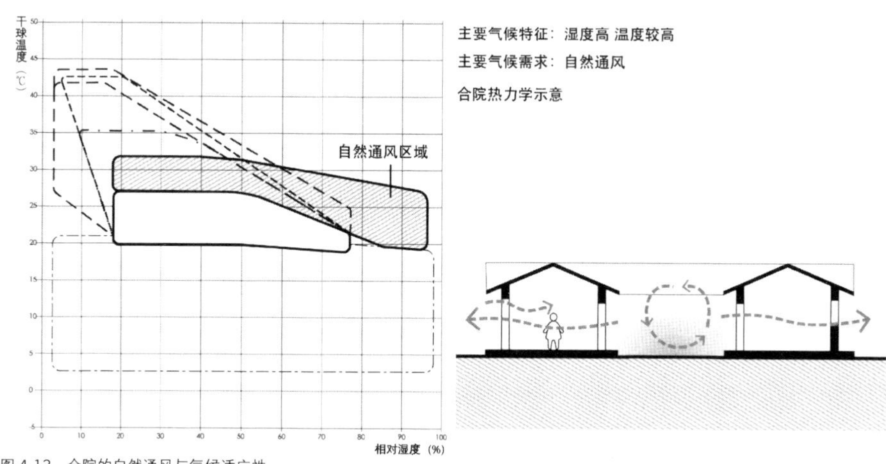

图 4-13　合院的自然通风与气候适应性

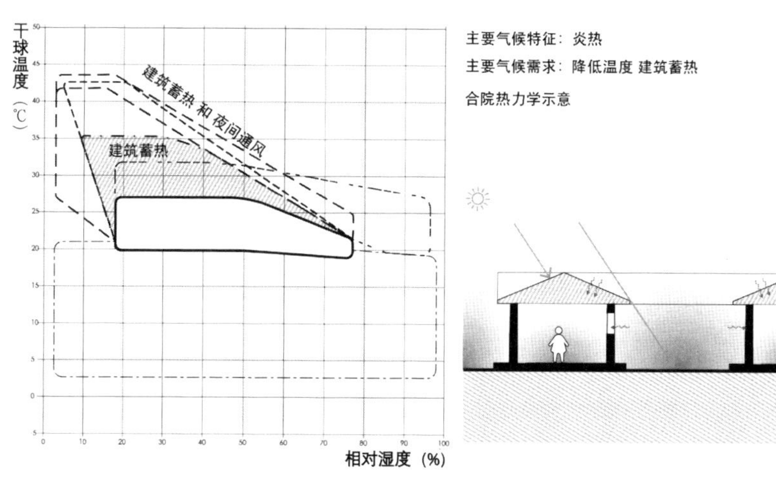

主要气候特征：炎热

主要气候需求：建筑蓄热和夜间通风

合院热力学示意

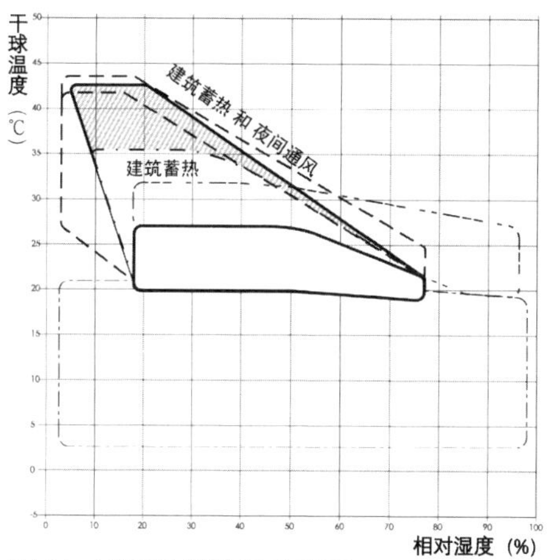

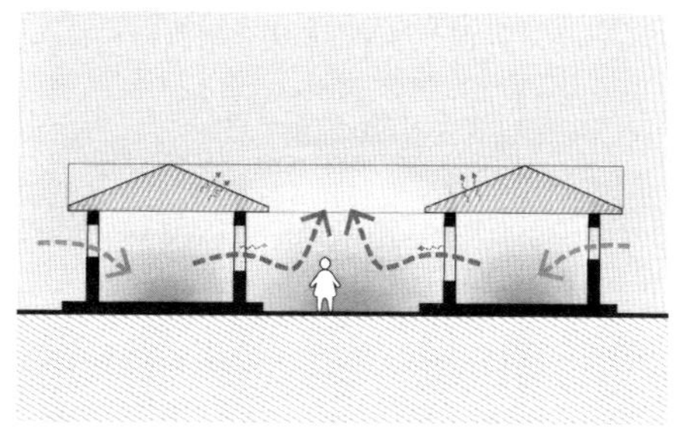

图 4-14　合院及周边建筑蓄热与夜间通风

凉爽；到了晚上，合院中已经冷却的空气从蓄热的墙体间接加热，然后上升，而夜间的冷空气逐渐替换室内的热空气。气流的方向不是一定的，这时候由于空气的热压通风效应，室内空气向上排出，同时也允许冷空气从合院流入，冷却周围的房间。

4.3.3 “光调节器”：合院空间中的纳阳与遮阳性能

建筑的遮阳与纳阳，合院住宅的居民会根据一天或不同季节当中的太阳位置和高度的变化，在合院中选择能够提供遮阳或纳阳的不同空间。比如合院的外部走廊能够为白天提供阴凉舒适的空间，居民也可以根据树荫的移动情况，使用院落中的不同部分。围绕合院的季节性的“迁移”在前面已经提过，在一些阿拉伯的传统住宅中，夏季居住的空间位于底层，冬季的空间位于楼上，楼层高度较低，以限制热量损失。有的甚至在炎热的季节使用地下空间，而在寒冷的季节使用顶层或院落，以享受到温暖的冬季阳光。很多乡土的例子已经向我们展示了如何提高合院的气候效率，在遮阳方面使用的系统和设备包括：屏风、遮阳篷、屋檐、外廊、棚架、植物等（图4-15）。

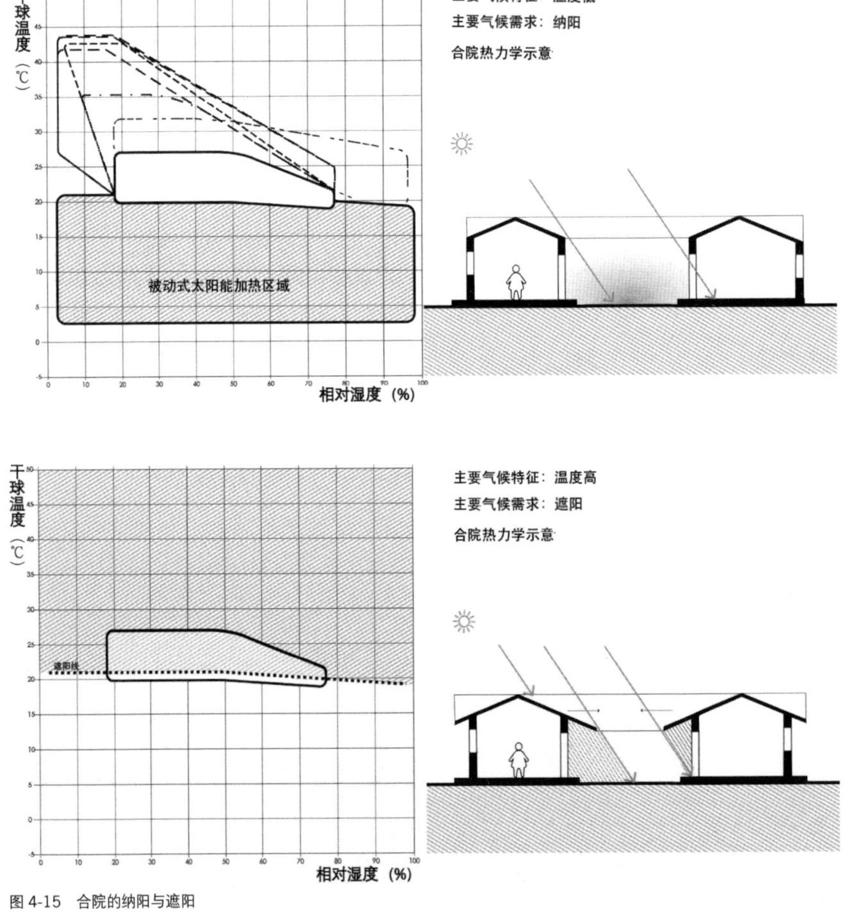

图 4-15 合院的纳阳与遮阳

4.3.4　“加湿器”：合院空间中的蒸发冷却性能

图4-16表示在合院中设置水塘通过直接蒸发冷却的被动式系统进行降温。其原理是由于合院中的水的存在而引起的蒸发冷却，从而促进冷却降温的热力学效果。因为水的蒸发从环境中吸收热量，降低了空气的温度，使空气密度增大，冷空气向下沉并被引入与其相连的建筑空间。另外，在庭院里的树木和花草也扮演着重要的角色，可以帮助诱导和输送湿润的气流，在炎热的气候条件下还能提供阴凉，植物的蒸腾作用还能进一步增湿冷却空气。

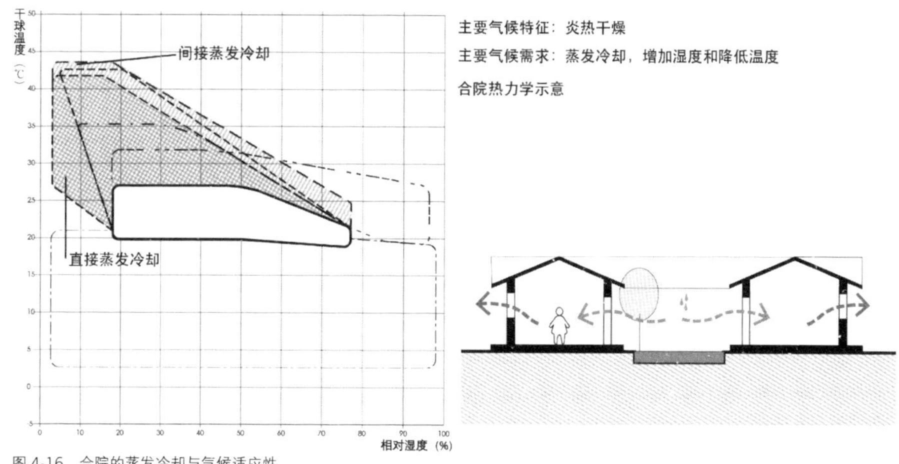

图 4-16　合院的蒸发冷却与气候适应性

4.4 合院原型验证与评价优化

传统乡土民居具有利用自然能量的显著特征，能量在自然环境—场地、技术环境—庇护界面、社会环境—住所场景中的流动方式如图4-17所示，利用能量系统和概念，绘制热力学能量图解有助于在传统乡土建筑的语境下，在节约能源和利用自然能量的目标面前，探究建筑设计的不定向因素，并在实现建筑形式的成本最小化与性能最大化之间建立可能。因为结合气候适应性研究的当代乡土建筑的热力学设计是能够达到能量供应的自给自足的，并且能够和建筑形式有效地结合，将能量利用的目的与对象正确匹配。因此，本书根据对奥德姆能量图解的当代转译，重新绘制结合主动式技术和被动式技术的当代乡土建筑能量图解，由此可以进一步对设计的对象进行能量分析，并结合特定的建成乡土建筑进行能值分析。

结合上述乡土建筑的能量流动图解，可以将建筑看作开放的系统，能量交换决定了系统的边界，边界区分了系统内部和外部。但是边界并不仅仅是具体的物体或结构，建筑的能量系统边界应当理解为一个交换区，其特征是具有热力学能量梯度和能量交换的动态变化。正如本书前面所研究的，如果以乡土聚落作为研究的范围，乡土建筑中能量梯度可以通过聚落选址和组织、建筑的围护结构、建筑

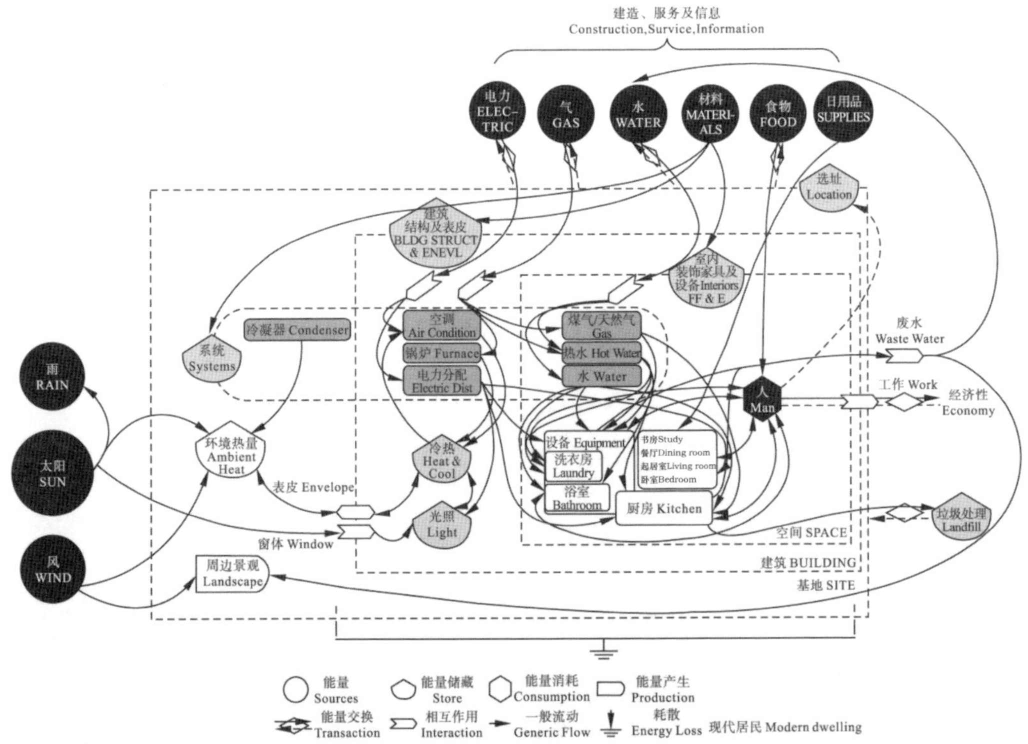

图 4-17　当代乡土建筑的能量系统图解

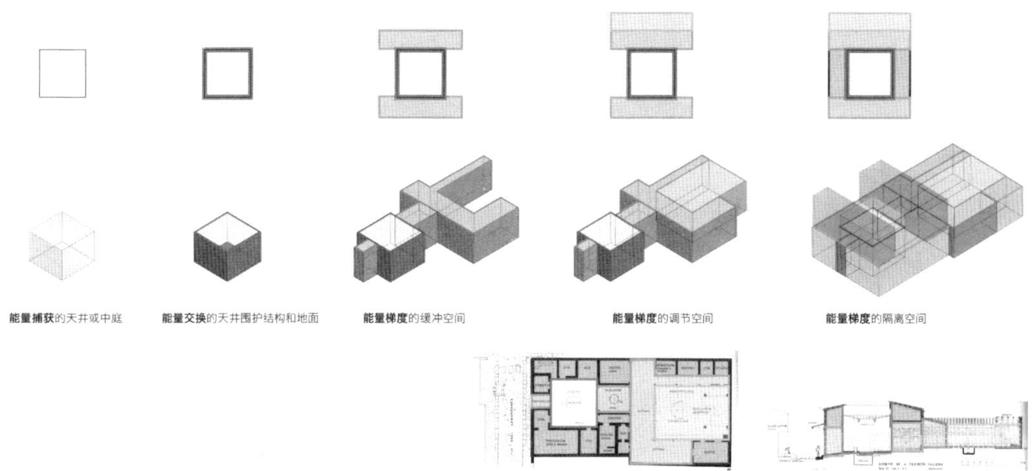

图 4-18 以庞贝罗马传统合院民居为例的合院式乡土建筑热力学原型图解

的内部空间而产生差异变化。

因此，建筑作为开放的能量系统的概念，基于空间层面的热力学能量捕获和调控，合院的空间结构与所具备的热力学现象之间具有下述的“原型”关系，各个部分相互影响又紧密联系：①建筑对外部环境进行能量捕获的中心开口结构（即中庭或天井）。②建筑内部和外部能量交换的外围护结构（包括窗户、墙体、屋顶等界面结构）。③形成建筑能量梯度的空间结构（包括外廊、过道、门厅等缓冲空间，卧室、起居室、阁楼等隔离空间以及后院、前院等调节空间）。以古罗马的双合院式住宅为例，合院式乡土建筑的热力学原型可以用图4-18表示。上述每个能量空间的划分实际上是以合院式民居中的天井空间作为能量捕获的对象，以该空间为主体对建筑中的能量流动和能量交换过程进行分解，最后研究每个空间当中的能量梯度情况，因此每个层次之间是相互交叠，缺一不可的。

4.4.1 合院空间中的光、热和风的能量捕获

能量捕获，主要是指对外部环境的自然能量（包括采光、热辐射、风和湿度）进行能量捕获的结构，在聚落范畴一般包括了建筑之间的开敞空间和建筑内部的开口空间以及建筑的整体外形结构。因为合院式乡土建筑的体形系数比一般的单体紧凑式的乡土建筑要大，如果从体形系数或前文所采用的热特征指标来分析其热力学性能无疑是不行的，如前文第3章3.3，其中研究案例中所计算的热特征指标（*K*）比较大的往往是具有中庭空间的合院式乡土民居。因此在合院式乡土建筑中，主要考虑的是建筑中心的开口结构（即天井或中庭）作为能量捕获（包括采光、辐射和空气）的主要来源。

首先，合院式乡土民居中的天井空间与自然采光的主要影响因素是当地气候条件的自然采光量、天井高度宽度和进深、面向房间的窗户面积和位置、玻璃的投射能力、室内表面的反射能力、围护结构的遮蔽物等。在这些影响因素中，最重要的是天井的比例和尺寸[92]。乡土建筑当中院落平面的长宽比一般在3∶1或1∶3，其中相等长宽的方形合院空间较为常见；在高宽比方面与气候和地理分布有着显著的关系，寒冷气候中的高宽比明显较小，大多在0.5以下，炎热气候条件下的高宽比则明显更大，

甚至出现极为狭窄的天井。天井空间的采光一方面取决于当地气候条件，炎热气候的低纬度往往比寒冷气候的高纬度地区获得的自然采光要多；另一方面还取决于天空视阈因子（Sky View Factor），高而窄的天井天空视阈因子较低，所获得的自然采光和太阳辐射也较低。对于中庭中心的采光系数来说，在高宽比均为2的情况下，正方形（长宽比为1∶1）的天井比长宽比为2∶1的长方形天井多提供7%～10%的自然采光量。

其次，合院式乡土建筑中天井空间的太阳辐射得热情况与当地的太阳辐射和天井的开敞度，即与天空视阈因子密切相关，天空视阈因子主要还是受到天井的高宽比（空间深度）的影响。由于东西走向的天井空间有与太阳较大的接触面积，遮阳较少，有更多的阳光照射到天井的墙体和地面上。以北半球（北纬24°）为例，天井空间的东西墙面和地面作为主要的太阳辐射接受面，当天井高宽比大于2∶1时，东西墙体高度的一半以下太阳辐射的接受量都明显减少。此外还可以发现，相同高宽比但长宽比不一样的天井空间，它们的地面太阳辐射量与位置有着明显的差异，长宽比为2∶1的天井空间地面辐射量会因为天井北面墙体的反射，使大多数的辐射位于地面中间偏南的位置；长宽比为1∶2的地面辐射量主要受直接太阳辐射的影响，辐射量主要分布在地面北部区域。根据建筑表面不同的辐射分布可以在立面和地面上分别进行建筑窗户的布置和材质的选择、植物和公共空间区域的划分等。

最后，合院式的乡土建筑中天井空间的空气流动情况实际上不仅受当地主导风向与体型特征的影响，还受到太阳辐射所引起的温度差的影响。在主导风向方面，天井空间内的风速情况主要受到建筑沿风向的高宽比（即进深）和垂直于风向方向的高宽比（空间深度）的影响。建筑通过降低风速、增加紊流和内部环流来进行挡风，形成风速较为平缓的区域。天井空间的风速大小，一般会随天井沿主导风向的方向（进深）的尺寸的增加而增加，迎风面的高度越大，天井内部的风速越小[92]。因为当风作用于合院式建筑的迎风面时，流动的空气会在屋顶分流并逐渐回流到背风侧的地面，流经天井的风速还会随着天井空间沿着空间深度的增加而减小。比如，在需要通风的湿热地区或夏季，与主导风向成45° 的天井，既可以使庭院内部的风速最大，又可以使建筑的风压和通风情况最好。当采暖占主导的气候区，且对内部采光和日照需求较低的情况下，天井的高宽比小于1时防风效果较好。

对不同气候区下的乡土建筑的合院空间进行研究可以发现，乡土建筑中以日照获取为主导的寒冷气候地区，天井的方向一般都会朝南，且朝南方向的建筑高度一般都较为低矮，或通过利用地形获取更多的日照。而在干热气候区，会选择高宽比较大的天井，一方面形成遮蔽太阳辐射的自遮阳区域，另一方面在白天通过关闭与天井的开口避免风沙进入。

在上述对天井空间的采光、辐射和风的能量捕获中，如果为了获得更多的夏季通风，天井空间一般会设置得比较大，但此时天井内部的辐射量就会增大，需要遮阳的面积就会增大，因此就需要采用设置适当的遮阳结构、外廊、植物树阴等措施进行平衡；而在较冷的气候环境中，往往会将天井空间设置得较小来挡风，同时必须保证南北向足够宽来接受足够量的采光和太阳辐射。

4.4.2　合院空间中的光、热和风的能量交换

能量交换，主要是建筑外围护结构的体型轮廓与材料热力学中，对外部气候能量与内部环境能量进行交换的过程，但建筑的能量交换不仅仅是外围护结构和建筑轮廓，建筑空间之间存在能量梯度就

会有能量的流动和交换。因此构成合院式乡土建筑热力学原型的能量交换是指内部和外部能量交换的外围护结构（包括窗户、墙体、屋顶等界面结构），包括它们各自的整体的构造与开口。在乡土结构外围护结构的材料与体型层面的热特性前文第3章第3节已经做过描述，这里将结合不同案例中合院空间进行分析。

首先，天井空间中自然采光进入室内很大程度上受到天井空间的形状以及天井中墙体的窗户开口、外廊的设置、遮阳结构等的影响。一般来说，位于天井底层的房间采光系数受到的限制最大，需要根据底部房间的采光系数进行设计。另外，对于较高而窄的天井的采光效率，天井侧壁之间的相互反射会吸收一部分光线从而减少向房间内部的采光效率，因此对于天窗井来说，其采光效率取决于天窗井墙壁的反射率和与天窗井的形状。图4-19表示通过井口指数的函数关系，计算出不同尺寸和比例的天井进入房间内部的采光效率。使用该指标可以分析天井空间作为天井内部和周围空间的直接采光效率，适用于天井外墙不垂直落到地面，即评估天井上方屋檐结构对光线进入建筑内部的影响。

其次，天井空间中热量的得失不仅受天井开口形状的影响，还受内部空间的地面尺寸或空间体积以及不同材料热阻的影响。天井开口的存在就代表整个建筑体型与外界接触的表面积增大，在体积相同的情况下，合院式建筑外皮的导热和通风得热失热比紧凑型的建筑更多。体形系数较大的建筑会有更多的太阳辐射落到墙体、窗户和屋顶上，如果是冬季较多表面积面向南面则可以获得更多的日照，但是若是夏季则需要避免建筑体型的主体面向东西方向以及水平面的隔热。建筑外表面的热量交换随着建筑表面积（S）与地板面积（*F*）的比值（*S*：*F*）呈正相关的线性关系，对于绝热性能较高（*R*值较大）的建筑，热量损失的变化则较少，但是对于低热阻材料而言，就需要着重考虑建筑体型的影响。此外，天井中外墙窗户开口的大小和方式同样对采光和辐射得热发挥着重要的影响。

最后，在空气流动方面，在建筑天井空间与内部空间之间一般会通过设置通向庭院的开口，来增加该开口空间的风速，尤其当该开口空间面向主导风向或者有多个这样的开口使天井内部的空气流

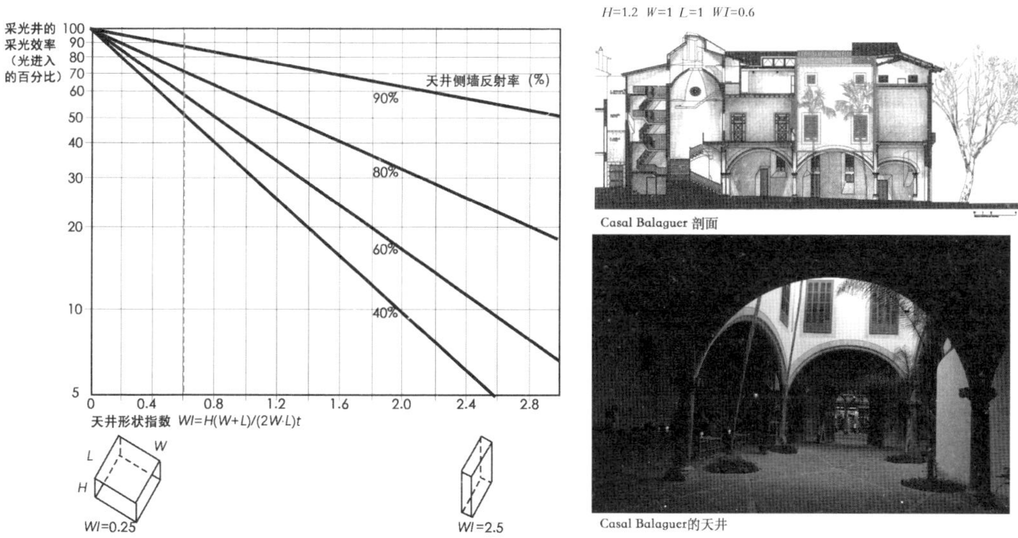

图 4-19　天井井口函数与采光系数的关系

资料来源：改绘自布朗，德凯．太阳辐射·风·自然光：建筑设计策略 [M]. 常志刚，刘毅军，朱宏涛，译．北京：中国建筑工业出版社，2008：233.

出，对高宽比越大的狭窄天井来说更为明显。其中，作为院落之间的连接空间同样对空气流动发挥影响，比如“冷热院”中的连接空间，通过对遮阳庭院与纳阳庭院之间的组合，冷热温差可以加快空气从一个庭院到另一个庭院的流动速度，形成宜人的通风。而这个现象实际上是由太阳辐射的得热量差异，引起不同空间之间的温度差，所形成的不同能量梯度。

4.4.3 合院空间中的光、热和风的能量梯度

在自然界里，热力学的能量梯度几乎是普遍存在的，如压力梯度、化学浓度梯度或温度梯度。如果外部梯度打破了系统与自然之间的平衡，系统相应地会作出抵抗并改变自身的状态。简单地说，一个系统越是被迫失去平衡，其保持平衡所需的能量就越多。因此，对于生命体来说，如果从热力学的角度来考虑其受到熵的影响，那么它的状态则是不断从环境中获取能量以保持自身的梯度平衡[162]。达西・汤普森在《生长和形态》[163]中写道：“一切物质，其形态以及运动和生长中出现的明显的形态变化，都可以归结为力的作用。简言之，物体的形态就是一幅‘力图’。生物体无论大小，它都不仅仅是必须以力的语言来诠释的生命物质运动的表现物（根据动力学），它还表现为生物体本身的形态，这种不变或平衡可以用力的平衡来解释。”

自然界中的物质形态和热力学的能量交换有着密切的联系，并且往往是通过维持能量的梯度平衡来达到的。在威廉・布拉厄姆教授的《建筑与能源：性能与风格》[34]中，举了景观生态学家对生物斑块形状研究的例子，谈道其形态受一系列参数的影响，这些参数还揭示了从历史发展到物种多样性的可能性，再到与周围环境的能量交换。此外，在极端气候条件下，野兔的体型适应性变化显著。例如，西北兔拥有较大且扁平的耳朵，这种形态有助于最大化热量的散发，非常适合于高温环境中的降温需求；而北极兔则有着圆球形的体态，这有助于最小化热能交换，从而更好地适应寒冷的环境。如果认为建筑有着和生物一样的目的，都是为了维持自身的平衡和舒适，那么建筑也可以做到梯度平衡。建造一座与环境隔离开来建筑物，同时需要保持其舒适良好的环境，无非是构建一个能量梯度来抵抗随着时间推移的熵增。

形成建筑能量梯度的空间结构由缓冲空间、隔离（保温）空间和调节空间三部分组成，具体包括外廊、过道、门厅等缓冲空间，卧室、起居室、阁楼等隔离空间以及后院、前院等调节空间。但是从广义上来说，能量梯度存在于任何的空间中，合理的建筑边界的设计能最大化获取气候环境中可用能量梯度的途径，合理的建筑内部组织形式可以迅速地传递和转化这些能量并生成新的能量类型[164]。对于合院式乡土建筑来说，天井空间作为能量系统的捕获器，同时也影响着整个建筑中的能量梯度，包括光照的明暗变化、热量的冷热变化，以及风环境的情况。

关于合院式乡土民居中能量梯度的空间划分，不同空间的位置和连接方式对于能量的引导和利用也发挥不一样的作用。在欧洲，不同形状指数的天井，它们采光梯度的变化有着显著的差别（图4-20）。以古罗马的典型合院式民居为例，对于天井及其直接相连的周边空间来说，其光照变化的能量梯度很大程度上取决于天井作为捕获空间的形态、缓冲空间对于光线的过滤以及太阳高度角等因素的影响。结合前面对天井空间采光效率的研究，可以得出具体乡土建筑天井空间中的采光梯度变化，其实际上主要受到高度与宽度的影响[165]，基于采光系数的罗马合院民居的天井空间能量梯度如

图 4-20 欧洲不同形状的天井空间照片

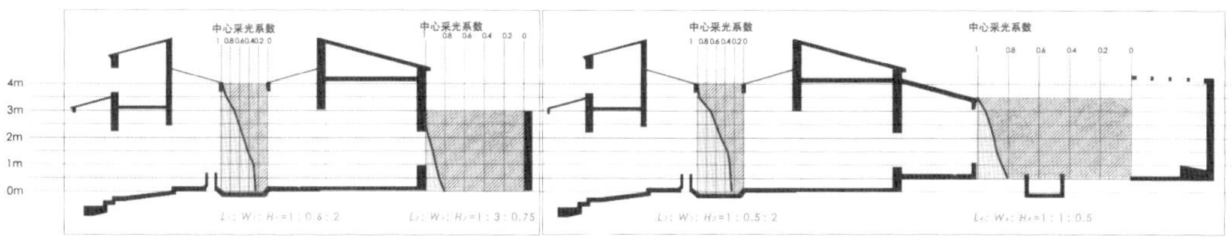

图 4-21 不同高宽比和长宽比下的罗马合院式住宅的纵向采光梯度示意

图4-21所示。在乡土建筑天井空间的光能量梯度分布中，采光系数与天井空间的长宽比、天井形状指数和当地对应时间的光照度成正相关，与天井空间的高宽比成反比。在天井空间的内部，纵向高度越高所受到的天井空间体形的因素影响越少则采光越多，其采光照度的衰减率主要受到天井高宽比的影响，相近形状指数和相近高宽比的天井，采光梯度曲线相近。

天井空间作为合院民居的温度调节器，结合缓冲空间对热量的过渡，可以有效地避免夏季的高温和冬季不舒适的寒冷。在夏季，由于太阳高度角较高，罗马传统合院式住宅利用遮阳、蒸发冷却和南北院落的通风，使天井空间最多可以比外部空气温度低2～4℃，而作为缓冲空间的走廊和门厅最多可以低1～3℃，作为能量隔离空间的阁楼发挥隔热层的作用，所以温度较高。在双合院的民居中，夜晚人们会选择睡眠在位于后部的合院卧室中，白天则会在前部的天井活动，主要是因为后部天井开口较大，且结合较高的建筑蓄热能力，夜晚可以通过较大的天空视阈因子向外辐射白天积蓄的热量。其他隔离空间中的热量会在夜晚传递到前部天井，形成温度差促进夜间通风，因此夜晚的后院可以形成较舒适的睡眠区。在冬季，由于太阳高度角低，根据屋檐的角度和冬至日太阳高度角的位置，从前部天井和后院捕获的热量都可以照射到室内，天井空间温度较高，最多可以比外部温度高4℃，其次是外廊和门厅等缓冲空间（高2～4℃）。根据剖面的热量梯度变化，阁楼作为保温空间结合高热质材料可以高1℃左右，而居民在冬季会选择在温度较高的前部天井周围的卧室居住。

此外，对于乡土建筑天井空间中的太阳辐射热的能量梯度变化，可以通过实地的空间测量和热辐射软件模拟两种方式，前者近年来使用较多的是采用热成像记录仪对实地已建成的空间进行分析[88]，后者可以采用Ladybug Tools等环境性能模拟软件进行建模分析。

4.4.4 以四种气候分类为例的合院原型能量策略优化

基于不同气候的合院式乡土建筑热力学原型，本节分别对我国的海南海口、新疆吐鲁番、上海和黑龙江哈尔滨不同气候类型的典型城市作出分析，并详述传统院落民居的生物气候适应性分析和其在早期设计阶段的设计研究过程，试图为建筑师提供一套从抽象到具体的基于气候适应性分析的建筑设计工作流程，为实现更高效和可持续的建筑设计提供指导。

需要说明的一点，基于气候适应性分析的方法所提出的乡土建筑设计原型和策略只是众多设计方法中的一个，其作为重要的一环，有助于乡土建筑在当代转化的过程中（尤其是早期设计阶段）继承传统优秀要素的同时，形成科学且适应气候的设计。如果其仅仅适应气候，却忽视对其他要素（社会、美学、人文等）需求，显然也无法满足对高性能和高舒适度的要求。

1. 湿热气候

湿热气候主要集中在低纬度地区，全年都接收到较高角度的太阳辐射，且湿度较高。一方面，由于云量较大和空气中所含的水分，大气的清晰度会下降，一定程度上阻碍了太阳辐射到达地表，导致了地面的辐射量低于同纬度但干燥的地区，同样在夜间也有相同的问题，因为天空缺乏透明度使地球表面温度很难冷却。这一现象导致了湿热气候地区的昼夜温差很小，夜晚无法缓解日间高温，使温度一直都很高，一天当中极少有在舒适范围之内的时间。因此在日间，室内和室外的空间使用一般是混淆的，室内外温度都很高，强调遮阳；而在夜间，由于同样高温不舒适，保持良好的通风是最为关键的。另一方面，除了室内过热的问题，过于潮湿的问题对炎热潮湿的气候来说，比在干热气候更为显著。高湿度会使热舒适的标准更为严苛，往往会使人感觉更为闷热，一般只有通过非常强烈的通风才能有效避免，蒸发冷却反而无效。我国代表城市为海口、三亚等。其中海口（柯本气候分类为Aw，我国建筑气候区划分类为夏热冬暖Ⅳ）的气候适应性分析见图4-22。

图4-22展示了海口作为湿热气候典型城市的气候适应性特征，具体分析结果如下：①结合太阳

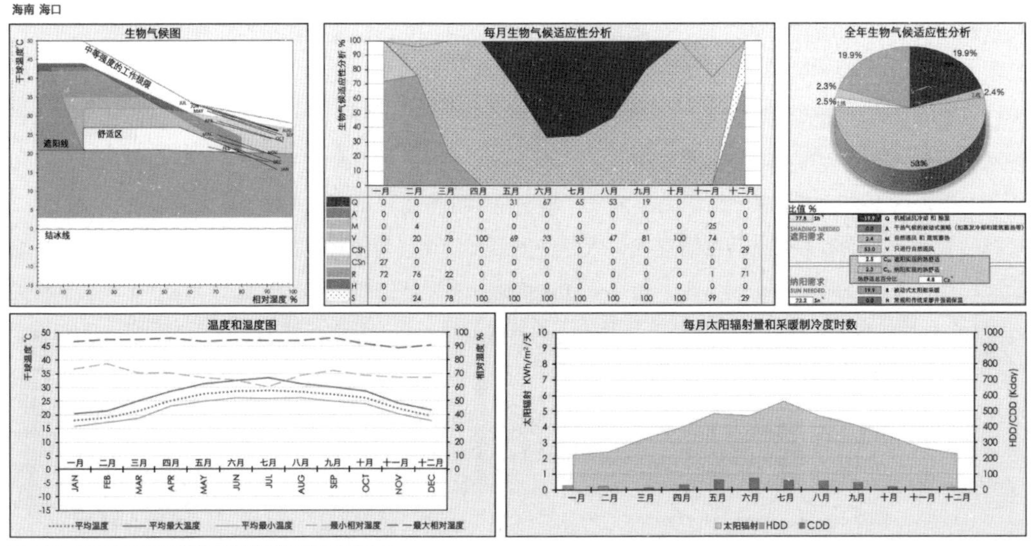

图 4-22　以海口为代表的湿热气候类型的气候适应性分析

辐射作为指标参数的生物气候图，每月的最高温度—最低湿度和最低温度—最高湿度连线主要分布在舒适区范围的右上角，有多个月份都集中在需要自然通风的范围，气候炎热潮湿和不舒适，需要采取隔热和散热的能量措施。②每月生物气候适应性分析结果表明，在12月到次年2月之间的气候可以通过被动式太阳能采暖策略（R：12月达到71%，1月达到72%，2月达到76%）来提供足够的热量需求，在此期间可以通过考虑利用太阳辐射来达到热舒适，在3月到11月之间的气候都需要自然通风策略（V）来争取最大的热舒适，其中5月到9月还需要采取机械冷却通风和除湿的策略（Q）。③根据全年的生物气候适应性分析结果，自然通风策略的全年时间占比达到50%以上，说明该气候类型需要建筑设计考虑最大限度地通风。此外遮阳的需求占77.8%，纳阳需求占22.2%，不采取任何策略的热舒适（仅考虑了太阳辐射的影响）仅占4.8%，说明了该气候的极端和局限性，而且是所有气候类型中最不能完全依靠气候调节来实现热舒适的类型之一（Q达到19.9%）。④温湿度图表明，全年长夏无冬，温度高且湿度重，气温年较差和日较差都很小，1月的平均气温在15℃以上，七月的气温在25～35℃，年平均温度日较差在5～10℃，每月的平均相对湿度在80%，年相对湿度在60%～95%。⑤太阳辐射量分布较均匀，每天平均水平太阳辐射量在2～5kWh/m^2，但全年需要制冷的时间相对较多。其中，度日时数（Degree Days）指的是室外气温数据的简化表示，通常用于在能源工业中计算室外空气温度对建筑能耗的影响。“采暖度日时数”（HDD），是衡量室外空气温度低于特定“基准温度”（或平衡点温度）的程度（以度为单位）和持续时间（以天为单位）的度量，用于计算建筑物供暖所需的能耗。“制冷度日时数”（CDD）衡量室外空气温度高于某一特定基准温度的程度和持续时间，用于计算冷却建筑物所需的能耗，这里的基准温度分别采用了奥戈雅舒适温度范围的上下限作为标准。

因此，在湿热气候，77.8%的遮阳需要决定了最重要的建筑特征是能提供长时间阴影的遮阳结构，同样重要的是自然通风，结合海南乡土院落民居的乡土建筑热力学原型见图4-23。具体策略包括

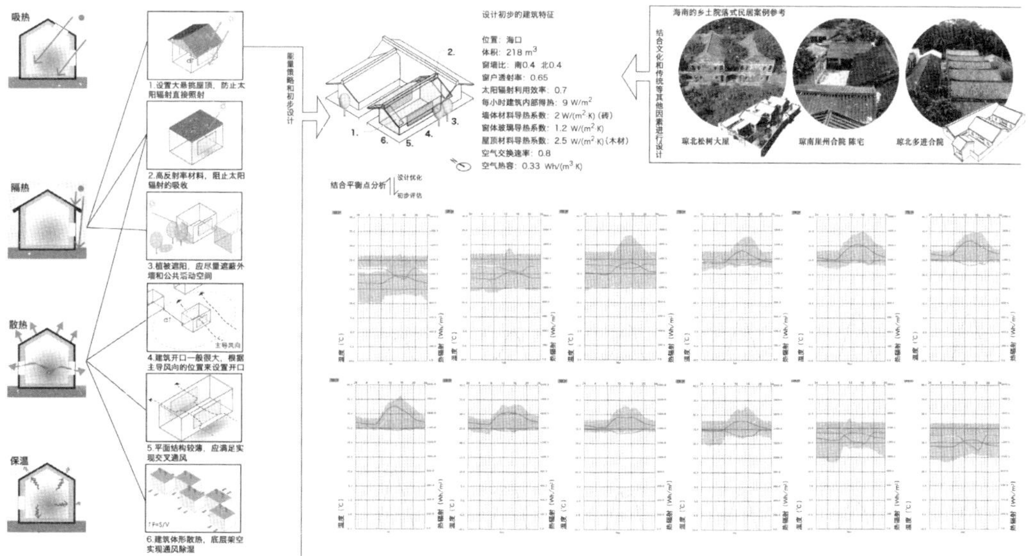

图 4-23　早期设计阶段的海口院落式乡土建筑热力学原型及策略

防太阳辐射的遮阳结构，减少太阳辐射对建筑内部以及公共或私人开放空间的影响，乡土建筑中可以通过采用大悬挑屋顶并结合高反射率的材料来阻止过量太阳辐射的吸收，从而在建筑周围创造良好的微气候。建筑材料的选择除了能够反射太阳辐射以外，建筑的蓄热和材料热惯性一般发挥作用较少，适当采用能够阻挡热量流通的隔热材料。在聚落层面应该有便于疏导通风的空间，街道和公共空间应该规划能够最大限度遮阳的植被。

为了保持良好舒适的自然通风，建筑所需要的开口一般很大，而且要根据主导风向来选择适当的开口位置，结合格栅、百叶窗、窗帘等，阻止太阳辐射的进入。建筑的平面组织还需要进行实现交叉通风，不宜采用宽厚的建筑形态。避免东西朝向的外墙受太阳辐射的直接照射，而且要利用架空底层来组织底层的通风除湿。此外，如果自然通风策略仍然无法满足舒适要求，还需要结合机械通风冷却除湿来提供最大的舒适度。

2. 干热气候

干热气候主要集中在低纬度地区，全年都接收到较高角度的太阳辐射，而且湿度低。一方面，由于大气云层和水分较少，太阳辐射强，导致该地区的温度一般很高。另一方面，由于天空较高的透明性，导致夜间辐射散热的降温效果十分明显，日落时温度会急剧下降也是干热气候的显著特征，造成了明显的昼夜温差和极端的高温。我国代表城市为乌鲁木齐、呼和浩特、喀什、吐鲁番等。其中吐鲁番（柯本气候分类为BWk，我国建筑气候区划分类为寒冷地区VIID）的气候适应性分析见图4-24。

图4-24展示了吐鲁番作为干热气候典型城市的气候适应性特征，具体分析结果如下：①结合太阳辐射作为指标参数的生物气候图，每月的最高温度—最低湿度和最低温度—最高湿度连线分布范围较广，主要分布在舒适区的左上角（温度高湿度低）和下方，有多个月份都集中在需要蒸发冷却和建筑蓄热的范围，气候炎热干燥和不舒适，显著需要隔热和散热的能量策略。②根据每月生物气候适应性分析结果，11月到次年2月的气候太阳辐射不足以提供充分的采暖，因此需要采用常规采暖和保温策略（H：11月为49%，12月为100%，1月为100%，2月为39%）来满足热舒适的需求。2月

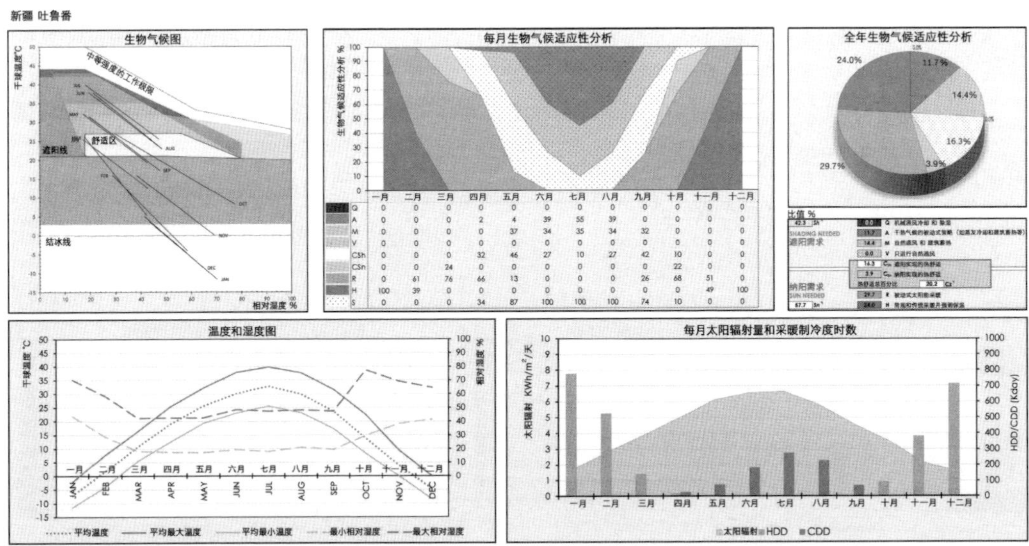

图4-24 以吐鲁番为代表的干热气候类型的气候适应性分析

到5月和9月到11月的过渡季节气候可以通过被动式太阳能采暖策略（R：2月为61%，3月为76%，4月为66%，5月为13%，9月为26%，10月为68%，11月为51%）来提供部分足够的热量需求。在4月到10月都有对遮挡太阳辐射的需求（S），而在5月到9月的炎热夏季，不仅需要长时间的遮阳（S：5月为87%，6月为100%，7月为100%，8月为100%，9月为74%），还需要采用干热气候的被动式策略和自然通风来满足热舒适（M和A）。③根据全年的生物气候适应性分析结果表明，全年有42.3%的遮阳需求和57.7%的纳阳需求，其中不采取任何策略即可达到热舒适的全年时间占比达到了20.2%，气候适应性的季节变化充分说明了对夏季和冬季采用不同的被动式策略的必要性。冬季需要采用适当的被动式太阳能采暖（R）结合常规采暖和建筑保温措施（H），在夏季则要注重遮阳、蒸发冷却、自然通风和建筑蓄热，其中对干热气候的被动式策略需求以及自然通风和建筑蓄热策略均达到了10%以上。④温湿度图表明，冬季寒冷，夏季酷热干燥，气温年较差和日较差都很大，1月的平均气温在-7℃，7月的平均气温高于30℃，年平均温度日较差在10~15℃，每月的平均相对湿度在40%~80%，3月到9月的最低湿度甚至低于10%，气候极其干燥。⑤太阳辐射量分布不均，在5月到9月的太阳辐射量很大，每天平均水平太阳辐射量在5kWh/m^2以上。夏季隔热降温和冬季采暖的需求明显。

因此，干热气候需要考虑的设计策略是夏季隔热和散热策略，以及冬季的保温策略，结合吐鲁番中庭式乡土院落民居的乡土建筑热力学原型见图4-25。首先，夏季需注重防太阳辐射和隔热降温，在建筑空间上可以采用内向的集中式布局，主要的起居空间围绕中庭，中庭采用适当的形状尺度、朝向以及遮阳结构对太阳辐射进行调控。建筑材料发挥蓄热作用，白天收集的热量可以在夜间通过通风换热和对外进行辐射散热，因此材料需要较低的导热系数和较大的热惯性，增强辐射热交换能力的同时起到隔热保温的作用。在聚落层面应该布局相对紧凑且不规则，防止白天强烈的热风影响热舒适，街道狭窄还有利于建筑物之间形成阴影遮阳。建筑墙体还需要采用能够反射太阳辐射的浅色颜色，以及采用重质材料，确保建筑物的隔热能力和较大的热惯性，维持温度的稳定。

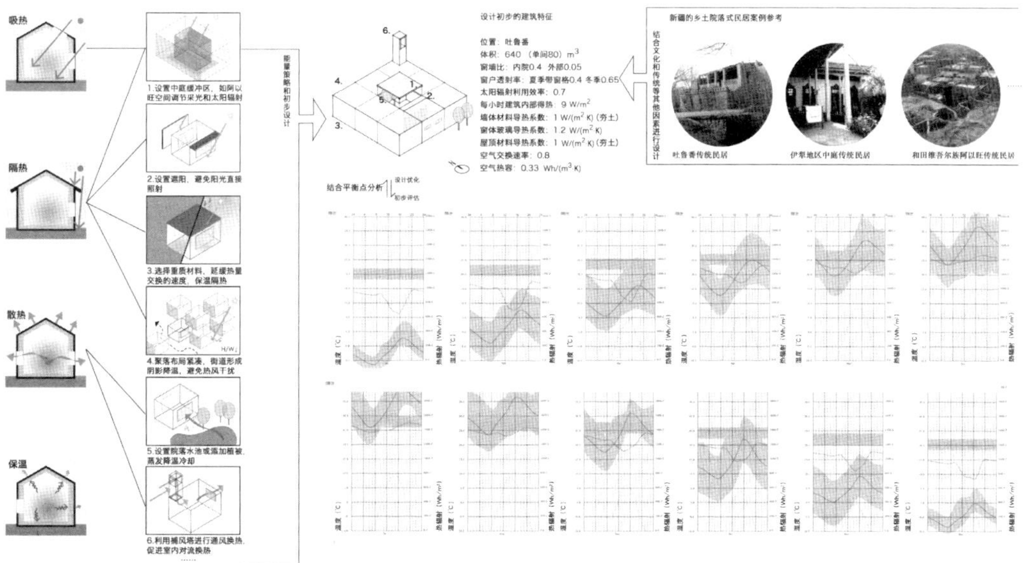

图 4-25　早期设计阶段的吐鲁番中庭式乡土建筑热力学原型及策略

在夏季还需要引进通风和蒸发冷却措施，但是夏季室外气候的条件往往超出了自然通风的调节能力，并且因为夏季5月到9月的最高气温甚至超过35℃，白天通过通风来调节舒适度反而适得其反，只会让人感觉扑面而来的热风甚至在沙漠地区还会夹杂着严重的风沙。因此除了前面提到的采用夜间建筑蓄热和通风措施，还有利用风塔结构和土壤地穴进行通风换热，这种蒸发冷却的通风降温措施设计在干热气候的乡土建筑中也经常可以看到而且效果显著，还可以结合植被和水体布局进行蒸发冷却增湿。冬季需要考虑采用较小的建筑开口进行直接辐射吸热，对于吐鲁番而言，有将近30%的时间占比需要进行冬季的被动式太阳能采暖策略，其他时间则需要进行遮阳防热。

我国新疆吐鲁番地区的传统民居在夏季防热和降温上有许多可以借鉴的做法。建筑一般为两层，采用半地下穴居方式，结合庭院灵活布置，创造以水院和葡萄树绿植为中心的自然空调效应[132]。而围护结构墙体采用既能保温又能隔热的厚重土坯墙，开口面积较小。

3. 温和气候

温和气候主要集中在中纬度（20～60°）的地区，全年最高太阳直射角变化较大，夏季太阳高度角高，冬季太阳高度角低，形成明显的季节差异。夏天从温暖到炎热变化，冬天从凉爽到寒冷，受到季风影响明显，较高纬度的地区还会收到寒风的影响。降雨同样也受到季节的变化，一般来说夏季降雨多，冬季降雨少。由于温和气候冬季寒冷，与高纬度的寒冷气候一样，因此保温成为必要的条件，但与之不同的是，在温和气候中有可以通过捕获太阳辐射来缓解寒冷的潜力。在夏季炎热的时候，需要散热和隔热，使建筑物免受过量太阳辐射的影响，而且还需通风以防止夏季过热。由于温度的日夜波动，热惯性也发挥了稳定室内温度环境的作用。我国代表城市为上海、南京、南昌等。其中上海（柯本气候分类Cfa，我国建筑气候区划分类为夏热冬冷地区III）的气候适应性分析见图4-26。

图4-26表示上海作为温和气候典型城市的气候适应性特征，具体分析如下：①结合太阳辐射作为指标参数的生物气候图，每月的最高温度—最低湿度和最低温度—最高湿度的连线主要分布在舒适区范围的右下角和右侧，有多个月份集中在可以采用被动式太阳能采暖的范围，初步可以判断温和气

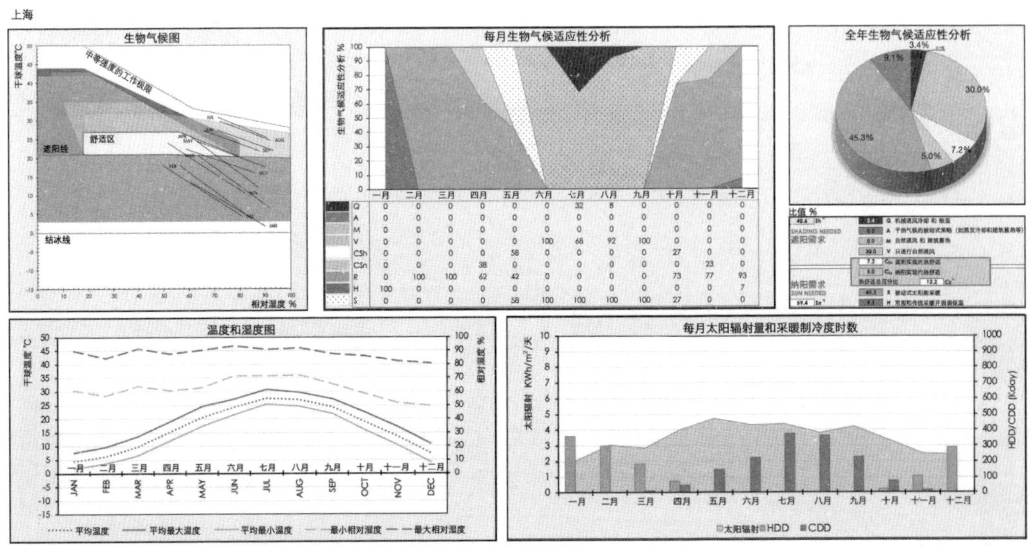

图 4-26　以上海为代表的温和气候类型的气候适应性分析

候适合利用太阳辐射来获得热舒适。②根据每月的生物气候适应性分析，在2月到5月和10月到12月的过渡季节气候可以通过被动式太阳能采暖策略（R：2月和3月为100%，4月为62%，5月为42%，10月为73%，11月为77%，12月为93%）来提供全部或部分热量需求。在6月到9月需要通过自然通风策略（V：6月和9月为100%，7月为68%，8月为92%）来争取最大的热舒适，其中在7月到8月还需要结合机械通风冷却降温（Q：7月为32%，8月为8%）来解决部分的热舒适。而在1月达到100%的常规采暖需求，需要采用暖气才能防寒，达到热舒适。③根据全年的生物气候适应性分析结果，保温的生物气候适应性需求相对较低，因为全年的常规采暖策略需求（H）时间占比为9.1%，而被动式太阳能采暖策略需求（R）和纳阳实现的热舒适（CSn）的全年时间占比分别为45.3%和5%，一共达到了50%以上，因此吸热策略占主导。另外，隔热遮阳和自然通风的需求也相当大，全年占比分别达到了40.6%和30%。④温湿度图表明，冬季寒冷，夏季炎热湿润，全年的湿度都很大，气温年较差较大，日较差在10℃以内。1月的平均气温为5℃，7月的平均气温为27～28℃，每月的平均相对湿度在60%～70%，全年相对湿度在50%～90%。⑤太阳辐射量分布较均匀，每天平均水平太阳辐射量在2～5kWh/m^2，夏季需要制冷降温，冬季需要采暖加热。

作为温和气候（夏热冬冷气候）代表的上海，既要考虑冬季保温和采暖，夏季隔热散热和自然通风，也要考虑过渡季节的纳阳吸热采暖的措施，结合上海乡土院落民居的乡土建筑热力学原型见图4-27。首先，在应对太阳辐射方面必须有足够的灵活性，保证冬季能够吸收到充足阳光的同时，避免夏季过量的太阳辐射摄入，具体策略：设置既能为冬季提供充足阳光又能抵御夏季暴晒和雨水的公共空间，可设中庭和外廊道等，有利于太阳辐射的避免或捕获以及蒸发冷却。还需要设置一定的遮阳防雨结构，避免墙体和门窗的日晒雨淋，还可设置根据季节和日夜变化而进行调适的可控百叶和遮阳结构。

其次，上海的夏季要保证充足的自然通风，建筑群体组织应错落布置保证通风流畅，开口的朝向和尺寸既要考虑与太阳的位置还需要考虑夏季的主导风向，如外墙开口较大还要考虑室外窗户的遮

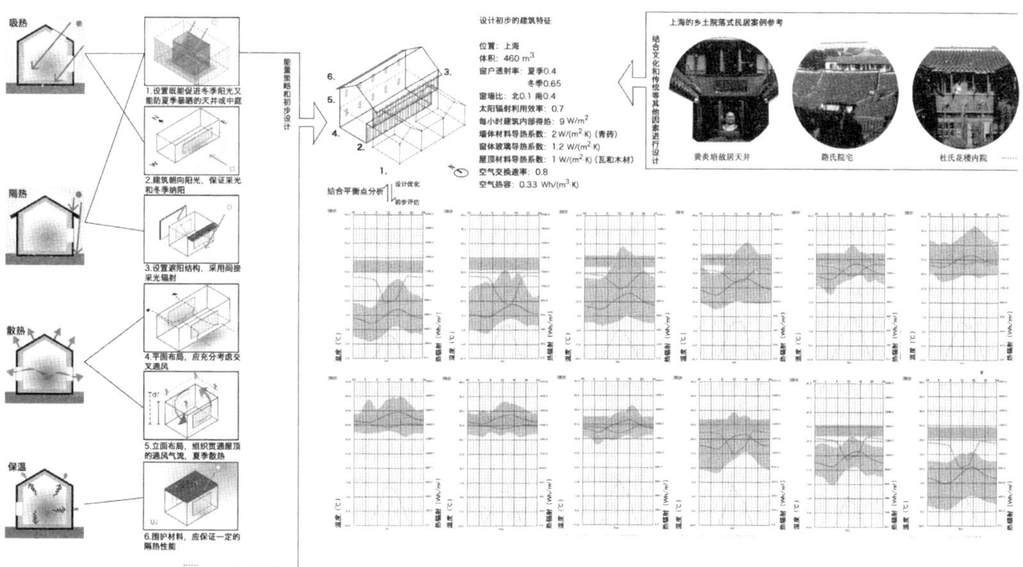

图 4-27　早期设计阶段的上海院落式乡土建筑热力学原型及策略

阳。建筑空间在立面上应考虑充分通风，组织贯通屋顶和底层的通风系统有助于夏季散热，平面上应考虑交叉通风。

最后，外围护结构需要既能维持一定的热惯性（热容大）又能隔热（热容大），较大的热惯性和较低的导热性能相结合可以使夏天室内温度稳定，并且维持冬季获得的热量不容易流失。为了使建筑在充分通风下获得足够的热舒适，室内顶棚温度和外墙内表面温度不能高于室外温度，特别是在傍晚和夜间，因此建筑围护结构应该具备一定的隔热能力，建筑材料中可以采用木材、多孔砖石、混凝土、空心混凝土砌块等隔热材料，只要有足够的厚度保证热阻足够大。在温和气候的某些时段还可以考虑通过植物和水体的蒸发冷却来使夏季降温散热。

4. 寒冷气候

寒冷气候主要集中在高纬度地区，太阳辐射的入射角都比较小，结合大量的大气层和云团的影响，从而导致太阳辐射量少。另外，从极地地区的寒冷气候在冬季日照时长非常短，即使是夏季全年的气温也相对较低。我国代表城市有哈尔滨、长春、沈阳等。其中哈尔滨（柯本气候分类为Dwa，我国建筑气候区划分类为严寒地区Ⅰ）的气候适应性分析见图4-28。

图4-28展示了哈尔滨作为寒冷气候典型城市的气候适应性特征，具体分析结果如下：①结合太阳辐射作为指标参数的生物气候图，每月的最高温度—最低湿度和最低温度—最高湿度连线主要分布在舒适区范围以下，甚至有多个月份都位于结冰线以下，气候状况十分寒冷和不舒适，亟须采取保温和吸热的能量措施。②根据每月生物气候适应性分析结果，在11月到次年2月气候状况都十分寒冷，太阳辐射值很低不足以提供足够热量需求，因此在此期间显然无法采用被动式太阳能采暖策略（R在11月到2月的数值为0%），只能通过常规的采暖和加强建筑保温来达到建筑热舒适。③根据全年的生物气候适应性分析结果，常规采暖和保温措施（H）的全年时间占比达到39.6%，被动式太阳能采暖措施（R）的全年时间占比达到38.8%，全年的纳阳需求达到85.4%，遮阳需求仅有14.6%。④根据温湿度图表明，冬季相对漫长，时间在6个月以上，1月的平均气温在-15℃；夏季时间短且

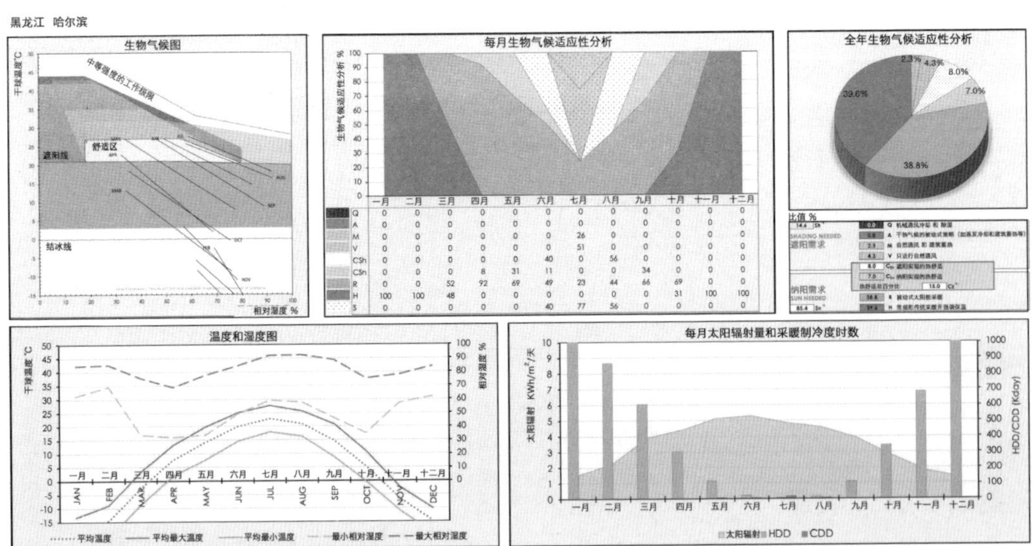

图 4-28　以哈尔滨为代表的寒冷气候类型的气候适应性分析

气候温凉，7月的平均气温在17～28℃，年相对湿度在30%～90%，过渡季节的相对湿度较低（在30%～70%），而夏季和冬季的相对湿度都在60%以上。⑤太阳辐射量全年分布不均，每天平均水平太阳辐射量在1～5kWh/m^2，夏季较高，冬季较低，冬季需要采暖天数较多。

在寒冷气候，建筑首先需要考虑保温策略，包括采用导热性能低（建筑总体U值低）的材料，兼顾保温和吸热的窗墙比，在进行保温和气密性措施的同时要根据采光的需求进行优化等。然后需要考虑吸热策略，通过生物气候适应性分析可以看到，哈尔滨在3月到10月具有被动式太阳能采暖的潜力，可以通过吸热策略来改善建筑性能。全年有38.8%的时间占比可以通过实施被动式太阳能策略来达到热舒适（R），也就是通过适当的吸热策略可以实现建筑采暖负荷的一部分抵消，有7%的全年时间占比（主要在5月和9月）可以通过纳阳（CSn）来达到热舒适。因为气候相对寒冷，间接吸热策略效果将比直接吸热效果显著，具体可以通过整体建筑布局、设置阳光房、增大太阳辐射接受面（向阳面窗户）的面积等策略实现。通过上述分析，寒冷气候的乡土建筑热力学原型最为重要的是，冬季关注保温防寒，防风防寒，夏季采用自然通风和热惯性材料保持热舒适，消除多余的湿度。因此应该遵照高性能（导热性低和高热质）保温材料的墙体设计、小开口、紧凑的建筑布局、利用庭院组织采光通风和设置气密性界面等原则，图4-29为哈尔滨乡土院落民居的乡土建筑热力学原型。

本章通过实际案例研究应用气候适应性分析方法和建筑热力学设计路径，以及在不同气候类型下的乡土建筑设计策略的基础上，提出基于不同气候分类下的乡土建筑热力学原型和设计策略。

首先，在不同气候分类的基础上，依据可以针对特定地区的气候适应性分析，提出“乡土建筑热力学原型”作为建筑设计在回应不同气候能量需求和传统文化需求下的设计工具，形成基于四种气候分类的乡土建筑热力学原型和能量策略。然后，依据传统建筑的空间原型“合院”的范式研究，结合定性与定量的分析，详细说明合院空间中的光、热和风的能量捕获、能量交换和能量梯度，并进行相应的热力学性能分析和验证。

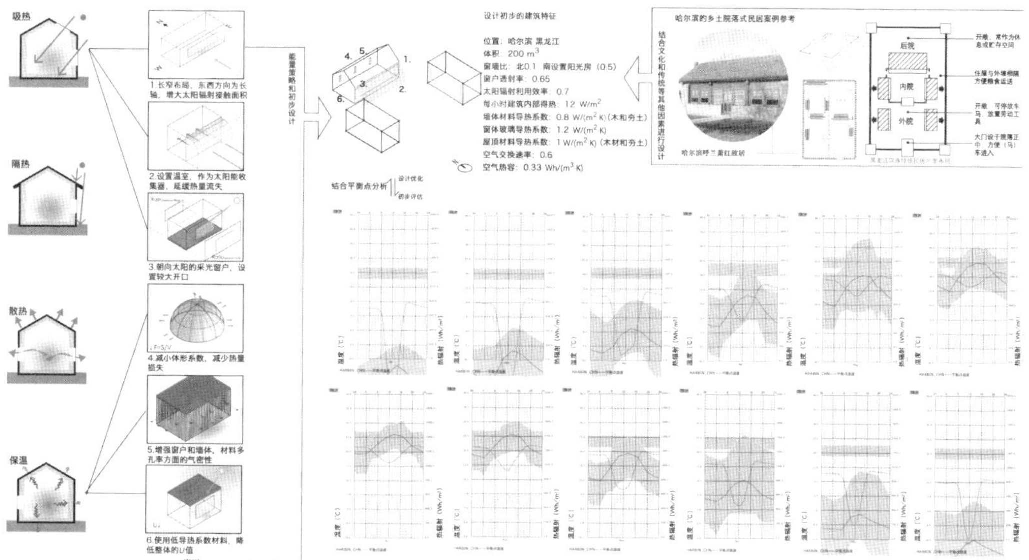

图 4-29 早期设计阶段的哈尔滨合院式乡土建筑热力学原型及策略

第 5 章
热力学乡土建筑实践研究与总结

5.1　当代实践转化与策略应用：基于气候适应性的浙江中部合院式民居研究与雪峰文学馆热力学设计

5.1.1　原型提取：浙江中部地区的乡土建筑热力学原型研究

本节研究的乡土建筑范围位于我国浙江省金华市义乌赤岸镇一带的村落民居，包括赤岸镇西北部的倍鱼线沿路的村落，从北至南分别为塘边村、上八石村、下八石村、神坛村、大新屋村、大树下村和雅端村，总面积达到1km^2，是目前义乌赤岸镇城镇中心建成现状范围的约50%。其中，雅端村、神坛村、塘边村和下八石村以人文特色资源为主，而上八石村、大树下村和大新屋村则以自然资源为主。七个村落组团地势在总体上是由西北向东南自高向低递减，西北为低矮山地，东南地势平坦，耕地面积广；地貌上属于低山丘陵地貌，区域内山脉绵亘，起伏和缓，垅田相间。其中塘边村、神坛村、大树下村和雅端村均沿河谷或环溪发展；七个村落都位于山间或平坦地面，一面靠山，一面临水。这七个村落目前存在人口不多、空心化严重，整体产业单一、产业链不足，传统建筑缺乏修缮、历史乡村风貌缺失、基础配套设施不足等问题，正处于迫切需要改造、更新、活化的状态。

1. 聚落选址：适应地形水文和气候

神坛村，位于浙江义乌赤岸镇的西侧，北靠上八石村和下八石村，南接大新屋村和大树下村，东连胡坑里村，占地面积达1.79hm^2（图5-1）。沿着赤岸镇西海组团村落分布的倍鱼线乡路，一条狭长的双车道田间小路一路往南，两边沿河种着夏日飘香的荷花，经过的第四个村子就是神坛村。

村子符合温和气候中乡土建筑选址的需求规律，首先，选址位于山坡上，尽量获取阳光和适宜的

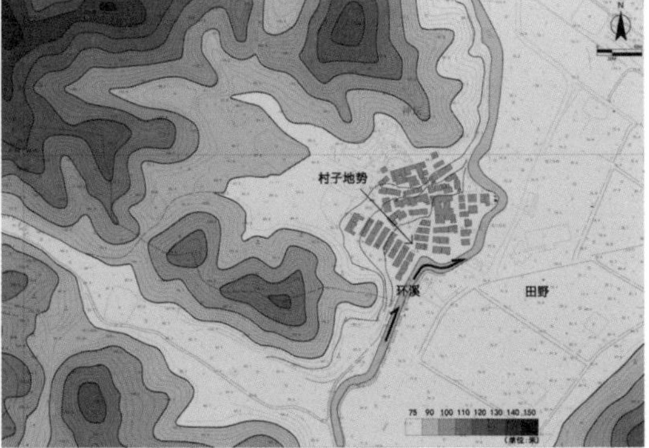

图 5-1　浙江神坛村选址和地势

通风，同时还借助北面的山脉防止冬季寒风侵扰。也正是因为村子所处地形神似坛子，所以被命名为神坛村。其次，神坛村和大多数的江南村落一样，沿河而建，村前有一条大约3m宽的小河，自西南往东北流，隔河的对岸就是水田。尽量靠近水体，可以利用水体的热惯性营造出宜人的、冬暖夏凉的微气候环境。最后，村落建筑选址于山体的南面，保证冬季最充足的阳光和夏季遮阳，附近山林植被覆盖率高，北面山脉种有毛竹和松柏科植物，水系主要为分散的水塘和由山上涓涓流下的泉水，村前有源于八宝山的环绕曲折的环溪，隔溪是广袤的水田和荷花池，一条公路直达赤岸，与县道相通。

因此，神坛村的聚落选址总体上反映出对地势的适应、对水体的利用和响应风光热气候的特质。具体表现在以下四个方面：①尽量获得太阳辐射热量，在建筑选址上选择良好的朝向，街道布局以东西向布局为主，建筑朝南。②尽量获取太阳光照，一般选择在山体的阳坡，位于山坡中部或沿山地阶梯状布局，避免南北向相互遮挡。③适量获得通风，主要对夏季凉风进行疏导，聚落位于山体的南侧，可以阻挡冬季的寒风。④靠近水源，解决村落内部的基本生活和生产用水，位于山坡地势较高处，可以避免潮湿积水，暴雨时更容易利用斜坡与山脚高差进行泄洪。但是，具体如何利用这些自然资源和气候条件将是村子日后更新规划布局和建筑空间组织的重点之一。

2. 村落布局：风光热的能量应答

义乌民居大多散落在山麓和河岸上，神坛村在清朝时属于双林乡廿六都冯姓村子（图5-2）。神坛村属于保留历史空间肌理较好的村落，村子三面环山，地势由西向东倾斜，村落布局沿山势呈阶梯状分布。村子围绕内部的水塘进行布置，呈现出典型的向心型布局。村子内民居以坡屋顶为主，保留尚存的传统建筑为合院式民居，其余部分为单体传统建筑民居和新建现代民居（图5-3）。

神坛村内部建筑间距较为密集，南北向间距较小，东西向间距相对较大。聚落布局相对紧凑规整，朝向与主导风向呈一定的夹角，有利于夏季在建筑之间形成遮阳和疏导山间来风。神坛村西北侧海拔最高，东南处村口沿河的位置海拔最低，海拔高差相距达到10m以上。村子内部路网结构相对密集，民居沿着村子内部弯曲且陡峭的主要街道布置，民居之间的内部道路普遍较窄，最宽的一条主要道路仅为4m。街道宽度与建筑高度的比在2∶1，窄小的街道形成了隔热阴影区来应对夏季的炎热高温，同时也能对风速的引导起到一定的作用，在冬至日太阳高度角（夏至日正午太阳高度角为83°，

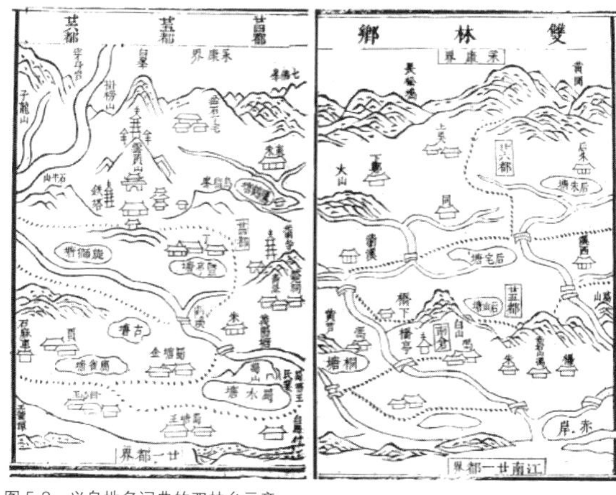

图 5-2　义乌地名词典的双林乡示意

资料来源：王廷曾 . 义乌县志 [M].[出版地不详]：[出版者不详]，1692:62-63.

图 5-3　神坛村平面和村落内部

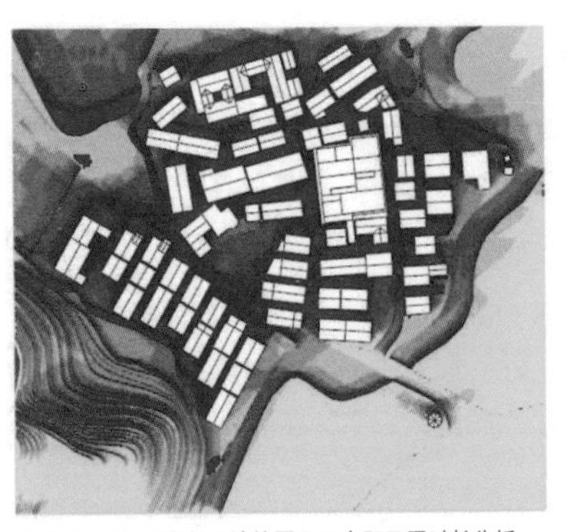

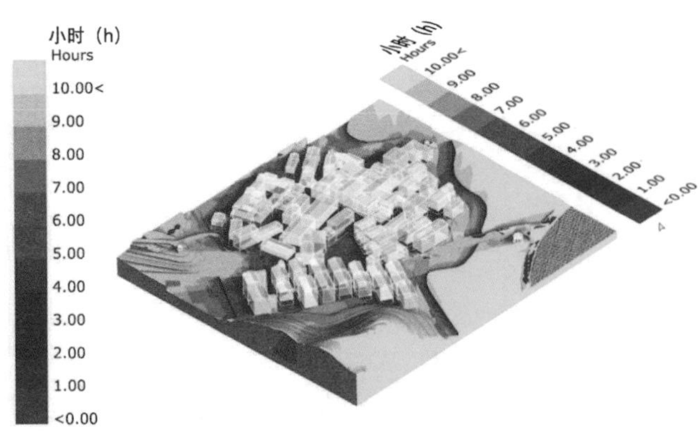

图 5-4　神坛村内部场地的夏至日太阳日照时长分析

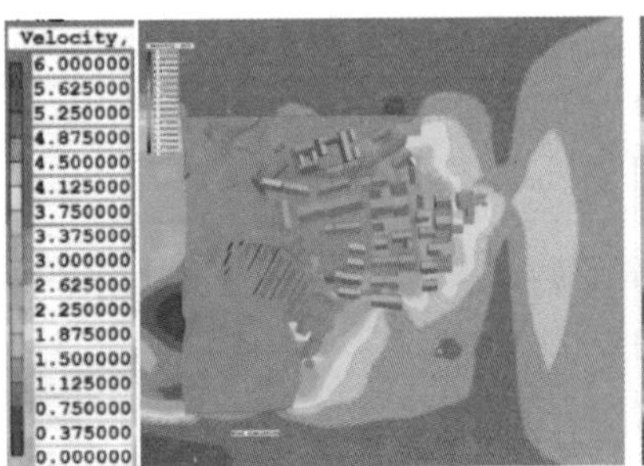

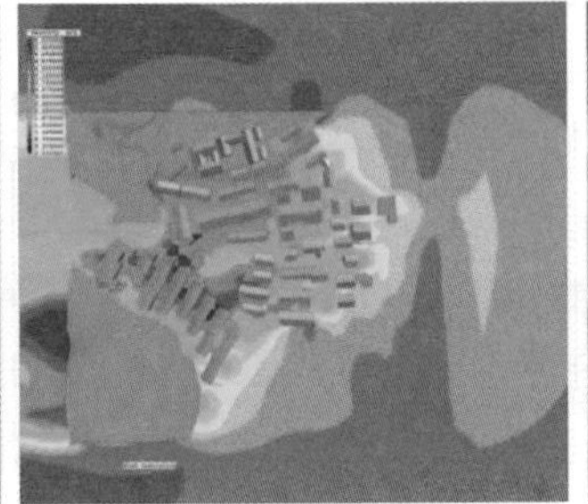

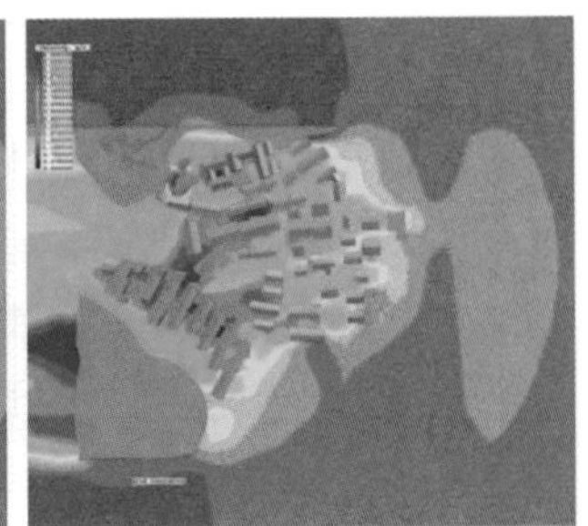

图 5-5　神坛村不同高度的风环境模拟（图例范围为 0 ～ 6m/s）

冬至日为36°）最小的时候，传统民居普遍采用高窗，能够保证建筑得到最多的太阳直射，图5-4表示对村落的日均太阳日照时长的模拟，民居之间的日照在夏至日仅不到1小时，这很大程度上受到建筑之间较大的高宽比和朝向的影响，形成了较好的夏季隔热遮阳的效果。

村落整体的风环境，依据义乌风向不定的气候特点，春夏季以西南风和东南风为主，夏季主导风向为东南东方向，平均风速为2.16m/s，秋冬季节以北风为主，冬季主导风向为北北东方向，平均风速为2.2m/s，因此，分别依据夏季东风、东南风、西南风和冬季北风对聚落进行整体的风环境研究。图5-5表示在东风的影响下，神坛村沿不同海拔高度的风速变化，由于村落内建筑布局以朝南为主，村落的东侧建筑布局形成东西向的通廊，能够较好地组织东侧来风。

图5-6表示在夏季东南风为主导风向下，气流沿着村落地势较低处向地势较高处流动，一方面能够在经过村前环溪和建筑内部水塘时带走一部分的水汽，形成蒸发降温的效果，向聚落内部输送冷空气；另一方面还能够沿着村内主要道路流动形成较好的风场，弥补夏季气候适应性中所需要的自然通风。

图5-7表示在夏季西南风为主导风向下，由于山区地形的影响，气流沿村落的开敞区域流过，而建筑群体内部风速较小，此时应该采取热压通风等相应的措施来加强建筑的自然通风。

图5-8表示在冬季北风为主导风向时，寒冷的冬季风被村落北部的山地阻挡，地形较好地发挥阻挡寒风的作用，气流沿东侧的开阔地带减慢速度流过建筑群体内部。

夏季东南风

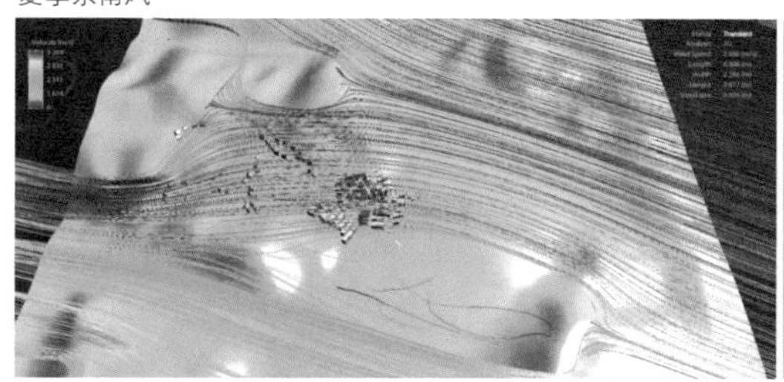
图例为风速，范围为0~3.269m/s

图例为风速，范围为0~2.44m/s

图 5-6　神坛村夏季东南风，聚落风环境分析

夏季西南风

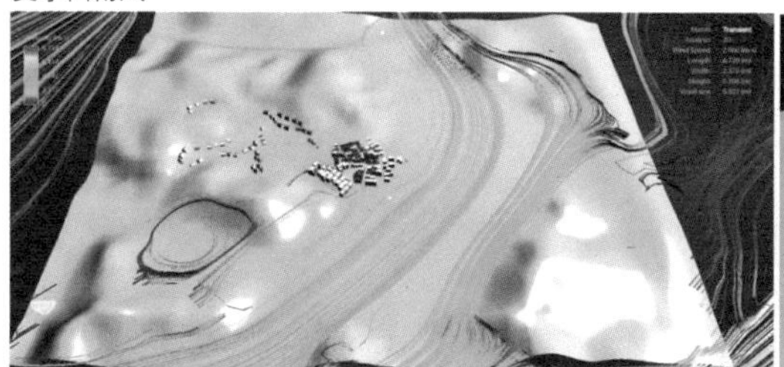
图例为风速，范围为0~6.7m/s

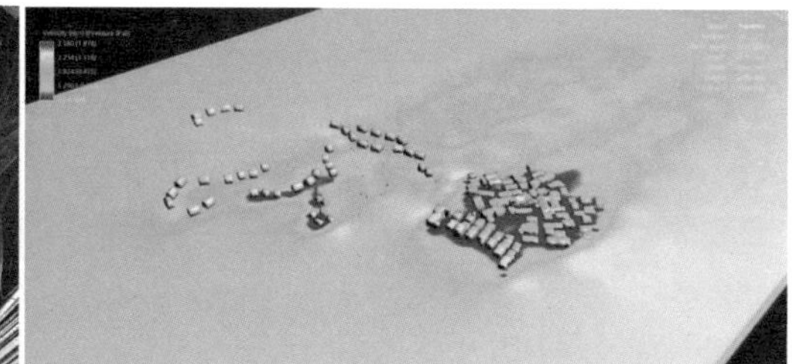
图例为风速，范围为0~2.58m/s

图 5-7　神坛村夏季西南风，聚落风环境分析

冬季北风

图例为风速，范围为0~4m/s

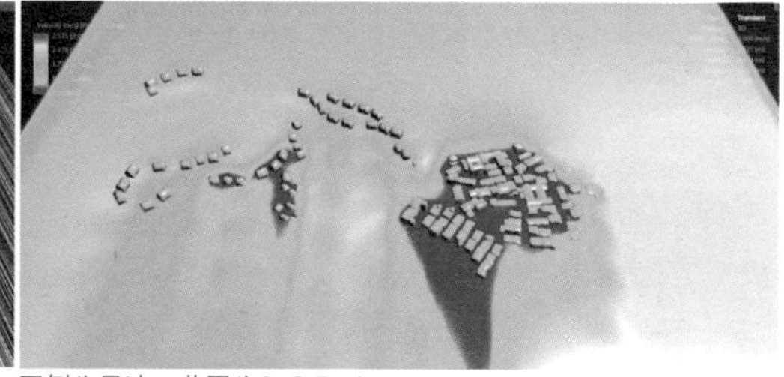
图例为风速，范围为0~2.5m/s

图 5-8　神坛村冬季北风，聚落风环境分析

3. 空间组织：浙江传统合院民居的热力学原型

根据柯本气候分类，浙江中部处于纬度30°左右，属于潮湿的亚热带气候。纵观全球气候分类地图可以发现，地球上在南北纬度30°左右的地区基本上均为荒漠，而沙漠气候在我国江南地区却戛然而止，由沙漠转变为气候较为舒适的绿地，主要是受到位于西部的青藏高原所形成的西风环流和东部太平洋海域的夏季季风和降雨影响[166]。因此从能量的观点来看，风成为我国西北民居“窑洞”和“地坑院”等建筑形式的雕刻师，水则成为我国江南一带的坡屋顶形式和景观的构筑者。

浙江中部民居的平面形式类型丰富多变，根据不同的历史阶段、经济状况、地理位置等，形成不同的平面与空间形式，既有单体民居也有群体民居布局，有单座独立的传统民居，也有多进式院落组合的民居。合院式民居作为建筑群体布局分类，与徽州民居的天井四合院类似，但具体内部楼梯、廊等布局略有区别。因此，浙江中部民居，包括民居、祠堂等建筑类型，一般来说可以划分为三合院式、四合院式、带前后天井的“H”形平面和多个天井组合的多进合院形式，根据家族的规模和经济状况等因素，不同形式之间还可以相互组合，形成更为复杂的平面形式。

天井是合院式传统民居纵向的空间序列中不可或缺的元素之一，此外在浙江中部合院式民居中，“间”“廊道”和“敞厅”是主要的基本组合元素，较为大型的民居还有“弄”“披房”“阁楼”“走马楼”和“门道”等组合元素（图5-9）。

浙江中部民居同样以中国传统的“间”作为基本单元，通过横向并排

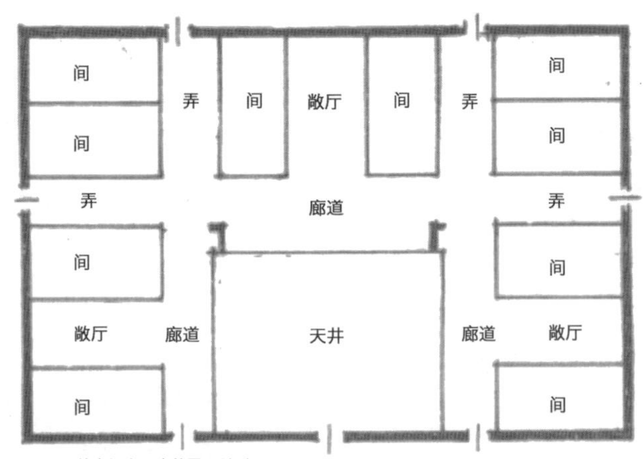

图 5-9　基本组合元素的平面关系

夏季7月热成像

冬季1月热成像

（a）间：义乌神坛村冯雪峰故居西侧房间

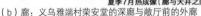

夏季7月热成像（廊与天井之间有隔断）

夏季7月热成像（廊与天井之间无隔断）

（b）廊：义乌雅端村荣安堂的深廊与敞厅前的外廊

夏季7月热成像

冬季1月热成像

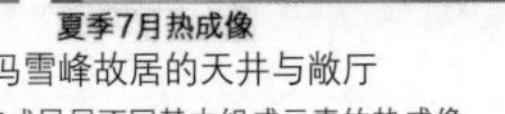

（c）敞厅：义乌神坛村冯雪峰故居的天井与敞厅

图 5-10　夏季和冬季的合院式民居不同基本组成元素的热成像

相连形成民居的不同组合形式即为“间”[167]。民居的开间一般为单数，如面阔三间、五间等，每间面阔3～4m，进深由间距1～1.5m的檩条作为计量单位，一般为五檩到九檩，因此民居进深在5m以上，间的进深一般较大，可以营造出夏季阴凉的内部环境，而高度一般在4m，借助较高的空间可以形成较好的内部流通气流，冬季通过照射入房间的阳光进行加热，没有采暖的地面温度甚至比外墙温度还要高，如图5-10（a）所示。“廊道”可以设置在民居的前部靠近天井的位置，也可以设置在后部，其应对气候的作用包括遮阳、防雨和作为热的缓冲空间，长达2m的深廊在夏季可以为后部房间提供很好的遮阳隔热效果，如图5-10（b）所示。“敞厅”一般位于民居轴线的中部，与门洞和天井处于一条直线上。敞厅，一般设置成开敞的空间，相对于强调纳凉而阴暗的卧室来说，敞厅往往可以在夏季组织良好的空气流动以及通过外廊和腰檐进行遮阳隔热。而在冬季吸收直接照射到的阳光，常常成为民居内部主要的采暖空间之一，如图5-10（c）所示。“弄”，常常是用作交通组织的却面阔较窄的间，也称为穿廊，常用作楼梯间或杂物间。“披房”是指依附于主体建筑，或从主体建筑延伸出来的单坡顶建筑，一般来说较为低矮，常用作辅助用房或厨房。“阁楼”的形式较为多样，可以是楼身的一半藏于一层天花以上，另一半露出来和坡屋顶组成，也可以是坡顶空间足够直接形成；从平面利用上可以分为两类，一类直接是民居楼层二层的全部空间，另一类是局部的楼层空间。从气候适应性来说，阁楼可以提高二层的高度，增加气流的流动性，也可以更好地防潮和作为缓冲空间进行隔热。“走马楼”在一些浙江民居中是指在天井周围二层位置的檐廊，提供二层的能量缓冲空间的同时也可以使上下的交通空间组织更为紧密。“门道”作为位于大门洞口后部的过厅形式敞厅，常常直接作为室内外过渡的缓冲空间。上述构成元素经常出现在不同规模和类型的浙江中部民居中，形成了独特的浙江民居建筑语汇。

5.1.2 性能分析：结合实测和模拟的样本民居热力学性能研究

合院式民居建筑主要根据夏季条件进行设计，而湿冷的冬季同时也是建筑需要考虑的条件。浙江中部民居在克服夏季炎热潮湿的气候方面，主要采取避免阳光直晒（隔热）和加强通风（散热）的措施，具体包括房屋在南北方向进深较大，外部设置高墙，内部设置天井空间，而且出檐非常深，在民居的一层设置外廊，有的二层还会设置围绕檐口一圈的走马廊，防止太阳直射到室内的房间，以形成阴凉的室内环境。

义乌村落中的天井空间根据建筑类型和建筑规格呈现出丰富多样的形式，根据天井的不同热力学性能可以划分为以下五类，不同类别之间可以相互交叉，并非独立存在。①促进自然通风型，该类型天井的平面形式通常来说都较为宽敞，尤其在主导风向的方向上有较大的进深，这也符合前面所研究的满足高宽比较小和长宽比较大的天井空间，可以更好地促进自然通风（图5-11）。②建筑蓄热型，该类型的天井较为窄小，通过较大的高宽比和天井内壁材料的高蓄热能力使天井成为民居的热调节空间（图5-12）。③遮阳型，该类型天井在浙江中部民居中经常出现，一般呈现深出檐、设置外廊、设置腰檐、天井周边墙壁安装过滤光线的木雕门窗等特点（图5-13）。④纳阳型，在浙江中部民居中，房间一般避免直接获取太阳辐射，但可以通过在天井内部墙壁设置白墙，通过光线的漫反射提供所需要的采光（图5-14）。⑤蒸发冷却型，在浙江传统民居中，并非所有的天井都会设置水塘，当地气候

雅端村容安堂天井

图 5-11　自然通风型的传统天井空间

冯雪峰故居的天井

图 5-12　蓄热型的传统天井空间

冯雪峰故居的天井

雅端村叙伦堂的天井

图 5-13　遮阳型的传统天井空间

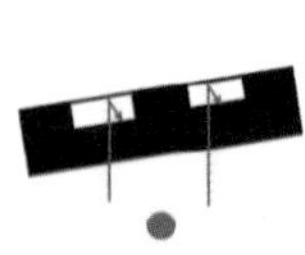

雅端村民居内的采光天井

图 5-14　纳阳型的传统天井空间

雅端村叙伦堂的天井

图 5-15　蒸发冷却型的传统天井空间

面向天井内部的窗户

面向外部环境的小窗

图 5-16 民居面向天井的窗扇与外墙上的小窗

较为湿润，一般会在多进院落空间的乡土建筑中出现带有水塘的天井，通过形成不同湿热环境的天井空间来调节建筑内部舒适性，图5-15为义乌雅端村的叙伦堂中带有水塘的天井，另外还可以在天井内部设置植物和盆栽来调节民居内部的湿热环境。

尽管如此，天井的热力学性能还需要与周边的空间和环境相互联系，才能满足所需要的热舒适性。从天井内部与建筑外部的关系来看，浙江中部合院式民居通常采取建筑外部封闭，内部开放的形式，外部门窗洞口较小，内部门窗洞口较大，义乌地区窗洞采用较为简约精美的木雕，形成变化丰富的光影，以及能量的交换界面（图5-16）。在神坛村还有雕刻木作的师傅，当地民居中的木门装饰、作为支撑结构的“牛腿”和木梁等精美木雕都由他们手工和机械配合制作而成，后续还要经过打磨、抛光、上色釉等一系列工序（图5-17）。在浙江民居中大多数的敞厅和堂屋木墙和分隔都是可以拆卸的，以应对不同的季节需要。

图 5-17 神坛村中进行木雕作业的师傅和作品

在建筑材料方面，天井与外墙也有明显的建材区别，外墙多为夯土、石材砌筑而成，芦苇作为泥墙外壁的涂料，义乌民居的外部道路多以石板和鹅卵石铺设，热惯性较小，升温快降温也快。民居内部天井以木材建造为主，有的为木材搭配砖石外墙拼接而成，梁架和门窗用杉木、松木和枫木等雕砌而成，热惯性较大，形成建筑内部和建筑外部明显的温差，以及能量的梯度组织。

从天井与敞厅的关系来看，室内外空间相互联通，室内分隔灵活多变，天井可以位于房间的前后或左右，房间大多处于阴影内部，天井中央受到的太阳辐射热量较多，房间通过墙体之间的太阳辐射反射获取较为适宜的热量，形成的温度差可以有效地形成热压通风，一旦敞厅、天井和门洞开启，室内外空气就能很好地流通。居民甚至可以根据不同季节的需要变换住房，一般来说以敞厅为中轴线，位于天井东西两侧的为暖厢。

从天井与坡屋顶的关系来看，浙江民居坡顶的倾斜度一般在30°，从村落远远望去映入眼帘的往往是出檐较深的青瓦屋面，有的两层以上民居会在楼层分层处设置腰檐。屋檐一方面可以有效疏排雨水，较深的出檐可以保护墙体不受雨水的侵蚀，因此在很多院落民居的围墙和马头墙上部也会做瓦顶覆盖；另一方面，采用举折的屋顶，形成“人”字形的坡度，屋面瓦片之间产生环环相扣的压力，又被称作“反宇”屋顶。反宇屋面形成的张力，可以抵抗强风，使气流随着流畅的曲面滑行而过，形成良好的聚落风环境。

因此，结合前述合院的空间结构以及其热力学性能和气候适应性的关系，基于空间层面的能量捕获和调控，浙江院落民居的空间结构与所具备的热力学现象之间具有下述的“原型”关系：①天井空间作为能量捕获的开口，应对季节和日间的气候变化，主要以调节热环境为主，结合外墙界面的开启和梯度环境调节民居内部风环境，以及天井内部墙壁门窗的开启与透光率调节光环境。②天井与周边连接的敞厅、廊道、房间形成能量交换空间，调节室内外的风光热环境。③建筑外部街道环境、外墙、内部空间分割和组合与天井院落共同构成随着不同时间段变化的能量梯度，借助材料的热性能和不同空间的蓄热能力，可以有效地维持民居内部较为适宜的热环境。

5.1.3 原型验证：浙江传统合院民居中的能量梯度

九间头作为浙江民居的细胞单元，是浙江中部合院式乡土民居最具代表性的开间组合方式，也是雪峰文学馆设计理念中的基本原型。其是由三面房间和一面墙体组成的合院式民居，形成U形的平面布局样式，庭院为方正的四合院形式，正屋三开间居中，中间为敞厅，两边各为两开间的厢房。还可以发展成十三间头、十八间头甚至二十四间头等形式，以及叠加多个合院形成多进合院民居。在赤岸镇西海组团片区现有保留的合院式传统民居有位于神坛村的冯雪峰故居，以及雅端村的容安堂、叙伦堂和遗安堂等。冯雪峰故居为典型的九间头布局原型，天井方正，高宽比约为1，长宽比为0.8，空间划分清晰，因此作为本书热力学研究的一个空间样本（图5-18）。

1. 样本民居的光梯度分析

根据天井空间与采光系数的关系，建筑内的自然采光很大程度上受到当地气候条件的自然采光量、天井高度宽度和进深、面向房间的窗户面积和位置、玻璃的投射能力、室内表面的反射能力、围护结构的遮蔽物等因素影响。通过对冯雪峰故居天井空间的采光系数分析，探讨浙江中部合院式民居的天井空间与周边功能空间之间的关系，分析其采光强弱与空间需求的关系，并提出在目前现代生活需求和舒适性相匹配的目标下尚需改进的问题。设置所有窗户和正面的门洞都为开启状态，建筑内部依据现状设置分隔，敞厅两侧的卧室窗户设置开启，因为木雕窗对光线有一定过滤和减弱的作用，带雕花窗格的窗户投射率都设置为0.7，外部窗户的面积小但并没有木格扇，因此设置为1.0。对民居采光系数的模拟结果根据一层和二层的不同高度进行可视化分析，设置了0.5m、0.75m、1.0m、

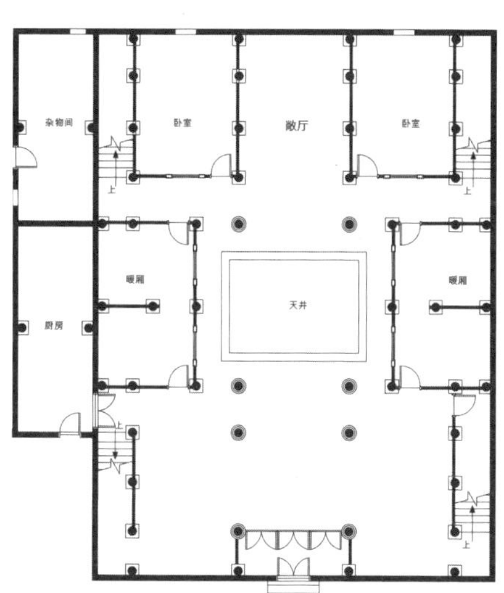

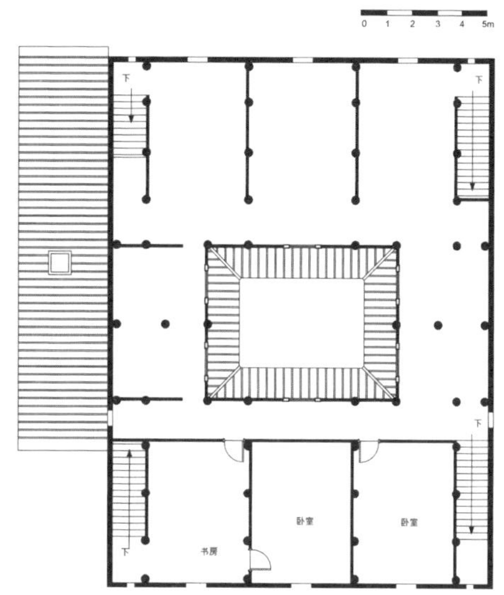

图 5-18　样本民居神坛村冯雪峰故居平面图

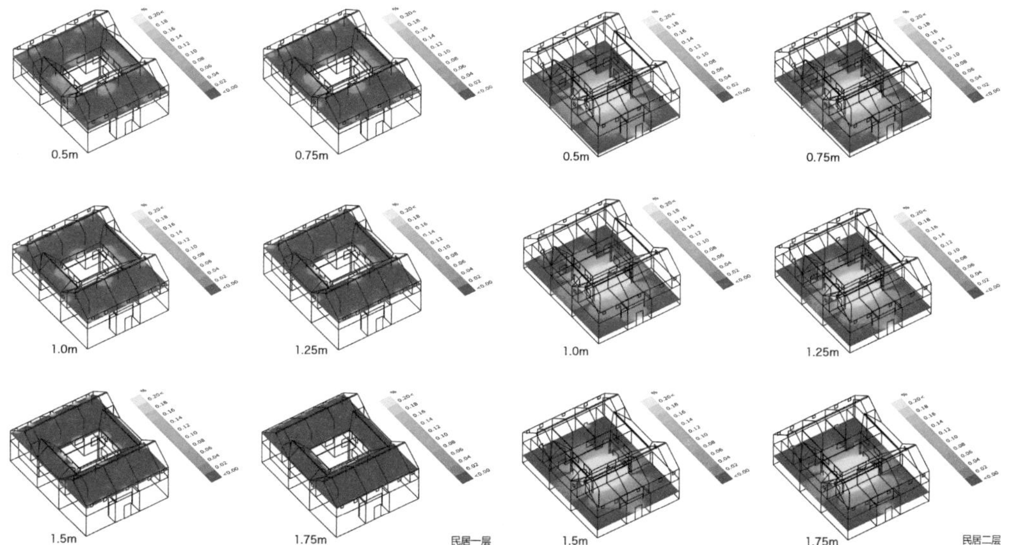

图 5-19　合院式民居一层与民居二层不同高度的采光系数

1.25m、1.5m和1.75m，分别对应了人体躺在床上的高度（0.5m），传统人体坐立于地面的视线高度（0.75m），传统书桌和窗户下沿高度（1m），人体坐于椅子上的视线高度（1.25m），成年女子和男子人体站立的视线高度（1.5m和1.75m），模拟结果如图5-19所示。

合院式民居的一层采光系数在不同高度上的变化并不明显，但光的梯度变化在不同空间中呈现出明显的差异性。不同的功能空间采光由强到弱分别为天井 > 敞厅前廊>门厅前廊 > 门道 > 敞厅 > 过厅 > 东西暖厢 > 东西主卧 > 弄道；采光均匀度也有较大的差异，采光均匀度梯度变化由大到小分别为天

井 > 弄道 > 敞厅前廊门厅前廊 > 东西暖厢 > 东西主卧 > 敞厅 > 过厅。由此可见，天井对于合院式民居来说是最为主要的采光来源，外部北侧门洞的采光仅对该扇窗户0.5～1.25m纵向范围发挥较大的采光作用，因为隔扇的关系，即使隔扇上设置了雕花窗，但一楼北侧的小窗户仍然是冯雪峰故居主卧的主要采光来源。此外，光的梯度变化反映出传统空间功能中的等级关系，以天井作为民居的中心，具有最强的采光等级属性，其次是民居中空间开放等级较高的敞厅，而主卧作为开放等级较低的空间，采光也较弱，这一定程度上反映出传统的礼制观念和私密性的需求。然而对于当今生活需求来说，自然采光显然不能满足需求，如果仅仅将天井作为采光的来源，在维持外部门洞不变的前提下，调整窗格的透光率和开窗位置以及墙体分割可能是最为有效的手段，否则就需要根据不同采光需求的活动进行空间的分配或增加电灯。

合院式民居的二层采光系数在不同高度上变化明显，在不同空间中的采光梯度也有一定的差异。总体上来说，二层的采光都较弱，在1.5m视线高度的平均采光系数只有2.8%，很大一部分原因是二层面向天井的窗户上沿离地面高度只有1.75m，而且外部屋檐延伸较多，从二层天井窗户望出去恰好看见檐口下沿。相对来说，二层东西廊道采光较强，南北位置的房间采光非常弱，一方面是因为进深较大，开口小；另一方面是因为设置了与天井廊道之间的分隔，使天井中的光线无法进入房间，除了二层敞厅相对而言较明亮以外，其余空间必须采取照明措施才能看清室内。

图5-20表示合院式民居中天井是否设置屋檐以及这一设置对室内采光系数的影响。可以发现，设置屋檐对室内采光系数有显著的影响，冯雪峰故居天井内部双层屋檐对室内光照的捕获发挥至关重要的作用。从一层平面采光系数分布来看，在设置屋檐的建筑平面中，天井内部的采光系数分布呈梯度由中心向四周递减，呈现鲜明的光线明暗层次。而东西两厢房的采光系数也发生巨大的变化，无屋檐的天井捕获到的光线，通过一层较大的窗户进入厢房，会使房间内部光线分布更为均匀，而一旦设置了屋檐，东西两厢房的自然采光呈现明显的不均匀分布，说明即使进深较浅的房间，一旦设置了屋檐，对采光还是具有很大的影响；从二层平面采光系数分布来看，同样也是东西廊道的光线变化差异明显，使二层室内采光呈现出一致的阴暗氛围，但从光热的矛盾性来说，对太阳辐射的遮挡也有显著的作用，体现二层空间作为能量缓冲空间的价值；从沿天井纵向和横向的剖面来看，因为天井内部屋檐的影响，天井内部在高度1～4m，光线有明显减弱，这是由于一层屋檐的下沿对天井内部和室内光

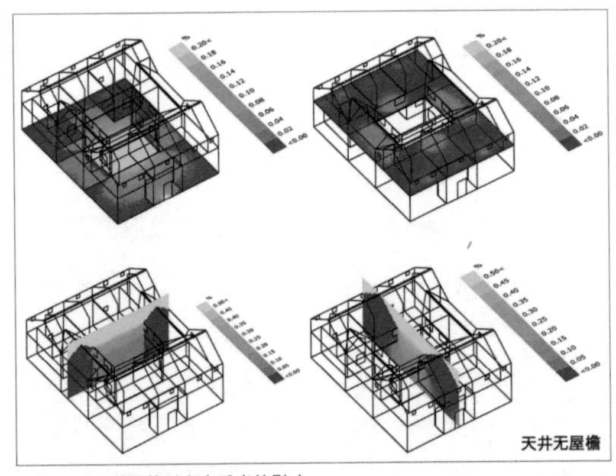

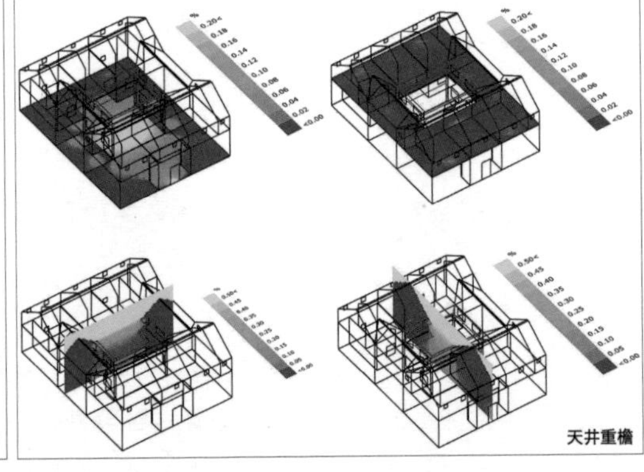

图 5-20　天井屋檐对室内采光的影响

线的遮挡产生影响，同时由于屋檐的遮挡，光线无法照射到墙面上，通过墙面反射的光线也有明显的减少，因此一层屋檐以下的天井范围内光线最弱。

2. 样本民居的风梯度分析

空气交换和自然通风是影响乡土民居舒适度的关键。乡土建筑的朝向和设计一定程度上可以降低风的负面影响，并通过促进通风和维持建筑结构坚固等方面进一步增强其积极影响。风速决定了气流的聚集与分散，所谓“山聚气，水藏风”，房子应背山面水，地形应前低后高，并且坐北向南。

通过对故居的冬季风速和风温测试可以发现，在上午的大部分时间段，风速由大到小依次为门厅>天井>室外>敞厅>一层和二层室内，在下午的大部分时间段风速变化则较为多变（图5-21）。通过分析故居不同测点的室内外温湿度环境与风环境，发现天井、廊道等过渡空间能够有效提高气候适应性，这些重要的生活场所提供给人们优于室外的环境，也对室内空间起到了气候性的缓冲作用。

关于天井空间的通风原理和热力学现象，在合院式民居的天井空间中，风的流动情况不仅受当地主导风向与体型特征的影响，还受到太阳辐射和建筑内部热源所引起的温度差的影响。在主导风向方面，天井空间内的风速情况主要受到建筑沿风向方向的高宽比和垂直于风向方向的高宽比的影响。对冯雪峰故居内部的风环境分析，因为风的流动情况非常复杂，不同季节的不同时间段，都会因为风的方向、风速、温度、湿度和建筑内部的使用情况等不同因素的影响而有巨大的差异，本书选择对民居冬季和夏季天井内部和周边功能空间室内的风环境作简要的分析。

图5-22表示合院式民居在不同季节下的天井内部通风情况。首先，进行建模处理和模型设置，分别根据浙江义乌当地的夏季和冬季主导风向进行入风口的设置，由于义乌当地在夏季的主导风向为东南风和西南风，在冬季的主导风向为北风，因此设置民居夏季的通风入口为建筑南侧的开口，冬季的通风入口为建筑北侧的开口。其次，设置环境与风况参数，由于夏季和冬季的温度有着显著的区别，室内外温差和风温也会对空气流动产生影响，因此根据对民居内部不同空间的温度实测，设置冬季和夏季建筑内部空间的温度和风温风速。由于当地室外风速较小，根据当地夏季（7月）和冬季（1月）

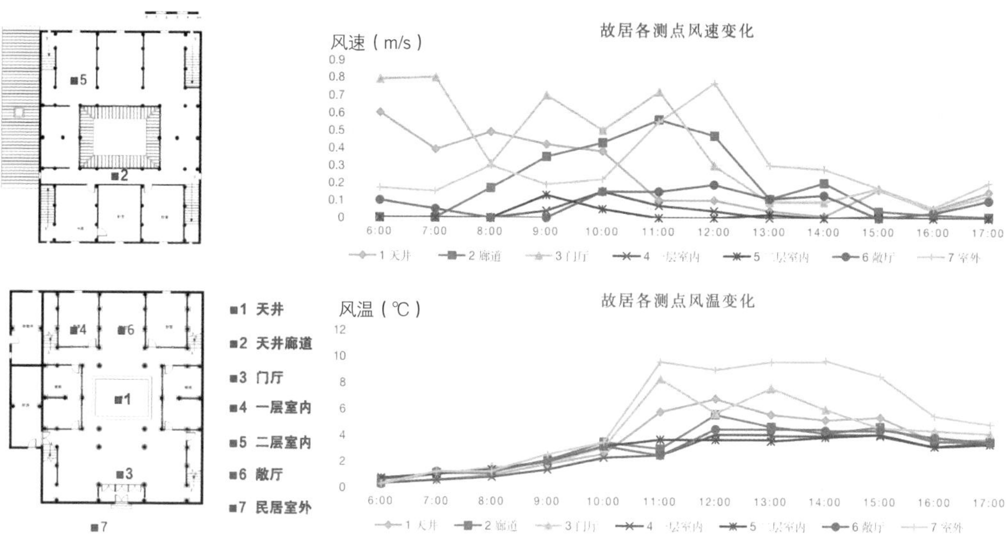

图 5-21　样本民居各测点风速和风温的变化

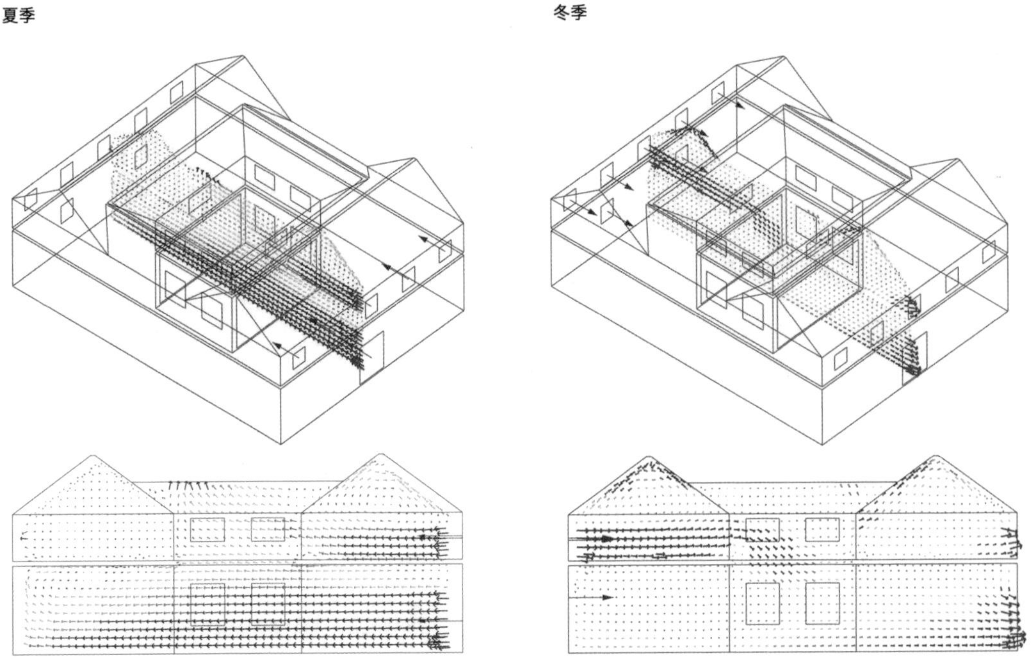

夏季

冬季

图 5-22　合院式民居天井与室内的通风分析

的平均风速设置室外风速和风温，夏季的风速风温为3m/s和25℃，冬季的风速风温为2.5m/s和5℃。最后，进行风环境模拟和可视化，对不同季节的天井内部风环境进行可视化处理，本书主要展现天井内部与周边空间的空气流动关系，因此选择对沿主导风向的方向进行截面显示。

从夏季的室内通风情况来看，如图5-22（a）所示，天井沿主导风向的方向与门道空间和前部过厅形成“门道—过厅—天井—敞厅”的导风腔体。由于风的文丘里效应，在民居的一层形成快速流动的气流，而民居二层由于窗洞较小，仅在入风口的周围形成较快速的气流，到天井内部则显著减弱，并且由于天井夏季的热压通风效果而向上流动，带动室内的空气向外排出。在夏季南侧为入风口时，假设建筑内部的开口全部开启的状态下，一层门道与窗口的风速最大，为3m/s；其次是过厅和二层南侧房间的风速较大，平均风速在2.41m/s，南侧空间还由于坡屋顶空间而存在一定的空气环流，有利于室内外的空气交换；天井底部的风速也较大，平均风速为2.21m/s，而由于热压通风效果，风的方向也发生明显的变化，空气向上流动，风速也逐渐升高；民居内部的二层空间由于外部界面较为封闭，天井拔风的效果更为突出，但二层北侧风速较低，形成气流相对静置的空间，并不利于夏季的通风排湿。

从冬季的室内通风情况来看，如图5-22（b）所示，由于冬季的通风需求和夏季相反，促进通风向防风转变，一般需要对民居外部的窗户，尤其是迎向主导风向方向的窗户进行一定时间段的关闭，有时天井内部也需要关闭窗扇减少通风渗透所引起的热损失。但是，通风换气的需求在冬季一样存在，有利于室内健康新鲜的空气环境，因此在冬季北面窗户全部开启和南侧窗户全部开启的情况下，模拟冬季民居内部天井和室内空间风环境。可以看出，冬季的天井风环境和夏季有着明显的差异，由于北侧界面只有二层窗户作为进风口，在进风口周围的风速最大，南侧门洞出风口附近的风速也较大，民居内部各个空间都存在空气环流，说明冬季开窗通风对室内空气交换和引入新鲜空气有较大的改善作用。冬季，在天井空间内部的空气向下流动，为室内补足新鲜的空气，但在冬季寒冷的气候情况下并不适宜全时段进行通风，会造成室内热量的流失，形成不舒适的热环境。在冬季开窗通风的情况下，室内坡顶空间能较好地形成空气环流，而一层水平的天花界面空气流动速度较低，说明提高楼层高度和设置坡顶对自然通风换气有显著的作用。总之，冬季的通风需要兼顾避免室内热量的流失，应该在选址适当开口开启和阻挡热量流失的前提下，进行室内的通风换气。

3. 样本民居的热梯度分析

热辐射主要源于太阳的照射，但还有室内外空间和周边物体、人体之间相互辐射所散发的热量，其释放出来的能量分为紫外线、红外线和可见光等，其中红外线的热辐射对人体的热效应最为显著，也是传统民居中人体舒适性的主要来源。由于太阳辐射得热主要是通过直接辐射加热建筑内部空间，因此建筑的外形（体形系数）、材料的热性能、能量捕获空间（如天井和窗体）的形状构造和太阳辐射的角度以及不同季节的天气状况有很大的关系，通过控制上述因素，可以使传统民居在不需要额外制冷能耗和采暖能耗的情况下，通过被动式太阳能而获得可以被使用者接受的墙体温度、地面温度和环境温度，从而获得舒适的室内空间热环境。

根据图5-23的热成像可见，天井空间作为浙江中部民居室内外气候的“调节器”，温度的变化较为迟缓。因为热成像测试在冬季，可以观察到天井作为蓄热器，为傍晚的建筑室内提供热量。这种温度调节效应也体现在乡土建筑的屋檐上，在炎热的气候环境中，屋檐经常会出现在非厚质墙体的民居中，这在某种程度上反映了屋檐会发挥一定的隔热降温的作用。冯雪峰故居瓦材屋面在冬季能够接收更多热辐射，在冬季下午屋顶的温度为 – 1.2℃，墙体的表面温度为 – 5.3℃。由此可见，在太阳已

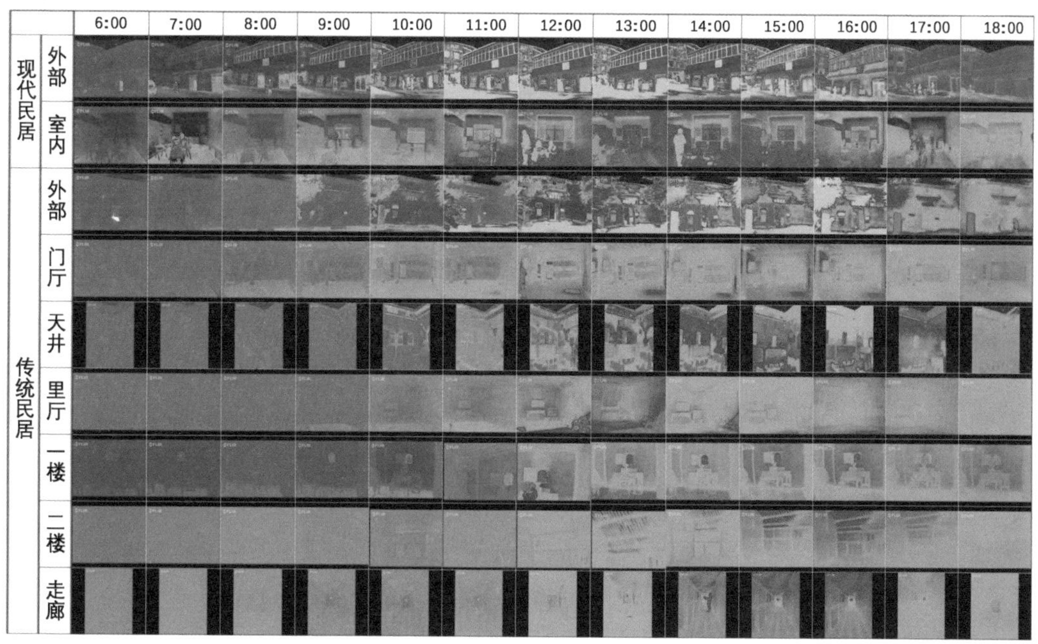

图 5-23 样本民居与当地现代民居的一天当中不同时空的热成像分布

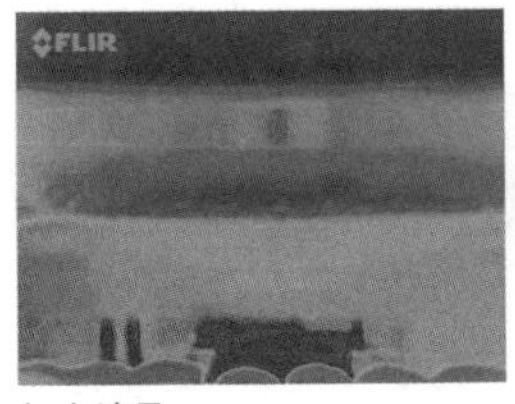
（a）清晨

（b）上午

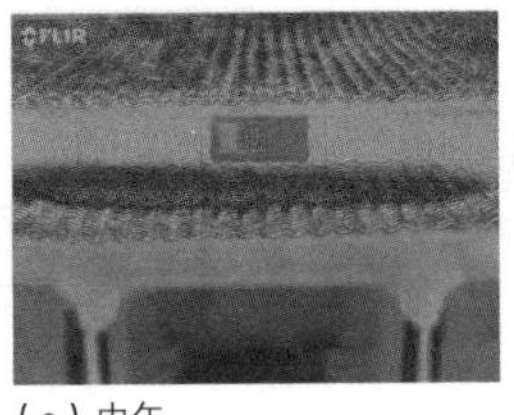
（c）中午

（d）下午

图 5-24　不同时间下天井空间的热量梯度变化

经下山的时候，屋顶表面温度依然明显高于墙体，这是由于其高蓄热性使空间的恒温性更强；天井空间在接近正午时能够接收到太阳直射，对正厅和门厅及一层室内温度的提升起较大作用，同时对室内空气流通与空气质量的调节也有裨益；双小窗的设计在夏季能够对流通风，在冬季也能够实现较好的保温隔热。

合院式民居在一天当中存在着明显温度梯度变化，通过分析实测数据可以发现（图5-24），天井空间热量梯度分为下述几种情况：（a）表示冬季和夏季清晨太阳辐射热量尚未足够使屋面升温，此时民居内部墙体（木材和夯土）的热量保存较好。（b）摄于冬季早上，表示内部墙体热量由于室内外温差大而快速损失，但此时屋面逐渐被加热。（c）在冬季和夏季的中午都有类似的情况，二层作为热量的缓冲空间最先被加热，底层空间由于天井的形状和屋檐，太阳辐射无法直接到达，因此气温较低，夏季尤为明显。（d）摄于冬季下午，上层的热量由于室内外温差大热损速度快，而下层敞厅太阳辐射可以直接照射，从而得到加热；另外，在夏季日间，因为气温炎热，整体的温度基本上都较高，温度梯度变化并不明显，但上层空间仍然比下层空间温度更高。

通过对某年不同月份浙江中部地区传统合院式民居的热辐射模拟分析，可以大致发现，通过天井进行热量捕获的不同界面（天井内部墙壁和地面）的热量分布具有明显的差异。从天井空间热辐射分布情况可以发现（图5-25、图5-26），不同月份天井内部空间的热辐射状况也有所不同，夏季（5月至9月）的天井内部墙壁平均热辐射可以达到700Wh/m^{2}以上，冬季（12月至次年2月）的天井内部墙壁平均热辐射却在400Wh/m^{2}以下，过渡季节的天井太阳辐射量较为可观，在500～600Wh/m^{2}之间；另外，天井内部墙壁是天井作为热量捕获的主要来源，也是夏季需要避免过多热辐射和冬季需要吸收热辐射的主要考虑界面，无论天井内部是否设置遮阳屋檐，一层地面的平均热辐射仅为内部墙壁的1/3。

根据不同时空的平面热辐射分布来看，在1月和2月，天井北侧地面和敞厅前部的太阳辐射热量最多，说明在冬季最为寒冷的月份，传统民居中可以将日间活动安排在敞厅，利用敞厅进行被动式太阳能采暖而获得较为舒适的热感受；在3月至5月，最高热量逐渐向天井南侧移动，东西两侧的暖厢房开始可以通过天井窗户直接获得太阳辐射热量，而根据前面的气候适应性分析可以得到，2月至5月和10月至12月利用被动式太阳能采暖来提供所需要的热量也是最为有效的；在6月至9月，天井中心的太阳辐射热量最大，内部墙壁所直接获得的太阳辐射热量也较其他月份高，但是根据浙江中部地区6月至9月的气候适应性分析来看，全时段进行遮阳是达到热舒适所必需的，因此需要对天井内部的开口进行最大程度的遮阳。通过比较天井内部有否设置屋檐来看，屋檐对于6月至9月的暖厢房和前廊遮阳发挥出一定的效果，但对于冯雪峰故居来说仍然需要更大的太阳辐射遮挡才可以达到气候适应性的需求，

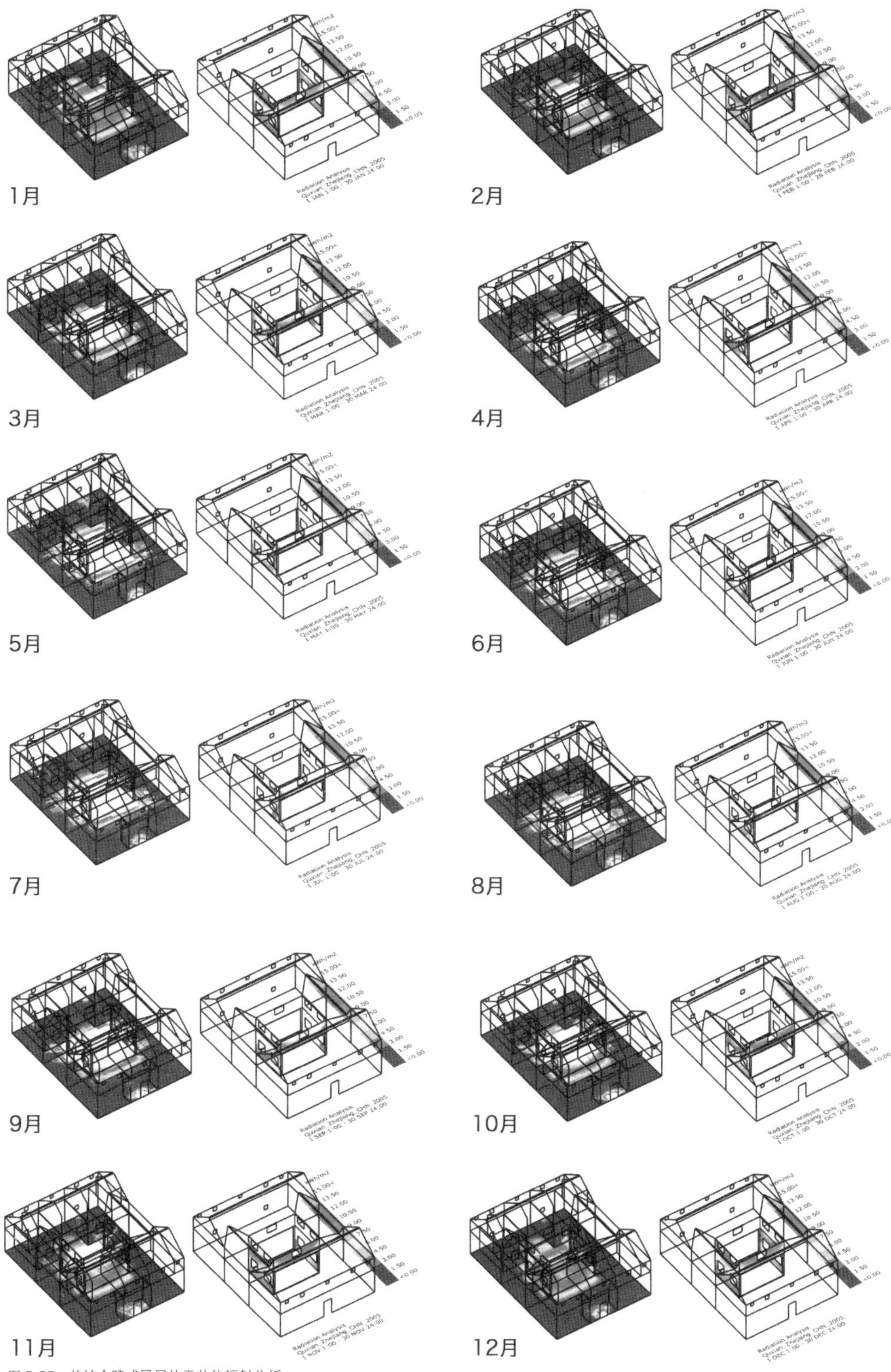

图 5-25 传统合院式民居的天井热辐射分析

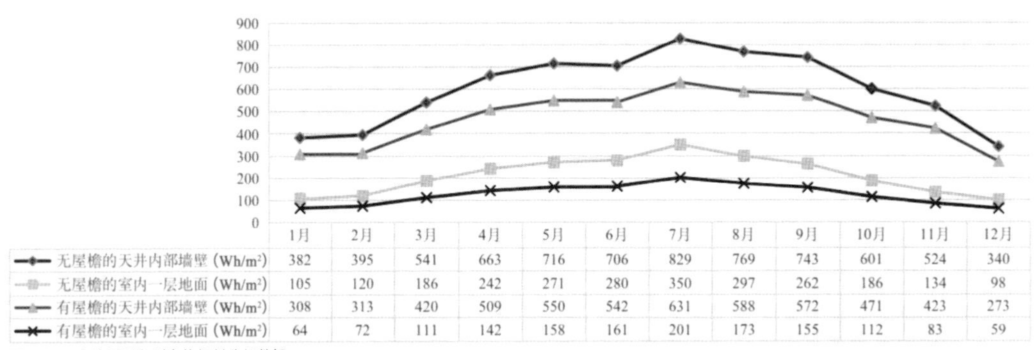

	1月	2月	3月	4月	5月	6月	7月	8月	9月	10月	11月	12月
无屋檐的天井内部墙壁（Wh/m²）	382	395	541	663	716	706	829	769	743	601	524	340
无屋檐的室内一层地面（Wh/m²）	105	120	186	242	271	280	350	297	262	186	134	98
有屋檐的天井内部墙壁（Wh/m²）	308	313	420	509	550	542	631	588	572	471	423	273
有屋檐的室内一层地面（Wh/m²）	64	72	111	142	158	161	201	173	155	112	83	59

图 5-26　合院民居各测点热辐射分析数据

但是不能以牺牲过多的采光和通风为代价。

综上所述，对传统合院式民居的热力学性能的研究显示，民居建筑在光照、通风和热量调节方面具有多样的能量策略。这些策略使传统民居能够应对气候的多变、复杂和有时相互矛盾的需求。在浙江的传统合院式民居中，应对气候变化的能量策略主要体现在以下三个方面：①由于民居在不同季节对太阳辐射热量、光照和风的需求各不相同，其可以通过天井的设置、界面的开放程度以及对空间的利用来调节内部环境，以适应不同季节的舒适需求。②民居在达到风光热的能量平衡上具有复杂的空间与能量关系，从传统合院式民居的天井空间来看，风、热和光的能量捕获的多少不仅受到天井的形状和尺度的影响，还受到材料性能、窗扇孔隙度、墙面颜色、空间温湿度环境等一系列复杂因素的影响。③对于浙江中部民居来说，在不同季节对能量的需求和策略应对具有矛盾和协调的二元性，具体表现在冬季光热协调和风热矛盾，夏季光热矛盾和风热协调。冬季浙江民居表现出对热量的需求最大，可以通过天井捕获需要的太阳辐射热量，通过界面墙体开口以及缓冲空间与室内空间的联系增强内部得热，然而往往需要减少能量的交换，如采取保温策略以避免热量损失，但这就无法满足设置较大的开口进行通风，否则会因为通风渗透而造成过量的热量损失。到了夏季，浙江中部民居表现出对通风和隔热的需求最大，一般通过增强能量的交换和设置能量梯度进行通风换热，但需要避免太阳辐射直接照射到室内，此时则会对采光照度有一定的牺牲。

5.1.4　能量分析：浙江中部地区的气候适应性分析

1. 浙江中部地区的气候特征

义乌位于浙江中部地区，属于我国建筑气候分区划分中的“夏热冬冷地区”，亚热带东亚季风气候。其有着分明的四季，气温温和，雨水量多，光照充足，显著的盆地气候特征，主导风向跟随季节变化的气候特点。常年的平均气温为17.7℃，极端最低气温为－10.7℃（1977年1月）；极端最高气温42.0℃（2003年7月），年平均降水量为1386.6mm，常年平均日照时数1788.7小时[1]，如图5-27所示。

1　参见：义乌市自然气候概况 http://www.yw.gov.cn/art/2017/5/12/art_1229138346_51311849.html。

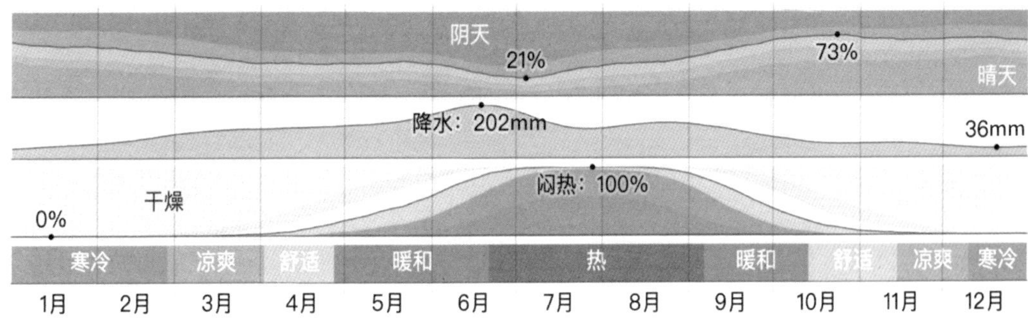

图 5-27 2021 年浙江义乌自然资源及气候概况
资料来源：http://weathersporK.com.

1）季节明显，冷热并存

季节的明显差异主要受到季风进退的影响，冬半年主导风向为偏北气流，寒冷干燥，夏半年主导东南方向气流，炎热潮湿。冬夏季风的交替变换，形成了义乌一年当中明显的季节变化，气候差异明显。在季节气候划分方面，根据日平均气温稳定低于10℃为冬季，高于22℃为夏季，介于10～22℃之间为春、秋季进行划分。春季一般在3月下旬至5月中旬，夏季在5月至9月下旬，秋季在9月至11月，冬季一般始于11月下旬，止于次年3月。因此，义乌四季分布的特点是冬夏周期较长，春秋周期短。

春季，云雨较多，天气时冷时暖，总体呈现出低温阴雨的特征，4月常有“倒春寒”出现；春末夏初，来自东南方向的暖湿气流不断增强，降水不断增多，出现“梅雨季”；夏季的前期为“梅雨期”，进入盛夏后，除台风降水和午后雷阵雨外，以晴热天气为主，气温炎热；秋季，北方冷空气袭来，温度显著下降，在冷暖空气长期相持的时候会出现“秋雨连绵”的天气，但是当北方冷高压不断南下，则会逐渐形成晴朗少雨的 “秋高气爽”天气；冬季，时而晴冷干燥，偶有雨雪连绵。

2）雨热同期，风雨不定

上半年往往是雨热同期，一年当中雨量分配不均，一日之间的风向也往往不确定。1月气温最低，雨量较少，开春后温度上升，雨量也同步增加，雨热同期明显，全年一半以上的雨量都集中在明显的雨季，3—5月的春雨季、6—7月的梅雨季、8—10月的台风季，春雨量大，梅雨多，3—6月当中，雨量可以达到690mm左右，占全年雨量的50%。

下半年光温优越，受季风和地形等影响，降水减少，云雨量明显减少。12月至次年2月是少雨季节，带来了较好的光温条件，下半年的太阳辐射总体较上半年多，日照时数为1033小时左右，占全年日照总时数的60%，最大值出现在7月、8月，这两个月日照时数常年平均都在210小时以上。

浙江义乌的太阳辐射能量资源丰富（图5-28）。全年4月至11月的太阳辐射量较多，强度均250KWh/m^{2}以上，其中7月至9月的平均太阳辐射量强度能够达到300KWh/m^2。从图中可以看到，太阳辐射较多的分布方向以西南侧为主，义乌地区太阳辐射分布有着明显的两季差异，夏季太阳辐射量大，冬季太阳辐射量较小。

浙江义乌主导风向随季节变化（图5-29）。春夏季节以西南风和东南风为主，夏季（6月至8月）主导风向为东南东（ESE）向，平均风速为2.16m/s；秋冬季节以北风为主，冬季（12月至次年2月）

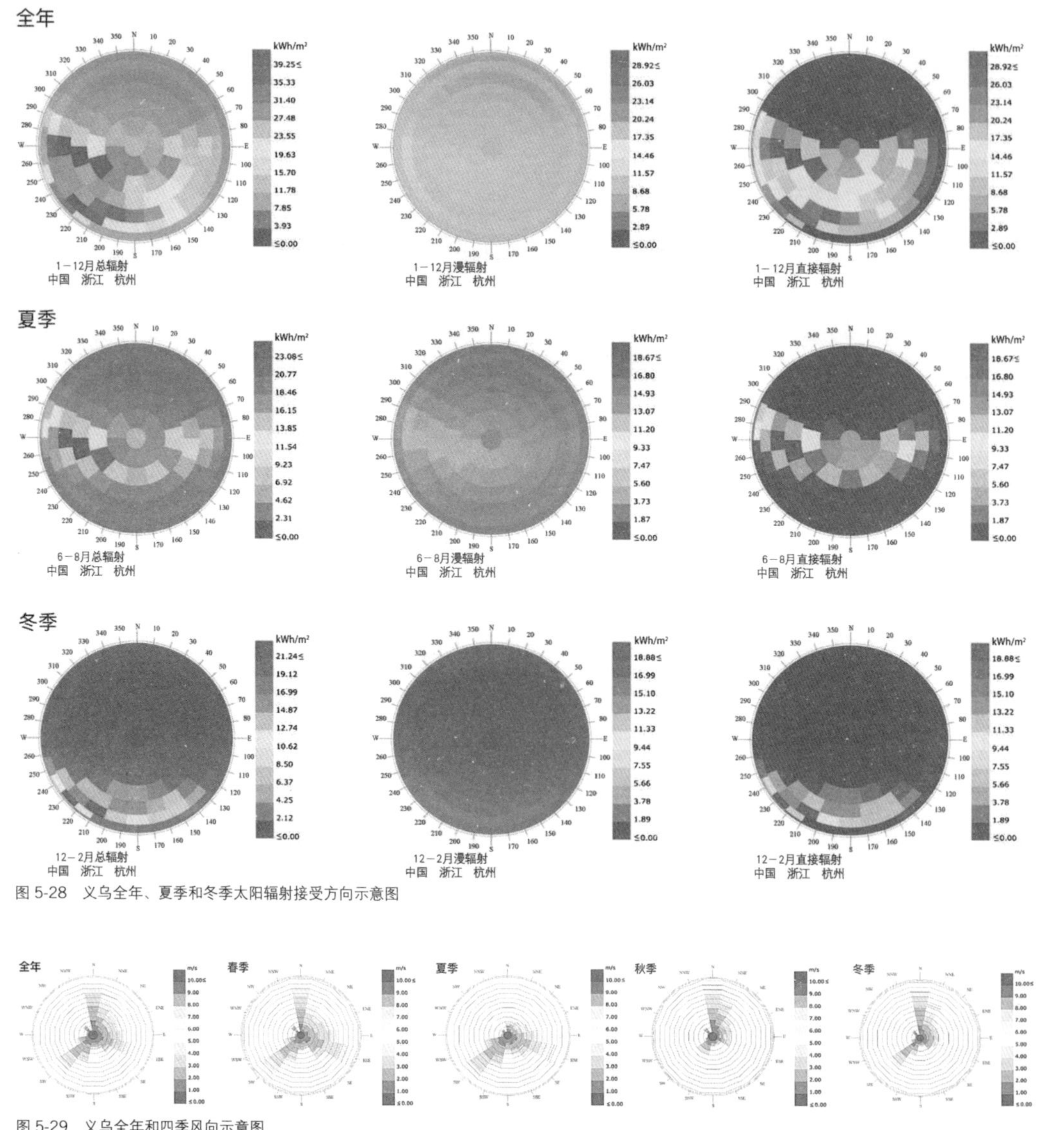

图 5-28 义乌全年、夏季和冬季太阳辐射接受方向示意图

图 5-29 义乌全年和四季风向示意图

主导风向为北北东（NNE）向，平均风速为2.2m/s。一年中无风时为1567小时，占全年的17.89%。

3）地形起伏明显，垂直气候差异显著。

义乌地形起伏差异大，地形地貌类型多样，垂直气候差异较明显。一般来说，在季节变化方面，随海拔高度升高，夏季较短，冬季延长；在温度方面，随高度升高气温降低，海拔每升高100m，年平均气温约下降0.6℃。但是，即便是同一海拔高度，还会因为建筑所在的坡向、坡度及山峰、山谷、平原、盆地等不同地形而有局部气候环境的差异。

2. 浙江中部地区的气候适应性分析

浙江义乌，属于我国夏热冬冷气候区划，有着显著的夏季炎热潮湿、冬季寒冷的气候特征。通

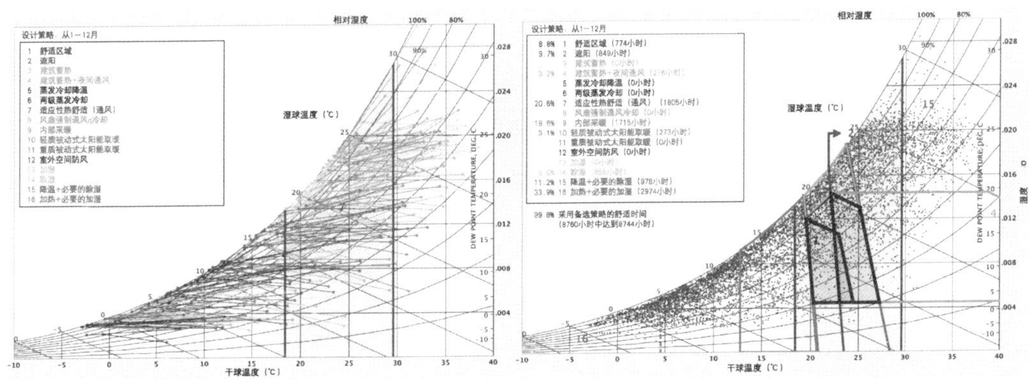

图 5-30　浙江义乌根据适应性热舒适模型的焓湿图以及最佳策略范围分区

过生物气候图和焓湿图分析建筑采暖制冷、建筑蓄热、自然通风等策略在确定地点和时间段的有效性，其中的气候数据参考自义乌气象局、中国气象局和清华大学研发的《中国建筑热环境专用气象数据集》。

1）焓湿图分析

根据Climate Consultant 6.0软件分析结果得知（图5-30），在缺乏考虑将太阳辐射作为被动式太阳能利用的焓湿图中，其被动式太阳能采暖策略仅将温度和湿度作为参考，在全年的设计策略占比中仅有5.6%（表5-1），远比可以利用的太阳辐射量要低。另按照软件分析结果，夏季可以利用的气候控制策略包括自然通风、遮阳、建筑蓄热、建筑蓄热与夜间通风、蒸发冷却等；冬季可采用的被动式策略主要为内部采暖和被动式太阳能采暖。

表 5-1　浙江义乌气候控制策略各月时间占比

	1月	2月	3月	4月	5月	6月	7月	8月	9月	10月	11月	12月	全年
舒适区域（ASHRAE）		2.4%	2.6%	21%	21%	5.8%	0.1%		27.9%	18.5%	5.6%	1.3%	8.8%
适应性热舒适（通风）			4.2%	14.%	28.4%	36.9%	38.6%	60.3%	41.4%	16.3%	4.4%	0.9%	20.6%
遮阳		0.4%	0.8%	5.6%	14.4%	17.9%	24.6%	22.3%	19.9%	7.9%	1.7%	0.1%	9.7%
建筑蓄热		0.3%		1.9%	8.7%	3.2%			9.4%	8.2%	0.1%		2.7%
建筑蓄热＋夜间通风		0.3%		1.9%	10.6%	5.3%			10.4%	9.0%	0.1%		3.2%
蒸发冷却降温		0.6%	1.6%	2.8%	8.7%	4.5%			19.3%	9.1%	0.2%		3.9%
被动式太阳能采暖	6.6%	6%	11%	8.6%	4.4%	1.2%			1.9%	8.1%	15.3%	4.3%	5.6%
被动式策略总计（合并重叠部分）	6.6%	8.6%	15.3%	32.4%	52%	43.6%	38.7%	60.3%	68.8%	39.1%	21.1%	5.8%	32.8%
机械通风制冷和除湿		0.3%		7.2%	63.5%	79.1%	64.3%	45.8%	54.3%	24.5%	0.3%	0.2%	28.7%
内部采暖	96.1%	94.4%	84.7%	73.2%	24.2%	4.6%			9.6%	58.6%	90.6%	95.3%	53%

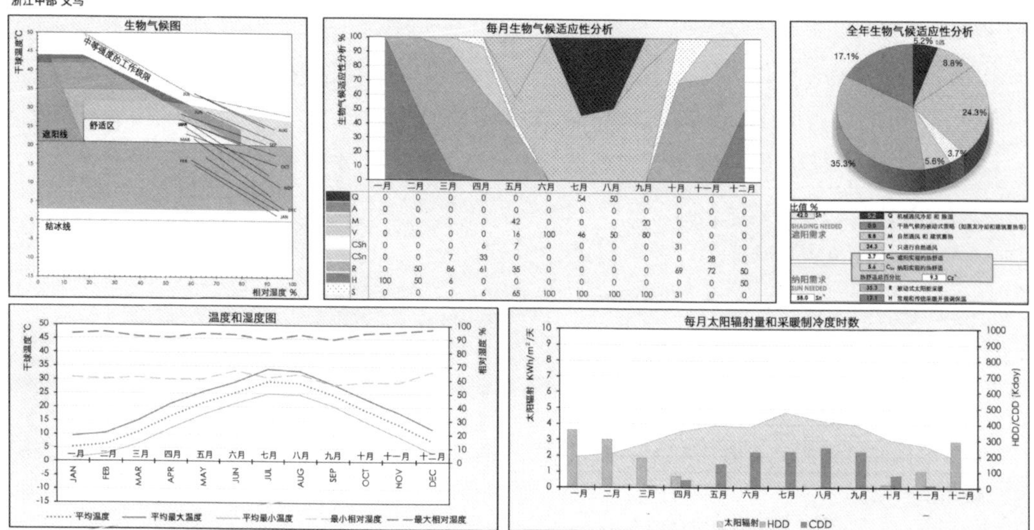

	一月	二月	三月	四月	五月	六月	七月	八月	九月	十月	十一月	十二月
Q	0	0	0	0	0	0	54	50	0	0	0	0
A	0	0	0	0	0	0	0	0	0	0	0	0
M	0	0	0	0	42	0	0	0	20	0	0	0
V	0	0	0	0	16	100	46	50	80	0	0	0
CSh	0	0	0	6	7	0	0	0	0	31	0	0
CSn	0	0	7	33	0	0	0	0	0	0	28	0
R	0	50	86	61	35	0	0	0	0	69	72	50
H	100	50	6	0	0	0	0	0	0	0	0	50
S	0	0	0	6	65	100	100	100	100	31	0	0

图 5-31　浙江义乌的气候适应性分析

2）生物气候图分析

根据将太阳辐射纳入考虑因素的生物气候图，浙江中部义乌地区的气候适应性分析如图5-31所示。

（1）浙江义乌每月的最高温度—最低湿度和最低温度—最高湿度的连线主要分布在舒适区范围的右侧，有多个月份集中在可以采用被动式太阳能采暖的范围，可以判断其适合利用太阳辐射来获得热舒适。

（2）根据每月的生物气候适应性分析表明，在2月到5月和10月到12月的过渡季节气候可以通过被动式太阳能采暖策略（R：2月和3月分别为50%和86%，4月为61%，5月为35%，10月为69%，11月为72%，12月为50%）来提供大部分的热量需求。在6月到9月需要通过自然通风策略（V：6月为100%，7月为46%，8月为50%，9月为80%）和全时段的遮阳（S：100%）来争取最大的热舒适，其中在7月到8月还需要结合机械通风冷却降温（Q：7月为54%，8月为50%）来解决部分的热舒适。而在1月达到100%的常规采暖需求，需要采用暖气才能防寒，从而达到热舒适。

（3）根据全年的生物气候适应性分析结果表明，保温的生物气候适应性需求较典型的温和气候类型要高，因为全年的常规采暖策略需求（H）时间占比为17.1%，而被动式太阳能采暖策略需求（R）和纳阳实现的热舒适（CSn）的全年时间占比分别为35.3%和5.6%，总和达到了40.9%，因此吸热策略占主导。另外，隔热遮阳和自然通风的需求也相当大，全年占比分别达到42%和24.3%。

（4）根据温湿度图表明，冬季寒冷，夏季炎热潮湿，全年的湿度都很大，气温年较差较大，日较差在10℃左右。1月的平均气温为5℃，7月的平均气温为30℃，每月的平均相对湿度在60%～70%，全年相对湿度在50%～90%。

（5）太阳辐射量分布较均匀，每天平均水平太阳辐射量在2～5kWh/m^2。因此，义乌的建筑设计既要考虑冬季保温和采暖，夏季隔热散热和自然通风，也要考虑过渡季节纳阳吸热的采暖措施。

5.1.5　转化与设计：雪峰文学馆的设计研究与能量策略应用

1. 雪峰文学馆的总体概况

建筑是一个复杂的系统，建筑设计也是多个因素之间相互博弈和反复调整的过程，需要考虑多方面的要素，不仅要考虑气候适应性的需求，还要考虑当地经济、社会、文化审美等各个方面。2017年，由李麟学教授担任项目负责人设计的雪峰文学馆[1]正是在浙江传统民居文化研究基础上，以考虑环境能量协同与气候适应性作为主要考量因素的当代乡土建筑设计项目案例（图5-32、图5-33）。

项目所在的神坛村，是浙江省义乌赤岸镇西海组团村落之一，近年来正作为建设文学特色小镇和西海村落片区整体开发的重点村落，也是冯雪峰和冯志祥两位老红军的出生地，他们在义乌历史上具有深远的影响。村中现存冯雪峰故居、冯志祥故居、冯雪峰祖宅、必胜亭、冯雪峰墓以及冯志祥墓等多处红色历史建筑遗产，具有极高的历史文化价值和爱国教育意义（图5-34）。雪峰文学馆是一座植根于神坛村文化遗产资源和冯雪峰个人生涯的专题性文学馆。

雪峰文学馆位于神坛村的西北角，位于后山山坡的南面，需要步行一段蜿蜒曲折的乡间坡道才能到达，空旷的山坡场地，唯有山前的湖泊和山间的田野山林，尽管为建筑设计增加了不少难度，但也激发了建筑师对环境协同的动力和想象力。项目总建筑面积约为3375m^2，是一座根植于神坛村文化遗产资源和冯雪峰名人研究的主题性文学馆。在设计之初，当地传统民居的气候适应性研究即为设计的原生动力，作为传统和现代之间建筑转译的基础。总体上，建筑设计主要回应以下三个方面：一是与历史文化方面的沉淀和当代文化需求的相匹配，需要强调历史的厚重感。二是建筑体量需要与周边环境、气候文化相适应，强调对生态的保护和自然文脉的延续；三是建筑的形式需要与当地传统乡村相融合，体现从乡土建筑气候适应性研究、设计和转译中的价值，在体现传统风貌的同时也要符合现代舒适性的需求。

设计研究依据气候适应性分析和热力学设计方法的研究路径，试图将浙江传统乡土建筑的热力学设计策略作为当代建筑设计转化的基础。研究在建筑选址、建筑形态布局、空间组织、体型界面设计和材料等方面对当地气候适应性进行回应，通过定性和定量相结合的方法，应用基于能量平衡体系中

图 5-32　雪峰文学馆空间规划图

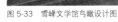

图 5-33　雪峰文学馆鸟瞰设计图

1　雪峰文学馆及文学小村，项目负责人为李麟学，主要建筑师为周凯锋、刘旸、姜咏茜等。

图 5-34　项目选址和周边环境

的能量捕获、能量交换和能量梯度策略，利用环境性能模拟工具进行辅助设计，验证基于传统文化回应和气候适应需求的乡土建筑热力学设计方法在早期设计阶段的有效性。

2. 适宜的选址和建筑布局的能量策略评估

由于项目基地位于村落的山坡上，选址应当符合当地乡土建筑"选址的气候适应性策略"的需要，结合当地的气候数据，借助性能模拟软件与场地的关系进行相应的风光热数值分析，验证如下：①在热辐射方面，强调对南面朝向的热量需求，根据生物气候图和气候适应性分析可以发现，对于义乌特殊的夏热冬冷极端性温和气候来说，需要强调冬季的热辐射得热和避免夏季过多的热辐射吸收，因此在选址中应当考虑尽量位于山坡的中部或较高位置，以及南侧对阳光的调节。②在光照方面，对于作为展示馆类型的文学馆来说，应尽量考虑舒适的自然采光，可以通过天窗和借助天井进行南面采光，避免眩光。由于场地无其他建筑，不需要进行日照分析，只需考虑内部设置天井对建筑自身体形的遮挡问题。③在应对通风方面，应当尽量避免冬季风并促进夏季通风，避免在盆地和山谷凹地，由于基地位于村落的上坡，位于全村海拔相对较高的位置，并不需要采取额外的措施。④在利用水体方面，应尽量靠近水源，目的是利用水体的热惯性进行微气候的改善，雪峰文学馆的前部场地有一片水池，在设计中应一并考虑和充分利用。因此，建筑总体选址设计考虑沿着平缓的乡路北侧设定2层体量，南侧留出入口广场空间，朝向依据山体形态和湖水位置，坐北朝南，南面湖，北依山，顺应地势南低北高，建立山水之间的过渡空间。

3. 满足夏季自然通风需求的导风腔体策略

在雪峰文学馆的形态布局中，不仅借鉴了当地民居院落布局，还遵循了当地建筑对气候能量与自然环境响应的规律。设计遵循气候环境参数，尤其注意在风环境方面考虑南北向的山谷来风，根据风与聚落群体布局方面的策略，应当结合开敞的空间布置，这样可以为建筑引入更多的内部通风。但是，需要注意的是，冬夏季对通风的需求并不一致，根据气候适应性分析也可以发现，冬季除了出于健康的需求，需要对室内一定时间段进行新风换气以外，对额外的自然通风的要求几乎为零，并且冬

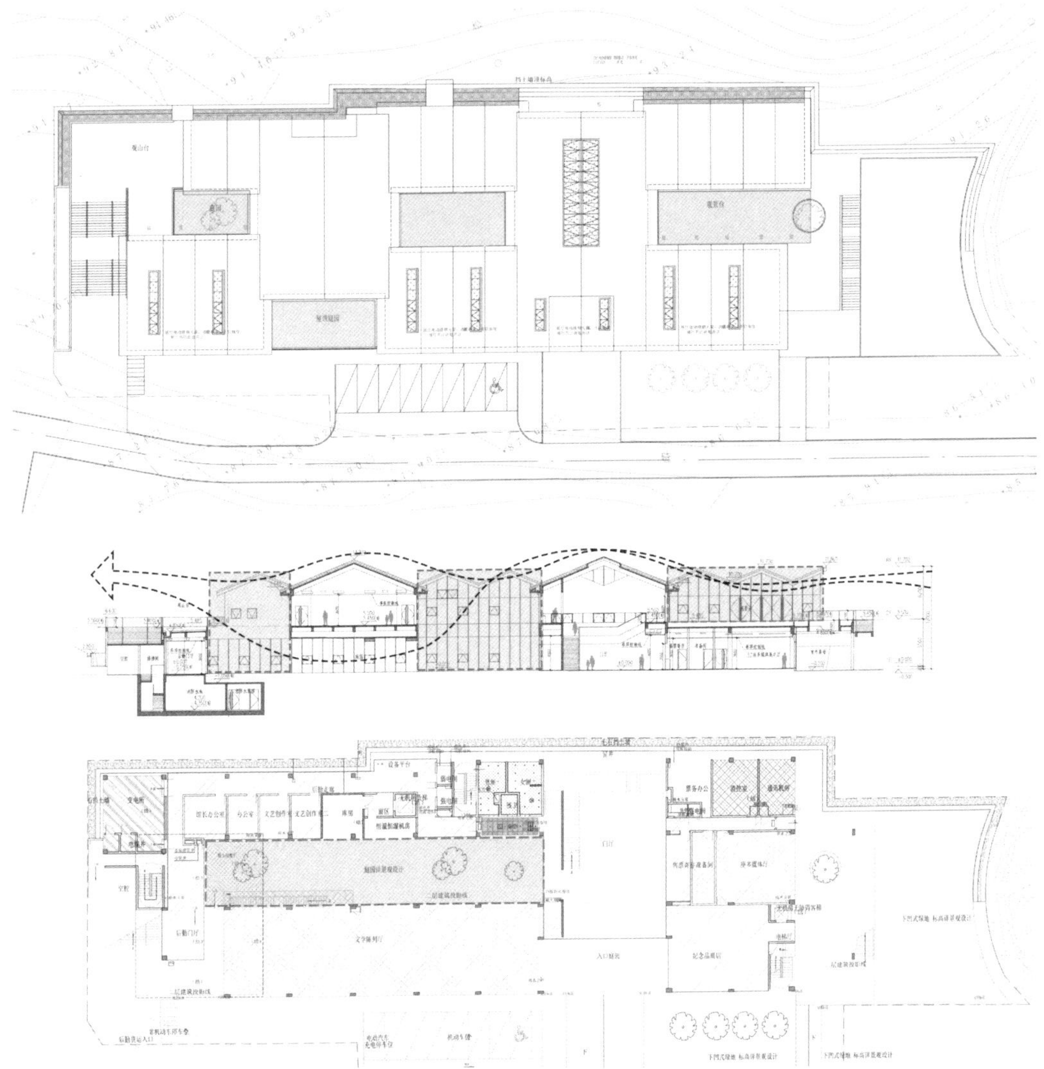

图 5-35　雪峰文学馆的院落导风腔体布局

季应该防止通风所产生的渗透热损失；而在夏季，尤其是在6月至9月对自然通风的需求极大。

因此，通过采用院落横向排布的布局方式和错落的体量布局，当主导风向为东南和西南风时，可以尽可能地使夏季自然风引入建筑空间。根据“风与建筑空间组织的关系”有下述两种策略：其一，通过增大天井在面向东南风方向的长宽比深度，促进东南风在建筑中央导风腔体的流动，并形成在多个院落之间的空气组织（图5-35）；其二，南向为夏季主导风方向需要促进通风，冬季需要防北风，因此在南向的横向体量，采取建筑与院落之间错落的建筑布局形式，北向建筑采取较为封闭的体量，院落空间从东西向展开，形成串联几个院落天井的“导风腔体”。通过对初步设计的建筑体量的风环境模拟可以对上述策略得到进一步的验证，在通风模拟的截面风速显示结果可见，在导风腔体的内部结合室内开窗，能够有效地引导室外空气流动入天井内部（图5-36）。

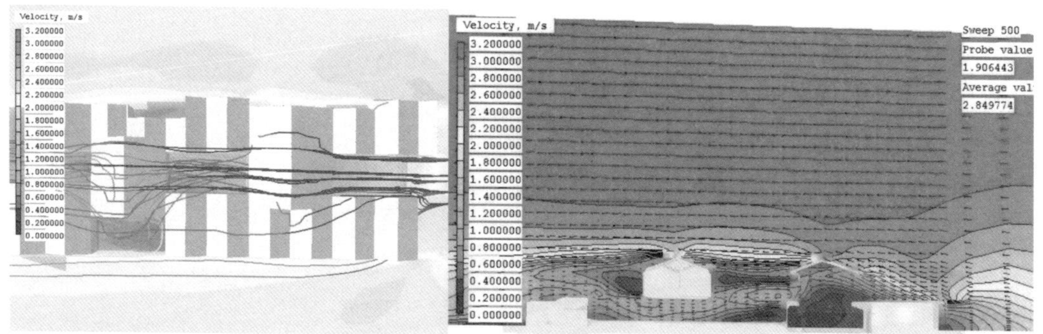

图 5-36　夏季东南风向的通风模拟

（a）西北侧鸟瞰

（b）东南侧鸟瞰

（c）西侧鸟瞰

（d）南侧鸟瞰沿湖远景

图 5-37　雪峰文学馆建成后照片
资料来源：章勇提供

此外，建筑体量呼应浙江村落的肌理和文脉。设计采用化整为零的手法，设置的天井院落空间和坡屋顶序列形成与村庄一致的建筑风貌，与周围村落环境相融合。基于对当地天井空间的环境实测和热力学性能分析，天井空间对于当地气候的适应得到有效验证。因此，通过提取传统村落的天井院落形态特征，经过转译演化，形成新的文学馆形体。首先，通过“村落集聚”概念分配各部分的文化功能空间，呼应当地村落文脉关系，形成大小错落有致，富有变化的形体。然后，在立面上形成了“群山”一般的起伏，突出了雪峰文学馆在该区域中的特殊性和标志性。最后，四个院落的加入和串联，打破了匀致平淡的空间格局，通过“虚”的院落与“实”的展厅，创造出更具游客体验的展览空间。

结合气候与功能的需求进行雪峰文学馆的空间划分。为应对当地雨水较多的气候特征，入口设置灰空间和排水坡道，强调室内外空间的一体。入口位于南侧山路上，面向主要道路，对从东南向村镇过来的游客具有标示作用。上升的桥也具有强烈的引导作用，通过与入口嵌入式庭院的衔接具有人群集散效应。二层西侧配有室外观山台，利用山体的高差变化，将建筑与北侧的山景自然衔接。二层东侧室外观景台也适当提高，与中间的廊道呼应，形成通向神坛村落的视线通廊，与冯雪峰故居遥相对望（图5-37）。

4. 适应冬季纳阳需求的界面开启策略

通过气候适应性分析可以发现，纳阳在浙江义乌地区的建筑设计对于实现热舒适来说十分重要。由于浙江义乌地区在冬季的10月至12月和2月至5月都有较大的利用被动式太阳能采暖达到热舒适的需求和有效性，而利用被动式太阳能采暖和纳阳所实现部分或全部热舒适占全年时间的58%，因此在建筑设计中需要考虑采取“促进得热的能量策略”。雪峰文学馆的设计为尽可能少地采用主动式技术达到节约能源的目标，在建筑的南面考虑设置高窗和天井全景窗，在建筑的顶部设置天井窗户，如图5-38，一方面满足文学馆内部展览的采光需求，另一方面为实现冬季利用被动式太阳能采暖达到热舒适的目标。对于评估在纳阳设计中采用界面开启策略对能量平衡需求的影响，很多研究已经证明窗墙比在影响建筑采光、纳阳和通风方面的重要性，因此对文学馆的热力学设计研究中需要对窗墙比进行性能最优化的设计考虑。

图5-39表示雪峰文学馆建筑的南北界面窗户开启率对影响全天能量平衡的研究。通过调整窗户面积与墙体面积的比值，模拟建筑在不同季节下，不采用主动式技术的能量平衡点温度与室外平均温度的关系，一定程度上反映了建筑南面纳阳对于冬季能量平衡的重要性，也是实现冬季不采用设备调控

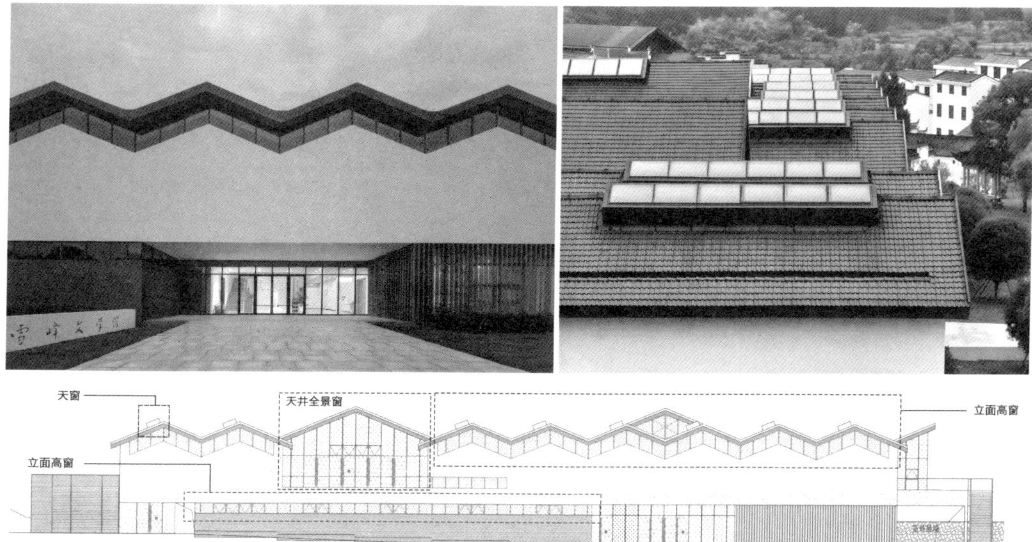

图 5-38　文学馆南面界面开启图

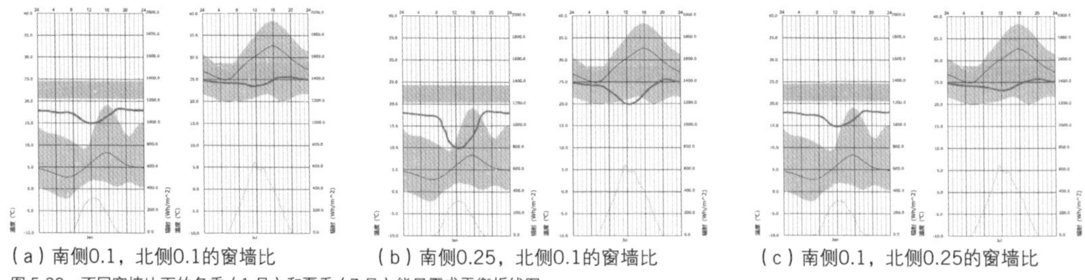
（a）南侧0.1，北侧0.1的窗墙比　（b）南侧0.25，北侧0.1的窗墙比　（c）南侧0.1，北侧0.25的窗墙比

图 5-39　不同窗墙比下的冬季（1月）和夏季（7月）能量需求平衡折线图

手段而实现热舒适的关键。能量平衡计算是根据在建筑设计早期阶段的建筑基本属性，对建筑的得热量和失热量进行估算从而达到舒适性范围的能量平衡点温度，包括对建筑运营阶段的内部产热、太阳辐射得热、自然通风失热和热传导失热等因素的综合考虑。

通过调整窗墙比，雪峰文学馆建筑的能量平衡计算大体上呈现出冬季需要促进得热（加热采暖）和夏季需要促进散热（降温冷却）的气候适应性需求。冬季能量平衡点温度高于室外平均温度，建筑需要采取加热手段才能够达到热舒适的范围，而夏季能量平衡点温度低于室外平均温度，建筑需要采取降温手段才能达到舒适范围。通过研究在冬季增大窗户纳阳得热量对于减少建筑在冬季需要加热才能达到平衡温度的可能，具体分析如下：①增大南面窗墙比可以减少冬季加热的能量需求。通过图5-39（a）和（b）的左侧能量需求折线图（1月）的比较可以发现，通过增大南面的窗墙比，南侧开窗的窗墙比从0.1增加到0.25，北侧保持窗墙比0.1不变的时候，能量平衡点折线（红线）在冬季1月白天8:00到16:00时间范围内有显著的降低。而能量平衡折线与室外平均温度折线（蓝线）距离有明显的缩短，也就是需要采取加热手段而实现建筑热舒适范围的能量需求明显减少，说明通过增大窗墙比对于文学馆冬季白天运营阶段的热舒适性有较大的帮助。②增大南面窗墙比会造成夏季更多的降温需求，通过图5-39（a）和（b）的右侧能量需求折线图（7月）的比较可以发现，通过增大南面的窗墙比，夏季的能量平衡折线与室外温度的距离扩大，尽管并没有冬季明显，但是较大的南面窗墙比，为达到热舒适范围会造成夏季相较于较小南面窗墙比更多的制冷能耗。③增大北面窗墙比对冬季加热的能量需求影响不大，也并不会造成夏季过量的太阳得热而导致需要更多的空调制冷能耗。通过上图（a）和（c）的能量需求折线图的比较可以发现，北侧窗墙比从0.1增加到0.25，南侧窗墙比保持0.1不变的情况下，能量平衡折线在冬季1月和夏季7月并没有明显的变化。因此可以考虑在建筑的北侧结合天井空间设置适当的开启界面，满足室内外视觉上的贯通和更多的景观体验的需求。

5. 兼顾冬夏季能量平衡矛盾需求的遮阳策略

通过对浙江义乌地区的气候适应性分析（图5-40），遮阳的需求在夏季时间占比非常大，尤其是6月至9月，而5月和10月也有一部分的遮阳需求，因此在建筑设计中需要考虑采用“防止得热的能量策略”。设计策略尽可能地调和建筑冬夏季矛盾的能量需求方面，在南侧开设窗户的同时减少夏季的太阳辐射得热量所造成的不适，采取了对窗户进行遮阳的策略。如图5-41，根据对文学馆南侧开窗的调整，可以发现，通过不断增大南侧窗墙比，可以使冬季从需要加热（南侧窗墙比为0.25）才能满足热舒适，到需要冷却降温（南侧窗墙比为0.25和0.9）才能满足热舒适，但夏季的冷却降温需求却越

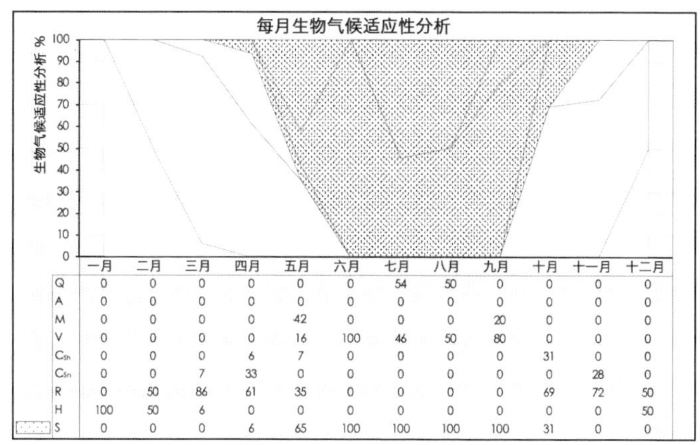

	一月	二月	三月	四月	五月	六月	七月	八月	九月	十月	十一月	十二月
Q	0	0	0	0	0	0	54	50	0	0	0	0
A	0	0	0	0	0	0	0	0	0	0	0	0
M	0	0	0	0	42	0	0	0	20	0	0	0
V	0	0	0	0	16	100	46	50	80	0	0	0
C_{Sh}	0	0	0	6	7	0	0	0	0	31	0	0
C_{Sn}	0	0	7	33	0	0	0	0	0	0	28	0
R	0	50	86	61	35	0	0	0	0	69	72	50
H	100	50	6	0	0	0	0	0	0	0	0	50
S	0	0	0	6	65	100	100	100	100	31	0	0

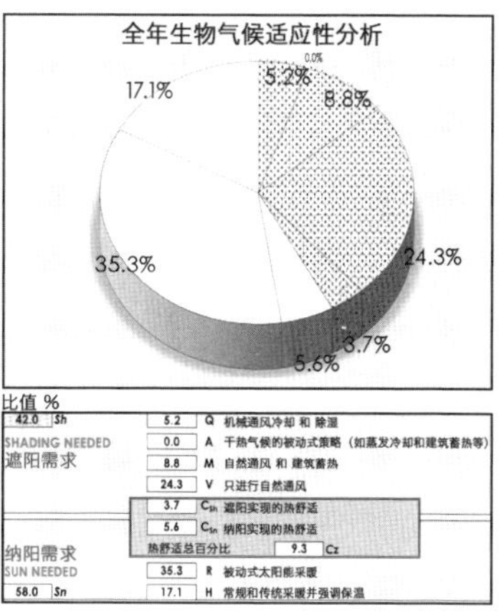

图 5-40　浙江义乌在遮阳需求方面的各月与全年的适应性需求

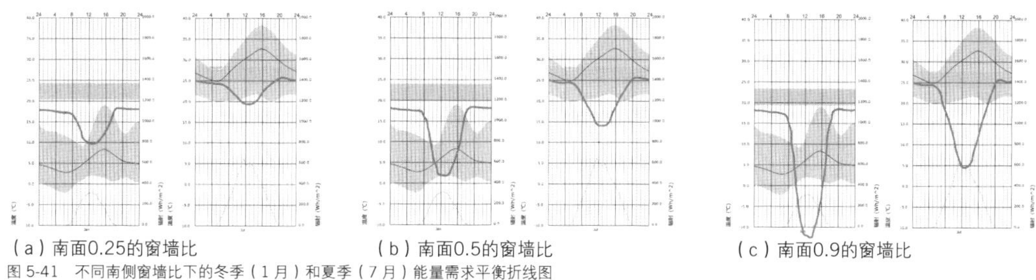

（a）南面0.25的窗墙比　　（b）南面0.5的窗墙比　　（c）南面0.9的窗墙比

图 5-41　不同南侧窗墙比下的冬季（1 月）和夏季（7 月）能量需求平衡折线图

来越大。从建筑南侧窗墙比的调整也可得知，需要兼顾冬夏季矛盾的能量需求，因此设计中引入遮阳的防止得热策略，试图减缓夏季开窗的不舒适性。结合当地传统民居的宽大屋檐，对文学馆建筑进行连续的坡屋顶设计，利用冬夏季太阳高度角的差异，阻挡夏季太阳辐射直接进入建筑室内的同时，不阻碍冬季的纳阳得热需求。

图5-42表示在建筑南北侧窗户开启率不变的前提下，通过是否设置屋檐对冬季和夏季能量平衡的影响。图5-42（b）表示对建筑设置1m的出檐，可以发现无屋檐设置和设置1m出檐的冬季（1月）的能量平衡点温度变化不大，但是夏季（7月）的平衡点温度折线设置1m出檐在白天（9:00到16:00）范围，比起不设置屋檐的夏季（7月）平衡点温度折线有显著的上升，也就是说对夏季降温需求有所下降。因此，屋檐的设置有利于平衡夏季能量平衡中吸收太阳辐射热量过多，而过量的热量负荷导致室内温度升高，建筑需要额外的手段进行降温才能达到能量的平衡，否则室内空间会因为过热而无法达到舒适温度的范围。因此，雪峰文学馆采用连续坡屋面的设置，一方面创造如“群山”般起伏的天际线，另一方面还能应对江南地区多雨的气候环境，有利于对雨水排水和回收。

6. 选择不同热力学性能的界面材料对室内能量平衡的影响

通过选择导热性能较低、热阻大、热传导率较低的建筑材料，不仅可以阻止热量的流动，发挥建筑材料隔热在夏季遮阳需求的特性，还可以在冬季进行保温，发挥材料方面防止建筑失热的能量策略，同时这也在很多乡土建筑的案例中得到了验证。图5-43表示在不同材料热传导率下的能量需求平衡折线变化，可以发现，通过减少墙体的热传导率（*U*值），可以在夏季阻挡外部热量流入室内空

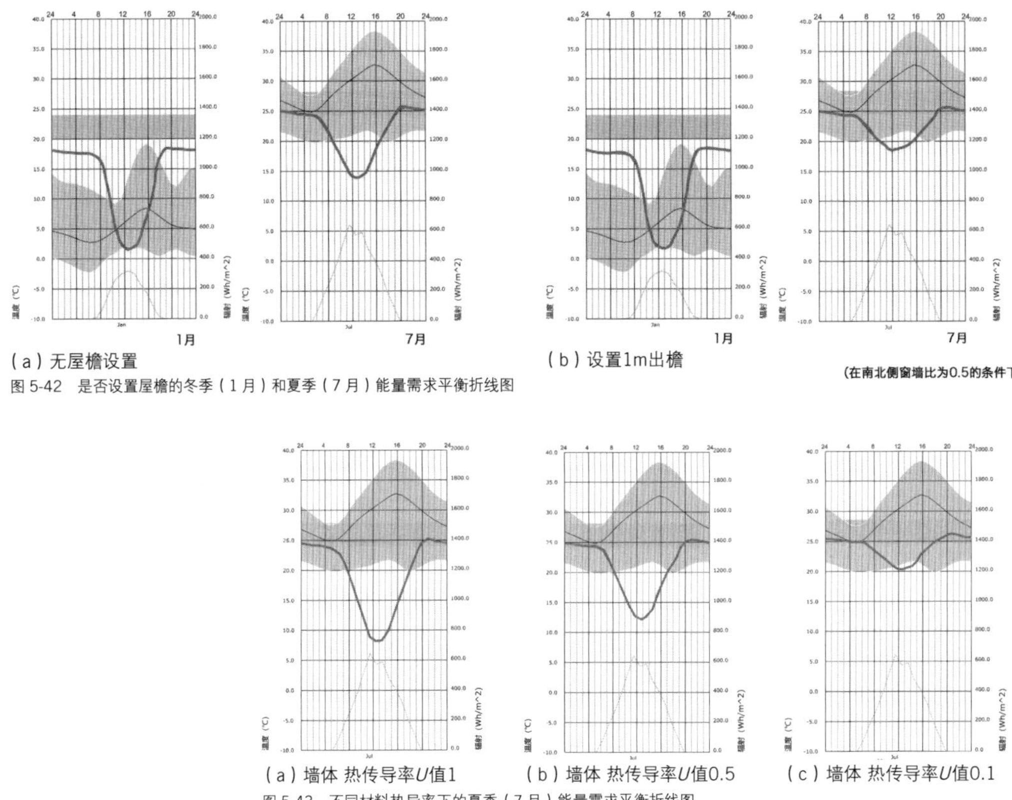

（a）无屋檐设置

（b）设置1m出檐

（在南北侧窗墙比为0.5的条件下）

图 5-42　是否设置屋檐的冬季（1 月）和夏季（7 月）能量需求平衡折线图

（a）墙体 热传导率U值1

（b）墙体 热传导率U值0.5

（c）墙体 热传导率U值0.1

图 5-43　不同材料热导率下的夏季（7 月）能量需求平衡折线图

间，缩小平衡温度与室外平均温度的距离，从而减少夏季降温冷却的能量需求。

雪峰文学馆在设计中力图通过物化的元素去体现历史文化。建筑外观采用了新中式风格，在材料的运用上遵循了当地传统材料和舒适性的原则，采用白水泥外立面，瓦屋顶，屋顶采用复合木暴露屋顶构架的形式。墙体材质上，借鉴江南传统建筑采用白色抹灰墙面，在这里采用带有预制混凝土的墙面来呼应当地地域的文化特质，使时间也通过这种特殊的材料形式转译在了空间当中，使用了浅白与深灰色弹性质感涂料，与屋面与木材的相互对比，更能体现出历史的沉稳和质量。屋面材质沿用传统瓦屋面，结合起伏的屋面，在体现传统风貌的同时，兼顾现代意向。同时，采用热传导率低的保温隔热材料，一层墙面面积共为1184m^2，玻璃幕墙窗户面积为713m^2，总窗墙比约为0.6，设置外保温墙面，增设50mm岩棉带，防止热量流入建筑内部；二层南面材质与一层作区分，二层南面采用双层混凝土夹心保温墙体，面积约为655m^2，该范围玻璃幕墙和玻璃窗户总面积为259m^2，窗墙比约为0.4，设置50mm泡沫玻璃保温材料；二层北面采用与一层相似材料，由于隔热上相较于南面需求较低，采用30mm无机纤维玻璃材料，该范围墙体面积为350m^2，窗户玻璃面积为230m^2，在前面研究中已经验证北面窗墙比较高对冬夏季的能量平衡需求影响较小，因此二层北面范围结合天井空间设计了较大面积的景观面，窗墙比约为0.65。

5.2　热力学乡土建筑的挑战与展望

5.2.1　挑战

本书以乡土建筑为切入点，探讨建筑师如何在全球化、地域性、传统与现代、节能与耗能等诸多矛盾中，展现其创造性。随着建筑界对能源和生态可持续性的持续讨论，建筑师的创新能力和独立性日益受限。面对节能问题，他们常常依赖标准化方案，缺乏有效的个性化声音。当“生态焦虑”和“节能标准”主导设计，且随着装配式、智能化及数字化技术的融入，如果未来设计仅仅追求节能舒适度而忽略地域性、传统和人文价值，我们可能会面临建筑设计同质化的风险。这种趋势不仅危险，也令人遗憾。

热力学建筑不依赖特定的能效指标，并在概念、应用和价值影响方面与现有的节能标准和绿色评价标准显著不同。首先，热力学建筑不会指代某种特定技术，也不同于今天的参数主义和地域主义这类有明显技术和形态指示性的建筑设计概念，它既可以是传统的，又可以是先锋非主流的。它在物理学对系统深层次研究的基础上，启迪设计者从逻辑公式的参数中自主寻找设计出路，反思21世纪可持续化背景下建筑学的自主性。其次，片面的能效追求从全局可持续的角度来评价未必真的合理。而热力学设计方法的早期介入，是面对气候适应性和节能等问题，对建筑设计的形式讨论，能够从设计早期解决建筑师对能量话题的失语问题。最后，乡土建筑热力学原型并不局限于“是什么”的某些特定形式，而是在地域性和节能可持续的话题下，为建筑师“如何做”提供有效、全新的思路，有较大的实用价值。

因此，建立乡土建筑热力学设计方法的目的是引入一种新的建筑思维方式。这种方式结合了能量概念和热力学知识，重点关注乡土建筑与其外部环境之间的能量交互。此方法还涉及分析传统建筑形态和空间布局，探讨建筑界面与材料间的能量动态，旨在全面理解和塑造乡土建筑的形式、材料和功能。此外，气候适应性分析应在建筑设计的早期阶段就被采用，以确保建筑设计与气候条件相适应。通过生物气候图，我们可以对建筑的能量需求进行初步评估，并选择合适的能量策略。热力学设计通过这种方式在设计初期就能确保建筑符合能量需求，同时满足使用舒适性和设计师的创意意图。

5.2.2　尝试

在大数据时代和舒适性要求的背景下，气候适应性分析不再是基于简单气候区划的策略选择，而是可以针对任何特定地点的能量需求分析所形成的精确、完善的能量需求策略。通过对气候适应性分析、能量需求判定和能量策略选择下的乡土建筑热力学原型研究和设计转译，展现一套既符合传统形式追求又满足气候适应性和能量需求的乡土建筑热力学设计方法，是很有必要的。自此，建筑气候设计不再只是基于气候分区和特定区划的策略选择，而是结合了建筑师的创造性、地域文化空间需求和能量平衡，基于气候适应性对建筑本体进行量化分析和不断调整，以达到充分满足能量利用、舒适性及不同其他需求的最佳形式。

因此，本书试图发展一套能融合传统空间原型，反映热力学、环保节能的新的建筑美学体系，让建筑学的发展重新建立在尊重环境、保护自然的价值基础上；联合环境与气候因素，为能量与热力学建筑的理论与实践提供新的视角和新的参照，使生态建筑、绿色建筑的研究真正达到生态节能技术与建筑创新的高度统一，探索自然能量作为符合生态经济与舒适性，以及传统与现代乡土建筑设计之间的关键影响因素，形成具有时代意义的理论导向与方法指导。

5.2.3 反思

本章5.1对浙江义乌赤岸镇西海组团村落进行了研究，以当地民居和村落为田野调查对象，对样本民居进行了环境实测和热力学性能模拟验证，提取当地传统合院空间原型，利用气候适应性分析和能量策略对雪峰文学馆进行了设计转译。通过设计研究和实践可以发现，气候适应性分析不能简单地满足所谓的气候适应性时间占比，更需要在设计过程中不断针对能量平衡需求和策略进行设计调整，并提出需要从设计早期阶段就介入的对气候适应性的基础判定。

目前对建筑空间热环境结合计算机技术的研究大多存在片面且笼统的现象。通过对室内外现场热力学测试及热环境现象进行反思，可以发现一些计算模拟工具将辐射作为几乎是唯一需要考虑的因素，或者是对于能量的计算更多关注空间的平均值，认为每个空间的温度是单一且一致的。然而，如果每个空间只考虑平均温度的变化，极端温度值在不同时间和不同区域被混为一谈，就很难讨论建筑空间实际使用的热舒适情况。因此，这将导致空间内不同区域之间的温度梯度区分困难，能量梯度分层、时空定位和适应性热舒适的现象被忽视。

通过比较和分析雪峰文学馆建成后的热成像照片（图5-44），可以发现建筑处于自然通风环境下的不同区域时，存在明显的温度差异和时空差异。虽然上述热成像照片捕捉的是建筑的表面辐射温度，而非空气温度，但这可以让我们轻松地识别出建筑空间中较低温度或较高温度的区域范围，而较低温度的区域就是空气的热汇，可以起到冷却空气的作用。这些区域范围通常位于空间的较低位置，如庭院一层、中庭下方等，强烈的温度梯度表明了在这些空间中存在显著的温度差异。在建筑设计过程中通过对使用空间的功能放置，可以精细地区分出空间的层次，由于空间的分层，空气温度较低的空间靠近更冷的界面，因此在这里进行热交换也就最为有效。此外，一楼区域通常还是建筑最为开放的位置，可以充分允许新鲜空气进入室内，更好地利用建筑室内外的热力学特性。

因此，通过本章对雪峰文学馆的实地考察和设计研究，对气候适应性的分析和热力学设计路径总结如下：①评估气候条件与建造环境参数，对当地材料和建造工艺进行研究。在气候适应性设计中，对气候与场地的关注是找到最适宜策略的前提。②分析气候适应与乡土建筑特征，找到当地传统建筑中平衡外部气候条件与内部需求之间关系的方法，分析影响热舒适感受的主要因素，并提取当代乡土建筑原型。③调整原型与选择技术，对传统乡土建筑中的被动式技术进行经验总结，根据环境需求将其应用到当代乡土建筑中，并尽可能地结合多参数协同模拟工具进行性能分析，选择与能量和形态需

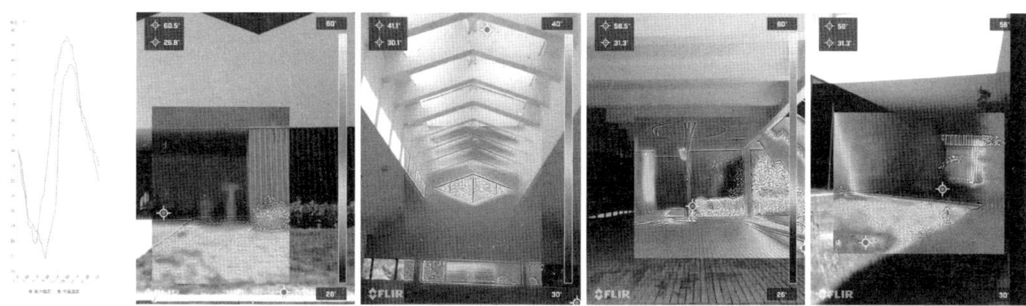
图 5-44 夏季高温天气下文学馆不同空间的现场环境

求相匹配的形式。④建造后评价，通过对其进行模拟研究找出与设计过程中产生偏差的地方，再度优化与升级建造乡土建筑的经验，有利于建筑师总结经验并推动当地乡土建筑的发展。

5.2.4 展望

在乡村振兴的背景下，中国的城市化进程不断加快，全国性的乡村建设逐步开展，尤其在一些特大城市，如北京、上海、广州、深圳，在不久的将来可能面临着逆城市化道路何去何从的问题。因此，在重塑乡村建筑生态和地域性的视角下，乡村建设将成为更多社会先进性话题的载体，可持续发展、零能建筑、生态适应等语境将在乡村建筑中被广泛应用。结合我国各地的乡土建筑类型，需要进一步探究乡土建筑热力学谱系和方法转化，为我国的乡村建设和乡土建筑适应文化和气候需求提供理论环境，甚至可以结合更多实践研究，形成设计前与设计后的反馈评价，进一步完善理论。由此，建筑师可以通过汲取乡土建筑中的能量利用规律和策略，形成符合被动式节能甚至产能主导下的“真绿色建筑”，即符合人类反馈自然，和谐共生的价值伦理，同时也推动建筑材料、绿色能源的可持续发展。

在逐步探索和更新现代建筑的设计观念方面，建筑设计理论的发展反映了社会的发展，设计观念更是从未有定论。随着全球能源观念的发展与完善，减少建筑主动耗能成为现代公共建筑、住宅、超高层建筑所追求的目标。通过深入了解乡土建筑热力学谱系，可以探索乡土建筑和现代建筑中更多有趣的课题。例如，如何通过建立建筑设计初期与建成后的能量利用评价体系，完善各项能量需求和经济成本下的建筑能量系统规范，如何从高耗能的标准化“科技住宅”逐步转变为低能耗的高舒适度住宅，等等。这些课题都将在建筑行业、建筑材料创新、住宅规范体系等方面产生重要的推进作用。

未来，在乡村发展和可持续的背景下，形成高于基本节能规范和安全规范的乡土建筑设计规范体系势在必行，由此重现独特的文化地域性与生态属性。期待本书能引发更多同行业学者和专家的进一步关注，展开更深入和全面的研究探索。

参考文献

[1] CORREIA M, DIPASQUALE L, MECCA S. Versus: Heritage for tomorrow vernacular knowledge for sustainable architecture[M]. Florence: Firenze University Press, 2014.

[2] 费孝通.乡土中国（修订本）[M]. 上海：上海人民出版社，2013.

[3] 张宏.中国古代住居与住居文化[M]. 武汉：湖北教育出版社，2006.

[4] 费什，威尔肯.产能：建筑和街区作为可再生能量来源[M]. 祝泮瑜，译.北京：清华大学出版社，2015.

[5] 杨柳.建筑气候学[M]. 北京：中国建筑工业出版社，2010.

[6] 刘念雄，秦佑国.建筑热环境（第2版）[M]. 北京：清华大学出版社，2016.

[7] MCHARG I L. Design with nature[M]. New York: Natural History Press, 1971.

[8] 刘令湘.无源房屋：能量效益最佳建筑[M]. 北京：中国建筑工业出版社，2010.

[9] 中国人民共和国住房和城乡建设部，国家市场监督管理总局. 绿色建筑评价标准：GB/T 50378—2019[S]. 北京：中国建筑工业出版社，2019.

[10] 中国人民共和国住房和城乡建设部，国家市场监督管理总局. 近零能耗建筑技术标准：GB/T 51350—2019[S]. 北京：中国建筑工业出版社，2019.

[11] REES W E. Ecological footprints and appropriated carrying capacity: what urban economics leaves out[J]. Environment and Urbanization, 1992, 4(2): 121-130.

[12] ABALOS I, SNETKIEWICZ R, ORTEGA L. Essays on thermodynamics, architecture and beauty[M]. New York: Actar Publishers, 2015.

[13] GARCIA-GERMAN J. Thermodynamic Interactions: An Exploration into Material, Physiologcial, and Territorial Atmospheres[M]. New York: Actar Publishers, 2017.

[14] ODUM H T. Environment, power, and society for the twenty-first century: the hierarchy of energy[M]. Columbia: Columbia University Press, 2007.

[15] ODUM H T, ODUM E C. Modeling for all scales: an introduction to system simulation[M]. London: Academic Press, 2000.

[16] ODUM H T. Environmental accounting: Emergy and environmental decision making[M]. New York: John Wiley & Sons, Inc., 1995.

[17] ODUM E C, ODUM H T. Energy systems and environmental education[M]. Boston: Springer, 1980.

[18] OLGYAY V. Design with climate: bioclimatic approach to architectural regionalism[M]. Princeton: Princeton University Press, 1963.

[19] BANHAM R. The architecture of the well-tempered environment[M]. London: The Architectural

Press, 1969.

[20] WILSON A G. Entropy in Urban and Regional Modelling [M]. London: Pion, 1970.

[21] HAWKES D, OWERS J, RICKABY P, et al. Energy and urban built form[G]. London: International Seminar on Urban Built Form, 1987.

[22] FATHY H. Natural energy and vernacular architecture: principles and examples with reference to hot arid climate[M]. Chicago: University of Chicago Press, 1986.

[23] 拉姆，余中奇.气象建筑学与热力学城市主义[J]. 时代建筑，2015（2）：32-37.

[24] ABALOS I, IBANEZ D. Thermodynamics applied to highrise and mixed use prototype[M]. Cambridge: Harvard Graduate School of Design, 2012.

[25] GONZALEZ P, ANTONIO E. From Machines to atmospheres: the aesthetics of energy in architecture, 1750—2000[D]. Madrid: Universidad Politecnica de Madrid, 2014.

[26] MOE K. Insulating modernism: isolated and non-isolated thermodynamics in architecture[M]. Basel: Birkhauser, 2014.

[27] MOE K. Convergence: an architectural agenda for energy[M]. London: Routledge, 2013.

[28] MOE K, SMITH R E. Building systems: design, technology, and society[M]. Abingdon, England; New York: Routledge, 2012.

[29] SRINIVASAN R, MOE K. The hierarchy of energy in architecture: energy analysis[M]. London: Routledge, 2015.

[30] MOE K. Thermally active surfaces in architecture[M]. New York: Princeton Architectural, 2010.

[31] HENSEL M, HENSEL D S, GHARLEGHI M, et al. Towards an architectural history of performance: auxiliarity, performance and provision in historical persian architectures[J]. Archit Design, 2012, 82(3): 26-37.

[32] CRAIG S, GRINHAM J. Breathing walls: The design of porous materials for heat exchange and decentralized ventilation [J]. Energy Buildings, 2017, 149: 246-259.

[33] WILLIS D, BRAHAM W W, MURAMOTO K, et al. Energy accounts: Architectural representations of energy, climate, and the future[M]. London: Taylor and Francis, 2016.

[34] BRAHAM W W, WILLIS D. Architecture and Energy: Performance and Style[M]. London: Taylor and Francis, 2013.

[35] BRAHAM WW. Architecture and system ecology: thermodynamic principles of environmental building design[M]. London: Routledge, 2016.

[36] 李麟学.知识・话语・范式：能量与热力学建筑的历史图景及当代前沿[J]. 时代建筑，2015，2：10-16.

[37] 李麟学，周渐佳，谭峥.热力学建筑视野下的空气提案：设计应对雾霾[M]. 上海：同济大学出版社，2015.

[38] 周晓红，曹彬，詹谊.农村村民自建房形式研究——“平”“坡”之争[J]. 建筑学报，2010（8）：7-11.

[39] CAO B, LUO M, LI M, et al. Too cold or too warm? A winter thermal comfort study in different climate zones in China[J]. Energy & Buildings, 2016, 133: 469-477.

[40] 宋晔皓.技术与设计：关注环境的设计模式[J]. 世界建筑，2015（7）：38-39.

[41] 袁烽.从图解思维到数字建造[M]. 上海：同济大学出版社，2016.

[42] MERCER E. English vernacular houses[M]. London: Her Majesty’s Stationery Office, 1975.

[43] 陈志华.由《关于乡土建筑遗产的宪章》引起的话[J]. 时代建筑，2000（3）：20-24.

[44] OLIVER P. Encyclopedia of vernacular architecture of the world[M]. Cambridge: Cambridge University Press, 1997.

[45] 陈志华.北窗杂记：建筑学术随笔[M]. 郑州：河南科学技术出版社，1999.

[46] 陆元鼎.乡土建筑遗产的研究与保护[M]. 上海：同济大学出版社，2008.

[47] 鲁道夫斯基.没有建筑师的建筑：简明非正统建筑导论[M]. 高军，译. 天津：天津大学出版社，2011.

[48] 单霁翔.乡土建筑遗产保护理念与方法研究（上）[J]. 城市规划，2008（12）：33-39+52.

[49] 刘敦桢.中国住宅概说[M]. 天津：百花文艺出版社，2004.

[50] 柯达峰，刘淑虎，奚建芳.乡土建筑的当代转译探索——以平潭县流水镇磹水村教学实践为例[J]. 建筑与文化，2018（2）：47-51.

[51] 李麟学，何美婷，吴杰.乡土建筑的环境能量协同与当代设计转化——以义乌雪峰文学馆为例[J]. 建筑技艺，2019（12）：107-109.

[52] 张雷，孟宪川.当代乡土实践：访问张雷[J]. 建筑师，2019（1）：112-117.

[53] 单军.当代乡土建筑：走向辉煌——“‘97’当代乡土建筑 现代化的传统”国际学术研讨会综述[J]. 华中建筑，1998,（1）：17-19.

[54] 郑小东.全球化语境中的新乡土建筑创作[D]. 北京：清华大学，2004.

[55] MUMFORD L. Stick and stones: a study of american architecture and civilization[M]. New York: W.W. Norton & Company, 1924.

[56] 楚尼斯，陈燕秋，孙旭东.全球化的世界、识别性和批判地域主义建筑[J]. 国际城市规划，2008（4）：115-118.

[57] FRAMPTON K. Towards a Critical Regionalism: Six Points for an Architecture of Resistance[C]// FOSTER H. The Anti-Aesthetic: Essays on Postmodern Culture. Washington: Bay Press, 1983: 16-30.

[58] FRAMPTON K. Modern architecture: a critical history[M]. London: Thames and Hudson, 1982.

[59] HOWARD E. To-morrow: a peaceful path to real reform[M]. Cambridge: Cambridge University Press, 2010.

[60] RAPOPORT A. House form and culture[M]. New Jersey: Prentice-Hall Inc., 1969.

[61] OLIVER P. Shelter and society[M]. London: Barrie & Jenkins, 1969.

[62] 原广司，杨鹰，李春富.集落的启示100与解说[J]. 新建筑，1988（2）：22-30.

[63] 西村幸夫.再造魅力故乡：日本传统街区重生的故事[M]. 王惠君，译.北京：清华大学出版社，

2007.

[64] 布野修司.亚洲城市建筑史[M]. 胡慧琴，沈瑶，译.北京：中国建筑工业出版社，2010.

[65] 布野修司.世界住居[M]. 胡惠琴，译.北京：中国建筑工业出版社，2011.

[66] 刘致平.云南一颗印[J]. 华中建筑，1996（3）：76-82.

[67] 梁思成，林洙（供图）.为什么研究中国建筑[J]. 华夏地理，2013（8）：102-107.

[68] 梁思成.中国建筑史 [M]. 天津：百花文艺出版社，1998.

[69] 刘致平.中国建筑类型及结构[M]. 北京：建筑工程出版社，1957.

[70] 韩冬青.类型与乡土建筑环境：谈皖南村落的环境理解[J]. 建筑学报，1993（8）：52-55.

[71] 吴良镛.乡土建筑的现代化，现代建筑的地区化——在中国新建筑的探索道路上[J]. 华中建筑，1998，16（1）：1-4.

[72] 单德启.中国乡土民居述要[J]. 科技导报，1994，12（11）：29-32.

[73] 常青.风土观与建筑本土化：风土建筑谱系研究纲要[J]. 时代建筑，2013（3）：10-15.

[74] 中华人民共和国住房和城乡建设部.中国传统民居类型全集（上、中、下）[M]. 北京：中国建筑工业出版社，2014.

[75] 李秋香. 鲁班绳墨：中国乡土建筑测绘图集（1-8册）[M]. 成都：电子科技大学出版社，2017.

[76] 王静.乡土建筑型制与民俗的相关性研究[J]. 山西建筑，2012，38（7）：12-14.

[77] 吴艳，王儒轩，严鑫.上海市传统民居类型调查与研究[J]. 住区，2016（5）：36-43.

[78] 维特鲁威.建筑十书[M]. 高履泰，译.北京：中国建筑工业出版社，1986.

[79] FITCH J M, BOBENHAUSEN W. American building: the environmental forces that shape it[M]. Oxford: Oxford university press, 1999.

[80] 黄凌江，兰兵.从地域性到可持续——国外乡土建筑气候适应性研究的发展与启示[J]. 建筑学报，2011（S1）：103-107.

[81] DOLLFUS J. Les aspects de l’architecture populaire dans le monde[M]. Prais: Morance, 1954.

[82] 吉沃尼.人・气候・建筑[M]. 陈士驎，译.北京：中国建筑工业出版社，1982.

[83] GIVONI B. Climate considerations in building and urban design[M]. New York: John Wiley & Sons Inc., 1998.

[84] CORREA C. Climate Control[J]. Architectural Design, 1969, 39(8): 412.

[85] LEVI-STRAUSS C. The Scope of Anthropology[J]. Current Anthropology, 1966, 7(2): 112-23.

[86] FATHY H. Architecture for the poor: an experiment in rural egypt[M]. Chicago: The University of Chicago press, 2000.

[87] 马克斯，莫里斯.建筑物・气候・能量[M]. 陈士驎，译.北京：中国建筑工业出版社，1990.

[88] 郝石盟.民居气候适应性研究[D]. 北京：清华大学，2016.

[89] NOBLE A G, OLIVER P. Dwellings: the house across the world[J]. Arabian Archaeology & Epigraphy, 1987, 78(4): 455.

[90] 克里尚，贝克，扬纳斯，等.建筑节能设计手册——气候与建筑[M]. 刘加平，等，译.北京：中国建筑工业出版社，2005.

[91] NORBERT L. Heating, Cooling, Lighting: Design Methods for Architects (2nd ed.) [M]. New York: John Wiley & Sons, Inc., 2001.

[92] 布朗，德凯.太阳辐射・风・自然光：建筑设计策略[M]. 常志刚，刘毅军，朱宏涛，译.北京：中国建筑工业出版社，2008.

[93] HAWKES D, MCDONALD J, STEEMERS K. The selective environment[M]. London: Spon Press, 2002.

[94] 古市彻雄.风光水地神的设计——世界风土中寻睿智[M]. 王淑珍，译.北京：中国建筑工业出版社，2006.

[95] KNOWLES R. Ritual house : drawing on nature’s rhythms for architecture and urban design (1st ed)[M]. Washington: Island Press, 2006.

[96] 日本建筑协会.设计中的建筑环境学[M]. 李逸定，胡惠琴，译.北京：中国建筑工业出版社，2015.

[97] 夏昌世.亚热带建筑的降温问题——遮阳・隔热・通风[J]. 建筑学报，1958(10)：36-39+42.

[98] 陆元鼎.南方地区传统建筑的通风与防热[J]. 建筑学报，1978（4）：36-41+63-64.

[99] 常青.我国风土建筑的谱系构成及传承前景概观——基于体系化的标本保存与整体再生目标[J]. 建筑学报，2016（10）：1-9.

[100] 宋德萱.建筑环境控制学[M]. 南京：东南大学出版社，2003.

[101] 宋晔皓.结合自然 整体设计——注重生态的建筑设计研究[D]. 北京：清华大学，1998.

[102] 秦佑国，林波荣，朱颖心.中国绿色建筑评估体系研究[J]. 建筑学报，2007（3）：68-72.

[103] 林波荣，谭刚，王鹏，等.皖南民居夏季热环境实测分析[J]. 清华大学学报（自然科学版），2002，42（8）：1071-1074.

[104] 刘致平.中国居住建筑简史：城市、住宅、园林（第二版）[M]. 北京：中国建筑工业出版社，2000.

[105] WILLIAMS C. Origins of form: the shape of natural and man-made things—why they came to be the way they are and how they change[M]. Washington: Taylor Trade Publishing, 2013.

[106] 王铭铭.人类学是什么[M]. 北京：北京大学出版社，2002.

[107] 哈迪斯蒂.生态人类学[M]. 郭凡，邹和，译.北京：文物出版社，2002.

[108] ALEXANDER V H. Kosmos: A General Survey of Physical Phenomena of the Universe[M]. London: H. Bailliere, 1848.

[109] 庄孔韶.人类学通论[M]. 北京：中国人民大学出版社，2002.

[110] 刘明.重新审视“环境决定论”——《人文类型》所给予的启示[J]. 新疆师范大学学报（自然科学版），2006，25（3）：426-431.

[111] 弗思. 人文类型[M]. 费孝通，译.北京：华夏出版社，2001.

[112] 拉普卜特.宅形与文化[M]. 常青，徐菁，李颖春，等，译.北京：中国建筑工业出版社，2007.

[113] KNOWLES R L. Energy and form: an ecological Approach to urban growth[M]. Massachusett: The MIT Press, 1978.

[114] 阿巴罗斯，森克维奇，阿巴罗斯与森克维奇建筑事务所. 建筑热力学与美[M]. 上海：同济大学出版社，2015.

[115] OLGYAY V, OLGYAY V. Solar control and shading devices[M]. Princeton: Princeton University Press, 1957.

[116] 阿尔伯蒂.建筑论——阿尔伯蒂建筑十书[M]. 王贵祥，译.北京：中国建筑工业出版社，2010.

[117] LUIS F G. Fire and memory: On architecture and energy[M]. Cambridge: The MIT Press, 2000.

[118] WITTKOWER R. Architectural Principles in the Age of Humanism[J]. Art Bulletin, 1971, 33(3): 195-200.

[119] ROWE C. The Mathematics of the Ideal Villa[M]. Cambridge: The MIT press, 1976.

[120] 阿巴罗斯，周渐佳.室内“源”与“库”[J]. 时代建筑，2015（2）：17-21.

[121] PEREZ-GARCIA O A, CARREIRA X C, CARRAL E V. Evaluation of traditional grain store buildings (hórreos) in Galicia (NW Spain): analysis of outdoor/indoor temperature and humidity relationships[J]. Spanish journal of agricultural research, 2010, 8(4): 925-935.

[122] CLARIDGE A, DELAINE J. The Baths of Caracalla: A Study in the Design, Construction, and Economics of Large-Scale Building Projects in Imperial Rome[J]. The Journal of Roman Studies, 1999(89):248.

[123] ZHUANG Z, LI Y, CHEN B, et al. Chinese kang as a domestic heating system in rural northern China—A review [J]. Energy and Buildings, 2009, 41(1): 111-119.

[124] VIDLER A. The writing on the walls: architectural theory in the late enlightenment[M]. New York: Princeton Architectural Press, 1990.

[125] BUCHANAN P. Ten shades of green: architecture and the natural world[M]. New York: Architectural League of New York, 2005.

[126] GEORGESCU R N. The entropy law and the economic process[M]. Cambridge: Harvard University Press, 1999.

[127] HAUSLADEN G, SALDANHA M D, LIEDL P, et al. Climate design, solutions for buildings that can do more with less technology [M]. Basel: Birkhauser, 2004.

[128] 何美婷，李麟学.基于自然能量的乡土建筑热力学研究[J]. 建筑节能，2019，47（10）：79-88.

[129] GOULDING J R, LEWIS J O, STEEMERS T C, et al. Energy in architecture: The European passive solar handbook[M]. The Commission of the European Communities, 1992.

[130] FORUZANMEHR A. Thermal comfort in hot dry climates: traditional dwellings in Iran[M]. London: Routledge, 2017.

[131] CAO B, LUO M H, LI M, et al. Thermal comfort in semi-outdoor spaces within an office building in Shenzhen: A case study in a hot climate region of China[J]. Indoor Built Environ, 2018, 27(10): 1431-1444.

[132] 杨柳.建筑气候分析与设计策略研究[D]. 西安：西安建筑科技大学，2003.

[133] 汤国华.岭南湿热气候与传统建筑[M]. 北京：中国建筑工业出版社，2005.

[134] PAJEK L, HUDOBIVNIK B, KUNIC R, et al. Improving thermal response of lightweight timber building envelopes during cooling season in three European locations[J]. Journal of Cleaner Production, 2017, 156: 939-952.

[135] KOSIR M. Climate adaptability of buildings: bioclimatic design in the light of climate change[M]. Switzerland: Springer, 2019.

[136] DAVID L A. In What Style Should We Build? The German Debate On Architectural Style[J]. Art Documentation Journal of the Art Libraries Society of North America, 1992, 11(4): 204.

[137] 王昀.向世界聚落学习[M]. 北京：中国建筑工业出版社，2012.

[138] 王昀.传统聚落结构中的空间概念（第二版）[M]. 北京：中国建筑工业出版社，2016.

[139] 孙贝.中国传统聚落水环境的生态营造研究[D]. 北京：中央美术学院，2016.

[140] 岳邦瑞，李玥宏，王军.水资源约束下的绿洲乡土聚落形态特征研究——以吐鲁番麻扎村为例[J].干旱区资源与环境，2011，25(10): 80-85.

[141] F. JAVIER N G. Miradas bioclimaticdas a la arquitectura popular del mundo[M]. Madrid: Garcia-Maroto Editores, 2004.

[142] GOLANY S G. Earth-Sheltered dwellings in Tunisia: ancient lessons for modem design[M]. New Jersey: University of Delaware Press, 1988.

[143] 柏春.城市气候设计：城市空间形态气候合理性实现的途径[M]. 北京：中国建筑工业出版社，2009.

[144] 罗西.城市建筑学[M]. 黄士钧，译. 北京：中国建筑工业出版社，2006.

[145] PRIGOGINE I. Structure, dissipation and life[J]. Theoretical physics and biology, 1969(23): 52.

[146] PAUL O, JANET B. Hess, Africa Architecture[M]. London: Encyclopaedia Britannica, Inc., 2013.

[147] MARK D, BROWN G Z. Sun, Wind and Light: Architectural Design Strategies (3rd edition) [M]. New Jersey: John Wiley & Sons, Inc., 2014.

[148] 张光智.北京及周边地区城市尺度热岛特征及其演变[J]. 应用气象学报，2002（1）：43-50.

[149] SHASHUA-BAR L, HOFFMAN M E, TZAMIR Y. Integrated thermal effects of generic built forms and vegetation on the UCL microclimate[J]. Building and Environment, 2006, 41(3):343-354.

[150] 陈飞.建筑与气候——夏热冬冷地区建筑风环境研究[D]. 上海：同济大学，2007.

[151] 张化天，谢绍东，张远航.城市街道峡谷内机动车排放污染物的扩散规律[J]. 环境科学研究，2002（1）：51-54.

[152] MADY A M. The mastery of the Takhtabush as a paradigm：traditional design element in the hot zone climate[J]. Environmental Quality, 2018(28): 1-11.

[153] KLAUS D. The technology of ecological building: basic principles and measures[J]. Examples and Ideas, 1994: 62-63.

[154] STEVEN N. From Cameroon to Paris: mousgoum architecture in and out of Africa[M]. Chicago: University of Chicago Press, 2007.

[155] ZHAI Z Q, PREVITALI J M. Ancient vernacular architecture: characteristics categorization and energy performance evaluation[J]. Energy and Buildings, 2010(42): 357-365.

[156] MITJA K, LUKA P. BcChart v2.0-A tool for bioclimatic potential evaluation[C] //ISES solar world congress 2017. International Solar Energy Society, 2017: 1211-1819.

[157] 王新征.合院原型的地区性[M]. 北京：清华大学出版社，2014.

[158] 郑媛，王竹，钱振澜，等.基于地区气候的绿色建筑“原型-转译”营建策略——以新加坡绿色建筑为例[J]. 南方建筑，2020（1）：28-34.

[159] 李麟学.气候建构 黄河口生态旅游区游客服务中心[J]. 时代建筑，2014（6）：108:115.

[160] 贾小叶.庭院的气候适应性设计策略研究[D]. 北京：北京建筑工程学院，2009.

[161] 田银城.传统民居庭院类型的气候适应性初探[D]. 西安：西安建筑科技大学，2013.

[162] ROJAS-FERNANDEZ J M, GALAN-MARIN C, et al. Hermodynamics of Mediterranian Courtyards[D]. Sevilla: Univeridad De Sevilla, 2017.

[163] 汤普森.生长和形态[M]. 上海：上海科学技术出版社，2003.

[164] 徐入云.热力学引导下的材料文化和生成建构研究[D]. 上海：同济大学，2015.

[165] 闵天怡.基于“开启”体系的太湖流域乡土民居气候适应机制与环境调控性能研究[D]. 南京：东南大学，2020.

[166] 丁俊清.江南民居[M]. 上海：上海交通大学出版社，2008.

[167] 中国建筑技术发展中心建筑历史研究所.浙江民居[M]. 北京：中国建筑工业出版社，1984.

作者简介

何美婷 本书作者

同济大学建筑学博士后研究员。2016年本科毕业于同济大学建筑学专业，2021年毕业于同济大学建筑学专业并获得工学博士，马德里理工大学访问学者。依托同济大学建筑与城规学院“低碳城市与绿色建筑”一流交叉学科、高密度人居环境生态与节能教育部重点实验室“能量与热力学建筑分实验中心”团队展开科学实验、学术研究、国际合作与设计实践，主要研究领域：建筑热力学与气候适应性、公共建筑设计与低碳化改造、乡村建筑绿色节能规划。

李麟学 书系主编及本书作者

同济大学建筑与城市规划学院长聘教授，博士生导师，艺术与传媒学院院长，入选上海市“东方英才拔尖项目”“上海市杰出中青年建筑师”“同济八骏”等，麟和建筑工作室ATELIER L+主持建筑师。哈佛大学设计研究生院高级访问学者，法国总统项目“50位建筑师在法国”巴黎建筑学院学习交流，谢菲尔德大学建筑学院Graham Wills访问教授。担任上海市建筑学会建筑创作学术部委员，《时代建筑》编委会委员，同济大学高密度人居环境生态与节能教育部重点实验室“能量与热力学建筑分实验中心”主任，同济大学一流交叉学科“低碳城市与绿色建筑”联合教授等。通过明确的理论话语，确立教学、研究、实践与国际交流的基础，将建筑学领域的“知识生产”与“实践生产”贯通一体。主要研究领域：热力学生态建筑、公共建筑集群、当代建筑实践前沿、城市建筑跨媒介传播等。致力于“自然系统建构”的建筑哲学研究与创造性实践，是中国当代建筑的出色诠释者之一。